# 中国冶金铁路运输创新成果论文集

## 第二卷

中国钢铁工业协会　编

北　京

冶 金 工 业 出 版 社

2023

# 内 容 提 要

本书根据《关于表彰钢铁行业铁路运输优秀论文的决定》（钢协人〔2022〕39号）评选出的一等成果 19 篇、二等成果 25 篇、三等成果 33 篇论文编撰而成，本书是对自 2019 年 6 月至 2022 年 5 月三年期间全国钢铁行业冶金铁路科技创新、管理进步工作的高度总结，凝聚着广大冶金铁路科技和管理人员的聪明才智和辛勤劳动，对促进冶金铁路运输系统广大干部职工积极参与管理和技术创新工作、推动钢铁行业冶金铁路运输实现高质量发展必将发挥积极作用。

**图书在版编目（CIP）数据**

中国冶金铁路运输创新成果论文集. 第二卷/中国钢铁工业协会编. —北京：冶金工业出版社，2023.9
ISBN 978-7-5024-9600-5

Ⅰ.①中… Ⅱ.①中… Ⅲ.①钢铁冶金—铁路运输—中国—文集 Ⅳ.①TF4-53

中国国家版本馆 CIP 数据核字（2023）第 153698 号

中国冶金铁路运输创新成果论文集 第二卷

| | | | |
|---|---|---|---|
| 出版发行 | 冶金工业出版社 | 电 话 | （010）64027926 |
| 地 址 | 北京市东城区嵩祝院北巷 39 号 | 邮 编 | 100009 |
| 网 址 | www.mip1953.com | 电子信箱 | service@mip1953.com |

责任编辑 卢 蕊 李培禄 美术编辑 彭子赫 版式设计 郑小利
责任校对 郑 娟 责任印制 窦 唯
三河市双峰印刷装订有限公司印刷
2023 年 9 月第 1 版，2023 年 9 月第 1 次印刷
787mm×1092mm 1/16；27 印张；4 彩页；663 千字；420 页
定价 118.00 元

投稿电话 （010）64027932 投稿信箱 tougao@cnmip.com.cn
营销中心电话 （010）64044283
冶金工业出版社天猫旗舰店 yjgycbs.tmall.com
（本书如有印装质量问题，本社营销中心负责退换）

# 序　言

为认真贯彻落实党中央、国务院《交通强国建设纲要》战略部署和国家发展改革委、自然资源部、交通运输部、国家铁路局、中国国家铁路集团有限公司五部门《关于加快推进铁路专用线建设的指导意见》（发改基础〔2019〕1445号）及国家有关部门进一步加强专用铁路、铁路专用线安全工作要求，推动冶金铁路科学、绿色、低碳、高质量发展，2019年，钢铁行业铁路运输技术专家委员会开展了首届推荐申报全国钢铁行业铁路运输优秀论文活动，中国钢铁工业协会将活动中获一等成果22篇、二等成果30篇、三等成果38篇论文编撰出版了《中国冶金铁路科研创新论文集》（简称《论文集》第一卷），充分肯定并总结冶金铁路取得的科研成果，收到显著效果，极大调动了广大冶金铁路职工科研开发的积极性。

2022年3月，根据国家铁路局关于增强铁路运输发展活力的要求和中国钢铁工业协会关于加快钢铁行业低碳高质量发展的工作安排，为认真总结推广全国钢铁行业冶金铁路运输优秀科技创新、管理创新成果，加快铁路运输新技术、新模式推广应用，进一步促进铁路运输事业高质量发展，经研究决定征集自2019年以来铁路运输优秀论文。在各钢铁企业铁路运输部门的大力支持和积极参与下，共收到30家铁路运输单位推荐论文129篇。经过行业评审专家认真、科学、公正的评审及委员会的最终审定，推选出《鞍钢鲅鱼圈新型铁水运输模式探索与分析》等一等成果论文19篇，《"跨区长流程"铁水运输组织模式的研究与应用》等二等成果论文25篇，《"公转铁"形势下全面提升冶金企业铁路运输效能的探索与实践》等三等成果论文33篇，现编撰出版《中国冶金铁路运输创新成果论文集》第二卷。

本次评选并编撰出版的论文有以下共同特点：论文坚持了实效性、前瞻性、针对性的总体要求，加强了铁路运输技术创新、设备改造、铁路运输安全、行车组织优化、物流一体化运作、多式联运等方面的研究与实践，进行了绿色低碳、智能化、少人化、无人化、大数据、云计算、5G通信技术等方面前瞻性的创新与探索。这些可喜的成果，对推动冶金铁路理论研究与生产实践相结合具有极高的价值。

在此次论文征集活动中，广大铁路运输单位高度重视，积极组织论文撰写和推荐工作，做出了突出成绩，鞍山钢铁集团有限公司铁路运输分公司等十二家铁路运输单位被授予"优秀论文组织奖"。希望广大冶金铁路工作者以习近平总书记"科技是第一生产力、人才是第一资源、创新是第一动力，深入实施科教兴国战略、人才强国战略、创新驱动发展战略"重要指示为指引，以本次出版《中国冶金铁路运输创新成果论文集》第二卷为契机，不断提高专业技术水平，加强交流学习，共享科技和管理成果，为我国钢铁事业发展和铁路运输科技创新作出新的更大贡献！

《中国冶金铁路运输创新成果论文集》第二卷编撰出版工作得到国家铁路局、中国钢铁工业协会有关领导的关心支持，冶金工业出版社有限公司、钢铁行业冶金铁路运输技术专家委员会和相关科技企业对本书的出版给予了大力支持和帮助，在此对上述单位及领导表示衷心的感谢！

钢铁行业冶金铁路运输技术专家委员会

2023 年 9 月

# 目 录

## 一等成果

## 二等成果

## 三等成果

# 一等成果

# 鞍钢鲅鱼圈新型铁水运输模式探索与分析

孙东生，田力男，王　晨，郭　兵

（鞍钢股份有限公司鲅鱼圈钢铁分公司）

**摘　要**：在国家大力推进供给侧结构性改革、碳达峰、创新驱动发展和智能制造的大环境下，钢铁企业新型的物流运输模式逐步进入管理者的视线，对提质增效提出了更高的要求。鞍钢股份鲅鱼圈分公司及时响应国家策略，探索与剖析新型铁水运输模式，将机车牵引鱼雷罐车转变为直接给鱼雷罐车赋予动力实现其自走行。本文介绍了基于无人化技术的鱼雷罐车自走行的新型运输模式，充分发挥信息集控优势，最大限度地达成"运输工艺最优化""运输流程便捷化"，实现效率提升。

**关键词**：铁水运输；自走行；无人化技术；提质增效

## 1　引言

### 1.1　概况

鞍钢股份有限公司鲅鱼圈钢铁分公司（以下简称鞍钢鲅鱼圈）有 2 座 $4038m^3$ 高炉、3 座 260t 转炉，总设计年产 650 万吨铁水。高炉生产的铁水采用机车牵引鱼雷罐车在高炉和转炉间往返运输。随着我国对钢铁企业发展道路的重新定位，鞍钢鲅鱼圈对铁水运输信息化、智慧化提出了新的要求，以充分发挥运输效率、减少运输途中的铁水温降、节能环保的运输模式为目标，优化铁水运输模式，以创新驱动发展，实现"运输工艺最优化""运输流程便捷化""运输组织智慧化"，降低碳排放，减少铁水温降，提升运输效率[1]。

基于无人化技术的鱼雷罐车自走行将充分打破现有的运输方式，是鞍钢鲅鱼圈联合中车大连机车车辆有限公司共同研发和探索的新型铁水运输模式。该模式是钢铁企业在铁水物流管理和技术上的创新，提升了钢铁企业铁水物流运输的智能化水平。

### 1.2　鞍钢鲅鱼圈铁水运输模式现状及存在的问题

#### 1.2.1　运输模式现状

铁水运输采用机车牵引鱼雷罐车的方式进行，现日常在线投运机车 6 台、鱼雷罐车 26

台进行高炉和转炉之间的铁水运输，鱼雷罐车周转率为 3.8 ~ 4.0，铁钢界面铁水温降约 153℃。

机车牵引鱼雷罐车到达出铁口下方区域、倒罐站区域、铁路沿线等工位点时，司机需下车人工放置铁鞋防止鱼雷罐车溜逸。6 台机车具备遥控功能，每台遥控机车配置 1 名司机。每班配置 1 名铁水调度人员和 1 名运输调度人员，协调制造管理部、物流运输部、炼铁部和炼钢部，通过电话沟通确定鱼雷罐车分割和机车匹配，调度根据作业情况，确定铁水去向、炼钢折铁、配罐需求、机车匹配等信息，调度人员的思维决策主导铁水运输的调度运行。

2 名远程道口员负责封闭、开放道口，2 名信号员负责微机联锁信号的操控及对列车的运行进行跟踪和监控。

### 1.2.2　存在的问题

（1）铁水温降大。现在的铁水运输组织模式一般是机车牵引两个鱼雷罐车在高炉和转炉之间往返运输，存在重罐等待时间长、铁水温降大的问题[2]。

（2）机车冒黑烟。内燃机车在启动及加载时冒黑烟严重，排放严重超标，造成环境污染问题。

（3）作业人员安全系数低。因机车由人工牵引鱼雷罐车进行作业，作业人员常年处于高温、危险的作业环境下，人员安全系数有待提高。

（4）智能化水平低。机车牵引鱼雷罐车的运输模式是由人工遥控机车作业，信息化、智能化水平有待提高。

## 2　研究内容及解决方案

### 2.1　研究内容

基于铁水运输模式的现状及存在的问题，结合冶金行业铁路运输的自身特点，鞍钢鲅鱼圈提出了通过改变既有的铁水运输模式，探索新的运输方法，提出直接赋予鱼雷罐车动力装备来实现鱼雷罐车自走行的新型铁水运输模式，其具有以下优点。

#### 2.1.1　运输组织

单罐运行，颠覆机车牵引的配罐模式，减少空罐等待时间，降低铁水温降；实现点到点管控，由原来的"调度指挥司机—司机看信号指挥机车"的模式直接转变为"调度直接指挥鱼雷罐车"，管控效率提升；线路选排更加合理，运输组织更加灵活，极大地减少了机车来回转线的情况，提高了咽喉区通过能力。

#### 2.1.2　提质增效

基于无人驾驶的鱼雷罐车自走行方案，可解决内燃机车冒黑烟的问题，降低工作人员的劳动强度，实现资源的最优化配置。

#### 2.1.3　运营安全

全面提高人身安全、设备安全、作业过程安全、网络通讯数据安全，目标是实现作业现场"零事故"。

#### 2.1.4　智慧制造

充分体现"数字化""智能化""集控化"，助力企业实现数字化转型，加快企业高质量发展步伐。

## 2.2 解决方案

通过对鱼雷罐车既有的结构及空间进行适当改造，加装动力系统、制动系统等运输装备来实现鱼雷罐车自走行，改变原来的机车牵引鱼雷罐车的运输组织模式，优化运输工艺，让铁水运输组织更加便捷，新型的鱼雷罐车自走行的运输模式将在实现关键岗位减员、提升运输效率、降低铁水温降、零排放等方面发挥重要作用，彻底颠覆传统铁水运输作业模式，实现新突破。

### 2.2.1 方案概述

以鞍钢鲅鱼圈既有 320t 鱼雷罐车为基础，考虑其转向架[3]结构特征并结合该车辆剩余改造空间，可通过加装牵引电机、动力电池、电气柜、制动柜等部件实现鱼雷罐车自走行。其示意图如图 1 所示。

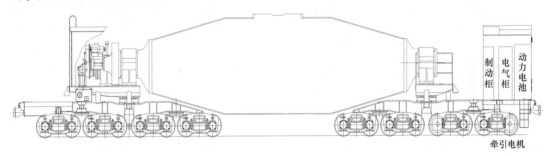

图 1 鱼雷罐车自走行示意图

另外，通过在鱼雷罐车上加装无人驾驶车载套件并搭建地面控制中心，采用 5G 通讯方式实现车、地一体化控制，进一步实现基于无人驾驶的鱼雷罐车自走行。

### 2.2.2 主要技术

（1）鱼雷罐车体改造：通过在鱼雷罐车体加装驱动电机、储能装置、电气柜、制动柜和自动化控制模块，采用全封闭永磁直驱电机、制动系统、耐高温结构、以太网通讯及控制技术等，结合基于轨道交通领域成熟的机械结构方案，搭建地面动态试验台。

（2）自走行控制系统：通过加装分布式微机系统，采用永磁直驱控制技术、动力电池控制技术、分布式微机网络控制技术、以太网通讯及控制技术，结合基于轨道交通领域成熟控制系统案例，研制该系统的控制方案。

（3）精确定位系统：通过采用 GPS 定位控制技术、RFID 定位控制技术、电子地图定位控制技术、融合定位及经验算法，结合基于轨道交通领域成熟定位系统方案，制定可满足现场作业需求的精确定位系统方案，验证并优化硬件方案及软件控制算法。

（4）环境感知系统：采用雷达、感知相机等技术，实现鱼雷罐车智能感知、自动判断。雷达布置方案及其模型搭建、感知相机布置方案及其模型搭建，结合基于轨道交通领域成熟环境感知方案，研制满足现场作业需求的环境感知系统方案。

（5）遥控系统：通过加装遥控装置，采用遥控系统及软件算法、抗干扰技术、以太网通讯及控制技术，结合基于轨道交通领域遥控系统方案，研制满足现场作业需求的定制化遥控系统方案，制定 EMC 控制方案，提升系统抗干扰性。

## 3　预期效益

### 3.1　运输模式对比

基于无人驾驶的鱼雷罐车自走行，将彻底颠覆传统铁水运输模式，实现科技创新和管理创新，助力鞍钢鲅鱼圈高质量发展。铁水运输模式对比情况如表 1 所示。

表 1　铁水运输模式对比

| 序号 | 功能 | 当前模式 | 基于无人驾驶的鱼雷罐车自走行模式 |
|---|---|---|---|
| 1 | 调车信号 | 调度人员通过对讲机或电话呼叫司机，提供调车指令信息 | 5G 传输调车信号指令 |
| 2 | 车辆行驶 | 人工驾驶机车 | 无人驾驶、鱼雷罐车自走行 |
| 3 | 障碍物识别 | 人工识别 | 环境感知、智能识别 |
| 4 | 编组作业 | 人工连挂作业 | 无须机车牵引，实现单个鱼雷罐车自走行 |
| 5 | 行驶信息交互 | 电话与对讲机 | 5G 传输 |
| 6 | 设备管理 | 人工管理，按修程定期进行机车及车辆维护 | 通过数字化、智能化手段进行设备状态及寿命管理 |

### 3.2　社会经济效益

结合我国某钢铁企业铁水运输作业现状，采用基于无人驾驶的鱼雷罐车自走行模式，预期社会经济效益如表 2 所示。

表 2　预期社会经济效益

| 序号 | 项点 | 内　容 | 目　标 |
|---|---|---|---|
| 1 | 节能减排 | 动力源采用动力电池，实现作业现场"零排放""零油耗" | 对比现有运输模式，可节省燃油消耗约 240t/年 |
| 2 | 减员增效 | 具有无人驾驶模式，并采用智能调度方式，实现关键岗位减员目标 | 预期可减少司机、调度员、连接员等岗位 20 人，可为企业节约人力资源成本约 200 万元/年 |
| 3 | 成本节约 | 基于无人驾驶的鱼雷罐车自走行模式，可大幅提升运输效率、减少铁水温降，为企业实现降本增效 | 鱼雷罐车周转率预计可由 4.0 提升至 5.8；降低铁水温降约 15℃，折算节约成本约 800 万元/年 |
| 4 | 智能运维 | 基于大数据的智能运维系统，可自动生成全寿命周期状态报告，实现远程监控及状态监测，大量减少设备检修人力及物力成本 | 预期节约维护成本约 60 万元/年 |

# 4 结语

基于无人驾驶的鱼雷罐车自走行模式充分体现了无人驾驶、精确定位、环境感知、无线遥控、人工智能、动力电池控制等新技术与钢铁企业新需求的高度融合，是钢铁企业提高智能制造水平和向自动化、数字化转型升级的发展需要，也代表了创新技术与传统设计理念的完美结合。

在国家大力提倡绿色环保、智慧制造的大前提下，鱼雷罐车自走行的铁水运输模式是未来钢铁企业铁水运输领域的发展趋势，使我国钢铁企业智能制造发展迈向一个全新阶段，这种运输模式在提升铁水运输组织的空间、优化运输组织工艺流程、节能环保、提升运行安全系数等方面，以及对于冶金企业铁路运输动力设备的升级、未来智慧运输都具有重大意义。

## 参 考 文 献

[1] 王文科，费鹏，张越. 鞍钢本部鱼雷罐运输铁水的应用实践 [C] //第十七届全国炼钢学术论文集.
[2] 韩明明. 鱼雷罐车铁水物流中的问题研究与探讨 [C] //第八届（2011）中国钢铁年会论文集.
[3] 支国云. 混铁车转向架的设计与分析 [J]. 科技创新与应用，2014（16）：23-24.

# 基于 5G 技术的铁水运输智慧管控系统设计研究

李佳状，郑军平

（武汉钢铁有限公司运输部）

**摘　要**：基于 5G、视觉识别、大数据等技术，从自动化、智慧化、可视化的角度出发，夯实铁水生产运输自动化基础，整合铁钢界面全流程、全要素信息，研究铁水智能分配、高炉智能配罐、机车智能调度、路径智能规划、进路自动排列、道口无人化智能控制等模型，设计铁水运输智慧管控系统，促进"3D"岗位削减及操作室集中，提高铁水物流周转效率，降低铁水温降，实现降本增效。

**关键词**：5G；铁水运输；智慧管控；系统；设计研究

## 1　现状及问题分析

钢铁企业铁钢界面是钢铁制造长流程中炼铁和炼钢工序的衔接过程，主要包括高炉出铁、铁水运输、钢厂倒铁等环节。铁水温降是铁钢界面的重要工艺参数，与总图布局、工序控制水平、物流组织效率、设备设施等多因素密切相关。

目前，铁水运输基础自动化与过程自动化支撑不足，无法准确识别跟踪铁水罐运行轨迹及作业实绩，高炉受铁、钢厂倒空等人工反馈信息与现场实际脱钩，信息流与实物流不一致；铁水生产运输相关业务管理与信息系统间协同不足，影响作业操作及时高效性、信息数据统一准确性；铁水分配模式交叉多变，没有固化，铁钢生产处于不平衡状态。上述问题导致铁水温降过大，造成热能浪费，增加生产成本，且影响后续炼钢工艺。

因此，研究建立铁水运输智慧管控系统，对于提高铁水物流周转效率、降低过程温降、实现降本增效具有重要意义。

## 2　总体设计思路及主要建设内容

### 2.1　总体设计思路

"自动化"原则，采用视觉识别等技术自动跟踪采集铁水罐、机车在关键位置的运输实绩信息，保障铁水调度作业基础数据准确性、及时性。

"智慧化"原则，整合炼铁端、运输端、炼钢端全流程数据以及调度计划、运输时序、铁水载体空间位置等多维度信息，运用大数据分析、智能决策算法，构建智慧化模型，实现铁水智能分配、运输智能调度、铁路道口自动控制、信号进路自动排列。

"可视化"原则，利用 5G 网络大带宽、低时延特性，建立边缘数据与管控平台之间的大容量、高速率、低时延通信通道,实现铁水生产运输全流程、全要素信息集中实时展示。

## 2.2 主要建设内容

### 2.2.1 系统架构

铁水运输智慧管控系统架构如图1所示。

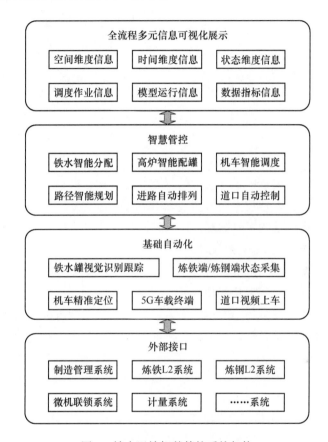

图1 铁水运输智慧管控系统架构

### 2.2.2 系统组成及主要功能

#### 2.2.2.1 运输端视觉智能识别跟踪子系统

结合铁水生产运输现场高温、高粉尘等工况,采用耐高温、耐腐蚀、不易反光材质,制作双层镂空钢板二维码标签。表面镂空板为浅色,背景板为深色,形成较强对比度,具备容错视觉识别功能。在铁水罐、机车合适位置进行安装,每个图案的二维码标签与所安装铁水罐一一对应,在系统中形成对照联锁关系。

在高炉出铁口、钢厂倒罐站、铁路干线咽喉等关键位置安装视觉智能识别设备。当机车、铁水罐通过某一视觉智能识别设备时,该设备针对二维码标签图像进行采集,经算法解码与边缘计算后,输出识别信息,同时通过5G网络实时反馈至铁水运输智能调度子系统,实现铁水运输作业环节数据全流程自动化、精准化采集。视觉智能识别跟踪示意图如图2所示。

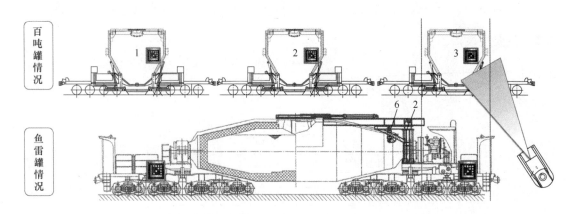

图 2　视觉智能识别跟踪示意图

### 2.2.2.2　炼铁端、炼钢端状态采集子系统

炼铁端、炼钢端状态采集子系统通过信息交互等方式，获取高炉、钢厂铁水生产相关状态基础数据。通过视觉识别技术及接入外部系统数据，实现高炉炉下铁水罐受铁过程、炼钢倒罐站倒铁及折铁过程的实时跟踪，以及铁水罐空重状态的自动转换。

### 2.2.2.3　机车车载终端子系统

机车车载终端子系统主要由机车融合定位、5G MEC 专网、车载 HMI 操控终端（运输作业指令、道口视频上车）等模块组成。

机车融合定位模块集成多传感器信息输入，并采用卡尔曼滤波算法等技术，实现机车精准定位，为铁水运输智慧管控系统中机车智能调度、道口无人化智能控制及可视化管控提供准确位置信息来源保障。

5G MEC 专网为机车车载终端实现计划与信号数据、道口视频等信息的 5G 网络高速传输提供基础保障。

车载 HMI 终端具备界面显示及操控反馈功能，主要包括运输作业指令接收显示及任务执行反馈、信号进路及定位信息显示与播报、道口视频与交通信号显示等；同时针对特殊区域道口，具备道口控制功能。

机车车载终端功能画面如图 3 所示。

### 2.2.2.4　道口无人化智能控制子系统

应用 5G 通信、GNSS 定位、铁路信号微机联锁等技术，融合机车精准定位、作业计划及铁路信号轨道电路等信息，建立道口无人化智能控制逻辑与模型，智能判断机车通过（离开）道口距离，达到设定阈值时，自动触发（解除）道口警报，控制铁路和公路方向交通信号，实现道口无人化自动控制。

通过"5G 高速公路"，实时传输通过道口区域现场视频、公路方向信号灯开闭状态等信息至机车车载终端播放，有效消除机车通行道口时司机瞭望盲区，辅助乘务人员安全快速通过道口，提升道口安全保障能力。

### 2.2.2.5　铁水智能调度子系统

（1）铁钢平衡预测模型：根据炼钢端铁水需求计划，结合炼铁端实时生产状态，建立

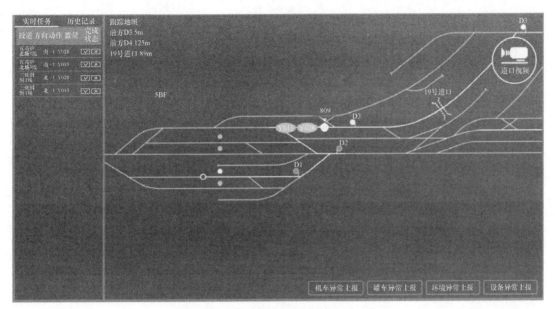

图3 机车车载终端功能画面

算法预测铁水需求量；利用高炉产量算法模型，预测高炉铁水产量。根据铁水需求预测与高炉铁水产量，预测铁水供需关系，结合当前运行罐数量，预测未来重罐数。

（2）铁水智能分配模型：根据炼钢铁水需求和高炉生产实绩，结合炼钢耗铁优先级、高炉分铁优先级等参数，动态指导铁水分配去向。

（3）高炉智能配罐模型：根据高炉出铁计划和铁钢生产实际情况，结合基于大数据分析的高炉智能配罐自学习模型，在运行罐中选出"最优罐"，进行配罐。

按照"分时配罐、拆分送铁"等原则，针对高炉可设置多种配罐模型，具体见表1。

表1 高炉配罐模型示例

| 高炉号 | 配罐模型 |
| --- | --- |
| ××高炉 | 1大+1大，拆1补1，再拆1补1，走2 |
| ××高炉 | 1大+2大，拆1，再拆1，补2，拆1，走2 |
| ××高炉 | 1大+8小，1大5小，拆3补3 |

（4）铁水罐智能调度模型：通过调度算法模型生成铁水罐的运送任务，实时监控铁水罐在高炉至钢厂的生产运输任务执行状态，针对超期的任务实现自动预警。

### 2.2.2.6 机车智能调度子系统

机车智能调度子系统与铁水智能调度子系统、微机联锁系统进行信息交互，实现机车、铁水罐运输调度管理与铁路信号进路自动排列。主要包括机车调度管理模块、机车智能调度模型、路径智能规划模型。

（1）机车调度管理模块：机车调度管理模块是机车调度计划编制下达的人机交互界面，结合高炉、钢厂、铁路的总图布局以及运输作业流程进行画面布局设计，可由系统自动生成机车、铁水罐调度作业指令，同时保留人工干预（拖拽操作）接口。机车作业指令通过5G网络发送至执行任务机车车载终端，实时跟踪管控任务执行情况。

（2）机车智能调度模型：按照作业区域、作业类型等方面，建立每台机车的调度作业动态优先级。根据铁水智能调度子系统下发的铁水罐调度指令，解析出铁水罐当前位置、分配去向（期望目的地）、任务紧急程度等信息，通过调度模型智能运算分析，推荐铁水罐调度任务承接机车。匹配确认执行任务机车后，同步分解生成机车作业计划并下达至机车车载终端子系统，同时实时监控任务完成情况，反馈结果至铁水智能调度子系统。

（3）路径智能规划模型：根据机车承接的作业计划，运用路径规划算法进行机车通行轨道进路规划，同时路径规划模型与机车智能调度模型实时进行信息交互，结合机车走行实绩进行冲突检测及消除。

机车智能调度子系统智能编制机车作业计划、通行轨道路径规划等指令，并控制微机联锁系统动作，实现信号进路自动排列。

### 2.2.2.7　铁水运输大数据可视化子系统

以高炉端、运输端、炼钢端铁水生产运输全流程物质流、信息流数据为基础，进行筛选收集和归类分析，针对铁钢界面涉及的高炉、钢厂、铁路轨道、机车、铁水罐等要素进行图形抽象化处理，从时间序列、调度作业实绩以及铁水载体空间位置、信号进路排列等多维度进行数据信息赋值，实现铁水生产运输在大屏、PC 机等终端设备的实时动态可视化展示。

通过铁水生产运输实绩大数据分析，建立铁水罐运用数、铁水罐周转率、机车运行效率、道口占用（通行）效率等报表并进行可视化展示，针对关键指标予以监控预警，为铁水物流组织优化提供大数据支撑。

## 3　系统建设展望

铁水运输智慧管控系统的建设开发，夯实了铁水生产运输基础自动化基础，实现铁水物质流信息的智能跟踪及状态管理；整合了铁水生产运输全流程、全要素信息，打破铁钢界面管理与数据的"隔阂"，实现了作业一体化管理；基于 5G 通信、AI 算法、大数据分析等技术，建立铁水智能分配、高炉智能配罐、机车智能调度、路径智能规划、进路自动排列、道口无人化智能控制等模型，可实现铁水生产运输智能化、可视化管控，促进"3D"岗位削减及操作室集中，提高铁水物流周转效率，降低铁水温降，实现降本增效。

# 智慧物流在提升马钢铁钢界面运行效率中的应用实践

## 董 炜，高 彬

（马鞍山钢铁股份有限公司运输部）

**摘　要：** 铁钢界面是钢铁制造流程中炼铁和炼钢工序的关键衔接面，其中铁水运输更是提升其运行效率的关键环节之一。本文通过马钢在提升该界面运行效率（混铁车周转率）的具体实践，从技术及管理两方面说明了智慧物流对推动钢铁企业主要工序指标提升所发挥的重要作用。

**关键词：** 铁钢界面；智慧物流；运行效率

长期以来，受钢铁冶炼工艺和冶炼过程控制以及铁水运输管控水平的制约，马钢的铁钢界面运行效率一直不高，体现其效率的混铁车周转率指标一直在 2.0 次/车附近徘徊。随着铁厂及钢厂在冶炼工艺及过程控制水平方面的提升，马钢自 2019 年开始逐渐关注并推进混铁车周转率提升工作，为此，运输部依据马钢铁水运输的现状与特点，以提升混铁车周转率为目标，通过智慧物流技术的开发应用，在马钢铁水运输智慧管控方面主要进行了如下工作。

# 1 构建公司铁水运输智慧信息平台

## 1.1 马钢铁水运输的现状及不足

马钢铁水全部采用 320t 混铁车通过铁路方式运输，其现状及不足点如下。

### 1.1.1 铁水运输管控点分散，调度指挥技术手段落后，效率低

管控点分散主要体现在两方面：一是运输环节分为南北两个管控点，其中，南区管控点除管控铁水运输外，还承担站区内铁路普通车作业。二是铁水的运输与装卸环节，特别是高炉的配罐环节管控分离。鉴于铁水运输是炼铁和炼钢工序平衡衔接的主要环节，基于上述情况，使得铁水生产、运输及消耗的整个调运流程需在多个管控点间进行协调沟通。各管控点间的协调沟通主要依靠电话完成，不仅过程繁琐复杂，而且效率不高。具体沟通联络图见图 1。

为了提升上述调运流程效率，公司专门开发了铁水调度系统，通过图形化界面显示混铁车的空重、去向及位置等信息，由于其位置信息通过运输调度手工移位实现，实际作业中信息的实时性、准确性不高，对提升效率贡献不大。

另外，整个铁水运输过程无跟踪，结果无记录。调度员或值班员在无法精确掌握每天每台机车的生产时间、待令时间和非生产时间真实数据，没有手段准确记录、定量分析的情况下，盲目地以片面的主观经验指导行车，缺乏合理运用资源、科学组织运输生产的

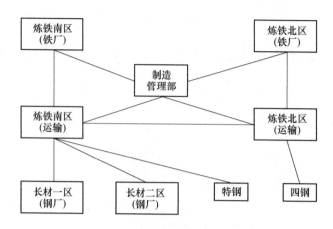

图 1　马钢铁水调运流程各主要管控点间联络图

手段。

**1.1.2　运输指挥环节多，自动化、智能化程度低，无法满足铁水运输的快节奏要求**

现有的铁水运输调度指挥流程见图 2。

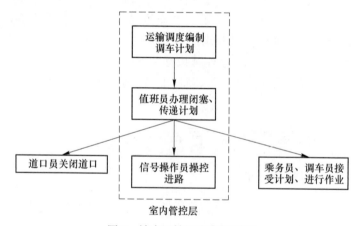

图 2　铁水运输调度指挥流程

从图 2 中可以看出：

（1）运输指挥流程长。运输调度指挥从调车计划编制、传递并办理闭塞到现场开始作业须经三个环节，流程相对较长。针对铁水运输作业机车多、站场线路少、相互间交叉干扰多、计划变更快且频繁等特点，该指挥流程无论从安全上、还是效率上均已无法满足要求。

（2）主要环节自动化、智能化程度低。具体体现在调车计划编制和进路操控两个环节。

首先，由于人工作业，每 4~5 台机车就需配置调度员及信号操作员各 1 人，分别负责具体调车计划编制及进路操控；马钢铁水运输机车 12 台，配置调度及信号操作人员各 3 人。

其次，运输作业是一个需多工种协调配合的过程，特别是进路操控与现场调车作业间的配合：要求信号操作员每条进路的办理时机必须适当，时机掌握不当，办早了可能办不出来，或可办但影响安全，或可办但阻挡其他进路影响效率；办晚了可能造成无谓的等待而影响其他进路的办理，最终降低效率。铁水运输作业十分繁忙，马钢每个信号操作员日均办理 1000~1500 条进路操控，具体作业中有时值班员协助盯控进路的操控，但高负荷的工作使得信号员办理及确认进路的方式仍然难以做到严谨，出错率取决于信号员和值班员个体的责任心。

## 1.2 马钢铁水运输智慧信息平台的构建及应用

针对上述马钢铁水运输中存在的不足，我们以提高"调车计划编制—传递—进路操作"流程的自动化、智能化水平为核心，在冶金行业首次创建应用了铁水运输智慧信息平台，主要实现了如下功能：

（1）图形化、系统辅助编制调车计划，提升计划编制效率。系统采用鼠标拖拽线路上机车/车辆，推演模拟调车过程产生钩计划，每拖动一次自动在调车单窗上增加一条钩计划。通过该功能，系统自动将编制的计划传递至信号控制及现场调乘员，该模式使得每名调度员负责编制调车计划的机车台数由传统的 4~5 台提升至 8~9 台。

（2）作业进路自动操控。系统依据调车计划自动产生指令组（指令集），输出时转化成联锁系统可识别的包含进路始终端和进路类型的指令，通过通信接口适时地推送到计算机联锁系统，最终实现进路的智能自动操控功能。其中：自动择路功能满足铁水运输的多径路相扰（平行进路）、最短折返或最短走行方案的进路优选；自动择机功能满足不同计划间、同计划不同钩序间，以及无信折返等特殊条件下的指令实时触发时机选择。通过该功能，系统实现了进路的自动操控，自动进路操控比例达 100%，取消了人工信号操作员。借助自动进路还实现了对运输流程数据的高质量自动采集，为运输流程的大数据分析创造了有力条件，目前已初步完成对机车利用率、混铁车周转时间等指标大数据分析模块开发，取得了良好效果。

通过上述（1）（2）两点，大幅提升了调度指挥流程效率及作业的安全保障。同时，运输部优化了"调车计划编制—传递—进路操作"流程，将上述流程的三个环节基本压缩为近一个环节（部分值班员还需办理站间闭塞及道口计划传递），提高了运输指挥流程的灵活性，并以上述技术为核心构建了马钢铁水运输智慧信息平台，虽然操作上仍分南北两个区域，但通过该平台实现了铁水运输计划及进路操控的一体化管控。该平台下的铁水运输调度指挥新流程见图 3。

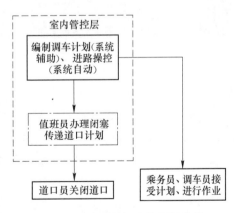

图 3　铁水运输调度指挥新流程

## 2 实现马钢铁水运输集中管控

运输部以马钢公司炼铁智控中心的建设、投用为契机，通过运输与其他信息系统间的跨界面融合，大力推进公司铁水调运（运输）的集中管控模式创新，有力推动了公司混铁车周转率指标的快速提升。

2020 年，马钢股份公司开始炼铁智控中心项目建设，建成后，公司炼铁涉及的焦化、烧结、料场、球团及高炉等产线的主要控制均将集中于该中心进行。基于铁水运输与高炉生产间的紧密联系，运输部计划通过铁水运输智慧信息平台的功能拓展，将包含铁水运输在内的马钢所有特种运输管控点入驻炼铁集控中心，经充分技术可行性论证后向公司提交了具体实施建议，获公司通过后，运输部与炼铁总厂项目部等单位、部门紧密配合，及时确定了相应实施方案并组织实施，确保了铁水等特种运输管控按期入驻炼铁智控中心并顺利投入运行。通过上述工作，在铁水调运集中管控、流程（组织）优化、系统融合及指标提升等方面取得了一定成绩，具体如下。

## 2.1　在集中管控与流程（组织）优化方面

### 2.1.1　集中管控

在构建运输现场控制点与炼铁智控中心间专有控制网络的基础上，将公司的渣罐运输纳入铁水运输智慧信息平台，一并入驻炼铁集控中心，实现了公司层面以铁水运输为主包含渣罐运输在内的特种运输的集中管控，并与铁厂调度并肩作业。此举消除现场管控点 3 处，实现了特种运输在平台及实际管控点两个层面的集中一体化管控。铁水、渣罐管控点一并入驻马钢智园（炼铁集控中心）情况如图 4 所示。

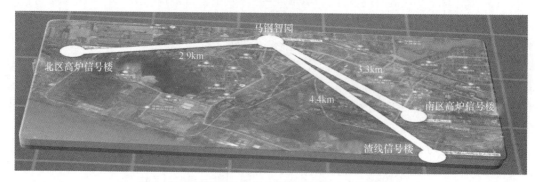

图 4　铁水等特种运输集中管控点一并入驻马钢智园

### 2.1.2　管理流程优化

配合铁路特种运输集中管控的实施，运输部在运输管理流程上进行了如下优化：将铁路特种作业集中管控部分（铁水、渣罐的计划及进路操控）从其原来所属的两个站独立出来，成立专有作业区直接隶属于运输部生产技术室，实现铁水运输管理的扁平化。

### 2.1.3　调度指挥流程优化

在调度指挥流程优化方面，渣罐运输加入后，特种集控中心管控的机车数达 15 台，为此，运输部对调度指挥流程重新整合优化：通过将渣罐运输管控纳入南区管控，将铁水、渣罐运输调度指挥管控台由 3 个压缩至 2 个。优化后，每个集控台平均负责 7.5 台机车的作业管控，较传统的 4~5 台机车/平台在效率上提升约 66.67%，同时该平台实现了进路操控的智能化、自动化，取消了 3 个信号操作岗位。

### 2.1.4　实现北区铁水运输"一线一岗"

炼铁北区铁水年装车量超过 640 万吨，卸车量超过 800 万吨，完成上述铁水运输的调车计划编制、下达、进路操控及道口控制等环节均由位于炼铁智控中心的铁路北区控制台一个岗位管控，实现了该运输线的"一线一岗"新模式。

## 2.2　在系统融合方面

以工序界面融合为重点，通过铁水智慧运输信息平台与铁水调度跟踪等系统间的跨界面融合，消除了"铁水生产—运输—计量—检验—钢厂卸铁"整个流程相关系统间的信息孤岛，并通过系统间的互操作有效提升了铁钢界面内各工序的平顺高效运行，具体有：

（1）提高了信息系统数据的准确度及运行效率。通过信息共享，消除了各工序间数据的重复录入，不仅有效避免了多次录入可能发生的差错，而且通过自动获取其他系统数据，在运输工序实现了混铁车高炉受铁、计量及去向分配、钢厂卸铁等信息的自动录入，在炼铁及炼钢等工序实现了出铁线、卸铁线上混铁车上离道信息（时间、罐号及编组）的自动录入。

（2）推动了各工序管控流程自动化程度的提升。通过系统间跨界面融合，首先在铁水动态追踪系统中实现了混铁车位置等运输信息的动态实时追踪，与目前多数企业采用的混铁车安装电子标签追踪技术相比，该技术不仅不要额外投资，而且借助自动进路技术，该技术可提供铁水调运全流程的实时、准确位置追踪信息，该项技术还获得了国家发明专利授权。其次，基于动态追踪实现了混铁车在相关系统内的自动移位，杜绝了以往运输调度人员手工操作移位方式，提升了系统在上述环节的自动化水平。

基于上述（1）（2）两点，结合铁水集中管控的实施，在马钢铁钢界面铁水调运流程中，已初步构建了各管控点间的数字化调度构架，较传统模式效率大幅提升。

马钢铁水调运流程各主要管控点间联络图（新）如图 5 所示。

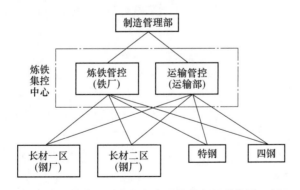

图 5　马钢铁水调运流程各主要管控点间联络图（新）
（方框之间连接线表示其所连接的两点间已通过平台实现信息互操作）

## 2.3　实现了铁水运输效率及效益的大幅提升

### 2.3.1　指标提升

首先，在操控集中度方面，将现场操控点由 3 处缩减为 1 处，压缩了 66.67%。通过取消信号员岗位，优化调度、值班及远程道口人员配置，共减少作业人员 15 人。

其次，通过对 2019 年至 2022 年（1~4 月）混铁车周转率与铁水机车作业率两指标的统计数据分析可以看出，马钢铁钢界面铁水调运及运输效率实现了大幅提升：2022 年（1~4 月）与 2019 年数据对比，混铁车周转率提升 60.09%，机车作业率提升 57.77%。具体数据见表 1 与图 6。

**表 1  马钢 2019~2022 年铁水混铁车周转率、机车作业率统计**

| 时　间 | 2019 年 | 2020 年 | 2021 年 | 2022 年（1~4 月） |
|---|---|---|---|---|
| 混铁车周转率/次·d⁻¹ | 2.18 | 2.25 | 2.78 | 3.49 |
| 机车作业率/% | 46.22 | 55.40 | 69.39 | 72.92 |

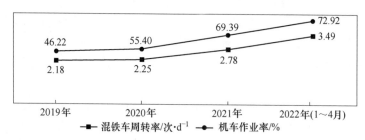

图 6  马钢 2019~2022 年铁水混铁车周转率、机车作业率变动趋势图

### 2.3.2　效益提升

主要体现在两方面，一是运输效率提升带来的成本支出减少，除人员减少 15 人外，混铁车周转率及机车利用率指标的提升相当于在完成同等铁水运量条件下混铁车及机车投入量下降 60% 以上。二是由于混铁车周转率提升，带来铁水运输途中温降减少，降低了炼钢能耗，进而提升公司效益，按周转率指标每提升 1t 铁水带来效益 2.87 万元、年产铁水 1400 万吨测算，该项指标提升就给公司年增效 5200 多万元。

## 3　后续工作

通过智慧物流技术的应用，马钢构建了铁水运输智慧信息平台，在冶金运输领域首次实现了计算机辅助编制计划、智能自动进路技术的应用，并与公司智慧制造工作紧密结合，通过系统的跨界面融合，流程优化，实现了铁水运输操控的集中化、调运组织的扁平化，两者形成合力大幅提升了铁钢界面运行效率与效益。

总结上述工作，马钢运输部在后续具体实践中，将紧跟智慧物流等最新技术的发展，继续从下面两个方面开展工作：一是关注铁水运输现场调车作业技术的发展，例如机车无人驾驶技术、SMART TPC 技术的发展与应用，结合马钢铁水作业特点，探讨上述技术与马钢现有智能自动进路等技术相结合的可行性及具体实施方案等。二是将现有的铁水智慧运输平台技术在马钢铁路运输中全面拓展推广，实现马钢整体铁路运输效率与效益的提升。

**参 考 文 献**

[1] 马小平，丁昆. 铁路编组站综合自动化系统 CIPS [J]. 甘肃科技，2011 (7).

[2] 郭平. 扁平化管理及在铁路企业的实践意义 [J]. 上海铁道科技，2009 (4).

# 钢铁厂铁水智慧运输的工程实践与探讨

胡　云

（上海宝信软件股份有限公司）

**摘　要**：分析铁水运输能效提升需求，对铁水智慧运输技术方案和工程实践进行概述，介绍铁钢平衡的铁水智慧运输系统，探讨减少铁水温降和周转率提升绿色节能目标。展示了基于 smartTPC 实现铁水智慧运输无人化运行的案例场景。

**关键词**：铁水智慧运输；鱼雷罐车；无人化；温降；周转率

## 1　引言

根据国家供给侧改革和智能制造战略，传统钢铁行业亟需通过转型升级来满足国家和社会对行业发展的高标准和高要求。智能转型和绿色发展是钢铁企业提高竞争力的必由之路。

钢铁厂铁水运输作业大多由生产人员直接操作，智能化水平和总体效率还有待提升；铁水运输过程具有高温、重载的特点，如何根据自身特点，充分抓住国家智能制造转型契机，探索新的技术并统筹谋划逐步实施，升级完善智能制造建设体系，探索新的竞争力提升手段，打破企业发展瓶颈，成为当前钢铁企业实现竞争力再提升的重要课题。铁水智慧运输工程是铁钢界面智能生产中不可或缺的组成部分。

中国宝武智慧制造战略推动着技术装备和管理水平不断提升，特别是随着高炉和炼钢环节智能化水平的提升，铁钢平衡对铁水运输提出了更高要求，运输衔接的自动化和智能化水平成为制约生产效率再提升的瓶颈。铁水热态运输作业环境存在的人身安全隐患，亟需通过自动化、智能化手段去消除；为了践行宝钢创享改变生活的理念，落地智慧制造战略，宝钢股份运输部和上海宝信软件通力合作开展了铁水智慧运输系统关键技术研发和质效升级工作。

## 2　工程实践简介

2012 年宝钢工艺铁路集中管控系统与铁水生产信息管制进行整合，完成机车和鱼雷罐车定位、无线数传、铁水运输信息的集控。2016 年完成基于计轴的铁路安全防护系统，同时开展机车和鱼雷罐车技术改造与装备智能的研制工作，2018 年 6 月完成机车和鱼雷罐车自动运行技术的研发项目结题；验证了机车自动驾驶技术，实现了机车自动运行、精准对位、车与罐自动摘挂、鱼雷罐车自动充电、自动驻车等功能，为 2019 年启动铁水智慧运输全面技术升级奠定了基础。

2020 年 10 月，宝钢股份运输部和大连华锐重工、上海宝信软件启动自力式灵巧鱼雷罐车（简称 smartTPC）的联合研制，并探索铁水智慧运输新模式。2021 年 1 月 15 日 smartTPC 样车在宝钢运输铁路线进行空载遥控运行验证，2 月 16 日在四高炉和二炼钢运输线验证了重罐遥控运行；同时启动了宝钢股份运输部基于 smartTPC 无人化运行的铁水智慧运输系统（简称 smartHIT）项目的立项，上海宝信软件承担该项目的工程设计和系统集成、软件开发，系统采用宝莲灯产品架构。

项目历经 10 个月的工程设计、设备改造、安装施工、生产协同、系统联调测试，2021 年底宝钢股份 smartHIT 正式投入试运行。从原来的司机遥控机车、人工择路开转辙机、工位点人工对位、铁鞋驻车，升级为铁水运输全流程无人化运行，实现运输计划自动执行、鱼雷罐车自动运行和自动充电、信号机自动开放的智能进路、受铁口和倒罐站自动精准对位驻车、跑铁侵限自动报警等现场无人操作的作业模式，并配置鱼雷罐移动加盖减少温降。改造后一、二高炉和一炼钢生产平衡的周转率在 2022 年 1 月底实现 5.0 的建设目标，6 月周转率达到 6.0，减少温降 10℃以上，整体效率提升超过 10%。随着系统运行的逐步完善，节能减排的效果将进一步提高。数字孪生系统通过大屏幕将铁水运输的实时生产信息动态立体地呈现在生产人员的面前，宝钢运输部的铁水智慧运输项目成为绿色低碳、节能降耗的成功实践案例。

# 3　铁水智慧运输提升能效

## 3.1　铁钢平衡需求

炼铁和炼钢生产具有连续性的特点，铁钢平衡要求在铁水罐的组织做到及时、准点，所以要求在调度铁水罐车的组织中，做到实时跟踪铁水罐的动态，及时对空重铁水罐流向进行调整，保证铁水的均衡、稳定供应，最大限度消耗铁水，减少铸铁机翻铁，建立铁钢的高产平衡。

铁钢界面业务流程如图 1 所示。

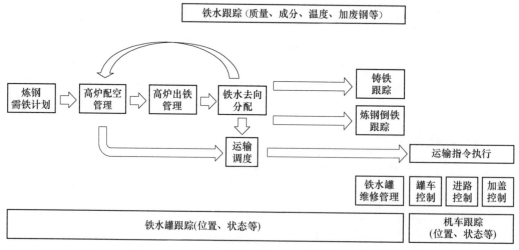

图 1　铁钢界面业务流程

## 3.2　智慧管控目标

铁钢平衡智慧管控目标是通过铁钢界面铁水分配的智能平衡建立静态平衡模型、铁水动态平衡模型、高炉配罐模型、铁水分配模型，实现铁钢平衡可视化展现。建设新产线铁水一罐制管控，或通过原有的系统升级改造，实现铁水的全程动态跟踪、智能精细管控，为铁钢作业无缝对接、铁钢生产组织可控有序提供保障。

钢铁界面智慧管控目标如图2所示。

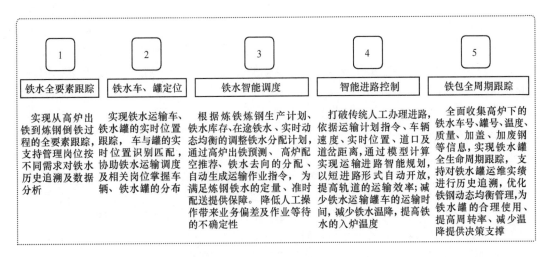

| 1 | 2 | 3 | 4 | 5 |
|---|---|---|---|---|
| 铁水全要素跟踪 | 铁水车、罐定位 | 铁水智能调度 | 智能进路控制 | 铁包全周期跟踪 |
| 实现从高炉出铁到炼钢倒铁过程的全要素跟踪，支持管理岗位按不同需求对铁水历史追溯及数据分析 | 实现铁水运输车、铁水罐的实时位置跟踪，车与罐的实时位置识别匹配，协助铁水运输调度及相关岗位掌握车辆、铁水罐的分布 | 根据炼铁炼钢生产计划、铁水库存、在途铁水、实时动态均衡的调整铁水分配计划，通过高炉出铁预测、高炉配空推荐、铁水去向的分配、自动生成运输作业指令，为满足炼钢铁水的定量、准时配送提供保障。降低人工操作带来业务偏差及作业等待的不确定性 | 打破传统人工办理进路，依据运输计划指令、车辆速度、实时位置、道口及道岔距离，通过模型计算实现运输进路智能规划，以短进路形式自动开放，提高轨道的运输效率；减少铁水运输罐车的运输时间，减少铁水温降，提高铁水的入炉温度 | 全面收集高炉下的铁水车号、罐号、温度、质量、加盖、加废钢等信息，实现铁水罐全生命周期跟踪，支持对铁水罐运维实绩进行历史追溯，优化铁钢动态均衡管理，为铁水罐的合理使用、提高周转率、减少温降提供决策支撑 |

图2 铁钢界面智慧管控目标

## 3.3 智慧运输需求

"钢铁生产工艺进步的过程，是工艺流程不断紧凑化的过程，其实质是通过流程的紧凑化来减少升温耗能和降温热损"。为实现低碳环保、节能增效、企业数字化转型的战略目标，提出了铁水智慧运输响应能效提升的需求，如图3所示。

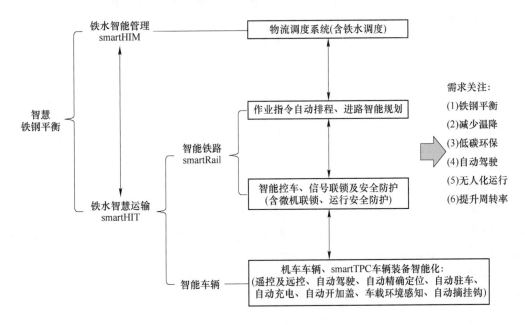

图3 智慧运输能效提升需求

## 4　设计方案与功能作用

钢铁厂生产、工艺、流程各有不同，关注点和需求各有考量；需要设计方案的通用性与个性化结合，系统功能的模块化可组合、定制化可集成、松耦合实现拆解可选配。软件平台采用工业互联网架构，通过与铁区、物流、炼钢系统的集成，支持"铁钢界面"的高效衔接和优化，基于业务需求逐步优化完善系统功能，实现智慧制造的战略目标。

铁水运输车辆的自动驾驶和智能进路的实现需要进行机械和电控的改造升级，而卫星精确定位、无线通讯、5G 网络设备、工业互联网监控与信息平台、AI 智能等技术的不断发展和成熟，为实现铁水智慧运输提供了保障。

### 4.1　铁水智能管理

铁水智能管理系统（简称 smartHIM）以实现铁水动态智能化管控为目标，利用平台技术和信息化技术建立高炉集控、铁水管制、铁水调度、炼钢集控、铁水罐维检、运输集控多岗位统一协同系统，重点围绕铁水运输调度岗位建立具有高效管控手段和辅助决策功能的智能化驾驶舱。面向宝钢 4 座高炉对应 3 个炼钢的铁水物流工艺（如铁水预处理、罐渣处理、罐加废钢等），在高效的图形化作业平台上，在智能化辅助决策功能的支撑下，实现铁水罐周转率的优化提升。

### 4.2　铁水智慧运输系统

铁水智慧运输系统的"大脑"是中央集控系统，在轨道电子运行图上，集中管控铁水调度计划及指令下达、车辆运行组织、智能进路规划与导航、定位管理、运行安全防护、网络管理、系统仿真、报警事件管理、操作日志、历史记录、操控回溯等基础功能，同时集成自动加盖、自动道口、自动工位点、冗余供电、视频监视等相关模块进行统一管控。

中央集控系统高度融合共享物流运输的计划管理、铁路信号联锁控制、智能车载控制与其他智能装备的信息，构成云、边、端架构的铁水智慧运输系统，如图 4 所示。

### 4.3　铁水运输车自动驾驶

钢铁厂根据自身情况可选择对运输车辆进行升级改造或更新。机车改造配置智能驾驶车载系统，具有遥控和自动驾驶功能；或淘汰报废的机车，直接改造鱼雷罐车架及走行部，升级为自力式的灵巧鱼雷罐车（smartTPC），实现铁水罐运输过程的遥控、远控、自动驾驶。

#### 4.3.1　机车自动驾驶

机车自动驾驶通过智能车载运行系统实现，主要包含车载控制系统、车载行驶安全导航系统、车载供电系统、精确定位系统、无线通信系统、智能视频识别系统、车载运行监控系统、车辆数据收集和信息分析系统、便携式人机交互终端等。铁水罐车配套改造使其具备自动充电、自动驻车、自动摘挂钩、精准定位和自动对位功能；与中央指挥系统联动，以最优的方式完成运输作业任务。

#### 4.3.2　smartTPC 自动驾驶

自力式灵巧鱼雷罐车（smartTPC）自动驾驶系统，配置自行式的电驱动动力转向架、

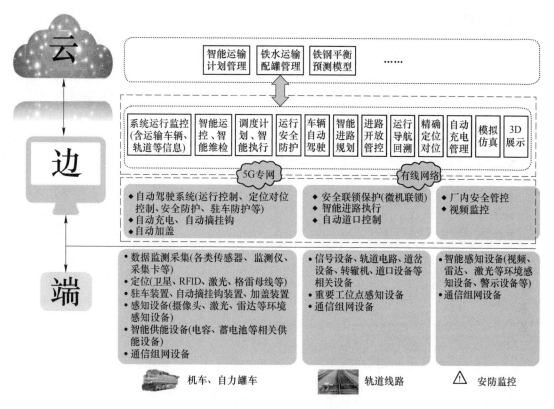

图 4　铁水智慧运输系统

电机、减速箱、自供电机柜、车地通讯与控制设备、毫米级的精确定位制动器、恒温机器室及其他相关检测装置,以满足车辆行驶安全、设备监控的需要。对于鱼雷罐车的自力式改造,目前多家厂商研究并申请了专利。成熟技术的创新集成,关键是适应生产,体现出有价值的使用效果。

smartTPC 的自动运输过程无需机车牵引,受铁结束"满罐即走",提高生产灵活性,减少机车对位、罐车摘挂以及多罐运行等待的时间,降低运输过程的温降;提升单罐周转率,提高铁水运输整体运行效率。

### 4.3.3　安全管控系统

实现热态铁水运输自动驾驶和流程无人化操作,安全是核心,机车或 smartTPC 的自动驾驶都配置了车载和中央集控的安全防护系统,对运行中的事件、故障、异常分级防护确保分类匹配导向安全。设计方案从系统安全、运控安全、设备安全、通讯安全、作业安全、人员安全、供电安全几方面进行整合,将各类安全模块做可视化的统一部署。同时建立全方位的安全管理制度,通过技术、管理、应急响应紧密结合,分级分类启动异常情况下的对应处理机制,确保安全高效完成铁水运输任务。

## 4.4　铁水智慧运输配套系统

全流程无人化运输可以总体策划,按需规划,分步实施,选择适应生产要求的配套系统。

#### 4.4.1 车地无线网络

无线网络建设是车辆自动驾驶实现车地联控功能的关键基础设施。通常有 Wi-Fi 技术和 LTE 技术可以实现。考虑钢铁厂环境对无线信号覆盖运输区域影响和车地联控的控制信号对稳定性要求，应采用可靠性高的 eLTE 的无线冗余专网方案，可申请本地的轨道交通 1.8GHz 专用网络覆盖进行自主建设；也可选择由中国电信、中国移动、中国联通三大运营商实施 5G LTE 冗余专网覆盖后流量付费的使用方式。

#### 4.4.2 智能进路

智能进路 smartRail 系统结合运输铁路路况信息、作业计划以及机车运行状态信息等，通过智能算法合理调车、管理多车辆作业过程、优化道岔口、多推荐最优通行策略。核心功能是建立智能进路规划模型，优化行驶路径、避让冲突，动态管理长进路，开放短进路，向车载系统下达执行指令。

#### 4.4.3 精准定位系统

使用卫星导航定位技术测绘和建立铁水运输线路的轨道电子地图。通过跳变位置测量、数据处理、减少漂移、优化电子地图显示，实现各种定位数据与地图坐标位置间的转换。满足车辆定位、自动驾驶、智能进路规划自动驻车的要求。

结合无线网络、RFID、卫星定位（北斗、GPS）、格雷母线、激光等技术，建立模型运算确定精准位置信息，跟踪运输车辆全程定位。满足出铁口和倒罐间对位精度 ±5cm 要求，其他作业定位精度满足 ±50cm 要求。

#### 4.4.4 智能道口

铁路道口不设栏木机，存在行人和车辆违规侵入的安全隐患。道口设置栏木机选配视频监控和障碍物识别系统，根据需求实现栏木机的就地操控、远程集控、自动控制功能。为满足无人化铁水智慧运输的运行要求，道口可升级为智能系统。现场控制装置设"远程/本地"切换开关。车辆自动驾驶切远程模式，中央集控系统根据车辆速度、位置、进路下发接近道口前的封闭指令和车辆离开道口后的开放指令。同时通过道口视频监控和障碍物识别系统判断道口区域的人、车、物的侵限情况进行周界报警，授权停车等待；出现异常联动车辆紧急制动，确保钢铁厂 24h 运输过程中的道口通行安全。智能道口实现了与自动驾驶车辆的联动；条件满足时也可与道路的交通信号机联动，通过电子警察系统抓拍违章车辆，以及识别行人违章。

#### 4.4.5 智能视频系统

智能视频系统根据需要进行选择配置。

（1）车载智能视频提供给机车司机全天候全方位的本地实时或远程的视频监控、电子添乘等功能，为司机安全行车提供支持。

（2）自动驾驶的视频设备安装在车辆前行方向，与头部的激光和雷达检测装置构成车载智能感知系统，通过对收集的视频图像、毫米波、激光等数据进行处理运算，将轨道前方及周边的人、车、物的类别、方向、位置等数据生成三维空间的全方位立体图像，用感知模型排除干扰，甄别出对行车安全有影响的危险物信息，输出给车载控制系统和中央集控系统做决策，提供全天候安全支持。

（3）铁路沿途视频监控是铁水运输无人化运行区域防止人员入侵的安全防护。

（4）工位点视频监控对于无人操作的工位点，通过高温热成像的实时监视与警示，及时发现突发性、不可预测的异物或跑铁侵入铁轨，避免影响自动行车的安全。

### 4.4.6 自动加盖

钢铁厂响应节能环保要求，采用铁水罐加保温盖技术措施，减少铁水温降，防止铁水运输和加废钢过程中对周围环境造成污染。鱼雷罐车上的移动式加盖，具有机械手动、电控手动、遥控、远控、自动功能。可以实现高炉、炼钢、加废钢等工位点、停车点、运输过程中的自动加盖、开盖，可与倒罐站接电装置联动保护；保温盖根据受铁和倒铁要求自动控制，减少铁水罐敞口存放时间过长造成的温降损失。

## 5 结语

铁水智慧运输的目标就是要将司机从危险的、环境脏的、重复性的 3D 作业面上解放出来，通过装备改造、技术升级，实现信息共享，打通高炉、运输、炼钢间的信息，提升运输调度管控水平，提高劳动效率，契合当前"智能化、节能化、环保化"的时代发展要求。宝钢股份突破创新，首次在高温热态的铁水运输中采用 smartTPC，将无动力的鱼雷罐车改造成电动遥控车辆，开启了全新的铁水运输模式；打破了传统的铁水罐连挂运输方式，首创了自力式灵巧鱼雷罐车从高炉到炼钢无人化作业的"罐空即配，满罐即走，到站即用"的绿色高效新模式，同时采用鱼雷罐一体式自动加盖，实现钢铁厂铁水的清洁运输、智慧运输。

# 集中管控模式在鞍钢工艺铁路运输中的应用与实践

苟　涛

（鞍山钢铁集团有限公司铁路运输分公司）

**摘　要**：鞍钢工艺铁路运输承担着鞍钢铁水、钢水以及钢渣运输任务。随着鞍钢生产规模的迅速扩大，现有运输模式无法满足生产需求。通过引进先进技术开发铁路运输调度集中系统和流程再造形成特有的集中管控模式势在必行。本文主要介绍集中管控模式的做法及效果。

**关键词**：铁路运输；调度集中；信息集成；流程再造

## 1　引言

鞍钢工艺铁路运输贯穿于整个炼铁、炼钢生产工艺中，具有变化多、变化快、时间紧、任务重的特点。近几年来，随着鞍钢生产规模迅速扩大，生产运量增加，运输组织发生了很大的变化，现有工艺铁路运输三级管控模式已经捉襟见肘，无法满足鞍钢生产运输要求。因此鞍钢工艺铁路运输进一步优化运输组织，加强科学调度，增加与各单位部门的协作联系，利用先进的数字技术和信息技术及时、准确、高效率、高质量地完成运输指挥，减少中间环节，提高管控水平，最大限度地提高运输作业效率，优化整合资源，流程实现再造。构建鞍钢铁钢界面物流一体化集中管控体系势在必行。

## 2　集中管控模式的提出和应用

鞍钢工艺铁路运输区域由烧结站、炼铁站和炼钢站三个特种车站组成；指挥系统为传统的铁路运输三级管控系统，即厂级调度–站级调度–区级调度，按照属地管理设置了 5 座信号楼，通过 8 套微机联锁控制了 140.192km 铁路线路以及 731 组道岔，其中每个信号楼控制 130~160 组道岔。结合鞍钢工艺铁路运输现状，在整个铁钢界面上建立铁路运输集中管控体系来提高生产运输效率和加快特种车辆的周转，减少铁水传搁时间，实现调度指挥扁平化、信息化。

集中管控体系是对现有组织架构、调度管理系统和信号控制系统进行资源、岗位整合，通过智能化手段形成对现有工艺铁路运输区域集中指挥、数据集成、信息共享，减少作业环节，使运输作业管理更加自动化，同时减轻生产人员的劳动强度，提高作业效率和劳动生产率。

## 3　集中管控模式的具体做法

### 3.1　技术引进，开发调度集中管控系统，从技术层面支持集中管控体系

#### 3.1.1　引进铁路信号光纤通信的远程控制技术

研究设计了 HJ04 铁路信号计算机远程控制热备系统，实行铁路道岔的远程操纵控制，

通过光缆施工实现了在指挥中心对5座信号楼的远程控制，解决了5座信号楼分散分布问题，为集中管控系统实施打下坚实基础。

3.1.2　引进了以 RailCAS 的智能进路工作原理为核心的铁路调车场集成控制系统

将5座信号楼的画面集成到一个画面中，实现了信号操作由多套微机联锁、多座信号楼分散控制、分散操作向集控中心集中控制操作转变。工艺铁路运输区域内的8套联锁设备集成在一个平台，统一控制，实现了调度指挥中心对各车场的集中调度、集中监督和集中控制，实现了各车场所有信号站场表示、现场车和作业计划集成于同一界面，实现了各车场的所有机车、车辆的现在车集中管理。

（1）自动化程度明显提高。将每日数千条进路由值班员人工逐条办理变为计划驱动的计算机全自动办理，不必人工操作确认。采用鼠标拖拽机车车辆在不同线路间移动的方法体现站调的作业计划，自动生成调车作业通知单计划，实现计算机辅助自动编辑与修改调车计划。系统通过现场调车员持有的手机，自动在手机显示屏上推送与调度员完全同步的调车作业通知单，同时在调车过程中同步语音指挥行车。全部过程调度员、值班员无需参与。根据日常不定期统计，铁路调车场集成控制系统24h进路办理数量在7000条左右，其中列车进路的自动化率在99%左右，调车进路自动化率在97.5%左右，数字化指挥自动化率在98%左右。

（2）安全实现自动卡控。进路选排全部通过计算机自动办理，行车过程全部通过计算机自动指挥，全面杜绝了人工操作过程中的错办、漏办、误办现象，大幅减少了运输生产安全隐患。系统通过对轨道电路分路不良情况的特殊应对策略，自动识辨分路不良现象，自动采取防护措施，在不增加作业人员额外工作的情况下，进一步保障了行车安全，提高了运输生产本质安全水平。

（3）信息集成实现综合信息化。RailCAS 实现综合自动化的核心技术是信息集成，在综合信息化功能方面可以实现一个终端、一个界面同时展示站场信号表示、机车、现车、车辆、钩计划、指令甚至是道口信号的显示，刻画出这些不同生产要素的内在联系，构成完整统一的生产工况，所有必要的人工操作均集成在同一界面下。

（4）实现生产协作电子化。RailCAS 实施后，实现指挥数字化，即电子协作方式抵消调度员、值班员和调车员之间喊话协作方式。

（5）功能延伸至管理层。管理人员可以通过 RailCAS 远程客户端查看实时或者之前的岗位操作日志，掌握现场生产运行情况、货运统计等生产数据，另外还可以根据岗位人员变动对系统运营数据进行维护。

## 3.2　流程再造，优化集控台设置，从管理层面支持集中管控体系

通过分析原烧结站、炼铁站和炼钢站车站分布情况、业务流程以及作业特点，提出大胆改革方案：

一是将3个车站所有调度人员和信号人员全部划归烧结站管理，依托铁路调车场集成控制系统在指挥中心设立4个集控台，由烧结站负责管理，人员由原3个车站调度人员和信号人员竞聘上岗，实现工艺铁路运输调度一级扁平化管理。

二是将烧结站原现场管辖范围划归炼铁站管理，炼钢站管辖范围不变，实现工艺铁路

区域高炉区和转炉区新的属地管理模式。

三是针对运输作业过程中的调度命令管理、临时封线管理、应急预案执行管理以及货运业务的管理，制定《生产指挥中心运输过程控制管理细则》，确保运输过程中各类影响因素得到有效控制。

通过上述管理职能的调整，真正实现调度系统直接统一指挥到现场专区管理的新管控模式。

通过岗位优化定岗定编，将原有烧结站、炼铁站、炼钢站调度、信号岗位人员进行整合，聘任智慧物流一期一线生产操作岗位能够从事工艺铁路运输生产指挥人员 37 人，完成减岗分流原调度、信号岗位人员共计 47 人，大大提高了劳动生产率。新旧岗位核减人数见表 1。

**表 1　新旧岗位核减人数**

| 岗位 | 原岗位人数 | 现岗位人数 | 核减人数 | 原岗位总人数 | 核减总人数 | 现岗位总人数 |
|---|---|---|---|---|---|---|
| 烧结信号楼 | 9 | 9 | 8 | 83 | 47 | 36 |
| 新区信号楼 | 8 | | | | | |
| 炼铁信号楼 | 25 | 9 | 16 | | | |
| 烧结站站调 | 4 | 9 | 2 | | | |
| 炼铁铁水调度员 | 7 | | | | | |
| 炼钢信号楼 | 21 | 9 | 21 | | | |
| 北配料区调 | 4 | | | | | |
| 南配料区调 | 5 | | | | | |

### 3.3　优化运输组织，减少机车配备，从指挥层面支撑集中管控系统

减少作业机车是铁路运输企业降低运营成本、优化人力资源和提高劳动生产率的最有效、最直接的手段。鞍钢工艺铁路区域的作业机车是按作业性质配备的，这就使得各个作业机车的作业量不均，有高有低，甚至有的机车的作业时间低于 50%，有较大的优化空间。以最少的机车配备来完成最多的工作量就是最优和最佳的运输资源配置。针对运力浪费的问题，提出在东区铁水机车实行直送 + 接力运输模式，总体划分为高炉区和转炉区两个区，铁水机车在高炉区和转炉区进行铁水空重罐的接力运输。针对机车整备、作业分布、交接地点、应急救援等制定下发《炼铁东区铁水机车"直送 + 接力"作业办法》，管理人员通过跟乘、跟调的方式进行试运行期间的全过程跟踪，确保新运输模式顺利进行。项目实施以来，成功减掉 3 台机车（新 1 高炉 1 调，新区 5 调和 7 高炉 7 调）。

## 4　集中管控模式实施后的效果

集中管控体系在工艺铁路运输区域实施以来，坚持按照"智能化安全控制为基础，铁路指挥信息化流程再造为手段，全面提高运输作业效率、降低企业运营成本"的原则，依托铁路运输调度集中控制平台，实现了"厂级、站级、区级"三级指挥调度向集控中心

一级调度指挥的转变，彻底打破站间调度界限，实现了作业机车相互补助作业，减少铁水运输作业机车3台，机车作业效率整体提升10%，按照每台机车各类运用成本（柴油+检修+备件+油脂）120万元计算，3台作业机车每年可节约各类费用成本：3×120=360万元。

另外工艺铁路系统调度的扁平化、集中化和高效化，缩减了铁水运输生产组织过程中调度指挥和生产信息传递，实现了铁水运输生产组织的高效运行。总体上能缩短铁水传搁时间5min，预计可实现年创效1392万元以上。

最后集中管控体系中调度集中控制平台具有良好的人机界面，且操作简便，使运输作业管理更加自动化。同时减轻生产人员的劳动强度，提高作业效率和劳动生产率。系统投入运行后，通过对原工艺铁路车站（烧结站、炼铁站、炼钢站）调度、信号相关岗位进行全面调整、结构优化，缩减岗位编制47人，按照每人每年成本10万元进行计算，每年节约人工成本：47×10=470万元。

铁路运输分公司着力突破数字化铁路运输建设面临的瓶颈问题，以提升效率为原则，显著提升管理效率、作业效率和劳动生产率；以数字赋能铁路运输高质量发展，推动工矿铁路运输和前沿引领技术的融合创新；以工艺创新引领体制、机制和管理的全面创新。

## 参 考 文 献

[1] 李景山. 铁路调度集中与铁路运输效率的关系分析与实践 [J]. 中小企业管理与科技（中旬刊），2018（23）：75-76.

[2] 刘得熠. 水钢铁路运输调度集中与调度监督系统的开发 [J]. 冶金标准化与质量，2012，50（3）：58-60.

[3] 王强，费振豪. 调度集中系统在普速铁路运用方案探讨 [J]. 中国铁路，2020（8）：46-49.

[4] 中国钢铁工业协会. 冶金企业铁路技术管理规程 [M]. 北京：中国铁道出版社，2018.

# 冶金企业铁路运输智能化系统的研究应用

刘卫正，赵　勇，胡春风，谷春丰

（河钢集团唐钢公司）

**摘　要**：铁路运输智能化系统以创新铁水调度组织为出发点，运用信息技术、智能算法、物联网等技术手段，将运输组织模式、业务流程、作业效率、安全作为研究对象，旨在提升铁路运输管理效率和组织水平。通过数据抽取技术和数学算法实现智能调度计划的自动生成以及智能进路的排放；应用数据存储、大屏可视化技术实现智慧运输和指标预警；应用物联网设备实现机车运行状况、铁水车状况实时监控和预警。从而，加速企业铁路运输向数字化和智能化方向转型，助推运输组织模式变革、效率变革。

**关键词**：铁路运输；信息技术；物联网；智能化

我国冶金行业存在着大量专用铁路，铁路运输作为钢铁企业最高效、环保、安全的一种运输方式，对企业原燃物料保供、铁水供应、产品发运起着至关重要的作用。企业铁路一般采用两级调度模式，一级调度为公司级生产调度，主要面向宏观生产，负责平衡生产供需与节奏；二级调度为现场运输调度，负责运输计划执行与行车组织。铁路运输效率受生产节奏、铁路运力影响较大，影响铁路运输创新发展的瓶颈和难点主要体现在公司级和铁路运输级调度组织，传统管理创新已很难突破瓶颈。全球新一轮科技革命到来，物联网、云计算和大数据等新一代信息技术的应用为产业转型升级创造了重大机遇，智慧物流正在成为物流业转型升级的重要源泉，推动运输质量变革、效率变革，加速向科技化、数字化、绿色化以及智能化方向转型。

## 1　铁路运输智能化系统建设总体思路

以企业铁路运输组织实际情况为依据，从管理、效率、安全、质量多方面多角度进行系统设计和建设。应用计算机编程、数据分析、智能算法、物联网等技术手段，以运输组织模式、业务流程、作业效率为研究对象，全面挖掘公司生产、物流运输数据价值，规划协同多部门推进智能铁路运输实施。通过数据抽取技术和数学算法实现智能调度计划的自动生成以及智能进路的排放。通过搭建生产系统接口、部署车号识别、高清摄像头以及传感器等技术实现铁路运输全流程数据、机车车辆运行状况的动态掌握和数据分析统计，为改进行车组织模式、优化铁路运输管理、提升机车作业效率提供决策支持。

## 2　智能铁路运输信息化业务系统

### 2.1　智能调车计划制定

智能调车计划的实现分为感知层、判断层、决策层，智能调车计划的内容包括作业内容、作业类型，感知层用来获取计划编制的作业需求和作业环境，判断层确认计划编制是否可行，决策层制定调度计划，并对计划执行结果进行优化。

（1）应用建模思维，将铁路站场线路、机车、铁包作为建模对象，进行抽象化、模型化，由于铁水运输具有一定的随机性和不确定性，当感知层获取新的信息或者突变的信息后会自动触发传递给判断层，以此适应不断变化的情况，随时为调车计划的更新提供信号。

（2）感知层获得信息并传递到判断层，判断层通过实时对照站场联锁信息情况，用来判断各个作业需求执行的前后顺序以及信号联锁，充分保障调车计划时序的合理性以及车辆走行的安全性，判断层提供判断结果后传递至决策层。

（3）决策层主要用来自动生成调车计划，决策层的信息来源于判断层，决策层既有计划编制的规则又有编制的算法。规则包括基本配置库、时序库，基本配置库配置了股道与股道间的对应关系，股道与炼铁厂、炼钢厂的对应关系以及大包、小包适用的股道等。时序库是计划编制和执行的先后顺序，是铁水运输整体效率的体现以及安全控制的关键库。规则库作为计划编制的前提条件和约束条件，算法则是计划编制的核心，通过运筹学算法和自学习计划编制调车计划，并对各个机车的计划进行预演，用来判断不同调车计划的合理性和科学性，从而得到最优的调车计划并自动生成。

（4）提供人机交互接口，系统根据现场实际情况和运输需求自动编制生成调车计划并输出显示，由人工进行干预、确认，保障智能计划的科学性和安全性。

## 2.2 智能进路和计划自动执行

智能进路的生成主要是在调度集中系统中应用，调度集中系统采集微机联锁控制系统的信号设备信息和现场动态信息，并集中显示集中区内站场设备状态、实现调度室对铁路现场信号设备的集中控制，通过轨道电路状态变化和模拟算法追踪机车、铁包运行过程中位置的动态信息。完成轨道电路追踪机车、铁包运行位置，并在车务终端电脑显示追踪的实际情况，为信号排放、调车作业提供基础依据。

智能进路预排根据调度计划及机车位置实现进路预选，在进路条件满足且处于正常执行状态时触发预排提醒；具备多条进路时推荐最优路径，存在多条平行进路时，根据进路优先权比重选择进路；用相应技术手段确保合理的进路长度，杜绝人工补开进路同时避免进路过长影响通过效率。系统具有自我诊断功能，实时检测上下游通讯状态，异常时报警提示，并结合运行日志实现系统维护智能化，提高系统安全性。

智能进路生成后，当机车车辆到达作业目标股道后系统会对调车计划中的目标股道和调度集中系统中机车所在股道进行校验对比，当位置符合后，会进一步判断轨道电路以及道岔情况，符合自动执行调车计划情况后，系统会自动执行计划清钩，完成机车作业任务，并反馈至智能计划，从而实现计划编制、下达、执行反馈、编制的循环，让智能铁水运输系统持续不断地运行。

图 1 为智能进路排放展示。

## 2.3 铁路运输报表数据管理

应用帆软报表和数据库技术采集、整合、抽取铁路运输相关数据，建立铁运各项指

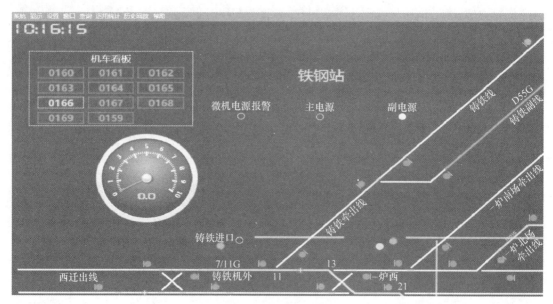

图 1　智能进路排放

标，用报表、图表和数据列表的形式展示指标分析结果，为各部门业务分析和管理提供数据和决策支持。报表分为兑现率和生产数据汇总两类。兑现率以图表的形式展示计划值和完成值的百分比，分为作业时间管理、进度管理、能耗管理（资源运用）、费用管理、自定义式统计与指标管理、KPI 管理以及趋势管理等，并应用算法分析、挖掘数据价值，为生产组织提供决策支持。可视化报表主要以图表为主，统计数据包含运用车数、包数以及保有量（含历史）、费用统计分析、作业量统计、周转量统计、机车作业率统计、个人计产、班计产、各类生产竞赛统计等，对查询结果结合指标用不同颜色显示，对统计结果按照需求采用图表、图形展示。图 2 为铁运报表展示。

| 日期：2023-08-04　班别：⦿白班 ○夜班　查询 | | | | |
|---|---|---|---|---|
| 班生产表 | | | | |
| 铁水运输 | | | | |
| 班产量 | 1号高炉（以出铁时间为准） | | | |
| 日产量 | 炉次 | 出铁开始时间 | 出铁结束时间 | 包号（区分大小包） | 铁水净重 |
| 单日作业率查询 | 一高炉合计 | | | 大包：3个 小包：11个 | 2098.6 |
| | 23A1022603 | 2023-08-04 07:30:03 | 2023-08-04 08:15:34 | H030 | 254.7 |
| 场内现车停留时间查询 | | 2023-08-04 08:41:58 | 2023-08-04 09:09:51 | X036 | 125 |
| | | 2023-08-04 09:11:37 | 2023-08-04 09:49:01 | X025 | 125 |
| 列检信息 | 23A1022611 | 2023-08-04 09:15:26 | 2023-08-04 09:33:23 | X027 | 125 |
| | | 2023-08-04 09:50:53 | 2023-08-04 10:23:21 | X053 | 125.2 |
| 大屏 | | 2023-08-04 09:54:15 | 2023-08-04 10:09:55 | X011 | 125 |
| | | 2023-08-04 10:27:48 | 2023-08-04 10:37:21 | X046 | 85 |
| 铁水包 | | 2023-08-04 10:51:02 | 2023-08-04 11:07:28 | X060 | 124.4 |
| 班车 | | 2023-08-04 11:09:06 | 2023-08-04 11:29:24 | X054 | 125.6 |

图 2　铁运报表

# 3 物流智慧大屏系统建设

随着物流人员、装备设施以及货物全面接入互联网，形成全覆盖、广连接的互联网，为信息化系统的全面升级提供了技术和设备基础。以河钢唐钢区位调整造成产品结构、用户分布、运输方式、仓储分布等发生较大变化为研究背景，以提升企业物流调度能力为目标，充分利用信息化技术、物联网技术、数据挖掘技术等，建立物流智慧大屏系统。

## 3.1 大物流体系建设

为推进智慧大屏系统建设落地，建立物流综合调度指挥中心，实现铁路原料供应、铁水运输、产线生产、仓储、产品发运等物流环节的集中组织、管控，将原料供应地、港口、厂内库、各生产环节、厂外库、售达方等各物流节点作为研究对象，建立一个大物流网络模型，对大物流体系中的资源进行统筹规划，以达到最有效的管理。

## 3.2 构建大物流数据平台

冶金企业物流运输过程中会产生大量生产数据和物流数据，数据规模宏大且分布在各生产执行系统和三级信息化系统中，为大物流数据平台的建设提供了实现前提和数据支撑。应用统一的接口技术搭建软件接口，采集公司采购系统、铁前系统、铁运系统、产销系统、物流系统、计量系统等信息化系统的数据，建立企业级信息数据库存储历史数据和实时数据，并对这些数据抽取、过滤，形成智慧大屏系统的原始数据。

## 3.3 构建智慧大屏展示平台

应用 axure 软件快速设计大屏界面原型并导出 html 文件，实现前台界面的快速生成和美观优化，软件后台应用 JAVA 的 SSH 技术框架开发设计，实现物流数据的逻辑处理、分析，数据宏观展示和集中调控。以区域地图、历史数据趋势图、环状图、分析图表等形式实现关键生产指标、经营数据的展示，并重点优化数据平台展示效果和数据质量，从而展示原料库存、成品库存、清洁运输、招投标、生产指标、天气预警信息，并通过算法模型实现库存智能预警，为物流生产组织和集中管控提供坚实支撑，更好更高效地服务于钢铁生产主业，推动物流质量变革、效率变革，加速向科技化、数字化、绿色化以及智能化方向转型。

# 4 铁水车状况动态监控

创新铁水车车轴情况监控模式，通过高清摄像头和车号识别设备，实现铁水车运行情况视频、车号的采集和集成匹配及全天候的精准监控，提高铁水车车轴检查的效率和效果，为预防车轴故障提供辅助。

车号识别设备部署在线路关键点，在铁路一侧安装一套识别主机，用于识别铁包、机车及车架子上的标签，识别主机通过 485 接口的方式上传到数据采集终端，数据采集终端将数据处理完后再通过网络交换机将识别的标签信息上传到服务器进行处理。站场线路关键点处安装车号识别设备 11 套，机车、车架、铁包安装 RFID 标签，实现车、架、包的自动识别和关系匹配以及位置的校验。在车号识别旁布置高清摄像头，实时监控、采集铁水车经过时的视频，清晰度完全能够满足监测需要，可以清楚看清铁水车车架、车轴关键部位，高清摄像头配备后台视频存储服务器，可保存 60T 视频录像。应用 C#计算机编程技术搭建接口，高清摄像头 SDK 二次开发调取视频录像，MPEG 技术压缩视频并截取视频图片，车辆经过车号识别设备时接口程序会记录时间以及车号，然后根据时间信息调取车辆视频，经过 MPEG 技术压缩和截图保存到数据库中，从而实现视频和车号信息的匹配。此外，经过 JAVA 技术开发车辆视频监控平台，供车辆检修部门实时查看以及历史查询，实现通过系统可精准、直观调取、查看每个铁水车运行视频，实现铁水车检查实时、动态、高效。

图 3 为车辆视频监控平台。

图 3　车辆视频监控平台

# 5　物联网检测设备

企业内燃机车为服务生产需要全天候在线运行，机车的电器元件、接触器频繁启动和振动，易发生电器件烧损故障，轻者影响机车在线运行，重者将会影响公司生产。由于元器件较多，日常点检定修不足以支撑，需采用传感器进行全方位自动监控。考虑监测点位多、有线传输布线难，采取了无线传输方式，研制了三种传感器：一是有源无线测温传感器，对于电线接头部位，空间较大，一体式温度传感器可以直接捆扎到接头部位，具有自动休眠、低功耗，低频传输、传播远，硅胶外壳耐高温，专业芯片抗干扰，体积小巧、易安装等特点。二是有源吸附式无线测温传感器，采用一体式传感器，传感器内置强磁，可吸附在轴承外壳上；考虑到振动等因素，为保证传感器固定牢靠，采用增加橡胶防滑垫、硅胶辅助粘接等方法进行固定。三是有源无线电容性非接触水位传感器，水箱等部位采用电容式非接触液位传感器，加上处理电路、无线电路、电池，组成一个完整检测装置，当液面下降到指定位置时，传感器检测电路状态发生变化，则传感器发出报警信号。图4为测温传感器实物图。

图 4  测温传感器

为便于乘务员随时观测机车设备状态，信号收集箱安装在司机室侧墙上，并加装报警装置，同时借助互联网将机车设备信息传到手机上，以便及时提醒乘务员机车设备现场哪里异常，注意观察并排除隐患。通过对每个易出现故障的点进行实时监测，出现故障征兆及时发现，超出正常值范围及时报警，从而实现电器故障早发现、早排除，将机车设备隐患消除在萌芽状态。

## 6  总结

铁路运输智能化系统的应用极大地提高了行车组织科学性、行车安全和作业效率，实现了企业减员增效、降低成本的目标，重塑了铁路运输调度组织模式，推动了铁路运输向数字化和智能化方向转型，为企业带来了可观的经济效益和生态环保效益，对铁路运输发展和管理水平提升意义深远。

**参 考 文 献**

[1] 李维刚，叶欣，赵云涛．铁水运输调度系统仿真［J］．计算机应用，2019，39（S2）：206-210.
[2] 陈延龙．钢铁企业铁水运输智能调度系统研究与开发［D］．兰州：兰州交通大学，2020.

# 冶金铁路运输调乘组织模式历史性变革的探索与实践

王　辉，刘　欣，吕振波，马智军

（首钢集团有限公司矿业公司运输部）

**摘　要：** 首钢集团有限公司矿业公司运输部（以下简称运输部）主要负责首钢集团迁安、顺义两个钢铁基地及矿业公司的原燃材料供应、产成品外发等铁路运输业务。2021 年底在岗职工 1263 人，共设置 6 个职能科室、6 个车间，承担迁钢、迁焦、矿业、顺义冷轧及地方铁路运输任务，同时承担着运输部机车、车辆、装卸机械、铁路、信号等设备的检修维护工作。2019 年以来，随着国家"公转铁"政策落地，矿业公司以绿色建材为主的资源综合利用产业规模不断扩大，铁路运输任务量大幅提升；同年，运输部为应对人力资源不足的矛盾，打破冶金铁路运输行业劳动组织上的传统思维，创新实施联乘制劳动组织模式。2021 年，为实现"十四五"铁路运输高质量发展，打造铁路运输物流产业，依托自动化、信息化，进一步探索实践，实施了单乘制劳动组织模式，两次调乘组织模式改革，用原 27 台机车调乘人员解决了目前 38 台机车调乘人力需求，大幅降低了人工成本。

**关键词：** 铁路运输；单乘制；变革

## 1　冶金铁路运输调乘组织模式历史性变革的实施背景

（1）调乘组织模式历史性变革是适应国家"公转铁"政策的必然选择。党的十八大把生态文明建设纳入"五位一体"总体建设以来，绿色产业已经成为企业发展的风向标，随着"公转铁"政策及京津冀协同发展战略政策落地，首钢矿业公司资源综合利用产业打造北京市建设绿色建材示范基地深入推进，首钢股份公司原燃料火运比逐步提升，迁安地方企业等外部市场需求不断增加，使京津冀及周边地区铁路运量大幅增长。运输部面对千载难逢的历史机遇，主动担当，打造铁路运输物流产业，通过调乘组织模式历史性变革，不断提高铁路运输服务的能力和水平，在成为矿业发展新的经济增长极的同时，适应国家"公转铁"政策。

（2）调乘组织模式历史性变革是铁路运输行业高质量发展的目标方向。近些年，国内大型冶金企业积极探索物流产业化发展模式，通过行业对标，各地方铁路运输企业劳动生产率、台日运量等效率效益指标逐年提高，特别是近几年增幅较高。实施调乘组织模式历史性变革，压缩司乘人员数量，提高劳动效率，不断压缩企业人工成本，以创新的思维迎接挑战，不断提质增效，全面推进运输质量变革，紧跟铁路运输行业高质量发展步伐。

（3）调乘组织模式历史性变革是企业内部高质量发展的迫切需要。2021 年初，矿业公司为实现"十四五"期间高质量发展，围绕自动化信息化的运用、管理、融合等工作，提出了"现场无人化、管控集约化、管理智慧化"的总体工作目标和搭建"采矿、选矿、运输、管理"四大智能平台的总体工作部署，加速推进智能矿山建设，同时为满足马城铁矿 2023 年投产人力需求，同步推进矿业公司各单位深化转型提效，制定了 2021~2022 年度转型提效暨人力挖潜方案。运输部打造铁路运输物流产业也进入关键时期，为完成转型提效任务、实现运输产业高质量发展的形势要求，依托自动化、信息化，进行调乘组织模式历史性变革势在必行。

## 2　冶金铁路运输调乘组织模式历史性变革的主要做法

### 2.1　构建调乘组织模式历史性变革管理体系

"十三五"期间，为积极应对铁路运输总量的几何式增长，运输部打破"两名乘务员+一名调车员"的出乘模式，实现"一个乘务员+一个调车员"的出乘模式转型，缓解了因运量增加而人力资源不足的矛盾。2021 年是启航"十四五"规划的开局之年，随着建材产线的逐步打产，运量结构发生较大变化，在支援马城转型提效及南区运营模式改变带来经营变化的双重压力下，在充分分析各岗位人员配置的基础上，运输部再次向出乘模式发起变革，大胆提出单乘制出乘组织模式，即每台机车只配备一名乘务员，不仅负责区间列车运行工作，同时担负起调车员摘车、挂车等相关职责。释放出的人力资源（调车员）采取驻站模式，负责站内倒调、甩车、检车等作业以及空重车辆的整备工作。

为确保单乘制调乘组织模式变革顺利实施，进一步推进岗位融合，释放人力资源，制定专题单乘制工作推进方案。成立领导小组，全面负责机车单乘制推进工作的协调组织，审核确定机车单乘制生产组织方案、调车和列检岗位培训方案、机车单乘制机车设备改造方案及相关规章制度、管理办法的修订等工作。

### 2.2　明确调乘组织模式历史性变革责任体系

单乘制与联乘制最大的区别就是机车区间运行由乘务员独立完成。单人单岗能否保证行车安全？机车那么大，行车中存在死角和盲区怎么办？调车员驻站后生产组织怎么调整？经初步调研，一系列问题亟待解决。单乘制改革是实现"增量减人"、铁路运输产业高质量发展的重要举措，遇到什么困难就要解决什么困难，为此，成立了生产组织、设备改造、安全及人力资源协调四个专题工作组，明确职责，攻关解决制约单乘制组织模式变革的各类问题。

生产组职责：制定机车单乘制生产组织方案，界定各车站调车员（兼列检）职责及业务范围，制定单乘制生产组织联系办法、单乘制生产安全措施、单乘制岗位规程、岗位职责、岗位操作标准化、车辆脱线应急预案等。

设备组职责：制定单乘制相关设备改造总体方案；制定机车单乘制电力机车改造完善方案；制定机车自动提钩方案；制定选矿站股道供风提前进行制动效能试验方案，调研调车员专用对讲机选型，需具备对讲、定位等功能，用于调车员与调车员、车站值班员间的业务联系。

安全组职责：制定单乘制生产安全措施，修订相关岗位安全规程，组织修订岗位操作标准化等。

人力资源组职责：明确各车站配备调车员（兼列检）人数，制定调车员学列检技能、列检学调车员技能、乘务员单岗操作技能的岗位培训方案，并组织培训；确定乘务员（单乘操作）、调车员（兼列检）岗位职责。

在明确各工作组职责的同时，分别明确了责任人及完成时间节点，确保单乘制有序推进。

## 2.3 筑牢调乘组织模式历史性变革安全体系

安全是永恒的主题，特别是对于铁路运输行业，运行安全是衡量铁路运输质量的重要指标，为确保单乘制实施后运行安全，需多点发力，筑牢单乘制生产组织模式安全体系。

### 2.3.1 方案制定托安全

针对三乘制变联乘制再到单乘制的改革，乘务员、调车员岗位职责业务发生较大变化，为确保人身、行车安全，先后制定了《电力机车单乘制全域推行生产组织方案》《单乘制作业安全措施》《关于单乘制模式下站区多人参与作业联系确认规定》《单乘制司机身体突发状况应对措施》等多项方案，确保实施后各类安全管理措施跟进。生产专业统筹形成了单乘制生产组织管控办法，结合5个驻站区域的实际情况，按照单机作业、解体作业、调车作业、发车作业等内容制定专项生产组织联系办法，保证了单乘制生产组织模式的顺稳运行。

### 2.3.2 危险评估识安全

借鉴联乘制危险因素评估方法，采用LEC评价法开展分析论证，组织对机车本体、现场环境、人员操作等全面开展风险排摸和隐患排查，对可能造成的人员伤害、财产损失、工作现场破坏的根源或状态进行分析，形成评估报告及管理需求。共计梳理出安全风险13项，制定管控措施16条。同时，排查隐患问题33项，制定隐患整治清单，全部按时限要求整改完成。

### 2.3.3 设备改造助安全

结合乘务员单独操纵，另一侧没有瞭望的实际，组织对在用机车视频安装位置进行调整，将前后主摄像头调整到机车右前侧，保证机车司机运行中能有效观察另一侧情况。同时，在机车上台车、车钩、司机室内等点位安装了8个摄像头，减少机车盲区数量，满足了单人单岗瞭望需求；另外，在司机侧操作台压扣箱上加装开关用来控制副司机操作台下的通风机；将乘务员的操作位置从司机室两侧移动至中间，对操作台面板根据需求重新定置，实现多种功能的合理融合，方便单人单岗操作；取消前窗中间立柱，参照"和谐号"更换为整片玻璃面板，拓宽司机瞭望视野，保证行车安全。

### 2.3.4 安控系统保安全

实施单乘制后，岗位人员由最早的3人一台车到目前的单人单岗，互保联保机制失去了保障。为实时监测乘务员精神状态，运输部研发机车辅助安全控制系统，实时采集机车速度、调速、汽笛、电笛、撒砂、制动等有效操作信息，当车速不为零时安控系统启动，若40s内没有任何有效操作，安控系统则提示司机进行有效或互动操作，之后20s内无回复，安控系统将自动采取紧急制动措施。相关车间为班组安装了大屏幕视频，及时切换作业机车画面，实时监控乘务员操作行为，达到了在外作业机车盯控全覆盖，确保了机车单人操纵时的人身安全和行车安全。

## 2.4 夯实调乘组织模式历史性变革培训体系

实施单乘制出乘模式后，乘务员要兼任调车员的职责，调车员要兼任列检的职责。岗位职责从单一职能向一岗多责转变，运输部聚焦三方面发力：一是聚焦提升理论培训的质量发力。制定调车员学列检、列检学调车员、乘务员单岗操作技能岗位培训方案，采取理论教学、课件自学、现场实操学习等多种方式，确保学习进度和学习效果。二是聚焦拓宽实操培训多元化发力。机务段结合仿真教学原理，还原了电力机车运行模拟控制系统，改造电力机车正旁弓试验装置，恢复机车七步闸试验台，安装发动机、变扭器、电机等开展实物教学，制作机车图纸、设备故障处置措施等展板，营造学习创新的良好氛围。迅速提升乘务员的操作与检修技能水平，减少了单乘制作业机车故障后的回库频率。三是聚焦培养一岗多能人员的数量发力。开展检修人员转乘务员培训，保证后续单乘制推行中的人员储备。组织有经验的技师、高级工根据设备发生的各类故障进行分析，编写专题培训教材并集中组织乘务员进行理论授课。让乘务员在机车小修中进行实操培训，实现乘务员检修技能的提升。

## 2.5 调乘组织模式历史性变革促进管理变革

围绕调乘组织模式历史性变革，各工作组按照职责分工，积极协调推进各项工作，加快了铁路运输行车组织系统自动化、信息化进程，促进了管理变革。

（1）提升了作业现场自动化、信息化水平。一是推进了调度集中控制改造。按照一级调度管理模式总体规划，2021年实现了选矿站、粗破站、82m站、杏山站四站合一，实现了新庄站与北屯站、精矿站与刘官营站调度集中。二是推进了道口集中控制改造。为确保单乘制实施后行车安全，积极推进道口远程控制改造，2021年，组织完成粗破南道口、82m站南道口、裴庄南道口、高引铺北道口、杨官营道口、朱庄子道口、玄安子铁矿道口等道口的远程控制改造，将远控点位辐射到无人看守道口区域。三是提升了生产系统信息化水平。创建自动派车系统，由原来现场查看装车辆信息改为ERP系统自动派车；搭建装车质量信息化检查系统，开发动态衡数据查询系统；建立区域生产组织"天网"平台。实现直观、立体的远程监控。

（2）提高了生产组织作业效率。一是提高调车员作业效率，调车作业采取固定站场"一体化"管理方式，统筹人力资源使用，强化了业务间协同作业，促进了生产组织提效。二是组织选矿站外发列车地面固定风源安装，实现制动效能试验工序前移，提高机车作业效率。

# 3 冶金铁路运输调乘组织模式历史性变革的效果

通过调乘组织模式历史性变革，全面实施单乘制作业模式，运输部劳动效率、效益实现大幅提升。

（1）直接经济效益显著提升。2018年，运输部迁安地区运输总量完成3398万吨，年平均人数1273人；2021年完成4872万吨，年平均人数1232人。按节省人力41人、年人均15万元计算，仅人工成本年可节省615万元。

（2）劳动效率指标大幅提高。2018 年迁安地区全员劳动生产率完成 26693t/人，2021 年完成 39543t/人，比 2018 年提升 48.14%。

（3）服务地区经济能力显著增强。铁路运输能力的大幅提升，满足了地区绿色建材业、九江等地方钢铁企业铁路运输需求，较好地履行了国企担当，助推京津冀协同发展战略及生态文明建设，为国家打赢蓝天保卫战做出了贡献。2019 年以来，先后被评为全国"安康杯"竞赛优秀组织单位、北京市"安康杯"竞赛优秀组织单位、首钢集团"安康杯"竞赛优胜单位、首钢级"模范基层党委"。多次收到北京铁路局的表彰令。

# 太钢"公转铁"应对策略探索与实践

## 段晓宇

（中国宝武太钢不锈物流部）

**摘 要**："公转铁"战略要求，是国家调整运输结构、推动环保治理的重要举措。太钢作为货物运输大户，积极响应国家号召，从企业自身软件、硬件、管理、技术、操作等多方面入手，进行了全方位变革，全力推动企业运输结构调整，促进环保管控水平全方位提升，实现企业、社会和谐共生，推动可持续发展。

**关键词**：公转铁；运输结构调整；钢铁企业；应对策略

## 1 研究背景

2018 年 6 月底，国家将京津冀及周边地区、长三角地区、汾渭平原等区域定为"蓝天保卫战"主战场，并印发《打赢蓝天保卫战三年行动计划》[1]，明确提出要优化调整货物运输结构[2]，以推进大宗货物运输"公转铁、公转水"为主攻方向，大幅提升铁路货运比例。

紧接着，山西省人民政府办公厅发布《山西省推进运输结构调整实施方案》[3]，方案要求，到 2020 年，全省货物运输结构进一步优化，大宗货物运输以铁路为主的格局基本形成。一方面，要求钢铁企业铁路专用线接入比例达到 80% 以上；另一方面，要求钢铁企业优先使用新能源或清洁能源汽车，使用比例达到 80%。

山西太钢不锈钢股份有限公司（以下简称太钢）地处山西省会太原，属于汾渭平原（国家大气污染防治重点区域）[4]。作为内陆钢厂，太钢生产用料、产品发运主要有铁路、公路两种运输方式，尤以铁路为主，但距国家及省市"公转铁"、运输结构调整要求仍有较大差距。

## 2 太钢"公转铁"存在的问题

同其他钢铁冶金企业一样，太钢每年需运输大量钢铁生产所需原燃料、发运钢铁产品。考虑到运输经济特性，省内运输以公路为主，省外运输以铁路为主。

从运输结构而言，2018 年，太钢原燃料铁路运输比例只有 66%，虽然铁矿石已实现 100% 铁路运输，但煤炭、合金等原燃料，由于产地较厂区运距短，在设计之初就未考虑采用铁路运输方式，加之厂内铁路线路容车能力、站场通过能力、后部接卸车综合能力等也未进行配套设计，铁路运输比例提升乏力，距离国家 80% 铁路进厂目标有较大差距。

另外，2018 年，为太钢运送原燃料的公路配送车辆大部分为国三、国四柴油车，且厂际间物料倒搬车辆也大都为国四以下柴油车，均属于国家下一步规范治理、淘汰更新重点车型。如何进一步顺应国家改革潮流，促进环保管控水平升级，成为决定太钢生存和发展至为关键的一环。

# 3　太钢"公转铁"探索实践

## 3.1　强化源头设计管理，从硬件上创造运输结构调整条件

随着公司铁路到发需求的不断增长，铁路通道能力与工序物流需求的矛盾日趋突出，太钢根据不同区域的运输特点，采用不同的设计理念，在原有旧厂场地受限的基础上进行铁路线路的改扩建，并且提出并实现了"新建铁路线路采用紧凑型布置，既有铁路线路增加调节集散与缓冲功能"的应用技术，破解了工序物流组织的瓶颈，实现了有限空间的合理利用，提高了物流组织的灵活性。

对受到横向扩张限制的主要到达场，采用纵向延伸的创新设计，取消原有驼峰，重新优化咽喉布局，延长线路长度，使铁路线路容车能力得到有效释放，缓解了到达站场吞吐能力不足的被动局面；对主要发送场实施线路东延，提高了发送车辆的集结能力。

同时，利用有限空间新增和扩建了焦煤、电煤、集装箱等卸车线，通过对线路分工调整等功能性改造手段，由过去的集约疏散优化为系统分流，实现了到达车流向卸车点系统分流，提升了整体物流效率。

另外，在国家大力推行"公转铁"战略的大背景下，承接太钢运输任务的中国铁路太原局集团有限公司太原北站货运量也在逐年增加，通道能力逐步趋紧。为缓解太钢铁路到发增量后对其通道能力的影响，太钢大力推进编组站场北延项目，彻底改变以往部分到发线不能接整列线路条件，破解了到达场吞吐能力不足问题；与此同时，大力配合推动太原北站进行站场改造，在双方交接线末端增设了安全线，有效缓解了路局通过车列时太钢交车作业难题，进一步提高了交接车效率。

## 3.2　创新物流技术应用，从软实力上推动物流效率提升

一是实现调度作业计划编制可视化。传统冶金铁路运输指挥系统为三级调度指挥架构模式，即由上至下分别为：部调—站调—区调。近年来，太钢已由三级调度指挥模式向一级调度指挥模式升级，实现了铁路行车调度指挥机构的扁平化。

然而，变革实施后，每个行车指挥调度员平均指挥的作业机车为 6 台/人，高于冶金同行业 3~3.5 台/人的水平。与此同时，还打破了传统的机车固定在本行车区域作业的限制，即车辆从运输起点到运输终点均由同一台机车完成，这样跨行车区作业的机车比较多，会出现某个行车指挥调度员某一时间段指挥的机车数量超过 10 台以上。

为了减轻行车调度员作业工作量，以便有足够时间去了解和掌握运输资源信息并编制出科学、高效的机车作业计划，研发了"可视化视窗界面拖动现车编制机车作业计划的平台"，通过鼠标的一次拖动可生成一钩计划，也可生成几钩甚至十几钩计划，该平台较原来的通过键盘手工编制计划效率提高了近百倍，为铁路行车指挥调度节省出大量时间。

二是实施管理系统与控制系统一体化。铁路行车的指令是铁路信号，铁路行车进路的排列及信号的开关是通过铁路微机联锁系统来实现的，即由信号员根据铁路行车指挥调度编制的计划在微机联锁操作界面进行远程操控从而实现进路排列。

以往行车调度与信号员的进路排列计划都是通过口头传达的，为杜绝口头传达计划产

生的口误或听觉错误引发的铁路行车安全，太钢实施了"铁路物流信息管理系统与微机联锁控制系统一体化"，即将"铁路物流信息管理系统"与"微机联锁系统"通过网络融合为一个有机的整体。

铁路行车指挥调度在铁路物流信息管理系统编制完机车作业计划后，直接发送给微机联锁系统，微机联锁系统根据机车作业计划自动驱动排列铁路行车进路和信号，微机联锁系统同时将机车现场作业时间反馈给铁路物流信息管理系统。"铁路物流信息管理系统"与"微机联锁系统"融合为一个有机的整体后，大幅提高了铁路行车的安全性，同时也为铁路物流信息系统提供了真实的作业实绩。

### 3.3 推动业务流程变革，从管理上助力物流效用发挥

一是推动物流管理机构变革，物流组织由职能化向一体化转变。为实现对物流工作进行高效、有序的计划组织、指挥协调及控制监督，提高物流效率，降低物流运营成本，提升公司物流管理水平，太钢建立了由公司副总经理担任组长、主管部门为牵头单位、物流相关部门等联合参与的物流管控工作组，负责全面管理公司的物资进厂、产品发运及生产运营相关流程的各项物流工作，形成了物流组织由职能化向一体化转变，将采购、储运、配送、物料管理等物流功能整合到一个组织中去，通过管理物流过程而不是物流功能提高物流效率，强调企业内部和企业之间的协同和利益互换，以使整个企业物流系统的运作效率得到提升。

二是建立以流程为导向的水平组织结构，实现管理机制变革。针对传统企业物流活动固有的效率损失，企业必须形成以顾客为中心的流程导向型物流组织。要能跨越职能部门、分支机构或不同企业的既有边界来有效地组织物流活动。同时，压缩企业组织的管理层，缩短信息沟通渠道，消除机构臃肿、反应迟钝的现象，实现物流组织由垂直化向扁平化的转变，从而实现在物流成本、质量、服务和速度方面的改善。为此，太钢建立了以流程为导向的水平组织结构，形成了卸车、装车专题研讨议事机制，每日上午由主管部门总调牵头，组织卸车单位、采购部门、物流部门开展卸车专题会，横向解决原料到达、卸车方面存在的问题，每日下午由制造部总调牵头，组织装车单位、物流部门、营销部门开展装车专题会，横向解决请车、装车、交车方面存在的问题，从太钢自身供应链各环节实现高效协同。

### 3.4 缔结"钢""铁"战略联盟，路企携手助推运输结构调整

随着铁路运输比例在钢铁企业的进一步加大，太钢为破解内陆企业物流成本居高不下难题，进一步加强与铁路的深度合作，与太原铁路局签订了战略合作协议，开启了"钢老大"与"铁老大"的合作之旅。

一方面，在路局调度所和交接车场派驻了联络人员、货运人员和列检人员，协调处理原燃料运输过程中出现的问题和办理到达原燃料的交接；铁路方在厂内调度室、编组场和各装车点派驻了货运人员，使铁路方的货运检查前移至各装车货位，将事后处理变为事前控制，大大压缩了铁路方的货运检查时间，形成了高层互动把方向、中层走访解困惑、基层交互作业严把关的全方位战略合作格局。

另一方面，建立了信息交流平台，使路企各层人员实时掌控厂内库存原燃料品种、储

量、用量以及铁路车辆的动态信息，为平衡车辆资源和随时处理过程中出现的问题提供了信息支撑，有效提高了工作效率。在确保货物可得性的前提下，实现了原燃料的均衡到达、钢材产品的有序发运。

## 4　结语

太钢经过自身软件、硬件、管理、技术、操作等全方位变革，经过一年多时间，现已初步实现了"公转铁"增量目标，铁路进出厂比例已基本达到80%以上。

国家"公转铁"战略是符合社会可持续发展的前瞻性规划[5]，是社会文明和谐发展的必然选择，钢铁企业必须站在改革前沿，把握机遇，提前谋划，主动作为，走绿色环保可持续发展道路，将钢铁企业打造成员工满意、社会认可的优秀企业代表。

### 参 考 文 献

[1] 国务院办公厅. 打赢蓝天保卫战三年行动计划［EB/OL］.
[2] 国务院办公厅. 推进运输结构调整三年行动计划（2018—2020 年）［EB/OL］.
[3] 山西省人民政府办公厅. 山西省推进运输结构调整实施方案［EB/OL］.
[4] 樊鹏. 公转铁在钢铁行业推行过程中存在的问题及建议［J］. 冶金经济与管理，2019（2）.
[5] 林婉婷. "公转铁"形势下铁路货运市场发展探讨［J］. 铁道货运，2019，37（8）：44-48.

# 基于数字孪生的钢企局车运输组织技术
# 开发与应用

侯海云，李荣升

（鞍钢股份物流管理中心）

**摘　要：**面对国家"公转铁"战略实施以来"车皮紧缺"的困难，鞍山钢铁通过基于数字孪生的钢企局车运输组织技术研发与应用探索出提高"车皮周转率"、提升铁运能耗管控水平等问题的"鞍钢方案"，让更多的路局车皮投入到工业大生产中，而不是滞留在钢铁公司内部的装卸环节，同时对实施低碳铁运给出了技术保障。项目中，"基于数字孪生的钢企局车运输组织技术""低碳智能的钢企局车管控专有技术""钢企铁运物流'数据生态'技术"等的研发应用给行业提供了推动钢铁铁运物流高质量发展、可复制的技术工具；提升了"关键技术控制力、数字技术对钢铁铁运物流的引领力"，是技术牵引供应链流程优化的钢企铁运实践。

**关键词：**数字孪生；数据生态；低碳；局车运输组织

## 1　引言

鞍山钢铁集团有限公司（以下简称鞍山钢铁）是鞍钢集团最大的区域子公司，生产铁、钢、钢材能力年均达到 2600 万吨，拥有鞍山、鲅鱼圈、朝阳等生产基地，在广州、上海、成都、武汉、沈阳、重庆等地，设立了生产、加工或销售机构，形成了跨区域、多基地的发展格局。鞍山钢铁年物流量达 1.3 亿吨（不含厂内物流量），铁运量占其总物流量的绝大部分（例如鞍山本部基地铁运量占 80% 以上），每天进出局车量大，项目实施前，局车在厂内占用时间比较长。

为了有效实施"公转铁"战略规划，有效压缩局车一次停留时间，全面提升钢企厂内物流全流程与国铁集团的协同效率，鞍山钢铁对局车运输作业全过程进行了深入的分析与研究，组织实施了"基于数字孪生的钢企局车运输组织技术开发与应用"项目。该项目国内首例实现钢企与国铁集团数据的互联互通，并基于数据生态、人工智能、数字孪生等技术对局车运输组织海量、多维业务数据进行智能、有序地驱动，加速物流运输组织数字化转型。解决了现有局车运输因产业链供应链信息不能互联互通造成的运输效率低、工作流程僵化、信息组织无序、运输能源消耗大等弊端，使物流环节透明化、作业管理精细化、信息资源一体化、指标预测科学化、分析决策精准化，重新塑造局车物流运输组织流程，全面提升行业能力，引领钢企局车运输组织数字化、网络化、智能化管理的全新变革。

## 2　项目要解决的问题

一是"公转铁"缺车的问题。国家实施蓝天保卫战"公转铁"以来，大量货源转到铁运。国家铁路车皮急缺，"车皮周转率"直接影响产业链供应链的物流、商流、资金流、信息流的高效运转，本项目实施就是要解决这一难题，助力国家战略落地，为产业链供应链自主可控做出基础保障。

二是客户体验不好的问题。外部客户及用户的体验成为评价供应链最重要的标准之一。全链数字化，并且数字化贯穿全链的商流、物流、资金流以及三者合成的信息流，才可能构建以客户为中心的供应链，否则就不能给客户提供好的体验，客户就可能不满意，那么所在的供应链竞争力就会下降。

三是运输效率低、能耗高的问题。效率是供应链的生命，不断提升效率和环境绩效、社会绩效是供应链平台的使命和供应链制胜法宝。

四是创造裂变新场景，以供应链韧性、柔性解决多场景绩效差的问题。

# 3 项目的技术内容

## 3.1 技术解决方案

（1）供应链信息互联互通，提升供应链协同效率。过去钢企铁运 ERP 系统与国铁集团的数据不能互通。国铁车辆到达钢企交接点，钢企重车配到国铁交接线，输入、输出的货运信息全是人工录入的。信息缺失造成运输效率不高、运输能耗高等问题凸显，另外最重要的是局车大量的时间被占用在厂内，严重影响了国家"公转铁"实施后对车皮周转率的要求。

针对这一点，2018~2019 年鞍山钢铁与沈阳铁路局集团有限公司，按照安全共享和对等互利的原则，推动钢铁企业与港口、铁路、物流企业等信息系统对接，完善信息接口等标准，加强列车到发时刻等信息开放，实现了数据互通、提升物流效率和生产运营质量的良好效果。2020 年鞍山钢铁与国铁集团全路首例实现了数据的互联互通，此项工作为产业链供应链数据共享和协同共赢奠定了重要的基础。

（2）基于数字孪生技术，提升局车运输组织效率。钢企铁路运输资源管理系统是钢企铁运业务的核心系统，承载着钢企所有铁路运输资源的物流管理作业。该系统业务量大，运输组织环节繁杂，涉及设备众多，运输组织数字化程度不高就会导致运输效率无法进一步提升。鞍山钢铁在该系统原有功能基础上，研发并实施应用"基于数字孪生的钢企局车运输组织技术""钢企铁运物流'数据生态'技术"等，提升了局车运输组织效率。

（3）开发低碳智能的局车管控技术，提升局车运输能耗管控水平。鞍山钢铁原有的铁路运输资源管理系统缺失评价钢企铁运组织各作业环节时间指标、能耗指标体系，无法精准定位作业瓶颈及能耗标准，局车周转不畅，局车在厂内运输周转过程中体现出能耗高的问题。鞍山钢铁在原有系统基础上开发"低碳智能的钢企局车管控专有技术"，解决了该问题。

（4）数字化、网络化、智能化技术支撑钢企铁运系统，提升客户服务体验。鞍山钢铁原有的铁路运输资源管理系统缺少对铁运运输组织相关数据整合、清洗的手段和平台，信息相对无序、孤立，没有利用有效工具进行深度挖掘，无法全面、准确地分析作业环节存在的问题，无法有效获得数据资产能力。结果表现在对公司采购用户，不能做好铁运组织对采购方案优化的支撑；对公司制造用户服务，不能进一步提升铁运对生产稳定高效的保障和支撑；对销售用户服务，不能提供可视化服务，不能提供高效的延伸服务。鞍山钢铁采用数字化、网络化、智能化技术支撑钢企铁运系统，数字技术创造了裂变的新业务场景，支持鞍山钢铁以供应链韧性、柔性解决多场景业务协同绩效差的问题，提升了客户服务体验。

## 3.2 技术创新点

### 3.2.1 基于数字孪生的钢企局车运输组织技术

鞍山钢铁将数字孪生技术深度应用至钢企局车运输组织中，将局车运输全流程的相关因素如铁路线路、道口状态、装卸车设备、成品库位信息进行实景化仿真显示，利用融合GIS、GPS、RFID射频、设备状态数据采集、网络视频等信息化技术手段，并与冶金企业铁路物流运输管理系统、生产指挥控制系统等相结合，将各个系统的业务数据如股道占用信息、车辆状态信息、机车位置信息、货位视频信息等叠加在虚拟仿真场景中，建立可视化、多元化的数字孪生平台。依托数字孪生平台，可以沉淀历史数据，实现运输组织闭环管理，辅助用户进行铁运效率的分析与追溯，全面提升铁运服务质量；可以进行全局感知、智能运控和实时调度，深度优化铁运调度计划指挥，高效组织生产物流铁运配送，精准执行铁运装备智能控制，科学压缩铁运能源损耗；可以基于仿真场景进行模拟推演、仿真预测和辅助决策，实现运输计划预测编排和优化计划的辅助决策、铁运设备的故障预测与健康管理。打造全方位、全要素、全过程、多尺度的局车运输组织数字化平台。

### 3.2.2 低碳智能的钢企局车管控专有技术

采用了系统工程分析方法，对局车的冶金企业铁路物流运输的全作业流程进行详细分析，并首创局车"时间轴"管理模式，将局车在冶金企业的铁路物流运输作业过程分解为一灵、上行、卸前、卸车、装前、装车、发出七大作业过程，科学合理地分析物流运输各作业环节，深入洞察物流运输各环节的作业瓶颈，全面提升物流运输效率，大幅降低物流运输能耗，使物流运输全流程透明化、低碳化、规范化。对铁路物流运输组织的关键环节装卸车作业方式进行革新，通过翻车机作业联系系统、钢卷吊装对位测量系统、线材盘圆打包装置等专利技术的应用，优化装卸作业过程，压缩装卸作业时间，无缝衔接铁路物流运输过程。

根据鞍钢生产组织安排，综合局车预到达情况、站场车流情况、装卸作业情况等相关生产作业因素，首先采用层次分析法（AHP，$A = \begin{bmatrix} a_{11} & \cdots & a_{1n} \\ \vdots & \ddots & \vdots \\ a_{n1} & \cdots & a_{nn} \end{bmatrix}$），形成多层次分析的结构模型，判断各运输组织各相关因素的权重系数，再采用主成分分析法（PCA，$z_{ij} = \dfrac{x_{ij} - \bar{x}_i}{s_i}$、$s_i = \sum_k z_{ij} p_k$）和自回归方法（AR，$x_t = \sum_{j=1}^{p} a_j x_{t-j} + \varepsilon_t$）结合的方式，对生产环节的相关性进行分析，提取主成分核心信息数据，应用AR方法建立回归模型，检验系统预测指标是否为平稳时间序列，否则进行差分变为平稳时间序列后再进行回归，智能、准确地预测出各个作业过程作业时长，进行智能分析、预测，形成"时间轴"作业时长、作业能耗的绩效考核指标体系。并通过机器学习等技术手段，阶段性结合各个作业过程的综合作业时长、设备能耗，对指标值定期完善和修正，从而更加科学合理指导局车作业。对鞍山钢铁站场内路局车辆进行实时监测，停留时间超过预警阈值的车辆进行及时预警，采用信息代理机制，可以自动跟踪用户的信息需求，既节省了用户主动拉取的时间，又减少了冗余信息的传递，保证了预警信息的高速、有效传递，使物流运输流程合理化、高效化、绿色化。

### 3.2.3　钢企铁运物流"数据生态"技术

首创钢企铁运物流"数据生态"平台。在与国铁集团实现供应链体系信息互联互通基础上，逐业务、多渠道、全方位收集局车作业过程的每个末端环节基础数据信息，形成多个路局"单车数据细胞"，每个"单车数据细胞"记录该作业环节车辆的多维数据信息。以"时间轴"管理模式为主线，以"链式数据结构"为信息中枢，对每个局车"单车数据细胞"进行有序地整理、清洗、排列、组合，从而实现冶金企业局车作业过程海量、多维业务数据智能、有序驱动，数据价值有效赋能业务，最终形成完备的局车"数据生态"平台。以局车"数据生态"平台为依托，通过大数据展示"管理驾驶舱"，全面、直观、具体地显示局车在冶金企业厂内物流运输周转的核心指标，并支持"钻取式查询"，实现指标的逐层细化、深化分析，从而打造"一站式"（one-step）信息决策支持展示中心，多视角、全方位地反映现场生产作业动态，使高层管理人员可以及时把握作业趋势、准确进行分析决策。

## 4　项目的实施效果

### 4.1　应用情况及经济效益

本项目已于 2020 年 1 月起在鞍山钢铁进行全面推广，项目范围覆盖公司总调度、物流管理中心、铁运分公司、炼铁总厂、炼钢总厂、化工厂、炼焦总厂、大型厂、厚板厂、无缝厂、线材厂等物流运输各环节的相关单位。系统实施后，建立"数字孪生"平台，对局车物流运输全流程进行仿真显示，并结合现场孪生数据进行生产趋势的智能预测及关键生产指标的分析决策；利用"低碳智能"的局车管控技术，以"时间轴"管理方式为主线，将局车物流运输延伸到各终端环节，形成完备的"供、运、装、卸、销"信息化管理体系；打通"路企共享"信息管道，预知局车到达信息。依据局车到达情况、生产作业情况、装卸进度情况等全方位信息，采用多种分析算法，创立智能分析模型，对超过停时指标及能耗指标进行实时预警推送，使各环节管理人员能够及时掌握现场生产动态，形成绿色、闭环管理体系；以单车数据信息为细胞单位，以链式数据结构为数据中枢，构建冶金企业局车"数据生态"体系，形成了上下纵向贯通、横向集成的冶金企业局车作业的信息跟踪与管控。最终实现局车物流运输过程的信息集成、数据共享，以需定运，以卸定装，提高局车物流运输各作业环节反应能力和协同协作能力。实施该项目后，产生经济效益 1000 万元/年。

### 4.2　社会效益和环境效益

（1）是服务国家战略落地的利器。通过"低碳智能"局车管控技术，建立完善、绿色的局车管控数字化体系，通过信息化的管理高效组织局车的生产调度，科学合理地压缩能耗，提升工作效率，是"数字技术"解决"公转铁"国家战略落地中车皮急缺问题的典型案例。

（2）是实现供应链信息互联互通，提高整体供应链绩效的典范。打通路企信息通道，进行路企信息深度融合，共享路局运输动态及局车到达的预确报信息，结合预到达路局车辆进行合理组织运输生产调度，能实现业务场景创新带来的延伸服务绩效，例如公司配煤配矿方案的优化升级，降低采购综合费用；公司销售服务中给客户提供的延伸信息服务和铁运优化方案带来了新的价值创造空间。

（3）是充分体现供应链协同带来铁运环境绩效案例。强化运输全流程计划的管控作用，实现运输计划流程的闭环管理，严格把控运输计划"申请—审批—执行"每个环节，并制定运输计划兑现率的考核指标，避免无协同计划装卸车对运输效率的影响，全面提升局车物流运输的协同性。项目运输优化后，压缩机车停时 8.3%，提升机车效率 5%，机车能耗降低 9.4%。

（4）是技术牵引供应链流程优化的钢企铁运实践。全面推行网络货票，代替原来人工传递纸制货票的作业方式，使用电子印单等技术手段，对网络货票进行电子签证，作为运输结算的依据，真实、准确。同时也杜绝了在货票传递过程中产生的遗失、破损、不方便保存等弊端，极大地提高了作业效率。

（5）是供应链柔性的技术保障。一是实现与国铁集团的数据互联互通，并建立全新的"时间轴"局时停时指标体系，从而准确地衡量铁路运输各环节的作业情况，深入洞察局车全流程作业瓶颈。二是首创"单车数据细胞"基于变量数据的深度学习，确保作业时长和作业能耗的深度学习。三是与底层控制车号识别系统、GPS 机车定位系统进行实时数据交互，实现了作业数据由人工采集向设备自动采集模式的改变，使生产作业信息更加真实、可靠，降低劳动强度。四是基于多干扰因素的运输组织计算模型支持智能决策的实现。本项目是把"数字孪生"的"可视、诊断、预警、智能决策"四大功能的落地实施作为破解全局优化需求与碎片化供给矛盾的武器，是钢企铁运供应链柔性的技术保障。

# 包钢厂内铁路运输牵引动力发展方向的探究

菅　华，王凌飞

（包钢钢联股份有限公司运输部）

**摘　要：** 包钢钢联股份有限公司运输部（以下简称包钢运输部）内燃机车至今已使用多年，机车柴油机功率损失严重，牵引性能下降，废气排放量明显增加，同时在节能环保压力不断增加的情况下，包钢运输部开始探究厂内铁路运输牵引动力新的发展方向。

**关键词：** 新能源机车；锂电池；钢铁企业

## 1　厂内牵引动力面临的现状

### 1.1　内燃机车现状

包钢运输部于 20 世纪 90 年代开始蒸汽机车的升级换代，在 21 世纪前 10 年基本完成，现有 8 种型号内燃机车，机车台数共计 77 台，分别为 GK0 机车 12 台，GK1 机车 10 台，GK1F 机车 2 台，GK3B 机车 4 台，GK1C 机车 11 台，GK1E 机车 12 台，GKD2 机车 8 台，DF7G 机车 18 台；其中 GK0 机车购置于 1990~1994 年，GK1 机车购置于 1994~1996 年，GK1F 机车购置于 1996 年，GK3B 机车购置于 2002 年，GK1C 机车 2006~2008 年购置 7 台、2013 年购置 4 台，GK1E 机车 2009 年购置 6 台、2013 年购置 6 台，GKD2 机车 2009 年购置 6 台，2013 年购置 2 台，DF7G 机车 2004~2007 年购置 6 台、2014 年购置 12 台。最早投入使用的内燃机车已使用 30 多年，目前机车柴油机功率损失严重，牵引性能急剧下降，输出功率明显不足，废气排放量也显著增高。

### 1.2　环保与能源现状

2020 年 9 月 22 日，国家主席习近平在第七十五届联合国大会一般性辩论上的讲话指出"中国的二氧化碳排放力争于 2030 年前达到峰值，努力争取 2060 年前实现碳中和"。作为冶金企业物流的重要环节，铁路运输中的牵引动力设备——内燃机车的污染物排放也逐步被纳入环保检查的内容。为早日实现"碳达峰"与"碳中和"的奋斗目标，包钢制定各项管理制度，在全包钢范围内开展清洁化运输工程，铁路运输作为厂内运输的主要力量，内燃机车的节能减排也面临巨大压力。

根据《BP 世界能源统计年鉴 2021》（第 70 版）统计显示，全球石油探明储量以现在的生产水平还可以生产 50 年，探明的天然气储量以现在的生产水平还可以生产 48.8 年，探明的煤炭储量以现在的生产水平还可以生产 139 年。由此可见不可再生的化石能源即将消耗殆尽，探究包钢厂内铁路运输牵引动力的新发展方向迫在眉睫。

## 2 冶金企业牵引动力的发展

### 2.1 新能源机车的出现与类别

受新能源汽车发展的启示,新能源机车也如雨后春笋般不断涌现,目前技术比较成熟的新能源机车有油电混合动力机车、纯电动机车和氢燃料混合动力机车三种。油电混合动力机车以动力电池组搭配小功率柴油机为动力源,纯电动机车以纯动力电池组为动力源,氢燃料混合动力机车以氢气搭配动力电池组为动力源。

### 2.2. 不同种类新能源机车的特点

油电混合动力模式的机车以柴油发电机组和大容量动力电池两种动力源搭配为机车提供动力,设有3种动力工况输出模式:纯电动工况模式、纯柴油机工况模式和柴油机+动力电池共同作用工况模式。油电混合动力模式机车设计的优点是在保证燃油供给的情况下,具有自我无限续航的能力,满足了特种运输随时响应的要求;纯电动工况则更有利于机车节能环保效果的发挥,动力电池电量不足时可使用柴油机继续工作,同时柴油机可利用多余的能量向动力电池充电,当动力电池的电量恢复到90%左右时,柴油机将会自动停机,机车自动恢复为纯电动工况;柴油机+动力电池工况能够为机车提供更强的动力,使得机车在满足冶金企业特种运输的同时能够适应其他调车工况运输的需要。3种动力工况下,机车均可通过回收制动能量的方式减少燃油消耗,进而节约能源。

纯电动机车采用动力电池作为动力源,经历了阀控式铅酸蓄电池、锂电池两个阶段。如今纯电动机车的动力源电池已基本满足能量密度高、安全性好、循环寿命长、大电流充放电适应性好、耐高温性能好等要求。与混合动力机车相比,纯电动机车的电气系统相对简单,后期检修时有较好的空间和界面开展工作;纯电动机车更好地解决了机车污染物排放问题。

氢燃料混合动力机车的氢燃料是通过对氢气进行氢氧化学反应而产生电能来驱动机车运行的,再配合动力电池组共同为机车提供动能,因此氢燃料混合动力机车上需要储备一定量的氢气,其最大特点是实现了零排放、噪声低,且氢燃料的生成物只有水。

## 3 包钢厂内牵引动力发展方向的选择与实施

### 3.1 方向的选择

就冶金企业来说,在作业现场使用氢气存在一定的安全隐患,因此冶金企业通常选择纯电动机车或者油电混合动力机车。目前国内已有多家钢铁企业完成了纯电动机车的改造,并已投入试用,从试用结果来看,纯电动机车能够满足现场生产需求,运行状态良好。但是这些钢铁企业大都位于我国中南部,而包钢处于北纬40°,属于温带大陆性气候,昼夜温差大,冬季最低气温能够达到-35℃,研究表明单节电池在-20℃时只能放出常温下约55%的容量,因此我们无法确定纯电动机车能否满足包钢的现场使用需求。为确保机车能够正常运用,包钢应选择油电混合动力机车作为首台新能源机车进行试用。

### 3.2　方案的实施

将1台GK1机车改造为油电混合动力机车。机车改造重点是将机车由柴油机驱动改造为由柴油机+动力电池组混合动力驱动。GK1液力传动内燃机车混动化改造需取消原车柴油机及相关部件，取消原车液力传动箱及相关部件，采用牵引电机经过齿轮箱输入到前后转向架，配置大容量动力电池与柴油发电机组及相应的牵引传动系统。主传动系统拟采用750V中间直流电压等级、IGBT变流元件，机车控制系统还是沿用原110VDC电压，并采用微机网络控制系统。

#### 3.2.1　动力电池系统

动力电池系统包含动力电池组、电池舱、管理系统、热保障系统及灭火系统等。

动力电池组作为主要动力来源，如何选择合适的动力电池至关重要。为了保证电池组的安全性和稳定性，技术团队通过学习动力电池方面的相关知识，调研其他冶金企业新能源混合动力机车的设计方案，借鉴新能源汽车的优点，剔除不合理的缺点，最终选择了最为成熟、稳定性最好的磷酸铁锂电池。随着电池技术的发展，在不久的将来期望有更适合北方低温高寒地区的动力电池或者其他动力源出现。

电池舱舱体采取隔热措施，能适应严酷的高温烘烤运用环境。动力电池包系统在装车前需进行绝缘电阻测试，绝缘电阻值不小于$100\Omega/V$，安全性满足GB/T 31467—2015的要求。电池舱应与司机室完全隔离，保证司机及其他相关人员不能触及车载储能装置，舱体应使用不低于GB 8410中规定的A级材料。

电池管理系统是连接车载动力电池和机车的重要纽带，作为机车动力电池组的监管中心，必须对动力电池组的温度、电压和充放电电流等相关参数进行实时动态监测，必要时能主动采取紧急措施保护各个单体电池，防止电池组出现过充、过放、温度过高以及短路等危险。

#### 3.2.2　牵引变流系统

牵引变流系统是机车牵引的控制部件，具有电力分配、电流测量、短路保护、充放电控制、预充电、手动急停和绝缘检测端口等功能。变流柜室内安装主传动、辅助传动模块集成一体的变流柜。

牵引电动机选用异步交流电动机，改造后采用两台牵引电动机，且必须保证同步，起动牵引力达到需求，同时牵引电动机配置了单独的散热风机。

#### 3.2.3　传动系统改造

拆除GK1型内燃机车原车的液力传动箱，安装两台牵引电动机，通过齿轮与原车的中间齿轮箱连接啮合，保留原车万向轴传动部分，既节约成本又保证了机车的使用稳定性。

### 3.3　方案经济性与环保性分析

#### 3.3.1　经济性分析

##### 3.3.1.1　单台机车油电差价

柴油价格以8元/L计，单台机车每天消耗柴油按400L计，每天燃油费用为400L×

8 元/L = 3200 元。

钢厂用电价以 0.38 元/(kW·h) 计，单台机车每天按消耗柴油 400L 所折合电量约为 1292.4kW·h，每天用电费用为 1292.4kW·h×0.38 元/(kW·h) = 491.1 元。其油电差价为 3200 元-491.1 元 = 2708.9 元。

### 3.3.1.2 单台机车年节约费用

机车每天油电差价为 3200 元-491.1 元 = 2708.9 元。

机车每天机油消耗费用：每升柴油的机油消耗率为 7.5mL/L，单台机车每天消耗柴油按 400L 计，每台机车每天消耗机油为 400L×7.5mL/L×$10^{-3}$ = 3L，每升按 50 元计，约 150 元。

柴油机每年维修保养费用按 6 万元计，中修费用（3 年）60 万元，大修费用（9 年）110 万元，平均每年共计 38.22 万元。

若机车年工作日按 350 天计，单台机车每年所节约费用为 （2708.9 元+150 元)×350+382200 元 = 1382815 元，约 138 万元。

## 3.3.2 环保性分析

### 3.3.2.1 每千克柴油燃烧产生的二氧化碳

根据 BP 中国碳排放计算器提供的资料，柴油的 $CO_2$ 排放因子是 74100kg/TJ，柴油的净热值是 43TJ/Gg，故单位质量柴油完全燃烧排放的 $CO_2$ 质量是 74.1×43/1000 = 3.1863，即 1kg 柴油排放 $CO_2$ 的质量是 3.1863kg。

### 3.3.2.2 单台机车每年减少碳排放量

柴油密度按 0.83kg/L 计算，单台机车每天消耗柴油按 400L 计算，机车年工作日按 350 天计，机车每年可减少碳排放量为 350×400L×0.83kg/L×3.1863 = 370248.06kg，即 370t。

# 4 结论

包钢运输部综合考虑实际情况，新能源机车是未来牵引动力的发展方向，现阶段应选择一台油电混合动力机车进行试用，动力电池选择磷酸铁锂电池，测试其在冬季寒冷天气的放电性能，确定磷酸铁锂电池是否能够在温带大陆性气候条件下正常工作，以及冬季磷酸铁锂电池的衰减程度是否能够满足现场使用需求，如磷酸铁锂电池能够正常放电满足使用需求，包钢运输部将考虑把纯电动机车作为未来厂内铁路牵引动力发展的方向；如不能满足需求，则将以油电混合动力机车暂时作为未来牵引动力发展的方向。

## 参 考 文 献

[1] 钱曦，毛雄杰. 新能源机车在钢铁企业运用的探讨 [J]. 铁道机车与动车，2021（2）：46-48，29.

[2] 吴健，张言茹，郑鑫杰. 钛酸锂电池在城市轨道交通的适用性研究 [J]. 都市快轨交通，2021，34（6）：39-46.

[3] 刘吉仁. 纯电动汽车锂离子电池性能分析及维护保养 [J]. 南方农机，2022，53（8）：144-146.

# GK1C 型机车液力变速箱传动输入装置故障分析及解决办法

## 邓玉红

（本钢板材股份有限公司铁运公司）

**摘　要**：针对 GK1C 型内燃机车运用中液力变速箱传动输入装置存在故障问题，结合多年来内燃机车运用及检修的实际情况，查找故障原因并进行分析，提出改进措施，保证该型机车满足工矿企业铁路运输的需要。

**关键词**：内燃机车；液力变速箱；故障；检修

GK1C 型内燃机车，是南车集团资阳机车厂 20 世纪 90 年代生产的中等功率的调小内燃机车，属于 GK 系列液力传动机车产品，板材铁运公司 2004~2005 年连续购进该型机车 34 台，在运用中，液力变速箱传动输入装置多次发生故障，导致柴油机无法启动，机车入库检修时间长，备件采购困难，严重影响机车的正常运用。因此，如何解决该型机车液力变速箱传动输入装置故障问题，就成了摆在我们面前的重要课题。为此，我们总结多年来内燃机车检修及运用经验，针对 GK1C 型机车该类故障原因进行研究分析，不断对其进行技术改进，以适应冶金铁路运输的需要。

## 1　问题分析

GK1C 型内燃机车液力变速箱传动输入装置故障主要有两种形式，分别为液力变速箱输入轴折断及电机轴折断。这两种形式是该型内燃机车液力变速箱传动输入装置故障率高的主要原因，也是我们解决的重点问题。

### 1.1　液力变速箱传动输入装置作用

当柴油机起动时，起动发电机驱动液力变速箱电机轴旋转，电机轴通过齿轮啮合带动液力变速箱输入轴转动，将动力通过柴油机第一万向轴驱动柴油机起动。

当柴油机发电时，柴油机起动后带动液力变速箱输入轴旋转，通过电机轴带动起动发电机发电。功率传导过程连接位置示意图见图 1。

从柴油机到轮对，功率的传递路线如图 2 所示。

液力变速箱传动输入装置主要是指起动发电机、液力变速箱、柴油机这三者在柴油机起动、发电时的输入。可见，这个传动过程如果中断，柴油机不会起动，机车无法作业。传动输入装置主要部件见图 1 圆圈内标示。

### 1.2　故障形式

#### 1.2.1　液力变速箱输入轴折断

液力变速箱输入轴安装在液力变速箱第一箱体内，输入轴得到动力后，根据运行需

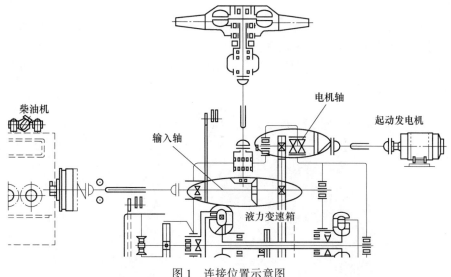

图 1  连接位置示意图

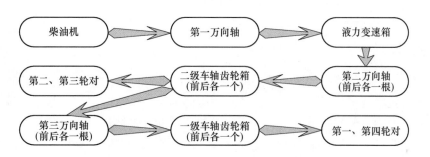

图 2  功率的传递路线

要，分别将动力传导到液力变速箱前向与后向变扭器轴。

GK1C 型内燃机车在铁运公司运用以来，634 号、612 号、618 号等共 6 台机车先后 3 年内发生液力变速箱输入轴折断故障，该输入轴材质为 40Cr，折断的输入轴如图 3 所示。

图 3  折断的输入轴

### 1.2.2　液力变速箱电机轴折断

电机轴安装在液力变速箱与起动发电机之间，连接液力变速箱和起动发电机，作为辅助传动万向轴，作用是传递功率和扭矩。

GK1C 型内燃机车在铁运公司运用以来，619 号、617 号等共 7 台机车陆续发生电机轴折断故障，折断的电机轴如图 4 所示。

折断轴横截面

图 4　折断的电机轴

## 1.3　故障分析

输入轴、电机轴是液力变速箱重要的运动部件，要求材料的综合力学性能较高，而化学成分不符合技术要求、锻造加热温度过高、应力集中、热处理工艺控制不当等是使轴产生断裂的常见原因。断裂有可能是一种原因引起的，也可能是其中的两种原因造成的。不同的原因，其断口有不同的特征，可通过对断口进行宏观观察，再进一步用化学分析方法、硬度检测法、金相分析法等进行分析讨论。由于铁运公司不具备分析条件，没有进行试验室的取样等专业分析，仅就我们能够解决的问题进行分析。

### 1.3.1　输入轴

6 台机车液力变速箱输入轴折断都发生在增速齿轮根部，发生折断的输入轴都是原车购置时的产品，运用 13~15 年。通过端口可以宏观观察到 3 个基本过程产生的断裂区域：疲劳源区、疲劳裂纹扩展区和瞬时断裂区。初期疲劳裂纹大都分布在圆周上，裂纹起始于表面切削刀痕应力集中处，呈放射状的区域为疲劳裂纹扩展区，心部为瞬时断裂区。折断轴的横截面呈扭曲状，且截面材质不均匀，存在气孔等不良现象。折断处原轴加工凹槽，没有留出圆滑过渡，形成直角，就是我们经常说的没有 "$R$"，这样会造成应力集中，容易造成断裂。增速齿轮装配处凹槽如图 5 所示。

### 1.3.2　电机轴

电机轴折断的位置都是在齿轮根部，运用 10~14 年，折断轴的横截面呈旋涡状，最后在一点处断开，且发生折断的电机轴都是原车购置时的产品，从断开的截面观察，较输入轴均匀，没有蜂窝状气孔等工艺不良现象。

### 1.3.3　空气压缩机

资阳机车厂出厂的 GK1C 型内燃机车原车设计安装一台 NPT5 型空气压缩机，空气压

图 5 增速齿轮装配处

缩机电机功率为 23kW。考虑到铁运公司机车运用的具体情况，购买的 GK1C 型机车采用两台空气压缩机作为风源系统供风，其中一台 3W-1.6/9 型空气压缩机由 13kW 直流电机驱动，另一台 NPT5 型空气压缩机由 23kW 直流电机驱动。

### 1.3.4 起动发电机

资阳机车厂出厂的 GK1C 型内燃机车原车安装的起动发电机功率为 38kW，铁运公司因为两台空气压缩机的配置，安装的起动发电机功率为 50kW。50kW 起动发电机瞬间启动力矩大于 38kW 起动发电机启动力矩，而电机轴作为辅助传动万向轴，传递的功率和扭矩都较小，同时电机轴上的齿轮与输入轴增速齿轮啮合，将动力传导给柴油机第一万向轴，驱动柴油机转动，电机轴和输入轴达到一定的疲劳强度就会出现折断的现象。

## 2 改进措施

### 2.1 输入轴技术改进

由于资阳机车厂随车图纸仅提供大部件组成图纸，没有零件图纸，我们只能针对折断的输入轴实物进行现场测绘并制作。为此，铁运公司与三机修厂共同组成技术攻关小组。现场测绘如图 6 所示。

经过小组多次研讨，反复测量，利用鱼雷罐车成品 50 钢车轴进行加工，同时改变原轴初始设计，在增速齿轮装配处留出圆滑过渡，即加工出 "R"。将加工制作完成的输入轴在 612 号内燃机车上进行试运行，运行一个月左右，由于螺旋锥齿轮安装位置误差，导致螺旋锥齿轮打齿。我们吸取 612 号内燃机车经验教训，组织人员进一步精密测量，最后设计完成图纸，输入轴示意图如图 7 所示。

加工后的输入轴、输入轴组成及输入轴安装如图 8 所示。

### 2.2 起动发电机技术改进

铁运公司 GK1C 型内燃机车采用两台空气压缩机作为风源系统供风，两台空气压缩机电机功率分别为 13kW 和 23kW。我们在内燃机车上设置转换开关，禁止两台空气压缩机同时工作，恢复内燃机车出厂设置，用 38kW 起动发电机替代 50kW 起动发电机工作。

50kW 起动发电机与 38kW 起动发电机轴径、宽度、高度不同，按照 38kW 直流电机

图 6　现场测绘输入轴

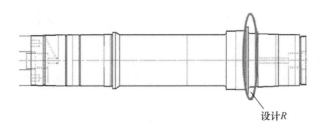

设计 $R$

图 7　输入轴示意图

图 8　输入轴制作安装图

输出轴形状及尺寸，重新进行半联轴器装置设计，设计图、实物图如图 9 所示。

　　实际车上安装时，以电机输出轴与变扭器连接装置的实际高度为基准，利用原车电机安装底架，通过增加垫片厚度来实现电机与连接装置的同轴度要求，实现电机平稳安全运用，满足内燃机车当初设计要求。615 号内燃机车现场安装后如图 10 所示。

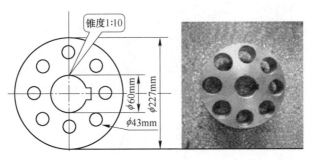

图 9　半联轴器

图 10　改进后的起动发电机

# 3　实施效果

## 3.1　输入轴技术改进实施效果

2019 年 11 月至 2020 年 1 月，我们将制作完毕的输入轴分别安装在 634 号、618 号内燃机车液力变速箱上。618 号内燃机车 2020 年 1 月 15 日出库作业，运行良好。634 号内燃机车 2020 年 1 月入库年修，2020 年 3 月出库作业，运行良好。

## 3.2　起动发电机技术改进实施效果

2015 年 10 月起，我们陆续在 615 号内燃机车等 4 台机车上进行起动发电机技术改进并投入运用。从运用来看，完全满足机车运用要求，既解决了 50kW 起动发电机备件难以采购的难题，实现机车起动发电机备件通用化管理，又解决了电机传动轴瞬间启动扭矩过大的技术难题，确保设备安全运用。

# 4　结论

内燃机车液力变速箱输入轴自主研发设计直至制作安装完成，填补了公司内燃机车液力变速箱检修工艺的一项空白，打破了输入轴外购困难的瓶颈，彻底摆脱了输入轴依靠外购备件的检修方式，极具推广价值。

内燃机车起动发电机技术改进，最大限度降低了电机轴故障率，延长了电机轴的使用寿命，确保内燃机车安全稳定运行。

液力变速箱传动输入装置技术改进，降低了机车检修成本，缩短了机车在库检修周期，提高了机车运用效率，满足了机车运行需求，是解决该型机车液力变速箱传动输入装置故障的有效途径。

## 参 考 文 献

[1] 孙竹生. 内燃机车总体及机车走行部 [M]. 北京：中国铁道出版社，1982.

[2] 中车集团资阳机车厂. GK 系列调小内燃机车 [M]. 北京：中国铁道出版社，2003.

# 提升内燃机车运用稳定性的改进

范慧卿，邵　学，郭宣召，王　波

（山东钢铁股份有限公司莱芜分公司物流运输部）

**摘　要**：随着"公转铁"的增量运输，机车正面临着新的挑战。其状态的好坏直接关系到铁路运输事业能否高效顺行。分析近三年故障数据，电气故障占机车故障的47%，制动故障逼近15%，纵向对比各车型电气制动部件的运用情况，剖析其状态特点，发现多发故障共有薄弱点，实施优化改进。

**关键词**：内燃机车；运用稳定性；共有薄弱点

## 1　引言

伴随国家"公转铁"政策持续推进，山东钢铁股份有限公司莱芜分公司物流运输部的内燃机车作业频率、负载率不断上升。电传机车承担着莱芜分公司原材料的运输、半成品的周转、产品外发等重要任务，液传机车广泛服务于企业的铁水调运和水渣运输作业。自1992年陆续引入内燃机车以来，运用寿命短的也在10年以上。机车老化问题日益凸显，部分机车大中修超程修等多方面不利因素影响，导致机车运用中，故障数量、故障类型不断增加，严重影响机车技术速度和铁路通过能力，提高机车可靠性和稳定性迫在眉睫。

## 2　现状调查

### 2.1　电气多发故障

#### 2.1.1　电传机车牵引电机问题

运输部有3种车型的电传机车，DF10D型和DF4DD型机车底部装有6个牵引电机，GKD1A型机车底部装有4个牵引电机。由于作业环境恶劣，且长时间大功率运行，致使牵引电机引出线断裂、换向器刷架烧损、牵引接触器触头故障集中而突出地暴露出来。仅2019年，运用10多年的DF10D型机车牵引电机故障达17起；2020年上半年，机车不加载故障超过10起，可靠性变差。

#### 2.1.2　机车无弧接触器问题

接触器是机车控制系统的重要部件，机车启机、发电、打风等均需接触器的可靠动作。目前机车上励磁、起动、风泵等使用的接触器普遍为YCC16Q77型接触器，其应用于瞬间大电流频繁吸合断开时性能不稳定，多次出现烧损现象。

### 2.2　空气制动多发故障

机车空气制动系统由机车风源装置、空气制动装置、用风装置三大部分组成。

### 2.2.1　机车风源装置问题

风源装置负责压缩空气的制备和净化，主要指空气压缩机、风源净化装置、油水分离器等供风部件。调查统计 2019 年 NPT5 型空气压缩机小辅修及临修故障，下车更换整机次数多达 10 余次，车上检修（例如更换气阀、弹性联轴器胶垫）30 余次，故障停时多达 186h。

### 2.2.2　空气制动装置问题

空气制动装置负责机车、列车的制动和缓解，主要指空气管路和制动阀件。GK1C 型机车空气管路系统无散热部件，空气压缩机打出的风单纯经管路散热降温。随着使用年限的增加，管路内水积存较多，总风缸、管路腐蚀产生大量铁锈，杂质造成制动阀件阀口、橡胶垫等不密封。GK1C0028 机车在 2020 年频繁出现大闸、小闸漏风，"大闸追总风"，缓解不到位等故障，状态不稳定，急需根治。

### 2.2.3　用风装置问题

GK 型机车制动缸为整体铸造加工而成，经过长时间的使用，缸体内孔磨损大、圆度尺寸超限、制动时漏气严重、制动力减弱，极易导致行驶安全事故。检修更换时，拆卸费时费力、劳动强度高。

## 3　改进工作研究

### 3.1　电气部件改进思路

#### 3.1.1　电传机车牵引电机

##### 3.1.1.1　牵引电机引出线过短易断裂

机车转弯时，转向架会有一定程度的摆动，导致牵引电机引出线与车体接触处会有一定的折损，且此处应力集中，牵引电机引出线过短，同时，引出线与托板是硬性接触，磨损严重，加重了局部受力，缩短了引出线使用寿命，造成断裂。可对引出线长度和托板实施改造，实现平滑过渡，增加受力面积，避免局部受力过于集中，减轻折损程度。

##### 3.1.1.2　不加载故障

在高温、多灰尘、多金属屑的作业环境里，不加载故障多次导致机车在运用中无法动车甚至压卡铁路线。

分析加载控制系统：

电传机车加载控制系统如图 1 所示，此控制系统中有两个重要部件，即 LLC 和 LC，它们能否得电正常工作，关系着机车加载或卸载。图 1 中 SK 为司机控制器，LLC 为励磁机励磁接触器，LC 为主发电机励磁接触器。

图 1　电传机车加载控制系统

进一步分析加载和换向电路：

电传机车加载和换向电路如图2所示。从图2得出，1C~6C牵引接触器辅助触点的闭合情况决定着 LC/LLC/HK 线圈能否得电。检查 1C~6C 六个接触器辅助触头 N302 的状态，接触面接触良好，但万用表测量连接的电路，触头闭合仍无电压输出。拆解辅助触头，发现内部存在缺陷，动触头片端部为面接触，但根部为点接触。运用不久，点接触面氧化，电传不到端部，会导致面接触部位失去作用。可改变动触头片根部的点接触方式，使之可靠连接，增长使用寿命。

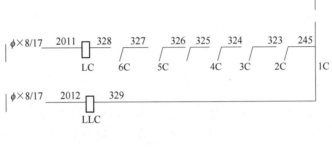

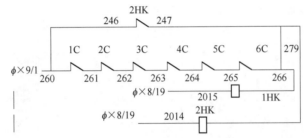

图2 电传机车加载和换向电路

### 3.1.2 机车无弧接触器

结合国铁路局 DF 型机车接触器的使用经验，沙尔特宝的 S1001 型大接触器应用中极少发生故障。可利用机车自营大修期，系统梳理相关线路，测量空间布局，设计固定底座改造，将性能稳定的 S1001 系列直流接触器应用到 GK 型机车进行首次换型技术改造。

## 3.2 空气制动部件改进思路

### 3.2.1 机车风源装置

机车风源装置主要指空气压缩机、风源净化装置、油水分离器、总风缸等供风部件。调查分析影响空气压缩机喷油和风源净化装置失效的因素，对检修过程加以改进修整，同时研究将新技术、新设备应用于机车，给机车提供符合规定压力的、干燥而清洁的高质量压缩空气。

### 3.2.2 机车空气管路

纵向对比其他车型，GK1C 型机车制动阀件故障频次明显高。说明管路系统杂质多，造成制动件阀口、橡胶垫等密封不严。该型机车空气管路系统无散热部件，空气压缩机打出的风单纯经管路散热降温，导致空气管路内水较多，造成管路锈蚀严重。可对机车的供风系统进一步优化，选取合适位置加装冷凝器。

### 3.2.3　制动缸装置

制动缸在机车制动系统中为最终的执行元件之一，它的可靠性直接影响机车行驶安全。原制动缸总成经过一个大修时期的使用，其缸体内孔磨损严重、圆度尺寸超限，制动时漏气严重、制动力减弱。因制动缸为整体铸造加工而成，需整体更换。在满足装配强度的前提下，为提高制动可靠性，与生产厂家联合设计制作分体式制动缸。

## 4　技术方案实施

### 4.1　电气部件

#### 4.1.1　电传机车牵引电机

##### 4.1.1.1　牵引电机引出线

加长牵引电机引出线长度8cm，同时将引出线的托板弯曲一定的弧度，使其在与引出线的边缘接触处能够平滑过渡，增加受力面积，避免了局部受力过于集中，减轻了折损程度。牵引电机引出线改造前后对比如图3所示。

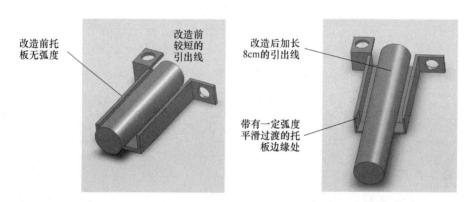

图3　牵引电机引出线改造前后对比图

##### 4.1.1.2　牵引接触器辅助触点

充分利用点接触部位的紧固螺帽大接触面，焊接一根短导线，使底部与动触头片可靠连接。电通过导线传输，不受氧化层困扰，增长了使用寿命。此方案与N302型触头生产厂家探讨，得到高度认可。常熟荣华厂家选用导电性能最优的银导线，生产出改进型N302触头，予以推广。

#### 4.1.2　机车无弧接触器改进

测量空间布局，设计固定底座改造，相关线路进行规范走向的重新设计更换，并在起动电路和励磁电路加装PRS保护装置。接触器改进前后对比如图4所示。

PRS-160保护装置的正向平均电流为160A，专用于启动接触器（QC）保护，PRS-80保护装置的正向平均电流为80A，专用于励磁接触器（LC）保护，PRS-80C保护装置的正向平均电流为80A，采用电流吸收方式，专用于空压机接触器（YC）保护。保护装置接线图如图 5 所示。

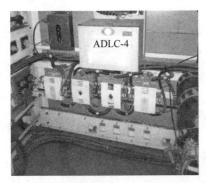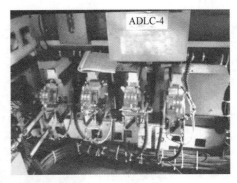

图 4 接触器改进前后对比图

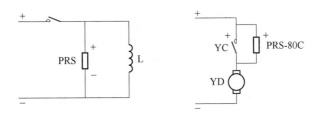

PRS-80、PRS-160型保护装置接线图　　PRS-80C型保护装置接线图

图 5 保护装置接线图

## 4.2 空气制动部件

### 4.2.1 机车风源装置

#### 4.2.1.1 用风来源优化

GK1C 型机车的风源装置间与柴油机间为直通式，柴油机间废气造成空气压缩机吸入的风源含有大量的粉尘、铁屑、水汽等污染物。即便经过过滤净化，仍然会造成管路系统锈蚀，以及制动阀件状态不良、堵塞等故障。

去除 NPT5 型空气压缩机的球状滤清器，在顶部柴油机空气滤清器下端焊接一个与空气压缩机端相同口径的管接口，采用软管直接连接。改变风源后，空气压缩机启动吸入的是供柴油机燃油使用的净化空气，风源质量明显提升，对机车整个空气系统起到了优化与改善的作用。用风来源优化图如图 6 所示。

#### 4.2.1.2 NPT5 型空气压缩机喷油问题对策

喷油原因分析：NPT5 型空气压缩机的整个修程中，活塞连杆组与缸套的装配是决定空气压缩机是否喷油的关键环节。以往装配先把活塞连杆组与空气压缩机主轴连接并固定好，然后一人站在检修平台上双手抓住缸套，从活塞连杆组的上部往下按压，到达活塞环处，需要三人各拿一工具同时给活塞环施加压力让开口闭合，落下一道环后依次类推。人工操作经常会造成活塞环开口移位，达不到错开角度 120°的技术标准，带来喷油隐患。

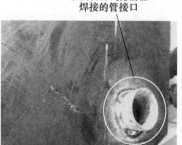

图 6 用风来源优化图

实施改进措施：

NPT5 型空气压缩机有一个高压缸和两个低压缸，所以有 3 套活塞缸套总成。缸套直径及行程为低压缸 125mm×130mm，高压缸 101.6mm×130mm。

检修技术标准（见表 1）：低压缸径可扩大到 125.10mm，高压缸径可扩大到 101.70mm。千分尺测量活塞环自由状态：低压缸活塞环 $\phi130$mm，高压缸活塞环 $\phi107$mm。依据以上技术标准，确定低压缸导向套上端直径为 130.10mm，下端直径为 125.10mm；高压缸导向套上端直径为 106.70mm，下端直径为 101.70mm。利用废旧缸套车丝制作导向套，行程 100mm，导向套为上端宽下端窄的带有锥度的圆柱体。

表 1 检修技术标准

| 名　　称 | 原形/mm | 大修限度/mm | 禁用限度/mm |
| --- | --- | --- | --- |
| 低压气缸直径 | 125-0.02-0.06 | 125.05 | 125.15 |
| 高压气缸直径 | 101.6-0.02-0.06 | 101.65 | 101.75 |
| 气缸的圆柱度 | 0.01 | 0.03 | — |

锥度公式：

$$C = (D - d)/L$$

式中　$C$——锥度比；

　　　$D$——大端直径；

　　　$d$——小端直径；

　　　$L$——锥的长度。

锥度计算：$C = (D - d)/L = (130.10\text{mm} - 125.10\text{mm})/100\text{mm} = 1:20$。

利用导向套后，装配顺序改为由下往上。专用工具导向套和装配工序如图 7 所示。调好 5 道活塞环错开角度 120°，装配时先把缸套落入机座，然后将导向套下端和缸套无缝连接。把活塞连杆组从导向套顶部放入，利用活塞连杆的自身重量下压活塞环收紧。5 道活塞环在经过导向套最窄点时，会受到最大聚拢力使活塞环开口闭合，顺利装入缸套中。活塞环不会出现开口移位问题，装配精度完全达到技术标准，同时劳动强度得到很大程度的降低。

图7 专用工具导向套和装配工序示意图

### 4.2.1.3 新技术新设备分析研究

结合国家铁路局使用经验和当今新型内燃机车空气制动系统配置的可靠性，分析技术参数、匹配度，多次进行空间布局测量，升级改型为 BT-2.6/10AZ 螺杆式空气压缩机。螺杆式空气压缩机启动阻力小，运转平稳，同等排气压力下所需运行时间短，空气过滤性能高；并且保养可视化程度高，自动识别润滑油、空气滤芯的清洁污染程度，从而降低人为经验的误判断。特别是冷却器风扇摒弃皮带传动，实现直接联动，自动化的技术有效减少了乘务员的劳动强度，有利于工作效率实现稳定高效，同时节省大量检修成本。NPT5 型和螺杆式空气压缩机实物如图 8 所示。

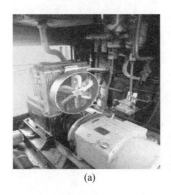

(a)　　　　　　　　　　(b)

图8 NPT5 型（a）和螺杆式（b）空气压缩机

应用技术难点：（1）平面度要求高，基座难找正；（2）空间狭小，需多次进行布局测量；（3）原管路复杂，多为硬性连接；（4）自动化控制，控制线采集点需从电器柜风泵接触器接入。

方案一：拆除原 NPT5 型空气压缩机，在原有安装底座进行改造，其优点是可利用底座自身良好的平面度、倾斜度进行安装，无需精细调整；缺点是要重新加装孔支承板，并对安装孔的尺寸精度要求较高，且安装孔尺寸正好位于两侧主支撑梁力筋处，需切割出螺栓安装位置，破坏了本身底座的刚度。

方案二：整体拆除原 NPT5 型空气压缩机及安装底座，安装 BT-2.6/10AZ 螺杆式空气压缩机自身配置的底座。其优点是压缩机相对于自身底座安装同轴度、直线度高，连接可靠；缺点是底座相对于与机车地板安装精度要求较高，其焊接工艺要求、装配基准的平面度、倾斜度误差在一定范围内。

综合对比,采用方案二,同时对排气风管进行优化改造。具体实施:(1)整体拆除原NPT5型空气压缩机及安装底座,对机车地板安装基准面进行打磨,要求水平仪测量平面度在2/1000mm尺寸范围内。(2)对底座进行调整焊接,焊接采用对焊工艺防止对角变形,保证底座上部安装基准面倾斜角小于6°。(3)对冷却器排气风管进行优化,缩短排风口到总风缸的管路。用钢丝软管连接缓冲脉冲压力对单向阀内部弹簧的冲击,直接连接在单向阀口处,以降低风压沿程消耗量。

螺杆式空气压缩机的安装应用如图9所示。

图9　螺杆式空气压缩机的安装应用

#### 4.2.1.4　油水分离器换型及控制升级

GK1C型机车在用的油水分离器,过滤室过滤容积小,油水分离状态不理想,导致风源净化积水过多,制动系统失效易发生安全隐患。同时油水分离器为司机手动开关放水,增加了司机劳动量。利用GKD1A型机车油水分离器实施改造。纵向对比发现,此类型油水分离器过滤室过滤容积大,过滤密度小,能够更好地实现油水分离。对管路重新切割、焊接,用管卡固定管路,防止振动造成接头松弛。在油水分离器排水管下方安装电磁阀,使手动放水变为自动放水。电磁阀控制从YC接触器取电,实现空气压缩机打风时电磁阀得电自动排水,打满风自动关断,保证油水分离器内部干燥。

#### 4.2.2　机车空气管路

纵向对比其他车型,GK1C型机车制动阀件故障频次明显高,这说明管路系统杂质多,造成制动件阀口、橡胶垫等密封不严。管路系统无散热部件,经空气压缩机压缩的空气是含有油雾和尘埃的高温饱和气体,单纯经管路散热降温会造成管路内水蒸气积存,导致锈蚀。

系统分析,实施在空气压缩机压缩出口与油水分离器管路之间加装冷凝管的改进,对压缩空气进行冷却。降低空气压缩机出风温度后,就会有凝结水析出,从而分离出部分水蒸气,并且与油雾相互凝聚变成质量较大的油水珠。通过油水分离器的螺旋通道时,在离心力的作用下,油水珠更容易甩向筒壁流入底壳,通过改造的自动电磁排水阀定期排出,就可降低进入下一级JKG型空气干燥器的空气中水蒸气的含量,同时确保干燥器的进口温度在5~55℃。

#### 4.2.3　机车制动缸装置

与生产厂家联合设计制作分体式制动缸。其特点是制动缸固定支架与缸体各位一体,连接时，先安装支架，再以支架后端圆孔为支承中心用螺栓固定缸体。优点一是安装快捷方便，劳动强度大大降低；二是缸体磨损到限时，只需拆卸缸体单独更换，极大降低了检修配件成本费用。

## 5　实施效果

牵引电机、牵引接触器触头等电气部件寿命提高 3 倍以上，机车不加载故障明显减少。空气系统各项措施实施，机车风源装置压缩空气的制备和净化更加平稳顺畅，故障率大大降低。制动故障次数降至全年故障总次数的 10%，检修停时大大压减，机车运用稳定性得到保障，有效提高了货运周转的正点率。

参 考 文 献

[1] 李晓村. 内燃机车综合故障分析与处理 [M]. 北京：中国铁道出版社，2001.

# 梅钢混合动力机车选型研究

## 宋建波

（上海梅山钢铁股份有限公司）

**摘　要**：本文通过对梅钢物流部现有内燃机车机型的状况、运用分析研究，结合机车牵引、制动能力及排放等因素，从能耗及性价比等方面比较，确定了机车混合动力化的选型方向，介绍了机车动力电池的选择、运用管理及安全防护。

**关键词**：混合动力；钛酸锂电池；机车

## 1　引言

国家碳达峰、碳中和的总体发展思路结合环保超低排放管控，对机车能耗及排放提出更高要求，传统燃油机车面临淘汰升级趋势，柴油内燃机车主要有以下几点不足：存在环境污染问题，内燃机车存在尾气排放、噪声污染的问题。随着国家对环保的政策要求，柴油内燃机车需达到国四（Ⅴ）标准；运行成本高，纯柴油机调车内燃机车工作台班内任何情况怠速不熄火，低工况燃料费高，内燃机车柴油机及辅助系统的日常维保工作量大，按照内燃机车采用小、辅修加轮换大、中修的模式，其每台机车的年维保费用较高；工作环境差，纯柴油机调车内燃机车运行噪声大、震动大、有尾气排放，司机受噪声、震动、尾气排放的困扰。

在保障机车运用、确保运输生产正常的前提下，为响应国家清洁生产、节能减排号召，降低成本，减少尾气环境污染问题，梅钢调车内燃机车可以选择更为经济的柴电混合动力机车，有效消除诸多不利因素，顺应环保发展趋势。

## 2　梅钢现有机车状况

物流部工艺区域2008年起陆续投用9台大连机车厂GKD1A型电传动内燃机车，负责高炉至倒罐站之间铁水运输，日常在用6~7台，多数时间使用7台，备用1台，随着铁水运输作业模式变化及鱼雷罐车周转率提高，机车运用台次及运用率提高，工艺机车在下线大中修及维护保养时，设备保有量已不能满足生产需求，影响铁钢运生产。

普铁区域机车共有8台，其中3台电传机车用于梅山矿及古雄站大吨位牵引，轴距长，不适宜厂内小曲线半径作业；5台GK1型液传机车用于厂内过磅、焦化、翻车机作业区域，液传机车于1993年从资阳机车厂引进，最早一台GK1型液传机车已运用超过20年，配备Z12V190BJ4发动机及ZY1011GY液力传动箱，该机型早些年已经淘汰，特别是ZY1011液力传动箱资阳厂已不生产，零部件则是厂方接到订单后才加工，生产周期长，目前早期的GK1型液传机车传动箱、柴油机及走行等部件由于运用年限长，处于加速劣化阶段，维修成本高、周期长，一定程度影响了机车运用及修程的正常开展，近几年 GK1 型机车厂架修时经常发生柴油机机体、曲轴及传动箱变扭器体超修程情况，厂架修费用居高不下。国家铁道行业标准 TB/T 2783—2017 针对内燃机车功率在 560~2000kW 对排放限值规定（g/(kW·h)），氮氧化物小于6，一氧化碳小于3.5，碳氢化合物小于0.5，GK1 机车采用济南柴油机厂 Z12V190BJ 柴油机（运用功率794kW），根据济南柴油机厂《190 柴油机系列排放特性的研究》，机车柴油机排放在怠速工况至满负载工况间氮氧化物 16.4~19.28，一氧化碳 3.47~14.77，碳氢化合物 1.169~2.99，远不符合国家行业排放标准。

由机车现状应逐步淘汰 GK1 机车，现有工艺机车作为两区域共用，新机车牵引性能应能满足铁水运输区域的牵引负载及作业条件。

# 3 新机车选型

铁水运输机车怠速工况时间较长，等待时间的燃油消耗成本较高，设备状态的检查主要以人工为主，设备状态难以把控，需进一步提高设备智能化水平，为设备运维一体的管控模式提供有利条件。智慧制造方面，机车无人化将成为未来必然趋势，东山、青山、韶钢等基地已开展机车无人化的推动、实施和技术推广，梅钢在相关方面已落后各基地，现有机车自动化程度不高，增加了机车无人化改造的成本及难度。因此，新机车选型主要考虑以下几方面：（1）节能，采用混动工况，进而实现节能减排；（2）智能化，具有遥控操作功能，降低人员劳动强度，提高作业现场安全性；（3）信息化，具有数据信息存储、分析等功能，可实现健康诊断功能，匹配全寿命周期信息化修程管理。

## 3.1 电传动技术方案

机车采用交流—直流—交流电力传动，可在气温-40~40℃、尘沙工矿作业区正常运行，主发电机采用三相交流异步发电机，三相交流电经过四象限整流器整流为直流电，其电压可根据负载进行实时高精度调整。可为储能装置精确充电，也可配合储能装置放电，同时也为牵引逆变器和辅助逆变器供电。机车以储能装置作为主要动力装置，柴油机主要作用为电池充电，必要时增大机车功率。在使用储能装置时，根据储能装置容量、机车工况等边界条件由机车微机自动控制柴油机启动、储能装置充放电等工况和变化，在工况、模式变化时做到操作无缝衔接。机车主要模式分为"储能装置动力模式""柴油机动力模式"和"双动力模式"。储能装置动力模式下以储能装置为主，柴油机根据机车功率需求、储能装置容量状态等参数自动启动或停止，同时机车微机控制电池的充放电逻辑。柴油机动力模式下以柴油机为主，机车微机根据机车需求控制柴油机功率。双动力模式下储能装置和柴油机同时工作。

新机车采用油电混合动力，即动力电池+柴油发电机组，功率不小于810kW，其中柴油机组功率不小于310kW，动力电池功率不小于500kW，两者可分别单独或共同为机车提供启动、牵引动力，动力传递方式为交流—直流—交流。

## 3.2 牵引力计算

牵引力的计算思路如下：

（1）列车阻力计算。确定机车与车辆阻力公式，并根据阻力公式得出列车在假定速度下的阻力情况。

（2）机车轮周功率需求计算。根据思路（1）中得出的列车阻力值及假定列车行驶速度，得出该工况下所需的轮周功率。

牵引力的计算过程如下：

（1）机车单位阻力 $f_1 = 0.95 + 0.0023v + 0.000497v^2$。

（2）罐车重车单位阻力 $f_2 = 0.92 + 0.0048v + 0.000125v^2$。

牵引力计算输入条件如下：

正常载重 1200t，最大运行速度 15km/h，运行距离 3.5km，上坡（3.5km 不全是坡道）。

机车自重 92t，持续牵引力 150kN，最大坡道 3‰，则

$$G_q = \left[ 102F_q\lambda_y - P(5 + i_q) \right] / (3.5 + i_q) \tag{1}$$

式中　$F_q$——机车起动牵引力，kN；

$\lambda_y$——机车牵引力使用系数，$\lambda_y = 0.9$；

$P$——机车自重；

$i_q$——起动地点加算坡度千分数，‰。

$$G_q = \left[ 102 \times 150 \times 0.9 - 92 \times (5 + 3) \right] / (3.5 + 3) = 2005t$$

由式（1）计算结果，机车在运行线路满足牵引 1200t 负载。

$$N = Fv/3600 \tag{2}$$

由式（2）得出机车牵引特性关系，如图 1 所示。

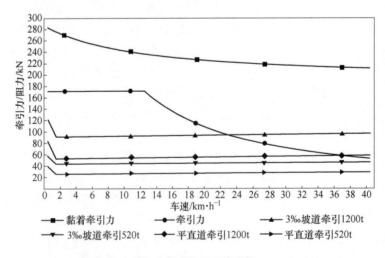

图 1　机车牵引特性曲线

由图 1 牵引特性曲线可知：

（1）单机在 3‰坡道牵引 1200t，可满足起动及持续运行 10km/h 的要求。

（2）单机在 3‰坡道牵引 520t，可满足起动及持续运行 15km/h 的要求。

## 3.3 制动距离

机车采用电控+JZ-7 制动型式，风源使用螺杆空压机或 NPT5 型空压机。

列车制动距离 $s_z$ 等于制动空走距离 $s_k$ 与制动有效距离 $s_e$ 之和，即

$$s_z = s_k + s_e = v_0 T_k / 3.6 + 4.17(v_1^2 - v_2^2)/(\omega_0 + i_j) \tag{3}$$

由式（3）得出不同工况下制动距离。

表 1 为不同工况下制动距离表。由表 1 可知：单机及负载工况在常用及紧急制动情况下，制动距离在安全范围内。

**表 1 制动距离表**

| 92t | 15km/h | | 10km/h | | 5km/h | |
|---|---|---|---|---|---|---|
| 工况 | 常用 | 紧急 | 常用 | 紧急 | 常用 | 紧急 |
| 单机（92t） | 23 | 17.02 | 13.4 | 9.81 | 5.8 | 4.17 |
| 单机带一只空罐 | 47.9 | 36.9 | 24.3 | 18.5 | 8.4 | 6.3 |
| 单机带两只空罐 | 69.5 | 54.6 | 33.8 | 26.3 | 10.8 | 8.21 |
| 单机带一只重罐 | 69.5 | 54.6 | 33.8 | 26.3 | 10.8 | 8.21 |
| 单机带两只重罐 | 105.2 | 85.05 | 49.7 | 39.03 | 14.8 | 11.5 |

## 3.4 动力电池选型及防护

### 3.4.1 动力电池选型比较

当前机车动力电池主要以磷酸铁锂及钛酸锂为主，钛酸锂电池作为负极材料时电位平台 1.55V，比传统石墨负极材料高出 1V 还多，虽然损失了一些能量密度，但也意味着电池更加安全。电池快速充电时对负极电压需求比较低，但如果过低，锂电池就容易析出非常活泼的金属锂，这种锂离子不仅导电，还能跟电解液起反应，然后释放热量，产生可燃气体，引发火灾。而钛酸锂因为高出来的 1V 电压避免了负极电压为 0 的情况，也就间接避免了锂离子的析出，从而保证了电池的安全性。由于钛酸锂电池在高温、低温环境中均可以安全使用，也体现出其耐宽温（尤其耐低温）的重要优势，钛酸锂电池的安全工作温度区域在-50℃到 65℃之间，而普通石墨类负极电池在温度低于-20℃时能量就开始衰减，-30℃时充电容量仅为充电总容量的 14%，在严寒天气下根本无法正常工作。此外，由于钛酸锂电池即便过度充电，也仅有 1% 的体积变化，被称为零应变材料，这使其有着极长的寿命，从全寿命周期看，钛酸锂电池成本更低。并且钛酸锂电池快速充放电能力强，充电倍率高。

### 3.4.2 动力电池管理

由表 2 性能对比，机车动力电池选型为钛酸锂电池，动力电池电量为 300kW·h，由两个电池柜并联，需要考虑两电池柜之间总电压出现压差比较大的情况，如果牵引蓄电池柜两组之间总电压压差为 20V，考虑电池串并联情况，单组电池总内阻理论计算值为 70mΩ，合闸冲击电流 285A，在接触器正常工作电流范围内。考虑电池组间压差过大上电后，两电池柜间的均流需要较长时间，电压才能达到平衡，在实际上电过程中电池管理系

统控制两组电池系统间压差最好是在 20V 内。

表 2　电池性能对比表

| 电池名称 | 磷酸铁锂电池（LFP） | 钛酸锂电池（LTO） |
| --- | --- | --- |
| 正极材料 | 磷酸铁锂 | 锰酸锂、三元材料或磷酸铁锂 |
| 负极材料 | 石墨 | 钛酸锂 |
| 标称电压/V | 3.2 | 2.3 |
| 充放电压范围/V | 2.0~3.8 | 1.5~2.8 |
| 质量比能量/(W·h)·kg$^{-1}$ | 100~120 | 70~95 |
| 体积比能量/(W·h)·L$^{-1}$ | 140~160 | 120 |
| 循环寿命（100%DOD） | ≥2000 次（5~8 年） | ≥10000 次（10 年） |
| 高温性能 | 好 | 很好 |
| 充电时间 | 快速 30min80%，标准≥3h | 快速 10min90%，标准≤1h |
| 安全性 | 很好 | 非常好 |
| 工作温度范围/℃ | 0~55 | −40~60 |
| 倍率性能 | 快充对循环寿命影响较大 | 快充对循环寿命影响较小，仅需 6min |
| 充电阶段 | 恒流和恒压 | 恒流 |
| 热稳定性（240℃热冲击） | ≥160℃时会发生爆炸 | 无现象 |
| 内部结构 | 有 SEI 膜，影响首次充放电效率，高于 45℃时易分解，高温时循环寿命衰减很快 | 无 SEI 膜 |
| 对比结论 | （1）能量密度较大（1t 约 120kW·h 电）；<br>（2）充电时间较长；<br>（3）质保时间 5~8 年；<br>（4）需隔热保温与加热系统 | （1）能量密度较小（1t 约 95kW·h 电）；<br>（2）仅需 6~10min（高倍率）；<br>（3）质保时间 10 年（寿命长）；<br>（4）低温充放电性能好（−30℃）；<br>（5）电池成本较高 |

下面介绍动力电池上电过程。

（1）整车 110V 上电唤醒：整车 110V 上电同时电池管理系统（BMS）得电启动。

（2）BMS 自检并对电池故障状态诊断：电池管理系统（BMS）得控制电后，首先会进行自检，检查各项指标（包括单体电压、温度、总电压、接触器、熔断器、系统绝缘等）是否会出现严重的故障，并发送 BMS 自检状态标识。

（3）整车下发闭合指令：整车收到 BMS 状态后，判断是否满足上电条件，如果满足上电条件，整车下发允许启动命令。

（4）BMS 闭合接触器：BMS 收到整车下发的允许启动指令，控制闭合总负、预充接触器，通过辅助触点反馈向整车发送接触器状态，当 BMS 检测到电池系统外总压达到电池系统内总压的 95%，断开预充接触器、闭合总正接触器，电池系统上电完成。

当压差大于 20V 时，需要将总电压较高的一组电池先投入进行放电或者将总电压较低的一组电池先投入进行充电，直至判断压差小于20V后，闭合总电压较低（放电工况下）或总电压较高（充电工况下）的一组电池的总正、总负接触器，完成上电流程。

欠压上电策略：

（1）整车上控制电唤醒。

（2）整车上控制电，电池管理系统（BMS）得电启动。

（3）BMS进行自检并检查电池故障情况，由于电池欠压，导致BMS自检不通过。

（4）若BMS收到强制充电网络指令或检测到强制充电硬线信号为高电平，且此时蓄电池系统不存在其他故障，BMS控制闭合总负、预充接触器，通过辅助触点反馈向整车发送接触器状态，当BMS检测到电池系统外总压达到电池系统内总压的95%，断开预充接触器、闭合总正接触器，电池系统上电完成。

下面介绍牵引蓄电池柜下高压电过程。

正常下电：牵引蓄电池在正常使用完之后，整车下发的允许启动命令消失，BMS同时断开总负、总正接触器，停止输出。

故障下电：在正常使用的过程中，系统内部出现包括像过放过充、温度过高等严重故障，电池管理系统（BMS）将故障信号上报整车，若整车在规定的时间内（2s）没有做出回应，电池管理系统（BMS）主动断开电池系统总正、总负接触器。

### 3.4.3 动力电池灭火防护

电池柜内布置主动灭火系统，包括探测装置、控制单元、磁触发装置及灭火罐。蓄电池系统发生火灾时，安装在蓄电池箱内的BMS电池管理系统通过温度信号以及烟雾传感器报警信号发现火灾，BMS电池管理系统输出信号控制触发灭火罐，将灭火剂喷出进行灭火。除了BMS主动控制以外，主动灭火装置还可以通过感温磁发电装置进行触发，感温磁发电装置无需外部电源供电，是BMS控制主动灭火的冗余控制，当感温磁发电装置监测环境温度超过预设温度限界时，装置中的热敏元件环产生形变并松开带弹簧的移动杆，脉冲电流通过输出端向灭火装置输出，同时将反馈信号输出到BMS。

## 3.5 机车微机网络控制系统

机车微机网络控制系统采用分布式架构，符合IEC 61375列车网络通信标准，车辆总线采用以太网，主要设备包括以太网交换机ES、中央控制单元CCU、远程输入输出单元RIOM、显示单元DDU、时间记录仪ERM。连接到以太网的控制单元还包括牵引控制单元TCU、辅助控制单元ACU、动力电池管理系统CMS等。

微机网络控制系统完成机车各子系统的控制、诊断和维护功能以及各子系统间的通信接口的软件、硬件构成。中央控制单元作为机车微机网络控制系统的核心，负责柴油机运行控制、蓄电池充放电控制，以及机车保护控制、机车故障诊断及参数设置等整车逻辑控制功能的实现。通过以太网获取机车当前状态信息并依据内部进行逻辑运算并向外发送机车状态数据信息或相应控制指令。远程输入输出模块作为机车微机网络控制系统的重要组成部分，既能够通过硬线采集机车各部件反馈的开关量信号，也能够通过硬线采集相关部件反馈的模拟量信号，还能够输出开关量信号。显示单元作为机车微机网络控制系统中负责人机交互的主要设备，负责为司机和检修人员提供机车实时和历史状态信息。以太网交换机作为机车微机网络控制系统的信息交换中枢，负责接收并转发网络总线上各设备发送的数据。

　　事件记录仪作为机车微机网络控制系统中的重要设备，负责监听并记录司机操作、列车运行数据、故障数据等实时和历史信息，主要包括发动机工作状态（温度、压力、转速）、主发电机电压电流、各牵引电机轴承电压电流、动力电池工作状态、设备故障信息，可运用于机车功能调试、故障分析诊断、运用维保统计。

# 4　结语

　　机车动力系统选择储能装置作为主要动力装置，柴油发电机组主要作为储能装置的充电装置，大大避免了惰转工况下的油耗，有效地节省了燃油消耗和改善了排放。经初步核算：与同等功率等级的内燃机车相比，在相同作业条件下，每台机车每年可节约机车使用成本约 20 万元；减少的有害气体排放量约为 $NO_x$ 360kg、CO 160kg、HC 45kg，社会效益突出。

参 考 文 献

[1] 李茹华，彭长福，马晓媛，等. 大功率混合动力机车动力电池系统组间均衡策略研究 [J]. 技术与市场，2020，27（6）：8-10.

[2] 何良，姚晓阳. CKD6E 混合动力机车电传动及控制系统 [J]. 机车电传动，2012（4）：18-22.

# 鱼雷型混铁车下心盘与车架焊接工艺浅析

## 马广玲

（本钢板材股份有限公司铁运公司）

**摘 要**：针对鱼雷型混铁车下心盘与车架焊接裂纹缺陷，从材质、结构等方面分析原因，制定合理焊接工艺，通过反复实践和摸索，获得较好焊接质量，为拓展车辆大型铸钢件焊修、提高车辆检修质量，提供了理论和实践参考。

**关键词**：鱼雷型混铁车；心盘；车架；焊接工艺；浅析

## 1 引言

鱼雷型混铁车（俗称鱼雷罐车）主要用来将高炉铁水运至炼钢厂、钢锭模厂或铸铁厂进行炼钢、浇铸钢模或浇铸铁块，是目前钢铁企业用来运输铁水的重要运输工具。2004年10月，第一批鱼雷型混铁车在本钢正式投入运用，经过近20年的运行，近几年车辆老化日益严重，故障率增高。由于该种车型载重量大，尤其是车体长期处于高温、振动运行模式下，导致车体钢结构故障率较高。近几年回库检修的鱼雷罐车先后出现心盘开裂、主轴瓦裂纹等故障。由于各部材质不同，有普钢件、铸钢件，还有铜件，加之结构特点，给焊接修复提出了难题。

## 2 心盘与车架焊修现状及原因分析

### 2.1 焊修现状

2019年回库检修鱼雷罐车分解后，首次发现2台车出现心盘与车架连接部位开裂，导致心盘无法固定，存在行车安全隐患，只能采取焊接方式进行修复。鱼雷罐车心盘与车架裂纹如图1所示。

图1 鱼雷罐车心盘与车架裂纹

结合心盘和车架材质及结构特点，为增加焊接强度，确保焊接质量，首次直接采用了$CO_2$气体保护焊常规焊接工艺，焊后在焊道和热影响区均出现裂纹缺陷，导致焊接失败。采用氧-乙炔气割清除焊肉后又重新施焊，仍在车架母材上出现了裂纹。两次焊接失败说明常规的焊接工艺根本无法实现心盘与车架焊接牢固，分析产生焊接裂纹的原因时，应从母材材质、焊接方法、焊接工艺三方面进行分析。焊缝裂纹如图2所示。

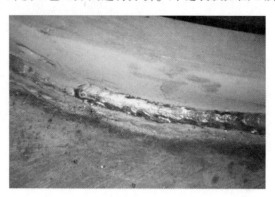

图 2　焊缝裂纹

## 2.2　原因分析

### 2.2.1　材质分析

鱼雷罐车心盘与车架均是铸钢件，母材强度较高，碳含量在 0.2%~0.6%，由于碳含量高，加之心盘和车架均属于大型金属结构件，焊后内应力大，因此极易出现裂纹缺陷。再则心盘是圆形部件，曲度大，加上心盘和车架厚度大，因此二者焊接后内应力较大，也是导致焊后开裂的主要原因。常规焊接工艺根本无法得到理想焊接效果。

### 2.2.2　焊接方法分析

针对铸钢件母材的成分特点及焊接性分析，一般可以选择手工电弧焊、埋弧焊、$CO_2$气体保护焊和电渣焊等几种焊接方法。结合本单位客观实际情况，可采用手工电弧焊和$CO_2$气体保护焊，因此着重分析对比这两种焊接方法各自优缺点。

（1）手工电弧焊。手工电弧焊是焊接中应用最普遍的一种焊接方法，铸钢焊接可以采用此方法，但其工作效率低，对于结构复杂或焊接部位狭窄的铸钢件更适合，操作灵活。可以针对不同碳含量的铸钢，选用合适的焊条。如对低碳铸钢可以选用钛铁矿型焊条，最好使用低氢型焊条，可以提高接头质量和工作效率。对中、高碳铸钢件可以选用中、高强钢焊条。鱼雷罐车心盘和车架属于低碳铸钢，因此可以采用低氢型焊条，如506、507，但必须排除药皮中水分，可以在 300~350℃烘干 1h，最好能采取焊前预热和焊后保温工艺，但由于部件体积较大，此项工艺要求较难实施。

（2）$CO_2$ 气体保护焊。$CO_2$气体保护焊焊接铸钢件是比较高效的方法，优点有：1）比手工电弧焊效率高 2~3 倍。2）碳含量比低氢型焊条还低，可以省略预热。3）多层焊时不用清理药皮。但也存在缺点：1）在深而窄的坡口内进行第一层焊接时，焊道容易出现裂纹。2）对母材条件要求高，在有油污、灰尘、油漆的铸钢件上焊接比手弧焊更易出现焊接缺陷。3）在有风的环境焊接易产生气孔，对环境条件要求较高。

综合对比两种焊接方法，由于不具备预热和保温条件，同时车体焊修量较大，结合本单位客观作业条件，决定选用 $CO_2$ 气体保护焊进行心盘与车架的焊接修复。

### 2.2.3 焊接工艺分析

第一次焊后很快在焊道及热影响区出现了裂纹，采用气割清除焊肉，检查分析开裂原因如下：

（1）心盘与车架之间的焊道破口窄而深，第一层打底焊时，焊丝没有焊透根部，底部母材未完全融合在一起，因此产生内应力导致开裂。

（2）未清理干净坡口，造成焊缝内有杂质，产生应力集中。

（3）环境温度低，焊前没有预热，焊接过程中层间温度低，焊缝冷却快，产生裂纹。

（4）结构件尺寸过大，焊后内应力大。

（5）焊接顺序不合适，导致应力不断积累变大。

（6）焊后焊缝自然冷却速度快，虽采取锤击释放应力法，但作用不大，应力释放不出去，导致开裂。

第二次焊接时，没有从根本上改进工艺，但由于焊道重新清理，坡口有所加宽，加上之前焊过的原因，焊件温度提升，因此焊后仅在附近母材上出现开裂，较第一次有所改善。通过两次焊接实践对比，可见上述工艺分析原因是导致心盘焊接开裂的根本原因。

## 3 解决措施及焊接效果

### 3.1 解决措施

针对焊缝开裂根本原因，重新制定焊接工艺和操作注意事项：

（1）尽可能清理干净坡口和焊接缺陷（如条件允许，可采用碳弧气刨清除裂纹缺陷，既保证缺陷清除彻底，减少夹渣，又可得到理想破口。但为避免表面渗碳，需要采取打磨工艺，降低碳含量）。适当增加坡口宽度，降低深窄比，避免形成上宽下窄的深坡口。加工后的坡口如图 3 所示。

图 3　加工后的坡口

（2）第一层打底焊时要采用较小电流（一般 200A 左右），缓慢焊接，运条时要保证左右母材均熔化后方可前行，保证打底焊透。

（3）针对部件尺寸大、坡口尺寸大等不利因素，同时为了减少焊缝填充量（因为焊缝填充量越大，越易产生较大内应力，产生更多焊接缺陷），在整个圆周坡口内，平均放置 6~8 个 50mm 长的楔形钢条，作为焊道支撑件和熔合材料，从而减少焊缝填充量，可减少焊接应力。图 4 为向坡口内加钢条。

图 4　向坡口内加钢条

（4）焊接顺序改为短道断续焊，并采用对称焊接法，合理的焊接顺序可大大减少焊接应力。

（5）焊后立即采用锤击法释放焊缝残余应力，同时采用棉被等覆盖焊缝进行保温，降低焊缝冷却速度，降低开裂率。

## 3.2　焊接效果

按照上述新制定的焊接工艺施焊后，心盘与车架焊缝没有出现明显裂纹，仅在心盘与焊缝接触侧发现两道细微裂纹，但基本不会对焊缝强度造成影响。考虑到针对同一部位，反复切割、焊接操作会造成母材材质性能发生改变，对再次焊接质量更不利，因此第三次焊后决定保持原样，组装出车。后续做好跟踪检查，经过户外运行近半年的时间，未发现此处焊缝出现开裂等隐患扩大现象，证明该工艺完全满足心盘与车架焊接固定。最终焊缝如图 5 所示。

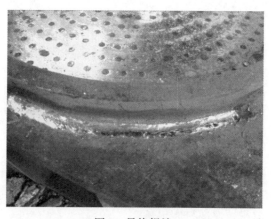

图 5　最终焊缝

# 4 结论

随着鱼雷型混铁车运用时间的增加，车体老化程度越来越严重，钢结构故障必然越来越多。此次通过心盘与车架焊接成功，摸索出了大型铸钢件的合理修复方法。针对车辆部件的不同材质、不同构造和不同质量要求，还要结合现场实际情况，综合制定出最合理的焊接工艺，再配合焊工的操作技巧，必可满足车辆钢结构检修质量要求，提高车辆检修水平，确保车辆安全运行。

# 线岔减磨技术在冶金铁路中的研究与应用

赵士链，卜德勋，杨　刚，李振江，朱　聪

（山东钢铁股份有限公司莱芜分公司物流运输部）

**摘　要：** 铁路线岔受地形限制，曲线多、道岔号数小，机车车辆载重量大，运输频繁。机车车辆对曲线、道岔尖轨、导曲线配轨、护轨、辙叉等磨耗较快，影响运输的安全性。为满足重载铁路运输的需要，开展对各种曲线磨耗的调查分析，通过创新各种减磨防磨措施，经过现场应用达到了良好的效果，提升了铁路线岔的耐磨性。

**关键词：** 铁路线岔；曲线；磨耗；防磨减磨

## 1　成果背景

莱芜分公司物流运输部承担着98km铁路线路和281组道岔的养护维修工作，拥有大小曲线235处。由于该厂铁路线岔受地形限制，曲线多、道岔号数小，机车车辆载重量大，运输频繁。机车车辆对曲线、道岔尖轨、导曲线配轨、护轨、辙叉等磨耗较快，影响运输的安全性，每年投入的成本居高不下。为满足重载铁路运输的需要，通过综合技术改进，提升铁路线岔的耐磨性。

## 2　冶金线岔磨耗成因分析

根据铁路线岔现场情况，我们对各种情况下曲线磨耗的情况及成因进行了分析。

### 2.1　小半径曲线磨耗情况

莱芜分公司地处山区，铁路铺设根据现场各生产车间位置而定，另外由于山区施工难度大、费用高等影响，现场曲线较多。据统计，莱芜分公司共有大小曲线235处，最小曲线半径为90m。近几年随着产量增加和运能的提升，引用了东风、和谐等型号机车，由于其功率大、轴径长，小半径曲线磨耗随之加重，小半径曲线使用寿命缩短、行车速度受到限制，运输危险性增加。

### 2.2　道岔导曲线钢轨磨耗情况

由于莱芜分公司特殊的地理环境限制，使用的道岔型号大部分为7号木枕，其中7号道岔导曲线半径仅为150m，大部分钢铁企业尤其是建厂较早的冶金企业受历史条件和地理条件限制，基本处于山区，道床排水系统不佳，现场翻浆冒泥较多，随之带来的是道床板结、枕木切割，导曲线钢轨磨耗加重，给维修和机车运输都带来了较大的负担。

## 2.3　道岔尖轨磨耗情况

尖轨磨耗是由于轮轨在转向时接触摩擦、导向及冲击做功等引起的尖轨断面损失。尖轨磨耗主要有垂直磨耗、侧面磨耗、压溃等。垂直磨耗是指尖轨面高度上的磨耗，一般情况是正常的。侧面磨耗是尖轨磨耗的唯一标志，车轮横向力对道岔一侧尖轨尖端至 10mm 断面范围内造成冲击和严重摩擦损伤，这种损伤的产生和发展较快，并且会导致岔前 3~4 根枕木加快失效（钉孔扩大并积水）而使道岔横移加剧，从而大大增加了道岔的养护难度和养护工作量。

## 2.4　辙叉护轨磨耗情况

辙叉在道岔中由于有害空间的存在，必须设计加工护轨，传统护轨在机车磨耗后无法进行调整，导致轮缘槽增加，造成查照间隔和护背距离不合标准，机车经过时撞击心轨存在安全隐患。

# 3　改善措施

针对小半径曲线钢轨减磨，我们主要从管理方面和技术方面入手，利用四新技术加强钢轨润滑设备引进应用，与厂家根据现场情况进行联合攻关，开发新设备；同时在技术层面上对设备进行改进、工艺制定等工作。另外加强自身技术攻关，设计小半径曲线线性稳固装置、可调式小半径曲线护轨等，改善小半径曲线钢轨磨耗情况。

## 3.1　太阳能油脂自动涂覆装置应用与改进

车轮与钢轨接触的方式主要分两种，一是在直线段，车轮压力主要是在水平面，如图 1 所示；二是在曲线段，主要接触点在钢轨圆弧及侧面，因此钢轨的磨耗主要在圆弧及侧面，如图 2 所示，磨耗严重后会增大轨距，产生病害。

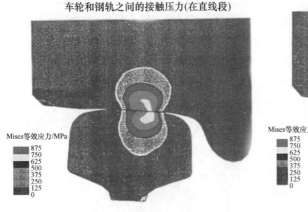

图 1　直线段接触点

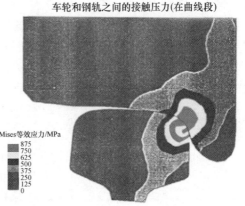

图 2　曲线段接触点

引进油脂自动涂覆装置，该涂油器由感应器、控制器、润滑油泵、储油罐、强制分配器、过滤器、出油管和出油板等几部分组成，安装在转弯半径较小的铁路钢轨附近。车轮感应传感器和出油板安装在钢轨内侧，如图 3 所示，当车列经过时，传感器给控制器发出信号。控制装置的电脑智能系统根据设定的参数，将润滑脂通过出油板变成大小均匀的油珠附在出油板顶部，当车列经过时粘在车轮的轮缘上，再均匀涂抹到车列将要经过的曲线钢轨内侧面，如图 4 所示。车轮和钢轨内侧面之间产生的一层油膜使两者之间的摩擦从干摩擦变为有油润滑摩擦，大大减小了摩擦系数，降低了车列转弯时"啃轨"的摩擦力和径向剪切力。从而减小了车轮和钢轨的磨蚀，显著降低了行车噪声，减小了车列的振动。而且我们在该装置的后续使用中进行了改造，针对现场无电源情况设计安装太阳能供电装置，同时为了便于现场监控和减少人力投入，对系统进行了升级改造，实现了手机远程参数查询控制、轨温检测传输、现场影像传输等功能。

图 3　出油板位置图

图 4　润滑区域

## 3.2　设计安装小半径曲线线性稳固装置

我们以水渣微粉走行线进行了试验，该曲线半径 $R = 150\text{m}$，近几年多次放线全面拨道，但是在列车运行产生的压应力和横向水平力的作用下，目前该段曲线的圆顺度差，正矢误差已经超过了允许范围，轨道线型不易保持、轨距拉杆易断裂、钢轨外翻等病害频出，大大缩短了该设备的维修周期。

在水渣微粉走行线内股外侧按圆曲线每隔 10m 开挖一基坑，在基坑中心竖直放置钢轨桩，轨腰与线路中心线平行，在基坑中灌注混凝土。钢轨加强桩与线路连接采用拉杆。在钢轨桩轨腰上事先钻孔，在钢轨桩对应的线路上，穿入轨距拉杆，轨距拉杆的另一端穿入钢轨桩，以钢垫片、螺帽拧紧。目前该装置已安装 21 个，其现场应用如图 5 所示。通过该装置的研究应用，曲线圆顺度大为改善，钢轨横移冲击现象明显减轻，有效减轻了该曲线的钢轨磨耗。该创新取得专利，专利号为 ZL2017 2 0181106.5。

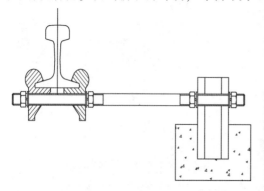

图 5　现场应用图

### 3.3 道岔导曲线配轨磨耗设计攻关

普通单开道岔由于导曲线半径小，曲线上股不设超高，外轨承受的水平推挤力和垂直压力要比下股大得多，上股垫板切岔枕的深度和钢轨磨耗等比下股严重，加上岔枕中部受力集中，容易造成岔枕反超高，这样就更促使导曲线上股钢轨产生小翻、挤动，轨距方向不易保持、导曲线不圆顺。

#### 3.3.1 支距垫板的设计

道岔导曲线支距是指直股钢轨工作边按垂直方向到导曲线外股工作边的距离，如图6所示。量取支距的方法是以导曲线起点在基本轨工作边上的投影点开始，按每2m一个横距来排列，逐点量取到导曲线外股工作边的垂直距离，即为该点的支距。

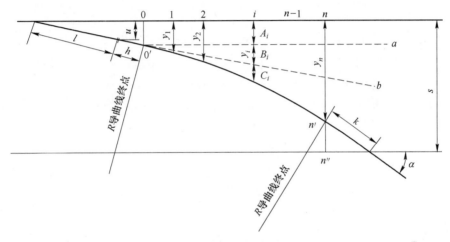

图6 道岔支距点

列车运行使得道岔支距扩大，从而造成钢轨外翻，轮轨之间的接触应力增大，钢轨形成不正常偏磨。轨距扩大增大了列车蛇形运动摇摆幅度和横向加速度；钢轨外翻加剧了枕木的机械切割，是枕木加速失效的重要因素。针对支距不良问题，一般是通过人工改道的方法解决，但是人工改道劳动强度大、效率低，且改道的效果很难长期保持。

针对目前铁路道岔支距变化的问题，自行研制应用道岔导曲线支距垫板，起到预防道岔导曲线支距变化的作用，并解决由于支距变化而导致的钢轨外翻、枕木切割等问题。

支距垫板一安装于直基本轨11与曲基本轨12的轨底，包括铁垫板10、设置在铁垫板上的加强型轨撑1和挡肩8，以及调整垫板2、普通垫板3、轨腰垫板4、中间扣板6、可调式扣板7，如图7所示。在直基本轨外侧，加强型轨撑1顶住基本轨外侧轨底，加强型轨撑右侧通过调整垫板2、普通垫板3和轨腰垫板4连接到直基本轨轨腰上，起到防止钢轨外翻、枕木切割的作用；在曲基本轨外侧，通过中间扣板扣压直基本轨内侧轨底与曲基本轨外侧轨底，起到预防道岔导曲线支距变化的作用；在曲基本轨内侧，可调式扣板一侧扣压轨底，另一侧顶在焊接于铁垫板上的挡肩上，可调式扣板7两面共分0、2、4、6四个号，即四个不同距离，当支距变化时，通过翻转和调头可调式扣板来调整距离。

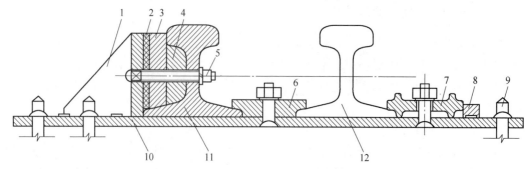

图 7　道岔支距垫板一设计图

1—加强型轨撑；2—调整垫板；3—普通垫板；4—轨腰垫板；5—连接螺栓；6—中间扣板；
7—可调式扣板；8—挡肩；9—螺纹道钉；10—铁垫板；11—直基本轨；12—曲基本轨

支距垫板二安装于曲基本轨 10 的轨底，包括铁垫板 9、设置在铁垫板上的加强型轨撑 1 和挡肩 7，以及调整垫板 2、普通垫板 3、轨腰垫板 4，可调式扣板 6，如图 8 所示。在曲基本轨外侧，加强型轨撑顶住曲基本轨外侧轨底部，加强型轨撑 1 右侧通过调整垫板 2、轨腰垫板 4 和普通垫板 3 连接到曲基本轨轨腰上，起到防止钢轨外翻、枕木切割的目的；在曲基本轨内侧，可调式扣板一侧扣压轨底，另一侧顶在焊接于铁垫板上的挡肩上，当支距变化时，通过翻转和调头可调式扣板来调整距离。

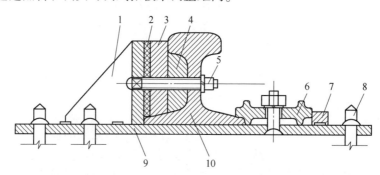

图 8　道岔支距垫板二设计图

1—加强型轨撑；2—调整垫板；3—普通垫板；4—轨腰垫板；5—连接螺栓；
6—可调式扣板；7—挡肩；8—螺纹道钉；9—铁垫板；10—曲基本轨

### 3.3.2　导曲线支距杆的设计与应用

道岔在使用过程中，支距变化是很常见的，支距变化将会导致道岔导曲线不圆顺。为了有效控制支距变化率，保证导曲线的圆顺，我们研制了绝缘支距杆，如图 9 所示。道岔导曲线支距杆两端和钢轨底部相连，根据不同支距点不同长度分别加工，通过调节支距杆有效作用长度，进而调整支距点的支距。通过支距杆控制支距的变化效果非常明显，减少了改道频率、节省了材料及人工、延长了枕木寿命。导曲线支距杆安装如图 10 所示。

## 3.4　尖轨磨耗掉块损伤攻关

我们在道岔前端被擦伤尖轨的另一侧安装一根防磨护轨，不同的是这根护轨不能直接

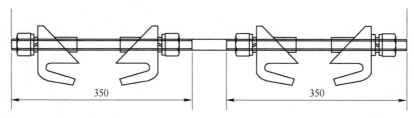

图 9　导曲线支距杆

图 10　导曲线支距杆安装图

安装在尖轨的内侧来直接保护另一侧的尖轨不受冲击、擦伤，而只能安装在尖轨尖端的外方、基本轨内侧，如图 11 所示，来牵制车轮的运行，使轮缘偏离被冲撞一侧的尖轨尖端，达到不直接冲撞尖轨尖端、减轻轮缘与尖轨尖端部分的摩擦和挤压，从而延长尖轨使用寿命的目的。

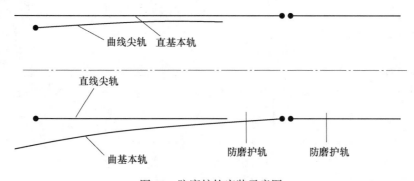

图 11　防磨护轨安装示意图

护轨各部分的形状和尺寸，由于受道岔尖轨尖端距道岔前基本轨接头尺寸所限，而且基本轨接头安装了绝缘装置的绝缘接头，为不影响轨道电路正常工作，因此防磨护轨必须设计成两节，同时加强基本轨接头处枕木上的护轨垫板，以增强岔前部分整体抗横移的能力。根据现场实际测量及 P50-7 号单开道岔铺设图各部分尺寸要求，防磨护轨一长度确定为 1776mm，防磨护轨二长度确定为 1896mm，如图 12 所示，而 P60-7 号可调防磨护轨由于前部空间小，设计为一根。

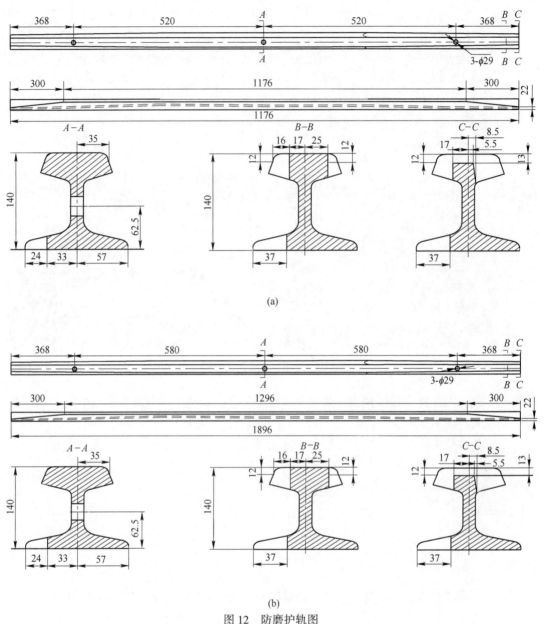

图 12  防磨护轨图

（距两端 300mm 处为弯折点，弯折尺寸为 24mm）

（a）防磨护轨一；（b）防磨护轨二

　　垫板借鉴 P50-7 号或 P50-9 号 H 型可调护轨垫板进行设计，其结构由底板、撑板、台板和挡肩焊接构成，如图 13 所示。每组 6 块，具有互换性优点。

　　我们在焦化工区 22 号尖轨前端安装了尖轨防磨护轨，如图 14 所示，经过跟踪使用，发现了部分不匹配的情况，例如护轨长度、开口尺寸等设计缺陷，为此我们进一步加强了改进，通过观察，岔前部分的横向移动也基本得到了控制，道岔因尖轨擦伤、横移等现象而引起的养护工作量明显减少，道岔的技术状况得到了较大的改善，在道岔升级 P60 轨后，我们相继开发了 P60 防磨护轨（如图 15 所示）、AT 型道岔防磨护轨。

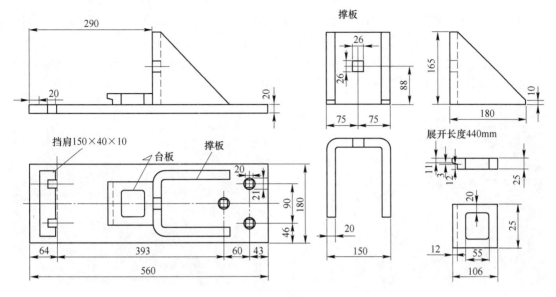

图 13 防磨护轨垫板图

图 14 P50 防磨护轨安装图

图 15 P60 防磨护轨安装图

## 3.5 辙叉系统磨损攻关

辙叉是铁路道岔轨道平面交叉设备,它的作用是使列车按照确定的方向通过平面交叉处。它由心轨、翼轨、护轨等组成。车轮通过心轨的次数,是通过两股主轨次数的总和,加上辙叉体积大、岔枕净距小,容易造成辙叉心横移、辙叉心部位岔枕弯曲。

### 3.5.1 H型可调式护轨技术

通过分析原固定式护轨结构发现护轨同基本轨用螺栓与间隔铁紧固后,增强了该部分的刚性,但是在现场铺设或维修时,很难调整,从而导致方向性差,当护轨磨损后轮缘槽会变大,车轮经过岔心时就会发生撞击岔尖,造成岔心的损坏,此时就必须更换护轨。我们通过设计改造，在原来固定式间隔铁护轨的基础上，根据枕木间距、轮缘槽尺寸，决定实施 H 型可调式护轨技术，因国铁目前没有小型号的 H 型可调式护轨，我们借鉴目前国家铁路应用于大型号铁路道岔中 92 型护轨技术，在小型号道岔中实施创新攻关。改变护轨同基本轨的连接方式，护轨与基本轨不直接连接，查照间隔和护背距离可使用护轨和撑板之间的调整片进行调整，不必调整轨距，如图 16 所示。

图 16　H 型可调式护轨设计及安装图

### 3.5.2　辙叉系统稳固装置的研究与应用

辙叉查照间隔和护背距离为 1391mm 和 1348mm，几何尺寸的标准要求是机车车辆安全通过辙叉心的关键，也是道岔维修工作的重中之重。由于莱芜分公司特殊的地形限制，辙叉号数小、机车轴重大等因素的制约，在运输中，车轮经过辙叉护轨时，对辙叉的冲击较大，同时对护轨产生较大的磨损，使辙叉、护轨系统技术参数产生较大的变化，影响和制约着铁路运输安全。

为了确保 91、48 尺寸始终保持在标准要求范围内，我们研制了道岔辙叉系统稳固装置，如图 17 和图 18 所示，能够解决机车在经过辙叉系统装置时存在安全隐患的问题，防止辙叉心尖部受到冲撞和减少磨损，实现系统的整体性稳固，各项技术参数得到有效保证，正确引导车轮安全通过辙叉有害空间，保证机车安全运行。

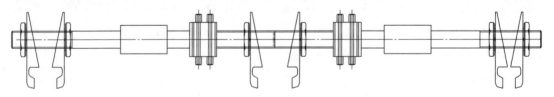

图 17　辙叉系统稳固装置结构图

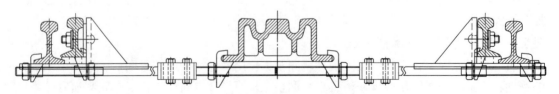

图 18　辙叉系统稳固装置（作用时）

## 4 应用效果

我们通过实施线岔减磨技术在冶金铁路中的研究与应用技术，经过现场检验，能够解决冶金铁路线岔中出现的各种线岔磨耗，提高道岔稳定性、安全性，同时能够减少铁路道岔维护工作量，降低铁路检修成本，保障铁路运输安全。

线岔整体线路、道岔磨耗减轻，稳定性增强，经初步统计，线岔日常维护工作量减少了2/3，全面性维修任务次数减少1/2，道岔系统安全性得到全面提升。能有效地减少尖轨、导曲线配轨侧面磨耗与损伤，改造前尖轨配轨在一年时间内钢轨总磨耗6mm；改造后通过对编组22号、23号、27号、30号、46号、50号、焦化钢铁9号编组28号、炼钢钢区9号、53号、大钢钢区27号、54号、铁区62号、64号14组道岔于2021年1月和2021年12月两次检测，尖轨配轨总磨耗平均值分别为0.94mm、1.68mm，因此可延长尖轨配轨的使用寿命2倍以上。

小半径曲线钢轨磨耗量明显减轻，通过实施曲线涂脂，润滑效果良好，设计安装小半径曲线线型稳固装置并在水渣微粉走行线使用，强大的路基土摩擦力通过钢轨桩和拉杆，与机车运行时产生的指向曲线外股方向的离心力形成方向相反的近似的共线力系，降低了离心加速度，使列车通过更为平稳。增大了对钢轨的扣压力，缓解了钢轨的外翻，减轻了扣件及轨枕的负担，消除了曲线上轨距不易保持和线路爬行的现象，提高了轨道框架的刚度，提高了轨道稳定性。

辙叉磨耗超限次数明显减少，整体稳定性增强，道岔磨耗超限次数减少了2/3，全面性维修任务次数减少1/2，辙叉系统安全性得到全面提升。

通过一系列改善，本技术能够较好解决冶金铁路线岔磨耗问题，解决尖轨快速磨耗掉块损伤、导曲线钢轨、小半径曲线钢轨磨耗、辙叉心磨耗等方面问题，具有较强的推广应用价值。

### 参 考 文 献

[1] 谷爱军. 铁路轨道 [M]. 北京：中国铁道出版社，2005.

[2] 宋友富. 线路工 [M]. 北京：中国铁道出版社，2002.

[3] 唐山铁道学院. 铁路设计 [M]. 北京：中国铁道出版社，1960.

[4] 何学科. 铁道工务 [M]. 北京：中国铁道出版社，2007.

# 马钢铁路路基处理填料应用技术探讨
## ——厂区砟土混合料改良利用

江宏法

（马鞍山钢铁股份有限公司运输部）

**摘　要**：本文介绍近年来马钢铁路路基加固处理应用改良创新技术成果，包括水泥改良砟土混合料、石灰改良砟土混合料以及高炉水渣改良砟土混合料等应用技术，从原材料收集、方案技术路线及实际应用效果等方面进行阐述，该改良技术既解决了铁路路基填料来源问题，又有效实现了砟土固废的合理经济利用，大量推广应用，具有良好的经济和社会效益。

**关键词**：路基填料；砟土；改良；换填

随着马钢铁路运输向重载化方向发展，现有铁路轨道及路基结构需进行相匹配的重型化改造，尤其对铁路路基动载承载力及稳定性要求不断提高。为此，近年来，我公司在铁路大、中维修及基建改造工程中，不断采取措施对铁路路基进行加固强化处理，其中最为常用的技术方案就是采用开挖换（回）填加固处理路基基床方案，该方案依据上部轨道运行列车荷载，运用轨道结构强度及地基强度计算理论，计算路基面承载力要求，结合路基范围内地质及水文状况，合理选择路基换填料，计算确定路基基础换（回）填加固深度及宽度范围。方案的核心就是因地制宜地选择经济环保、性能优良的路基填料。

按照铁路路基工程施工规范，优良的铁路路基填料性能包括：良好的粒径级配、密实强度高、水温稳定性好，符合施工环保要求等，满足就地取材、料源广、综合成本低廉等工程经济需要。在此之前，马钢铁路路基换（回）填加固处理方案中常采用的路基换填料有钢尾渣、碎石类土、改良类土、砂石料。其中，大量采用的钢尾渣换填料，因路基边沟排水环保检测碱性超标、长时间存在膨胀不稳定性、涉及工业固废处理规定等问题，已被停止直接使用；碎石类土填料，施工中存在质量性能指标难以控制、就地取材料源范围有限及开采环保等问题，导致工程进展受到制约、经济成本高、而放弃使用；常用的改良类土路基填料，用于动载铁路路基结构层换填施工中，其强度特征值有限且水温稳定性欠佳，不易被采用；选用地方砂石料换填，不仅料源紧张，难以保证工程施工的大量及时需要，而且造价昂贵，一般放弃使用。

为解决上述问题，近年来，结合马钢厂矿铁路工程实际，通过试验分析应用检测，创新开发一类新型的铁路路基填料改良应用技术方案，能很好地满足铁路路基工程应用需要。方案实施简单、实用，改良路基填料技术性能优良并符合环保要求，路基处理效果良好，料源取材广泛，可有效实现固体废料的开发利用，综合成本价廉，大大降低了铁路维修建设成本，解决了铁路工程施工的大量需求。

# 1　方案技术路线

该路基填料应用改良技术方案，通过对冶金厂矿铁路大中维修、改造等项目施工中产出的大批量砟土混合物料（主要成分组成：碎石、矿物质颗粒及部分粉质黏土）物化性能指标分析，并结合土工力学试验测试，选择符合要求的砟土混合物料作为主要原料，进行筛选加工，按使用要求分别掺入不同比例的石灰、水泥、高炉水渣等无机物料进行物化力学性能应用改良，使其具有优良路基填料标准的强度指标、良好的水稳定性和耐候性，并满足环保要求的目标效果。

## 1.1 原材料采集

砟土混合物料收集利用冶金厂矿铁路线路道岔大中维修或改造工程施工过程中清理道床或股道路肩障碍物等大批量砟土混合物料，其主要成分包含碎石、煤焦粉矿物质、黏土颗粒等，采用孔径（70mm×70mm）钢丝网筛进行筛选粗加工，剔除黏土块及钢尾渣，清除杂草垃圾，晾干堆积覆盖备用。采集此类砟土混合物料，经筛分测试一般可以达到：粒径 $\phi \geqslant 2mm$ 的颗粒物含量不少于 70%，测试 pH 值<8，其最大干密度一般可达到 2.0~2.15g/cm³。

无机物改良添加料：（1）石灰采用Ⅱ级钙质消石灰，要求无结块板结；（2）水泥采用 P.S.A 32.5 号普通硅酸盐水泥或矿渣水泥，各项性能指标符合 GB 175—2007 要求，有效期内存放，不得结块失效；（3）水渣采用炼铁高炉产生的冷态颗粒水渣，粒径 0.5~2mm，含硅酸物，偏弱碱性，使用要求存放期不超过 1 年，呈无板结松散态。

## 1.2 应用改良砟土混合料技术试验

采用上述原材料及无机物改良添加料，参照相关工程技术经验，分别配制：（1）1∶11~1∶9 石灰改良砟土混合料 2 组；（2）1∶17~1∶15 水泥改良砟土混合料 2 组；（3）1∶10~1∶8 水渣改良砟土混合料 2 组。共 6 组改良混合料分别进行试验室测试，包括筛分、含水量及 pH 值测试、标准击实试验等土工试验。依据试验参数，配制 6 组类无机物改良砟土混合物应用填料，模拟室外场景下路基基坑填筑应用，分别进行荷载板静载试验测试其承载力特征值，据此选择制定应用改良砟土混合料参考配合比。

## 1.3 路基填料应用改良砟土混合料技术方案

通过上述应用试验分析，结合相关工程实例，提出参考应用技术方案如下：

（1）水泥改良砟土填料应用配合比范围：1∶17~1∶15。砟土混合料含水量控制在 3%~7%；改良混合料 pH 值≤8.2，可应用于冶金铁路各等级路基加固处理。用于路基基床面层范围（路基面下-0.7m 范围）改良填料，可采用 1∶16~1∶15，回填碾压密实度不小于 93%；用于路基基床底层范围（路基面下-1.5~-0.7m 范围）改良填料，可采用 1∶17~1∶16，回填碾压密实度不小于 91%。现场配制砟土混合料的含水量控制在 5%~8%。施工要求：不得使用超期、失效结块水泥；砟土原料摊铺自然松散状态，手感无湿润；易采用固定场地拌和制配；配料要求在 4h 内使用完，雨天不得施工并防止灰尘污染。

（2）石灰改良砟土填料应用配合比范围：1∶11~1∶9；砟土混合料含水量控制在 4%~8%；改良混合料 pH 值<9.0，可应用于冶金铁路冶车Ⅱ级以下路基加固处理。因改良换填料一般为弱碱性，只适用于偏酸性路基体换填加固处理，以满足环保监控要求。施工控制：不得使用结块失效石灰；砟土原料摊铺自然松散状态，手感无湿润；可采用固定

场地或现场直接拌和制配；配料堆放时间不得超过 7d，且须覆盖防雨防灰。

（3）高炉水渣改良砟土填料应用配合比范围：1:11~1:8，砟土混合料含水量控制在 3%~7%，改良混合料 pH 值≤8.0，可应用于冶金铁路各等级路基加固处理。用于路基基床面层范围（路基面下-0.7m 范围）改良填料，可采用 1:9~1:8，回填碾压密实度不小于 95%；用于路基基床底层范围（路基面下-1.5~-0.7m 范围）改良填料，可采用 1:11~1:10，回填碾压密实度不小于 93%。现场配制砟土混合料的含水量控制在 3%~6%，高炉水渣含水量不大于 5%，易采用现场均匀拌和，随拌随用，存放期不宜超过 15d，不易雨天施工。

上述技术方案中，水泥改良砟土填料早期强度性能易受列车动载影响，主要用于新建铁路路基工程；石灰改良砟土填料、高炉水渣改良砟土填料性能受列车动载影响轻微，可用于各类工程施工。鉴于高炉水渣改良砟土填料具有性能优良、施工灰尘污染少、操作适用性强、料源广泛、综合成本低等优点，可作为冶金铁路路基加固处理优先选项。高炉水渣改良砟土混合料加固处理路基横断面如图 1 所示。

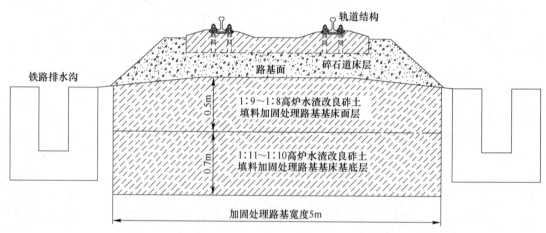

图 1　高炉水渣改良砟土混合料加固处理路基横断面图

## 2　应用实例

近年来，我公司已成功应用改良砟土混合料加固处理既有铁路路基，效果良好，不仅解决了施工料源问题，又节省了可观工程成本。实例包括：

（1）2018 年，采用 1:10 高炉水渣改良砟土混合填料处理三钢异型坯铁路运输线路基病害，开挖换填路基宽度为 5m、平均深度约为 1.5m，使用振动压路机碾压，铁路运行至今路基稳定，无凹陷、隆起变形。

（2）2019 年，采用 1:11 石灰改良砟土混合填料换填处理三钢卷板运输线路基病害，开挖换填路基宽度为 5m、平均深度为 1.2m，采用振动压路机碾压，观测表面通车 3 个月后，路基轨道状态趋于稳定，运行至今路基总体稳定，无凹陷、隆起变形，pH 值检测呈弱碱性，符合环保要求。

（3）2020 年，采用 1:17 水泥改良砟土混合填料换填加固处理三钢高线重载卷板走行线及咽喉道岔区段路基病害，开挖换填路基宽度为 5m、平均深度约为 1.3m，采用振动压路机碾压，通车后观测，路基轨道状态快速趋于稳定，效果良好。

鉴于上述目前，我公司已收集大量砟土混合料，计划用于铁路新建改造路基加固施工中。

# 3 结语

与传统冶金厂矿铁路路基换填加固处理技术方案相比，应用改良砟土混合料技术方案具有突出优点：原材料来源广泛，可就地取材。其中，砟土混合料收集利用冶金厂矿铁路维修、改造等清除道床产物，进行适当粗加工即可使用；改良添加料水泥、石灰均为通用地方材，高炉水渣更为冶金厂矿特有产物。作业流程简单实用；可采用人工配合机械快速拌和，机械碾压，作业环境受气候影响小；用于路基加固处理，具有良好的封闭性和稳定性、路基面承载力特征值高等特点，并且符合环保指标要求。据测算，应用改良砟土混合料加固处理铁路路基方案相比采用传统类路基填料方案，可节省工程造价约40%，直接经济效益显著。

该创新技术方案解决了路基填料来源及大量固废砟土弃置问题，有效实现了砟土固废的合理利用，大量推广应用，具有良好的经济和社会效益。

## 参 考 文 献

[1] 中铁二局集团有限公司. TB 10202—2002，铁路路基施工规范 [S]. 北京：中国铁道出版社，2002.
[2] 中铁第一勘察设计院集团有限公司. TB 10102—2010，铁路工程土工试验规程 [S]. 北京：中国铁道出版社，2010.
[3] 交通部公路科学研究院. JTGE 40—2007，公路土工试验规程 [S]. 北京：人民交通出版社，2007.
[4] 张建经. 路基填料改良 [D]. 成都：西南交通大学岩土工程系，2013.

# 基于 5G 的机车位置触发道口交通信号的研究

郑军平，张　楠，李佳状

（武汉钢铁有限公司运输部）

**摘　要**："基于 5G 的机车位置触发道口交通信号"在研究建立机车运行"牵引/推进"状态准确判断、车列高精度定位控制道口设备、机车与道口的信息交互传输等逻辑模型基础上，集成运输作业计划、铁路信号、交管式道口等信息，开发建立二维点云高精地图，在保障信息安全基础上，研究确定融合接入 5G 技术方案，建立基于 5G 机车位置触发道口交通信号技术平台系统，实现机车位置精准触发道口交通信号；通过 AI 智能识别道口区域车辆、人员等异常状态，并实时传输图片信息至机车终端，为机车乘务人员提供了安全辅助支撑，便于掌握道口安全状态。经过现场实际运用检验，有效降低了机车通过道口占用时间，提升了道口安全保障技术能力，提高了机车运输作业效率。

**关键词**：5G 技术；AI 识别；精确定位触发；道口交通信号

## 1　运输部铁路道口运行现状

　　武汉钢铁有限公司运输部对铁路道口进行远程集控改造后，减少了现场值守人员，由一个操作员在操作室对多个铁路道口进行远程操控。操作人员的劳动效率虽然有大幅提升，但劳动强度成倍增加。操作人员疲惫时对道口操作的及时性会下降，轻则影响机车的运行效率、增加道口的占用时间，严重的话甚至会导致交通事故的发生。

　　鉴于以上情况，在远程集控道口技术基础上开展基于 5G 的机车位置触发道口交通信号的研究，建立基于平台系统可实现的机车位置精准触发道口交通信号，从而进一步降低操作人员劳动强度。

## 2　平台系统的系统架构

### 2.1　总体架构

　　系统整体架构如图 1 所示，分为第三方系统接入、服务端软件、车载终端和道口现场设备等部分。

　　在系统工作时，车载终端通过差分基准站的差分数据和车载卫星定位设备实时获取机车位置，同时根据从运输管理系统获取的计划信息，计算列车车长和"牵引/推进"状态（连挂方向），然后结合高精度地图中的道口标注位置信息，实时判断在列车的行驶方向上列车顶部与道口的距离，并将该距离反馈至服务器软件。在列车与道口的距离达到设定值后，服务器软件与交管式道口系统进行通讯，控制其对道口进行封闭操作（变换公路信号机、栏木机、启动声光报警设备等）；同时激活道口 AI 视频分析摄像机。在道口封闭

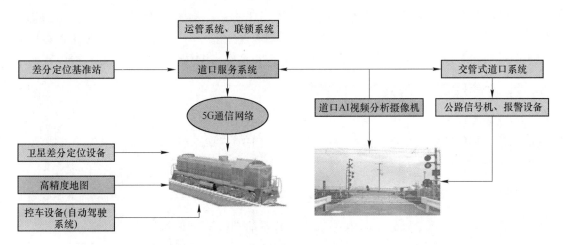

图 1  系统架构示意图

后如果监测到障碍物，则立即回报给服务器，由服务器通过 5G 数据网络传递给机车控制终端，以供其进行相应报警操作。通过计算列车位置信息，列车驶离道口之后，通知交管式道口系统进行道口的开放。

## 2.2  系统基础技术框架

系统主要采用 Microsoft Visual Studio 2019 进行开发，开发语言主要为 C#和 LUA，数据库采用 Microsoft SQL Server 2012，运行框架采用 . NET Framework 4.0。数据交换中间件采用 Google Protocol Buffers。

系统中所采用的视频 AI 智能分析技术是基于智能视频处理器的前端解决方案。在这种方案下，所有的目标识别、行为判断、报警触发都是由集成在摄像机内部的前端智能分析设备完成，只将结构化报警信息通过网络传输至中心服务器。这样可以有效节约视频流占用的带宽，并减少由于网络拥堵、带宽不足等状况带来的误报和漏报情况。

系统的高精度定位技术基于差分卫星定位系统，在卫星定位的基础上利用差分技术，使用户能够从卫星定位系统中获得更高的精度。该技术使用一台卫星定位信号接收机放在位置已精确测定的点上，组成基准台。基准台接收机通过接收卫星定位信号，测得并计算出到卫星的伪距，将伪距和已知的精确距离相比较，求得该点在卫星定位系统中的伪距测量误差，再将这些误差作为修正值以标准数据格式通过播发台向各差分定位终端播发。附近的差分定位终端接收到来自基准台的误差修正信息，以此来修正自身的测量值，从而大大提高其定位精度。在同一区域内，卫星定位缓慢变化的系统误差，包括选择可用性（SA）误差，对基准台及其邻近用户的影响是相同或相近的。应用差分技术可有效地削弱 SA、电离层延迟、大气层延迟、星历误差、卫星钟误差，达到分米级定位精度。

# 3  高精度地图数据采集及模型制作

在现有厂区铁路地图基础上，补充采集试验区域关键点位置信息（关键点包括基准站、道岔、绝缘节、信号机、尽头线土挡、渡线交叉点等），提高定位精度。坐标系采用 WG84 坐标。

根据测量收集的数据，利用专业制图工具制作实际比例的线路、站场二维高精度地图。对于道口、轨道及相关的信号灯和标志标牌等设施进行可视化展现。在地图中真实呈现当前道口状态、列车位置及车列信息等内容，并具备二维漫游、画面缩放等功能。

## 4  运输管理系统信息接口建立

与运输管理系统建立电文接口，实时获取运输管理系统调车作业计划信息，从中解析当前列车的车辆数量、空重、连挂方向等信息，用于计算车列长度、判断车列与道口的位置关系。

## 5  道口状态 AI 智能监测分析模块

在道口合适位置安装数字高清摄像机。针对前端摄像机采集的视频内容进行智能分析，提取出画面中关键信息，判断通过道口的实时人流、车流情况和紧急状况，并利用5G 通信传输到通过道口的机车驾驶端，便于司机实时监控和应急处理。在道口处于封闭状态时，智能监测分析封闭区域内有无人车通行、轨面是否有障碍物。如果存在上述情况，则触发报警信息并通过 5G 网络传递给机车车载控制器，通过车载控制器提醒乘务员进行处理。道口视频智能分析如图 2 所示。

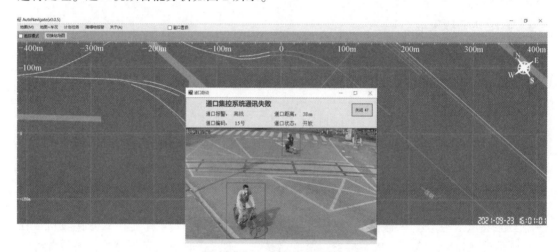

图 2  道口视频智能分析示意图

## 6  5G 接入设备安装及网络调试

在机车端和地面端分别安装 5G 通信传输模块。该模块可以将 Wi-Fi \ Ethernet 等采集终端采集的数据汇总后，通过 Ethernet \ 4G \ 5G 接口发送到企业服务器或公网云平台，并提供一定的本地数据处理能力，实现数据近端处理，减轻数据传输后台的压力。

机车端 5G 通信传输模块主要用于接收道口状况监测模块的视频和安全信息，并根据机车定位计算出通过阈值。当满足道口控制阈值时，及时上传给地面道口集控系统服务器，由地面道口集控系统服务器通知地面道口控制系统完成道口交通信号的开放或关闭。

　　地面端 5G 通信传输模块主要用于上传道口状况监测模块监测的视频内容和紧急异常事件（比如人员、车辆闯入、车辆抛锚和其他影响安全的障碍物等）至计划通过道口的机车驾驶端，便于司机实时监控和应急处理，从而保障机车安全通行和应急停车等。

# 7　机车运行"牵引/推进"状态判断逻辑模块

　　机车牵引、推进监测模块主要目的是为定位提供一个准确的车辆长度研判基准点。通过解析运输管理系统调车作业计划，判断机车作业状态（牵引作业/推进作业）。例如，距道口 60m 发出指令要求地面道口集控系统服务器操作道口，控制绿灯变红灯并发出声光警报，禁止通行；全部车辆过道口 10m 后，红灯变绿灯，恢复通行等。所有这些指令数据信息通过接口传输到道口集控系统服务器，由该系统发出道口指示灯控制命令。

　　车辆入道口逻辑判断模型见表 1，车辆出道口逻辑判断模型见表 2，道口紧急情况处理模型见表 3。

**表 1　车辆入道口逻辑判断模型**

| 机车速度/km·h⁻¹ | 距道口距离/m | 道口控制 | 备　　注 |
|---|---|---|---|
| >10 | 60 | 绿灯变红灯、声光警报 | 具体依据实际情况，可更改 |
| 5~10 | 40 | 绿灯变红灯、声光警报 | 具体依据实际情况，可更改 |
| <5 | 30 | 绿灯变红灯、声光警报 | 具体依据实际情况，可更改 |

**表 2　车辆出道口逻辑判断模型**

| 机车速度/km·h⁻¹ | 距道口距离/m | 道口控制 | 备　　注 |
|---|---|---|---|
| — | 10 | 红灯变绿灯、关闭声光警报 | 具体依据实际情况，可更改 |

**表 3　道口紧急情况处理模型**

| 机车速度/km·h⁻¹ | 道口监测状况 | 处理方式 | 备　　注 |
|---|---|---|---|
| — | 人员、车辆闯入 | 机车鸣笛、紧急制动 | 具体依据实际情况，可更改 |

# 8　基于车列高精度定位实现道口设备（信号机）控制逻辑模块

　　机车与道口的位置关系信息是系统正常运行的关键信息，系统通过差分地面基站的布设与列车车载卫星定位设备实现数据的交互，利用 5G 无线通信方式实现车车、车地实时数据传输，建立地面服务器、各地面基站以及机车车载设备的数据互连互通。通过列车高精度定位和系统设备自组网络，实现机车在相关区域的精准位置信息的获取，机车的定位误差可以保证在 0.1m 的范围之内，可以安全有效地保证系统正常运行所需要的定位精度。

　　要获得机车运行的空间信息，需要维护机车运行的全部空间数据，主要包括静态数据和动态数据。静态数据主要指地图的基础数据，包括每条轨道的走向、长度、形状（直线/曲线）等；另外每条轨道的限速也可以作为静态数据来处理。动态数据一部分包括联锁相关数据，例如道岔、信号机状态以及最重要的轨道进路的排列；另一部分数据主要是与定位相关的数据，主要包括机车（车列）的当前位置、行驶方向、速度等数据。当前位置来自差分卫星定位系统，目标位置通过差分基准站得出的差分运算信息来计算。

拥有了动态位置数据之后，将其与地图坐标系进行映射，便可以在地图上标注机车当前所处的位置，以及与地图相关设施标注之间的位置关系，从而在本系统中精准地得到机车与道口之间的相对位置，为系统提供决策的依据。

## 9 机车与道口的位置信息、实时状态信息、作业信息交互传输模块

通过融合高精度定位与二维高精度地图，应用相关位置推算算法软件，结合机车作业信息，实现根据机车位置精准定位触发道口交通信号；并监测分析道口实时状态，针对异常情况予以预警提示。其主要逻辑策略如下：

（1）通过定位系统和高精度地图，获取当前机车的空间信息，主要包括当前绝对坐标、在地图中的相对位置、速度和行驶方向。

（2）通过解析运输管理系统的作业计划，获取当前连挂情况、车列长度。

（3）计算列车行驶方向的列车前端的指定距离内是否存在道口，如果存在，则将地图中标注的道口编码以及相距距离传递给服务器。

（4）服务端软件根据该道口编码，通知交管式道口系统进行道口封闭；同时，服务器软件开始实时查询该道口的封闭状态。

（5）如果上述道口未正常封闭，则立即通知机车端，机车端按照预设策略做出相应应急处理。

（6）如果道口正常封闭，则立即启动道口 AI 摄像机的视频分析处理功能进行监测。如果道口内没有障碍物，则列车正常行驶通过；如果道口存在障碍物，则通知机车端按照预设策略做出相应应急处理。

（7）列车末端行驶越过道口 10m 后，机车端将当前已越过的道口编码传递给服务器，服务器按照该编码，通知交管式道口系统进行道口开放。

## 10 基于 5G 机车位置触发道口交通信号技术平台系统安全策略

系统实时监测行车安全状态，并且按照等级研究制定相应的安全策略，并按照策略做出相应的处理动作，主要包括：

（1）通过 5G 网络与服务器通讯接收数据时间大于 5s。在这种状况下，意味着网络通讯或服务器等环节出现了故障，系统不能获取实时的最新数据。此时，系统会做出提示，通知乘务员，同时降至低于 5km/h 的速度通行。

（2）与道口集控系统失去通讯联络。在这种状况下，系统无法获取道口的开放或封闭状态，也无法控制道口进行开放和封闭。此时，系统会做出提示，通知乘务员，同时降至低于 5km/h 的速度通行。

（3）与道口智能障碍物检测摄像机失去通讯。在这种状况下，系统无法检测道口是否存在障碍物侵入的情况。此时，系统会做出提示，通知乘务员，同时降至低于 5km/h 的速度通行。

在道口出现异常情况，系统判断继续通过会存在风险时，系统会自动按照处理措施进行制动、鸣笛等操作。

## 11 展望

综上所述，"基于 5G 的机车位置触发道口交通信号"的研究通过 5G 技术集成作业计划、铁路信号、列车运行状态、道口 AI 等信息，建立机车位置触发道口交通信号技术平台系统，并成功应用。不仅自动触发交通信号，提供稳定可靠的数据，提升了道口安全保障技术能力，减少了违章抢道口安全事故发生，实现了设备的本质化安全；而且有效压缩了机动车辆及行人通行等待时间，提高了铁路机车运用效率，压缩了公路物流运输车辆在厂停留时间。

# 钢铁企业铁路无线调车通信盲区
# 解决方案探讨与实践

## 刘仕会

（柳钢铁路运输公司）

**摘　要**：钢铁企业铁路无线调车通信盲区普遍存在，如何解决调车通信盲区已成为保障铁路运输安全和效率的重要课题。本文介绍了无线调车通信盲区的形成原因以及一般通信盲区信号覆盖解决方案，并探讨和列举了一段特殊路段非常规信号盲区解决实际案例。

**关键词**：数字平调；通信盲区；隔离度；室外分布式信号增强设备

## 1　无线调车通信盲区形成原因及研究的必要性

钢铁企业厂区内较密集的钢结构建筑物会对无线平调信号的传播形成严重阻挡和屏蔽，以至于在大型厂房背后、高炉底下和大型厂房、仓库内都极容易出现平调通信盲区。同时，钢铁企业兴起撤站合并集中调度，因撤站、远程调度，产生了新的平调通信盲区。无线平面调车设备作为钢铁企业铁路运输部门站场调车作业最重要的装备，其信号覆盖的距离、范围以及可靠性直接关系到铁路运输作业的安全和效率，解决无线调车通信盲区问题已成为重要的研究课题。

## 2　一般通信盲区的信号覆盖解决方案

钢铁企业无线调车设备主要由区长台（安装在调度室）、机控器（安装在机车驾驶室）和手持机（调车员携带）三大部分组成。结合设备组成，一般通信盲区的信号覆盖解决方案有如下 3 种：一是将区长台天线及馈线升级为高增益全向天线和低损耗馈线，并将天线架设得尽可能高一些，另外可以采用光纤直放站将区长台的信号延伸到遮挡严重或距离较远的区域，以提高区长台与机控器、区长台与手持机的通信距离和范围。二是将150MHz 频段的模拟平调设备升级为 400MHz 频段的数字平调设备，同时可采用同频中继的方式对信号延伸覆盖（但 1 个数字同频中继台只能固定中继 1 个频点），以减少通话时延、提高系统可靠性。三是采用远程控制区长台，通过内部 IP 网中继区长台的方式，解决因撤站产生的平调跨区通信盲区问题。

## 3　特殊路段无线调车通信盲区非常规解决方案

以某钢铁企业数字平调设备的机车机控器与手持机在 A 区 150t 转炉厂房东侧铁路弯道区段的信号通信盲区为案例，阐述对应的解决方案。

## 3.1 现场概况

A 区 150t 转炉厂房铁路弯道是一段长约 380m 的弧形铁路，该处弯道东偏南侧是一面高约 3m 且与地面呈 75°斜角的弧形公路护坡，弯道内侧是 A 区 150t 转炉厂房（连体钢架结构）近似直角的房边，铁路线处在一个弯曲的沟槽内。现场平面示意图如图 1 所示。

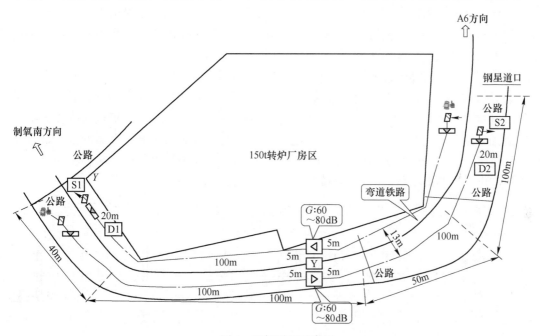

图 1　现场平面示意图

◁▷ 同轴衰减器；—— 泄漏电缆；—— 射频电缆；▷ 通道放大器；▯ 平板天线

## 3.2 主要问题

路经该区段的机车一般挂载 17~55 节车皮，对应的列车长度为 243~786m。当列车缓速通过该铁路弯道时，调车员（坐骑在车帮上）所持手持机与机车机控器之间一直处于测机状态（每 5s 进行 1 次测机，连续 2 次没有正常接收到测机信号就报"注意注意"，连续 3 次没有接收到测机信号就报"故障停车"），在列车实际运行过程中，手持机和机控器经常会报"注意注意"和"故障停车"的告警语音，这既带来了极大的行车安全隐患，又严重影响了列车的通过效率。

## 3.3 原因分析

当列车前后端处于 D1 至制氧南方向区域、D2 至 A6 方向区域（如图 1 所示）时，机控器与手持机之间的无线信号（波长为 70~75cm）被钢结构厂房严重阻挡，无线信号不能实现视距传播（即无线电波在空气中沿直线传播），测机信号只能借助弯道外侧的绿植和钢结构厂房，通过多次反射来传播，但密集的绿植对无线电波的反射能力较弱、吸收能力更强。当到达接收天线的多径信号的相位相同时，其合成的信号较强，测机信号正常；

当到达接收天线的多径信号的相位相反时，其合成的信号较弱，测机信号不能连续正常接收，致使手持机和机控器常报"注意注意"或"故障停车"。

### 3.4 解决方案

在150t转炉铁路弯道两旁各架设1套收发信号方向正好相反的室外分布式信号增强设备，该增强设备将D1至制氧南方向区域（或D2至A6方向区域）的信号收集、带选、放大和滤杂后，发射到D2至A6方向区域（或D1至制氧南方向区域），从而实现增强平调信号、解决信号通信盲区问题的功能。

室外分布式信号增强设备由通道放大器机柜、泄漏电缆、射频电缆、同轴衰减器、平板天线等组成，连接示意图如图2所示。其工作原理（以弯道内侧设备为例）是：由平板天线（朝向A6方向）接收到前方约600m范围内的平调信号（或由机柜至该平板天线之间的泄漏电缆接收到的信号），通过泄漏电缆和射频电缆传输至通道放大器的信号输入端口，经过带选、放大、滤杂后，由制氧南方向的平板天线向前辐射（或由机柜至制氧南方向的泄漏电缆向与其平行的铁路路段辐射）。弯道外侧设备同理。

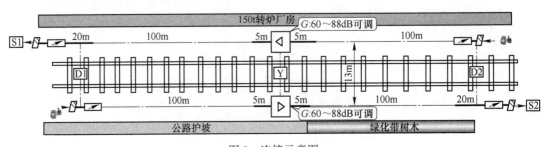

图2 连接示意图

▷▷同轴衰减器；——泄漏电缆；—射频电缆；▷通道放大器；▷平板天线

设备安装关键参数及要求：安装位置均距铁路中心线约6.5m，在铁路弯道中间点$Y$处的铁路两旁各安装1个室外通道放大器机柜，并分别向铁路两端架空4根100m长的1/2″泄漏电缆（距地面3m高），在泄漏电缆的末端各串接1个20dB的同轴衰减器（限制平板天线接收（或辐射）信号的有效距离），同轴衰减器的另一端接一个6dB的平板天线（距地面3.5m高），平板天线各自朝向前方的A6方向或制氧南方向。同向的2副平板天线在安装时，要求将发射信号的平板天线安装在接收信号的平板天线之前（相距不少于30m），以增加平板天线的空间隔离度。

关键技术：铁路两侧设备的工作频带相同，收发信号方向正好相反，两侧的泄漏电缆和平板天线通过空间耦合变成了一个首尾相连的闭环放大系统，若系统产生自激，将极不稳定。从理论上，上述无线耦合闭环放大系统稳定工作的条件是：Min（铁路两侧泄漏电缆隔离度，平板天线隔离度）≥通道放大器的增益+15dB。而与两个通道放大器的输入口（或输出口）相连的两段同向的1/2″泄漏电缆隔离度是最小的，即只需该隔离度能满足上述稳定工作条件即可。为了简化计算，只计算1根泄漏电缆在指定距离上的耦合损耗（隔离度），假设另外1根泄漏电缆在距离1m时的耦合损耗为零（隔离度为最小的0值）。

查产品手册，1/2″泄漏电缆的耦合损耗 $L_0 = 80\mathrm{dB}$（参考 400MHz 频段）。距离泄漏电缆 $r$ 远的耦合损耗 $L$ 的计算公式为

$$L = L_0 + 10\lg(r/1.5)$$

将 $r = 13-1 = 12\mathrm{m}$ 和 $L_0 = 80\mathrm{dB}$ 带入上式得

$$L = 80 + 10\lg(12/1.5) = 89\mathrm{dB}$$

计算结果表明：即使不计入另一根 1/2″泄漏电缆的耦合损耗，单从一根 1/2″泄漏电缆的耦合损耗得知，当通道放大器的放大量 $\leqslant L-15\mathrm{dB} = 74\mathrm{dB}$ 时，泄漏电缆的隔离度满足系统稳定运行的条件。

另一个影响系统稳定的因素是同一个方向的相邻 2 副平板天线的隔离度，其计算方法是从弯道内侧通道放大器输出端开始，经 100m 泄漏电缆、同轴衰减器、平板天线等，至弯道外侧的通道放大器输入端的路径损耗。其计算过程如下：100m 泄漏电缆损耗+同轴衰减器损耗−弯道内侧平板天线的增益+平板天线背板损耗（用前后比衡量）+不锈钢防雨罩背板的阻挡损耗+电波 30m 空间传播距离损耗−接收平板天线增益+同轴衰减器损耗+100m泄漏电缆损耗=115dB。也就是说相邻 2 副平板天线之间的隔离度为 115dB，远大于相邻 2 条泄漏电缆之间的隔离度。系统的稳定性由泄漏电缆之间的隔离度决定，因此铁路弯道中间点 $Y$ 处铁路两旁的 2 台通道放大器的增益设置为 70dB。

## 3.5 实施效果

在分布式信号增强设备投用的前后半年时间内，通过对 A 区 150t 转炉弯道处平调设备的失联情况进行跟踪和统计，发现该路段的无线调车通信失联次数由 49 次/半年降至 0 次/半年。

# 4 结语

钢铁企业厂区铁路无线调车通信极易产生通信盲区，本文介绍的某钢铁企业采取的信号盲区实际解决方案，经实践，有效地解决了信号盲区问题，保障了行车安全，提高了行车效率。

# 浅述曲线地段列车脱轨原因与防范

陶院生

（首钢集团有限公司矿业公司运输部）

**摘　要**：本文简述了跳跃脱轨、落轮脱轨、悬浮脱轨、爬上脱轨四种类型脱轨机理，重点从理论上对冶金企业铁路主要脱轨因素进行分析，结合首钢迁安矿区铁路养维护实际，提出防范车辆在曲线区段脱轨的举措。

**关键词**：脱轨；脱轨系数；缓和曲线；超高；超高顺坡率

## 1　引言

首钢迁安矿区铁路位于河北省唐山市迁安市境内，呈现点多、线长、面广的特点。受地形及工业布局限制，铁道线路不仅坡度大，最大坡度 25‰，且小半径曲线多，多数曲线半径在 300m 以下，最小曲线半径仅 125m。曲线是轨道结构的三大薄弱环节之一，当机车、车辆在曲线轨道上运行时，列车运行中作用在车轮上的垂向力、横向水平力以及纵向水平推力失去平衡，车辆重力与车辆水平力的合力作用线偏离钢轨因而造成列车脱轨，曲线地段列车脱轨问题一直是安全管理的重点和难点。

## 2　脱轨机理

脱轨事故有跳跃脱轨、落轮脱轨、悬浮脱轨、爬上脱轨几种类型，受冶金企业铁路运输低速运行的影响，脱轨事故主要是爬上脱轨、悬浮脱轨，其中爬上脱轨事故基本发生在曲线圆缓点、圆直点附近。

### 2.1　跳跃脱轨

主要指车辆在高速运行过程中，发生蛇行等激烈的横向振动时，车轮轮缘同钢轨侧面冲撞，冲撞速度达到一定值后，车轮跳起高度超过轮缘高度时发生脱轨。车轮跳起高度与冲击速度的平方成正比，与车轮和钢轨间的摩擦系数成正比。由于冶金企业铁路运输低速运行，发生跳跃脱轨概率低。

### 2.2　落轮脱轨

当车辆在技术状况不良的曲线地段运行以及长大货车通过曲线时，由于轮轨之间过大的侧向力使得钢轨横向移动，引起轨距扩大，或车辆轮对宽度 $q$ 低于最小标准，因而使车轮掉入轨道内侧。

$$q = T + 2d \tag{1}$$

式中   $T$——轮对的轮背内侧距离，mm；

　　　$d$——轮缘厚度，mm；

　　　$q$——轮对宽度，mm。

根据《冶金企业铁路技术管理规程》规定，车辆轮对宽度为：[1394mm，1424mm]。

## 2.3　悬浮脱轨

受货物偏载、线路存在三角坑等影响，一侧轮重减载太多会引起悬浮脱轨，车轮减载率是最常用的评定指标，即轮重减少量与平均轮重之比 $\dfrac{\Delta P}{\overline{P}}$。

$$\Delta P = \frac{P_1 - P_2}{2}$$

$$\overline{P} = \frac{P_1 + P_2}{2}$$

减载率越大，脱轨危险性就越大。我国规定的轮重减载率指标为：$\dfrac{\Delta P}{\overline{P}} = 0.65$（危险限度），$\dfrac{\Delta P}{\overline{P}} = 0.6$（允许限度）。

## 2.4　爬上脱轨

主要指运行中的机车车辆轮对与钢轨的正常关系发生改变，使得车轮离开轨面，脱轨系数是最常用的评定指标。当轮对受横向力作用已向一侧移动，此时再有横向力作用，车轮踏面浮起，轮缘同钢轨之间成一点接触，在这个接触点上同时有水平方向的横压 $Q$ 与垂直方向的轴重 $P$ 作用，横压与轮重之比 $Q/P$ 被称为脱轨系数，它表示的是接近脱轨的危险程度，脱轨系数不大于脱轨系数的限制值。

如图 1 所示，当车轮轮缘贴靠曲线钢轨且与轮轨成一点接触时，车轮处于脱轨的临界状态，此时，车轮荷载 $P$ 与横向力 $Q$ 均作用在 $O$ 点上。车轮能否脱轨，要根据轮轨间的受力情况而定。若车轮在力的作用下沿基准线 $AB$ 上爬，必然使另一侧车轮落下轨面造成脱轨；反之，沿基准线 $AB$ 下滑，则不会脱轨。根据力的平衡条件，通用的脱轨系数限制值 Nadal 公式为

$$\frac{Q}{P} = \frac{\tan\beta - \mu}{1 + \mu\tan\beta} \qquad (2)$$

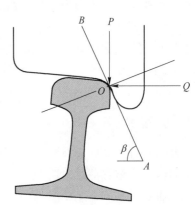

图 1　轮缘与钢轨之间一点接触示意图

式中　$\beta$——车轮轮缘角；

　　　$\mu$——轮轨之间摩擦系数；

　　　$P$——作用在车轮上的垂向力；

　　　$Q$——作用在车轮上的横向力。

我国制定的防止脱轨稳定性的评定标准（GB 5599—1985）：$\dfrac{Q}{P} \leqslant 1.2$（第一限度），$\dfrac{Q}{P}$

≤1.0（第二限度）。

# 3 曲线脱轨因素理论分析

本文重点对车辆在曲线地段脱轨的原因进行分析。

## 3.1 未被平衡超高

当列车以速度 $v$（km/h）通过半径为 $R$（m）、外轨超高为 $h$（mm）的曲线轨道时，离心力产生的离心加速度为 $\frac{v^2}{R}$，外轨超高产生的向心加速度为 $\frac{gh}{s_1}$（其中 $s_1$ 为两轨头中心线距离），那么由于列车通过速度 $v$ 与外轨超高不相适应而产生的未被平衡的离心加速度 $a$ 为

$$a = \frac{v^2}{R} - \frac{gh}{s_1} \tag{3}$$

当 $v < v_p$ 时，$\frac{v^2}{R} < \frac{gh}{s_1}$，$a < 0$，说明列车通过时有未被平衡的加速度，此时，未被平衡的超高 $\Delta h > 0$，即存在过超高，此种情况，外轮减载，内轮增载，列车轮缘压曲线内轨。

当 $v = v_p$ 时，$\frac{v^2}{R} = \frac{gh}{s_1}$，$a = 0$，说明列车通过时无未被平衡的加速度，此种情况，内外轮轮载相等，列车轮缘既不闯曲线外轨，也不压曲线内轨，是理想运行状态。

当 $v > v_p$ 时，$\frac{v^2}{R} > \frac{gh}{s_1}$，$a > 0$，说明列车通过时有未被平衡的加速度，此时，未被平衡的超高 $\Delta h < 0$，即存在欠超高，此种情况，外轮增载，内轮减载，列车轮缘闯曲线外轨。

首钢迁安矿区铁路曲线超高按照通过曲线的各次列车的平均速度 $v_p$ 设置，故：

当列车速度 $0 < v < v_p$ 时，列车可能出现悬浮脱轨，货物存在超偏载、集重或货物重心高、线路过超高等导致车轮减载率达到危险限度。

当列车速度 $v_p < v \leq v_{max}$ 时，列车可能出现爬上脱轨或落轮脱轨，在于钢轨扣件扣压力不足，或存在欠超高，造成挤翻钢轨或钢轨横移轨距扩大。

当列车速度 $v > v_{max}$ 时，列车可能存在爬上脱轨或跳跃脱轨，主要原因在于乘务员超速运行。

## 3.2 超高顺坡率

从首钢迁安矿区近几年发生的脱轨事故看，都在圆曲线进入缓和曲线时发生脱轨，没有从直线进入缓和曲线时脱轨情形。因为车辆从圆曲线进入缓和曲线和从直线进入缓和曲线的两种运动形式，车轮受力情况是不同的。下面重点分析车辆从圆曲线进入缓和曲线的主要过程：

第一阶段——初始阶段（如图2所示），车辆从圆曲线开始进入缓和曲线，当前台车距圆缓点长度 $l_1$ 小于后台车距圆缓点长度 $l_2$ 时，由于缓和曲线超高逐渐递减，使得前台车外侧车轮 $A_1$ 降低，因惯性作用，车轮有瞬时保持在圆曲线运动形式，在车辆弹簧减震装置的作用下，车轮踏面紧贴轨面运行。

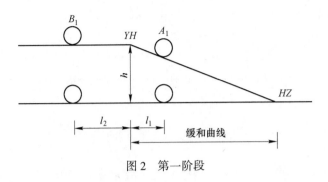

图 2　第一阶段

第二阶段——减压阶段（如图 3 所示），当前台车进入缓和曲线，而后台车仍在圆曲线，当前台车距圆缓点长度 $l_1$ 不小于后台车距圆缓点长度 $l_2$ 时，因递减高差，前台车外侧车轮 $A_1$ 弹簧出现减压，减压量大于后台车 $B_1$。

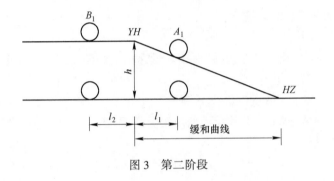

图 3　第二阶段

第三阶段——增大阶段（如图 4 所示），当后台车离开圆缓点，前台车外侧车轮 $A_1$ 对后台车外侧车轮 $B_1$ 的高差达到最大值，$A_1$ 的减载量亦达到最大值。此时，一旦车辆弹簧减震装置、转向、线路技术状况或列车运行状态等有一个或多个不符合标准，将使车轮减载率增大，达到危险限度，极易造成车轮悬浮脱轨。

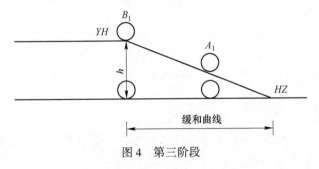

图 4　第三阶段

一般情况下，缓和曲线是一条直线型超高顺坡的三次抛物线，在设置外轨超高时，主要使用外轨提高法，即保持内轨标高不变而只抬高外轨的方法，因而缓和曲线内轨水平不变，而外轨水平逐渐增加或减少。

假设一辆敞车停放在缓和曲线上，如图 5 所示。

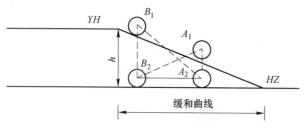

图 5　敞车停放在缓和曲线上

因 $A_1$ 点超高小于 $B_1$ 点，使车辆成扭曲状态，故 $A_1A_2$、$B_1B_2$ 不在一个平面上，$B_1B_2A_2$ 与 $A_1A_2B_2$ 平面的车辆扭曲量 $e$ 等于一个车辆销距（即两转向架心盘中心之间的距离）的缓和曲线递增或递减量 $\Delta h$，即

$$e = \Delta h = il \tag{4}$$

式中　$\Delta h$——车辆销距内缓和曲线递增或递减量；

　　　$i$——缓和曲线超高顺坡率；

　　　$l$——车辆销距。

因此，扭曲量的大小取决于超高顺坡率。低速出缓和曲线时外轮都是减载的，扭曲量越大，车辆越容易脱轨，扭曲量越小，车辆越不容易脱轨。如首钢迁安矿区沙水正线李庄子曲线缓和曲线长 80m，超高 40mm，其顺坡率为 0.5‰，通过该处的 C70 型车辆最大扭曲量为 9.21×0.5‰≈4.6mm，明显低于车辆轮缘高度 25mm，在货物不偏载的情况下，能够满足安全运行条件。

### 3.3　游间大小

当轮对中的一个车轮轮缘与钢轨贴紧时，另一个车轮轮缘与钢轨之间的空隙称为游间 $\delta$：

$$\delta = s - q \tag{5}$$

式中　$s$——轨距，mm；

　　　$q$——轮对宽度，mm；

如果游间太小，则会增加行车阻力，加剧钢轨和车轮的磨损，甚至可能会楔住车轮、挤翻钢轨或导致爬上脱轨；如果游间过大，则车辆行驶时蛇行运动的幅度越大，横向加速度越大，作用于钢轨上的横向力也越大，易发生跳跃脱轨。

## 4　防范车辆在曲线地段脱轨举措

综合分析脱轨机理和曲线脱轨因素，从线路维护、装载质量、车辆状况等方面提出如下建议：

（1）合理设置曲线超高。对于既有线路，要结合不同地段线路特点和按图运输实际，明确不同曲线地段的运行速度，使通过曲线的列车速度尽量接近平均速度 $v_p$，逐步形成固化速度 $v_0$，依据 $h = 11.8\dfrac{v_0^2}{R}$ 设置超高；对于新线设计与施工时，依据 $h = 7.6\dfrac{v_{max}^2}{R}$ 设置超高，待新线运营一段时间后，可根据实际予以调整，并逐步固化不同曲线地段行车速度。

通过上述设置，减少出现欠超高或过超高，降低因列车速度出现的爬上脱轨或悬浮脱轨。需要注意的是要防止因钢轨磨耗超标导致的超高不足，可有计划地将曲线钢轨更换为耐磨轨，如将 50kg/m 钢轨逐步更换为 60kg/m 钢轨。

（2）合理设置超高顺坡率。按照《铁路线路维修规则》，将超高顺坡率控制在 2‰ 以内，首钢迁安矿区铁路超高顺坡率均符合该规范。如有超高顺坡率超过 2‰ 的，两方面建议，一方面是降低行车速度，将原超高降下来，如原超高 50mm，缓和曲线长 20m，原顺坡率为 2.5‰，将 50mm 超高降低到 40mm，在缓和曲线长度不变的情况下，顺坡率则变为 2‰；另一方面，不降低行车速度，可将部分超高分别向直线和圆曲线顺坡，如现以 1.0‰ 分别向直线和圆曲线各顺坡 5mm，顺坡率变为 $(0.05-2×0.005)/20=2‰$。

（3）强化曲线地段的线路维护保养。坚决消除缓和曲线中的复合不平顺，不容许轨距、水平、高低、方向等四项中的任意两项问题同时出现；加宽曲线外股钢轨砟肩堆高比，定期拨正方向，直缓点不能出现"鹅头"，小曲线地段每日涂油不得少于 1 次。同时，轨枕扣件可逐步将弹条Ⅰ型、Ⅱ型更换成适用于重载大运量、高密度的弹条Ⅲ型，将普通接头夹板逐步更换为胶结绝缘夹板，并安装轨撑和轨距杆。由于人工养护曲线地段轨道几何形位很难达到标准，建议定期使用大型养路机械养护，如首钢迁安矿区线路自 2021 年开始引进 DC-32 型捣固车，提升了曲线地段线路技术状况，同时，已完成重点曲线轨撑、轨距杆的安装，并逐步将普通接头夹板更换为胶结绝缘夹板。

（4）提高车辆技术状况和装载质量。对于厂内自备车辆，受运行环境影响，在运用过程中，其各部件将加剧发生不同程度的磨损、锈蚀、松动和裂纹，根据不同冶金矿山企业特点，要制定出适应企业实际的大年修、辅修、轴检计划安排，确保车辆转向架各部件技术状况达标、转向灵活。同时，强化装载质量管控，对于矿粉、矿石、建筑砂以及钢渣等货物装载质量的盯控，严禁出现超偏载、集重现象。

（5）建立相关岗位人员联控机制。机务段要教育司机严禁超速行车，尤其是曲线地段，并建立"机务、工务""车务、工务"联控机制，机务段、车务段要随时向工务段提供线路技术状况不良地段和列车晃车处所，工务段要及时向机务段提供列车超速点位。首钢迁安矿区线路自 2021 年开始推行铁路线路双业主机制、全员巡检机制，由运行车间（车务段、机务段）作为第二业主承包不同区域、不同区段铁路线路，通过激励手段，鼓励其他段职工在作业过程中及时发现铁路线路隐患，全面整治提升铁路线路质量；同时，针对矿区实际，开发一张图调度系统，设置曲线行车速度超速报警提示功能，下步，研究超速自动停车功能，杜绝曲线地区超速行车。

## 参 考 文 献

[1] 陈知辉. 铁路曲线轨道 [M]. 北京：中国铁道出版社，2015.

[2] 马国忠，吴海涛. 铁路机车车辆与线路 [M]. 北京：科学出版社，2013.

[3] 刘振兴. 行车事故与防止 [M]. 北京：中国铁道出版社，1991.

[4] 赖廷骧. 防止车辆在缓和曲线上脱轨的探讨 [J]. 铁道安全，1992（1）.

[5] 余明贵，陈雷. 铁路货车运用与维修管理 [M]. 北京：中国铁道出版社，2010.

# "跨区长流程"铁水运输组织模式的研究与应用

王振华，张建光，李　闯

（山东钢铁股份有限公司莱芜分公司物流运输部）

**摘　要**：2021年，在"碳中和、碳达峰"倡导绿色低碳的发展背景下，钢铁行业面临控产能、控产量的"双控"大政策，国家始终将化解产能过剩作为钢铁行业的重要任务之一。山钢股份莱芜分公司面对国家"双控"政策、新旧动能转换双线作战困难，在淘汰老区落后产能的同时，兼顾新产能的投入，考虑综合经营效益，在老区高炉提前停炉后，原有的"铁钢内循环平衡系统"被彻底打破，为实现效益最大化，需将"内部短流程"改为"跨区长流程"铁水调运，以满足生产需求，完成企业生产经营任务。本文就"跨区长流程"铁水运输组织模式的研究与应用展开论述，以供参考。

**关键词**：碳中和；碳达峰；铁水调运模式；跨区长流程；新旧动能转换

2021年，受"双控"政策、建党100周年临时生产调控及新旧动能转换推进的影响，山钢股份莱芜分公司炼铁厂3号 $1080m^3$、2号 $1080m^3$、1号 $1080m^3$、4号 $1080m^3$ 高炉分别于3月7日、6月19日、7月14日、8月16日相继停炉，停炉时间均比年初计划有所提前，但综合考虑企业经营效益，为实现效益最大化，老区炼钢产能没有同步退出。老区炼钢所需铁水达到日均10000t，均需要由他区跨区调运，铁水运输必须创新性地实现"跨区长流程"调运，以小的物流成本投入换取较高的经济效益，确保实现"减产不减效"目标，努力提升公司运营绩效。

## 1　项目背景

多年以来，莱芜分公司根据地理位置及生产需求，形成了老区、银前区、新区三区较为稳定的"内循环"铁钢平衡系统，其高效、低成本、高经济性的"短流程"铁水运输模式为公司长期以来的生产稳定奠定了基础。

但自2021年8月16日开始，随着老区4座高炉的全部停炉，"内循环"铁钢平衡系统被彻底打破，新区至老区铁水调送量将迎来历史最高峰，进入"万吨调送"阶段，对铁路运输也是一次极为严峻的考验。

## 2 面临的困难

### 2.1 运输组织模式的变革

铁水运输本身就是一种危险性较高的作业，追求稳定，此次由"区内短流程"改为"跨区长流程"的运输模式，同时要兼顾安全、高效，需要结合现场条件，寻求最优的运输模式，完成铁水调运模式的变革。

### 2.2 铁水调送量大，劳动强度高

新区、银前区向老区调送铁水量达日均 10000t，运距由 3km 增加至 8km，需 65t 铁水罐约日均 200 罐，按照每批 10 罐，约需 20 批，平均 1.2h 一批，几乎为不间断调运，劳动强度大。

### 2.3 与原燃料、钢材运输交叉干扰

随着新旧动能转换的推进，新老区间的西走行线于 2020 年 3 月中断，新老区跨区运输仅有东走行线，铁水运输与局车跨区、钢材外发、棒材装车等作业交叉干扰较大。

### 2.4 车辆、线路、照明灯设备设施难以满足运输条件

新老区走行线之间照明不佳，线路状态差，铁水罐架车辆状态等也难以满足高强度的铁水运输条件。

## 3 应对措施

### 3.1 优化运输组织模式，实现铁水调运模式的变革

新老区 8km 的铁水调运主要由老区机车负责，"跨区长流程"铁水调运的关键在于确定老区机车铁水调运模式。在确保运输安全的前提下，根据生产实际及公司现有铁路线路，采取理论测算及现场试验的形式，在老区至新区的运输模式上，综合分析"机车+空罐+隔离车""隔离车+机车+空罐"及"空罐+隔离车+机车"三种运输模式的可行性。

（1）"空罐+隔离车+机车"。该模式为机车顶送作业，调车员需在前方主持进路，新老区走行线经过 4 处无人管理道口，在作业量较大的情况下，尤其是夜间，存在较大的安全隐患，虽然该作业模式运输效率最高，但不予考虑。

（2）经过现场查看，"机车+空罐+隔离车""隔离车+机车+空罐"两种模式存在的安全风险在可接受范围内。在运输效率上，经过现场试验，"机车+空罐+隔离车"模式，送空罐至 22 股运行 23min，大钢 22 股甩空罐，转头挂隔离，14 股东出进 15 股挂重共用时 10min，挂重罐返回至老区炼钢运行 32min，共用时 65min；"隔离车+机车+空罐"模式，老区炼钢到新区 22 股，用时 21min，在 22 股甩下空罐后转头到 15 股挂重，用时 6min，新区 15 股到老区炼钢 3 股，用时 26min，全程用时 53min。"隔离车+机车+空罐"较"机车+空罐+隔离车"模式减少了 1 次挂隔离的时间，减少 12min，效率可提升 18.5%，因此将老区至新区的铁水罐运输模式定为"隔离车+机车+空罐"，制定了

"万吨铁水调运方案"[1]。

（3）经现场试验，将铁水交接点改为新区 14 股、15 股、22 股、23 股，老区机车采取"隔离车+机车+空罐"运行模式，经 23 股、14 股折返进 15 股挂重罐，牵引回老区，为运输效率最高方式。

## 3.2 合理利用机车牵引定数，降低劳动强度

（1）根据机车牵引定数计算公式，结合现场实际情况，将莱芜分公司用于铁水调送的 4 种车型，根据每种车型特点，在确保制动力安全的前提下，合理利用机车牵引定数，调整了新区至老区牵引罐数（见表 1），以达到最佳匹配状态，提高运输效率[2]。

$$G = [F_j\lambda_y - m(W'_0 + i_x)g]/[(W''_0 + i_x)g] \tag{1}$$

式中　$F_j$——机车计算牵引力，N；

　　　$\lambda_y$——牵引力使用系数；

　　　$m$——机车计算质量，t；

$W'_0$，$W''_0$——计算速度下的机车、车辆单位基本阻力，N/kN；

　　　$i_x$——限制坡道的加算坡度千分率，‰；

　　　$G$——机车的牵引重量。

$g$ 取 9.8N/kg。

单位基本阻力：

$$W'_0 = 2.28 + 0.029v + 0.000178v_2$$
$$W''_0 = 0.76 + 0.0065v + 0.000086v_2$$

表 1　新区至老区（东线 65t）牵引罐数

| 机车型号 | 罐　数 |
|---|---|
| GK1F | 9 |
| GK1C | 10 |
| GK2B | 12 |
| DFD1A | 11 |

（2）与莱芜分公司型钢炼铁厂、分公司炼铁厂、分公司炼钢厂共同协商，为提高运输效率，改变空罐过磅方式，由老区过磅改为回本区过磅，减少一次过磅折返作业时间，也减少了作业量和劳动强度。

## 3.3 优化运输组织，降低铁水、局车运输交叉干扰

莱芜分公司专用线分别与路局莱钢站、颜庄站对接，分别对应老区、新区原燃料运输，因颜庄站需满足莱芜电厂煤炭运输，因此仅靠颜庄站运量无法满足公司新区生产需求，每天有 3~5 列原燃料由莱钢站到达并送至新区，但新老区仅剩东走行线一条联络线，因此与铁水运输交叉干扰影响较大。

（1）通过路企联合调度中心，临时调整运输组织，减少新区所需的矿和煤由莱钢站到达的情况，减少东走行线占用。

（2）灵活调整机车运用，在新区机车作业繁忙时，协调编组区机车辅助新区自颜庄站挂车作业。

（3）新区所需部分原燃料由莱钢站到达时，由编组区机车利用铁水调送间隙送往新钢区。

（4）在颜庄站暂时无法接收空车外排时，可由编组区机车自新钢站挂回，从莱钢站外排。

### 3.4 加强设备检修，为铁路运输提供可靠的设备保障

（1）在钢铁区至新区的走行线上增设符合夜间要求的照明设施，为机车顶送提供充足照明条件，符合安全要求。

（2）提前向老区调送重罐备用，进行炼钢至轧钢走行线换轨，炼钢4号道岔更换岔心，轧钢南道口南曲线清筛等施工，为安全顺利日调铁水10000t奠定了基础。

（3）65t铁水罐架114个，无特殊情况禁止扣修。为减少东走行线占用，140型、100型铁水罐和水渣车无特殊情况禁止扣修。

（4）参与铁水外调的机车以新铁区6台机车、钢铁区3台机车、银前区1台机车为主，16调机车辅助调送铁水；特殊情况下，DF型机车参与调铁；每天房里备用机车至少保证2台GK型机车。

## 4 绩效

8月28日23：56老区2号连铸机停机，标志着"万吨铁水"调往老区的阶段正式结束。8月16~28日共完成铁水调运2497罐，近13万吨，日均192罐，其中调往老区2360罐，日均181罐，9000t以上，并于8月22日全天外调铁水216罐，调往老区200罐，8月27日调往老区202罐，均在10000t以上；不断刷新日调运纪录，型钢至老区万吨铁水调运任务顺利完成，满足了公司各区铁钢生产需求，为公司实现铁水效益最大化提供了有力保障。

按照前期效益计算，每调往老区1t铁水，产生效益为600元左右，一罐铁水效益为30000元左右，8月16~28日为公司创效日均540万元，共创效7000万元以上。

## 5 优化改进方向

第一，"跨区长流程"铁水运输模式的成功实施，为今后的铁水运输组织提供了可借鉴性，长距离铁水调送仍可按照"隔离车+机车+空罐"运行模式，进行标准化作业，提高运输效率，满足炼钢厂生产需求；也可根据实际需求，在轧钢站进行交接，具备更多的灵活性、可操作性。

第二，加快推进"数智运输"建设，提高铁路运输智能化、信息化水平。积极配合公司新旧动能推进，将东走行线改为"双线"，降低交叉干扰影响。

第三，根据公司生产形势变化，合理配属机车应用，达到各区机车运能、运力最佳匹配状态。

第四，根据公司生产需求，不断优化运输组织模式，适应新形势发展需要，充分发挥铁路清洁运输优势，为公司环保、创效作出铁运贡献。

# 6 结语

在如今能源紧张、国家"双控""双减"大政策及巨大的环保压力下,冶金重工业作为能源消耗的大户,从生存到提高经济效益可谓是困难重重,铁路运输在大宗原燃料、铁水运输及钢材外发等方面有着不可比拟的优势。下一步将按照"做到极致,走向前列"总要求,坚持"进中做优、主动应变"工作总基调,围绕"建设国内一流物流创效企业"目标,积极适应生产新形势,继续塑造铁路运输多、快、好、省、准优势,为公司打造高效优质低耗物流新格局贡献铁运力量。

## 参 考 文 献

[1] 郭竹学. 关于铁路物流运输组织管理创新的研究 [J]. 铁道运输与经济, 2015 (5): 1-8.
[2] 殷树春. 铁水运输"一罐到底"生产实践研究 [J]. 山西冶金, 2018, 41 (6): 117-119.

# 浅论冶金企业运输模式发展

## 郭保锋

（安阳钢铁股份有限公司运输部）

**摘　要**：冶金企业的生产成本，随着市场、原燃料价效、对标、交流，正日益实现透明化，而物流管理已成为企业降低成本、提高服务质量、增强竞争优势的新领域和突破点，物流运输在现代冶金企业中的作用越来越大、地位越来越重要，找到适合冶金企业自身发展的物流运输模式对策已迫在眉睫，应以此为契机，探索物流运输如何更好地服务钢铁主体！

**关键词**：现代冶金企业；物流运输；模式；探索

## 1　铁路物流发展现状

### 1.1　国家铁路物流发展现状

铁路运输在我国国民经济中占有重要的地位，作为全国综合交通体系骨干行业，经过多年的建设与发展，基础设施建设的大量投入，社会对各项基础能源的需求量大幅度增加，导致对铁路货物运输的服务水平和生产能力产生了新的、较高的要求。据统计，全国铁路总里程已经由 2007 年初的 7.7 万公里扩展到 2021 年底的 15 万公里，其中高铁超过 4 万公里，大功率和谐型电力机车、载重 70t 级以上重载货车得到广泛使用，铁路运力显著提升。与公路等其他运输方式相比，铁路在运输距离、运输费用、持续性、全天候、绿色环保等方面具有优势，是现代物流的重要组成部分。随着近年来经济政策变化、产业结构调整及转型升级，我国经济发展进入新常态，社会物流需求和物流结构发生深刻变化，传统的铁路运输方式难以满足现代物流发展的需要，主要存在的问题是铁路运输零散货物的市场份额较低；配套保障体系有待健全。针对问题，我国铁路物流亟需加快推进现代化物流转型发展，积极推进铁路供给侧改革，提升铁路物流竞争力。一是不断优化运输品类结构，在传统大宗工业品（煤炭、铁矿石、钢材、焦炭和石油等）运输的基础上，进一步重视零散物流需求；二是大力发展多式联运，实现以现代化物流园区为核心、以铁路干线运输为基础、以公路区域运输为延伸的多方协同发展的物流网络服务体系，实现多种运输方式良好衔接，降低社会物流服务成本。

### 1.2　冶金企业物流发展现状

1956 年是我国冶金工业发展史上具有重大意义的一年。在这之前，钢铁工业的建设是完全按照苏联的模式进行的。1956 年新成立的冶金工业部开始认真探索按照中国国情发展冶金工业的新路子。就这样，中国的钢铁工业冲破了苏联发展钢铁企业的老框，探索出了一条中国式的发展新路子——大中小三结合之路。1957 年冶金工业部在《第一个五年计划基本总结与第二个五年计划建设安排（草案）》中，正式提出了钢铁工业建设"三大五中十八小"的战略部署。一大批"十八小"钢铁企业以及地方办的"罗汉"们，几经波折，跌倒了再爬起来，绝大部分都在历史的磨难中发展壮大，成为地方经济的支柱。2007年，安钢和济钢均已进入千万吨级大钢厂的行列。

同钢铁企业发展起来的冶金铁路运输，也取得了令人骄傲的业绩。1958~1967年的初期阶段，冶金运输业务范围主要包括铁路运输、公路运输及装卸搬运等。1968~1977年属稳步成长阶段，冶金运输铁路线路、机车动力等设备设施逐步到位，资产增加迅速，铁路运输总量也在不断攀升。1978~1987年，冶金运输属于全面提升阶段。这期间，随着颁布了作业技术规范要求，制定出站管细则和行车组织规程，使得铁路运输管理再上新台阶。1988~1997年间，冶金运输大力开展基础设施建设，踏入稳定发展阶段。进入20世纪90年代，随着信号楼、机车库、冶金车库等基础性建筑设施先后建成投用，同时，无线调车、6502电气集中等项目的实施，进一步加强了铁路运输保障能力。1998~2007年间，冶金运输逐渐走向机车内燃化、车辆大型化、线路重轨化、信号微机化、调车无线化、管理信息化的"六化"发展的大格局。2008年至今，钢铁行业曾一度持续低迷，冶金运输也积极响应号召，着力突出降本，打造成本最低的"效益铁运"，实现了跨越式的发展。

## 2 冶金企业铁路物流存在的问题

据业内统计，我国有46家钢铁企业分布在省会和各类型城市。这种特殊的地理位置不仅限制了钢铁企业的发展，也给铁路物流带来了巨大压力。城市钢铁企业铁路物流运输多呈现出线性分布、星式布局的特点，其原因是城市钢铁企业可拓展的空间有限，仅能原址扩建或拆除后建。钢铁企业的总图规划大部分都是先考虑主体设备再规划铁路，给铁路运输的后续能力优化和运行效率提升带来不小的困难。存在的主要问题是：

（1）运输资源有限。一些内陆型的钢铁企业，大宗原燃料运输主要依靠铁路，而作为铁路与企业到达物资的交接站，不仅服务于钢铁企业，还要服务一些周边企业或者物流园区，同时还担负着管内各站的车辆集结、解体和编组工作。这就意味着大家都需要抢占有限的运输资源，那么谁的作业效率更高或者周转效率更快，就意味着能够接收或者说抢占更多的运力资源。

（2）铁路布局受限。受城市钢铁企业客观条件的限制，厂内铁路运输保产单线路多、区域单咽喉多、折返运行进路多、一批次作业车数少，这些情况造成无法进行大规模的装卸车作业，必须依靠频繁的倒调作业和无功作业，才能满足接卸、外发重载化的需求，从而保证国铁线路的运行顺畅，确保到达和外发的需求。

（3）货运基础设施的配送效率低。铁路部门虽然拥有大量货物运输设备，但生产管理自动化程度不高，运输作业流程基本上以手工操作为主。目前，仍有30%的运量不具备过衡条件，而是通过人工测密度、量尺划线等卡控措施来确定装载重量。对超限货物、阔大货物运输没有高科技检测手段，仅靠人工手段控制，不可避免存在误差，安全系数低。物流集散和储运设施较少，发展水平较低；各种物流配送设施及装备的技术水平和设施结构不尽合理，设施和装备的标准化程度较低，设备作业效率低且能力有限；不能充分发挥现有物流设施配送的效率。

（4）信息化工作跟不上现代物流发展的需要。铁路信息技术起步早，但运用方式简单，技术更新缓慢，现有的铁路信息管理系统是一个相对封闭的局域网系统，其设计思路、运行能力、服务功能主要为内部生产服务，其功能与现代物流对信息管理的需求相差甚远。货运规章管理、统计数据、动态安全信息等由于没有网络支持，不能实现资源共享、实时监控，不能运用高科技手段来加强货运组织，实现现代化安全管理。目前我国还没有基于现代物流全程供应链管理的信息系统，对于库房管理和智能化接取送达系统也基本上是空白，很难形成铁路与客户"点对点""门对门"的快运现代物流管理经营。

（5）设备检修受制。因为钢铁企业的总图规划，大部分都是先考虑主体设备建设再规划铁路，这就造成部分钢铁企业铁路运输的设备存在一些非标设计，像30°交叉、十字交叉、三开道岔、大规模小于9号的道岔运用、曲线半径小于180m的线路等，加之这些地点处于咽喉区域或者单线，这些都给后续的设备检修带来制约。

# 3　冶金企业运输模式发展分析

## 3.1　大物流运输模式分析

随着钢铁企业整合的逐步深入，大物流运输模式初具雏形。作为物流活动的信息化、运输化、仓储化、装卸化、配送化等关键环节，大物流运输可以通过统一的采购、统一的运输、统一的装卸、统一的储存、统一的配送，在统一中将资源进行整合，从而争取更大的优惠政策，降低生产物流成本。但是这需要高度的信息集中化、强有力的运输保障和足够场地的仓储周转作为支撑。目前全国新建的钢铁企业或者搬迁重建的钢铁企业，从规划布局开始，就具有先天的运输优势，大宗原燃料到达港口后，可以通过皮带机直接运送至大型的封闭料场，通过二次混匀，再向前道工序进行供应，直接成品进行外发，这也正是大物流只是初具雏形的原因。但是，一批物流园区却抓住了运输发展的时期，欣欣向荣地发展起来。

## 3.2　专业化运输模式分析

与大物流运输组织不同，专业化的物流运输模式会是城市钢铁企业今后发展的另一个方向，因为不是任何企业都有能力支撑或者发展大物流运输模式，打通信息与现场实际的制约瓶颈。为了能够最大限度地降低物流成本，提升企业效益，专业化的运输模式就是发展的另一个方向。安钢在这一方面就走到了前列，通过部分运输资源的优化整合或者新建，立足现场周转实际，钢铁企业可以根据倒推模型，结合现场实际指导进行采购和组织发运，这样可以最佳地结合需求和现场实际，实现"以卸定采、以存定发、以发定到、以到定卸"，最大限度地打通中间瓶颈问题。"以计划服务生产、以现场服务计划"，最大程度地减少中间等待环节。以精益化管理实现计划流程的标准化，最大限度地挖掘运输潜力，提高周转效率，减少延期占用。同时通过双渡线以及增加牵出线的方式，盘活厂内运输制约瓶颈，才能更大程度上缓解和释放铁路运输周转能力。通过形成区域化、模块化的生产运输网络，实现快进快出的周转模式，用速度代替量的制约与不足，从而达到快发、快到、快接、快进、快卸、快供、快拉、快对、快装、快发的周转循环模式。用铁路的高周转指导生产的高标准。根据企业发展的需求，最大化地发挥铁路运输的专业化功能，从而实现大物流的功能保障。

# 4 结语

上述浅显的现状和模式分析，仅是从工作实际出发的一些思考。各行业或者企业的情况不一样，不能以偏概全。唯有找到适合自身发展的路径，最大化地合理压缩运输成本、提升经济效益，坚持到底、提升执行才是最终发展的王道。唯有企业和政府共同努力，才能推动我国运输行业的健康有序发展。

## 参 考 文 献

［1］张琳. 冶金运输企业向现代物流企业转化的思考［J］. 科学与财富，2018（20）.

［2］康凤伟. 神华大物流与运输通道发展对策研究［J］. 铁道运输与经济，2017，39（S1）：1-5，10.

［3］余杨斌. "三大五中十八小"回眸——"二五"时期的钢铁工业战略布局［J］. 冶金经济与管理，2009（3）：47-48.

# 创新铁水运输组织　突破运输瓶颈
# 支撑企业效益最大化

郭　静

（马鞍山钢铁股份有限公司运输部）

**摘　要**：2021 年 9 月中旬，马钢炼铁总厂北区 A 号高炉进入大修阶段，期间铁水日产量减少 9000t 左右，公司南北区铁水资源平衡极端困难，特别是在外部市场板带产品效益明显高于长材的情况下，公司提出了 A 号高炉大修期间"减量不减效"的生产经营目标。为实现该目标，需要解决的最大问题就是铁水资源的平衡保供，也就是要实现四钢轧非炉役等检修状态下，在之前正常日均 0.6 万吨南区铁水至北区调运任务的基础上，调运量增加至 1.5 万吨左右。运输部面对这一远超历史最高水平的运输保产任务，提早谋划和准备，在通过前期拉练实验发现限制瓶颈的基础上，经过多轮内外部的调研与讨论，形成创新运输组织模式，并在过程中优化运输方案、强化系统联动，最终实现了铁水跨区调运效率的大幅提升，从而在 A 号高炉大修期间，圆满完成了 109.5 万吨的南区铁水至北区调运任务，为公司应对市场变化、实现全年生产经营效益最大化提供了有力支撑。

**关键词**：超历史最高水平；限制瓶颈；创新运输组织；优化运输方案；铁水跨区调运效率

## 1　背景

马钢炼铁总厂 A 炉自 2021 年 9 月 15 日起，进行计划 90 天的大修，期间日均铁产量减少 9000t 左右。同时，公司为实现全年生产经营目标，特别是在外部市场板带产品效益明显高于长材的情况下，提出了"减量不减效"的总体要求，也就需要尽可能地提高以板带产品为主的四钢轧炼钢产量，而此时铁水资源的瓶颈将成为能否实现这一目标的决定因素。

按照排产计划，A 炉大修期间，在之前正常南区铁水至北区日均 0.6 万吨、10 趟、20 罐调运量的基础上，增加至 1.1 万吨、17 趟、34 罐以上，特别是四钢轧非转炉炉役、集中组产阶段，日均铁水调运量更是要达到 1.5 万吨、25 趟、50 罐以上，远超运输部铁水跨区运输历史最高水平。

## 2　前期分析与实验

### 2.1　目标分析

按照制造管理部的排产计划，即 A 炉大修期间，在之前正常南区铁水至北区日均 0.6 万吨、10 趟、20 罐调运量的基础上，增加至 1.1 万吨、17 趟、34 罐以上，特别是四钢轧非转炉炉役、集中组产阶段，日均铁水调运量更是要达到 1.5 万吨、25 趟、50 罐以上，按照平均290t静载重、B炉9000t产量和0.92铁钢比，测算四钢轧非炉役期间调运铁水与其日产水平对应情况如表1所示。

**表1 四钢轧非炉役期间调运铁水与其日产水平对应情况**

| 调运趟数/趟 | 20 | 22 | 24 | 26 | 28 | 30 |
|---|---|---|---|---|---|---|
| 调运罐数/罐 | 40 | 44 | 48 | 52 | 56 | 60 |
| 调运铁水量/t | 11600 | 12760 | 13920 | 15080 | 16240 | 17400 |
| B炉产量/t | 9000 | 9000 | 9000 | 9000 | 9000 | 9000 |
| 四钢产量/t | 22391 | 23652 | 24913 | 26174 | 27435 | 28696 |

## 2.2 历史数据情况

表2为2014年底铁水二通道建成后，2015~2020年每月南区铁水至北区的调运情况。

**表2 2015~2020年每月南区铁水至北区的调运情况**

| 年份 | 单位 | 1月 | 2月 | 3月 | 4月 | 5月 | 6月 | 7月 | 8月 | 9月 | 10月 | 11月 | 12月 | 合计 | 日均 |
|---|---|---|---|---|---|---|---|---|---|---|---|---|---|---|---|
| 2015 | 趟 | 294 | 284 | 240 | 333 | 325 | 146 | 479 | 375 | 320 | 480 | 439 | 492 | 4207 | 12 |
| | 罐 | 580 | 566 | 476 | 663 | 648 | 247 | 956 | 748 | 636 | 959 | 877 | 984 | 8340 | 23 |
| 2016 | 趟 | 341 | 354 | 372 | 316 | 383 | 308 | 345 | 382 | 463 | 361 | 465 | 390 | 4480 | 12 |
| | 罐 | 669 | 708 | 744 | 628 | 766 | 608 | 690 | 760 | 918 | 720 | 930 | 780 | 8921 | 24 |
| 2017 | 趟 | 496 | 444 | 405 | 491 | 348 | 266 | 411 | 486 | 505 | 555 | 485 | 542 | 5434 | 15 |
| | 罐 | 992 | 887 | 810 | 982 | 696 | 532 | 822 | 972 | 1009 | 1110 | 970 | 1084 | 10866 | 30 |
| 2018 | 趟 | 468 | 418 | 388 | 480 | 507 | 510 | 473 | 464 | 354 | 290 | 155 | 193 | 4700 | 13 |
| | 罐 | 936 | 836 | 776 | 958 | 1014 | 1019 | 940 | 928 | 708 | 578 | 308 | 383 | 9384 | 26 |
| 2019 | 趟 | 262 | 281 | 320 | 190 | 335 | 232 | 230 | 322 | 362 | 294 | 233 | 352 | 3413 | 9 |
| | 罐 | 522 | 562 | 632 | 379 | 670 | 464 | 460 | 644 | 724 | 588 | 466 | 704 | 6815 | 19 |
| 2020 | 趟 | 247 | 309 | 255 | 383 | 359 | 272 | 390 | 261 | 315 | 257 | 248 | 330 | 3626 | 10 |
| | 罐 | 494 | 618 | 510 | 766 | 718 | 542 | 780 | 522 | 629 | 513 | 495 | 660 | 7247 | 20 |

通过表2可以看出，2017年在四钢轧提产、原长材北区转炉在线生产的情况下，南区铁水调北区总量较高，2018年10月后，随着原长材北区转炉停产、退出生产序列后，跨区铁水调运量明显下降。单月中2017年10月最高，日均达到18趟、36罐左右；单日最高历史，也是该月29日创造的，23趟、46罐。但即便如此，也距离本次目标全月708趟以上（全月8天周休按17趟计算，其余22天按26趟计算）有着较大差距，实现难度显而易见。

## 2.3 原方案组织实验

虽然有历史数据的分析，但保供团队为对既有的运输组织方案的能力进行验证，也为后续工作提供更有利的基础信息，8月利用四钢轧放量生产时机，在没有任何方案与组织模式调整的情况下，进行了两次开行实验，单日最高仅完成22趟、44罐（25日、29日），明显距离生产保供需求存在差距。

# 3　形成运输组织创新模式并验证

## 3.1　围绕优化提升方向，开展调研

经过历史数据和8月的试验后，确认既有模式无法实现目标任务后，首要任务是要明确调整方向。一般来说，在铁路线路、站场无法改善的前提下，提高铁路运输能力主要是通过增加单台机车运输量或优化方案、调整机车运力两种模式。因此，围绕这两个优化提升方向，运输部在管理、技术、操作多层面开展了广泛的调研与讨论工作。最终一致认为，考虑到运输铁水的320t混铁车的特殊性，包括重载车辆轴重大、无主动制动装置、局部线路有效长限制以及运行中的安全风险大于普通车辆等情况，增加单台机车运输量即从目前的"双罐运输"改为"三罐运输"无法实现。至此，优化方案、调整机车运力成为唯一方向。

## 3.2　明确优化提升方向，讨论方案

在南北区各已有2台机车参与跨区铁水调运的情况下，再各调整1台机车参与调运，一是需要在不增加成本和人员的基础上，解决机车配置问题；二是需要解决实际运行过程中，如何实现南北区各3台机车，在空重罐运输不同轴重对线路要求的区别，实现局部区域会车让行，从而实现铁水调运列车连续开行的方案问题，成为创新运输组织的核心内容。因此，通过调研讨论，形成如下总体方案。

### 3.2.1　机车配置调整

北区方面，A炉机车在四钢炉役期间，临时下线，其他期间上线参与跨区调运作业，加上既有2台机车，实现3台机车调运。南区方面，非四钢炉役期间，南区2台外围机车，加上南区站原料机车，参与调运，实现3台机车调运，期间原一钢铁水、渣锅等机车承担该区域的其他作业。

### 3.2.2　运输方案模型策划

根据南北区铁水列车发车、途中以及返回320t过程中，混铁车空重罐状态下轴重的变化，对应运输沿途各站区的站场线路布局，以及不同线路条件，制定局部区域会车让行模型，从而实现铁水调运列车连续开行方案。总体方案如下：

（1）南区重罐开出路径：一厂站19道（C车）、交接口18道（B车）、北站交接（A车）；空罐返回路径：北站交接（C车）、交接口17道（B车）、一厂站6道（A车）。

（2）北区空罐开出路径：630区（C车）、成品区（B车）、北站交接（A车）；重罐返回路径：北站交接（C车）、二钢1道（B车）、630区（A车）。

### 3.2.3　模型测试

根据既有运输方案下的铁水调运列车开行情况，在运输距离和运输速度不变的情况下，对上述方案模型进行理论测算，可将原有190min左右3趟的列车时刻表，优化成

150min 左右 3 趟，从而支撑不低于 25 趟/d 的跨区铁水调运需求。

### 3.3 梳理并完善总体方案实施所需的保障条件和应对措施

#### 3.3.1 铁水资源保障

因南区铁厂 4 座高炉平均小时报罐数为 3.6 罐，如再除去 3 号高炉铁水，小时报罐数仅为 3 罐，且 15%左右的概率小时报罐数小于等于 2 罐。因此，2.5h 内 3 趟 6 罐的铁水调运对南区系统铁水计划平衡和资源保供要求较高。同时，考虑到四钢轧炼钢生产高节奏和经济铁钢比的要求，对南区供其的铁水净载重也有较高要求，原则上控制在 285t 以上。

#### 3.3.2 混铁车周转变化

由于连续高节奏的跨区铁水调运，势必造成在途混铁车数量从正常状态下的 4~8 辆，增加至 8~12 辆；同时，南区重罐与北区空罐周转方面需要紧密衔接，否则不仅影响调运量，而且存在制约。因此，高节奏的跨区铁水调运期间，四钢轧的生产稳定性至关重要；同时需要对南北区混铁车的配置数量进行调整，满足调运节奏需求。

#### 3.3.3 其他运输保产影响

高节奏的跨区铁水调运期间，按照 25 趟/d 组织，即 28min 1 趟（往返），交接口北咽喉、一厂站西咽喉占用率均接近饱和，对交接口局车原燃料与成品进出、厂内交叉物流小运转列车作业造成较大影响。

#### 3.3.4 相关设备保障

持续高节奏的跨区铁水调运期间，对涉及铁水运输的机车、车辆、线路、信号等方面的设备保障要求较高。

#### 3.3.5 其他方面

一是持续高节奏的跨区铁水调运将明显增加一厂大渡线、北区 184 道口两个社会化道口的作业压力，二是需要对产销一体化中的"铁前生产智能管控"系统配套优化。

围绕上述铁水调运组织方案和保障条件，运输部保供团队于 9 月初召开专题会，就方案实施意图、保障条件的应对措施，与制造管理部、炼铁总厂、四钢轧等单位进行了讨论，并就各项具体措施达成一致。

### 3.4 方案形成后再次验证

总体运输方案与相关保障条件的应对措施明确并意见统一后，保供团队结合 9 月 A 炉停炉大修的节点安排，利用停炉前 14 日大小夜班降料线、小休风的时机，对新的运输组织方案进行了再次验证，期间夜班完成 18 趟调运量（实际列车运行示意图如图 1 所示），平均 130min 完成 3 趟调运，完全达到预期效果，为后续完成 A 炉大修期间的铁水调运任务奠定了基础、树立了信心。

## 4 全面组织运输方案实施、提升运输效率

（1）落实外部保障措施，支撑运输方案的实施。继 9 月初 A 炉停炉前，运输部会同制造部、四钢轧、炼铁总厂等单位召开专题讨论会，明确运输组织方案，制定各项保障措施后，9 月下旬，制造部再次牵头各单位，对运输方案运行和各项保障措施的具体执行情

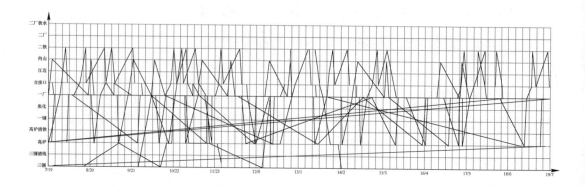

图 1　实际列车运行示意图

况进行"回头看"。在肯定铁路运力可满足公司生产要求的同时，对高炉铁水装入量、报罐流程的优化，以及混铁车空重罐的周转衔接、应急保产处置等方面再次进行了明确，为后续持续稳定跨区铁水调运打好了基础。

（2）组织"产运联动"日常化工作，有效处置存在问题。按照公司"四钢轧炼钢产能提升公关组"的工作部署，运输部牵头成立了以各单位生产调度系统联动为核心的"铁水保供小组"，并与制造管理部、炼铁总厂、四钢轧等单位生产管理核心人员一起，围绕每日组产计划，特别是跨区铁水调运组织，做到日计划、日小结、日沟通，在保持总体高节奏跨区铁水调运的同时，及时协调解决存在问题，合理安排做好设备的消缺工作。

（3）运输部内部各分厂、专业室围绕"铁水调运优先"原则，实现铁水调运流程的调度指挥系统联动。

1）A炉大修期间，保供团队按照运输组织创新方案总体思路，针对不同阶段的组产计划与铁水平衡要求，如四钢9月、10月的炉役，11月全面提产；A炉开炉期间的铁水冲兑与保供等变化，以及包括原燃料到达计划、技改项目施工进展、厂内其他铁路运输需求等情况，总体评估运力配合和运输组织重点，分多个阶段"有的放矢"地策划和制定运输组织方案。

2）运输部生产室运行管控作业区管控调度，在加强与制造部管制中心、铁厂、钢厂密切联系的同时，对各车站分厂小运转列车等作业过程进行管控，形成调度指挥系统的联动。一是严格执行"铁水优先"的组织原则，即按照"铁水列车、紧张品种进厂、南区至北区小运转列车、各站取送车作业"的顺序，做好当班运输生产组织工作；二是督促监管各站之间闭塞的规范办理，一厂站、北区站空、重罐运行线路始终保持畅通，重点是交接口17道、二铁北站4道，要求始终处于空线状态；三是根据不同阶段的运输组织重点，在做好跨区铁水调运工作的同时，有序组织好马钢原燃料紧张品种进出厂工作，确保交接口地区进出厂的线路保持畅通。

3）运行管控作业区炼铁智控操控人员根据制造部管制中心下达的跨区铁水调运计划，及时安排机务段、南区站和北区站作业机车、调度人员做好跨区铁水调运沿途的运行组织工作，特别是在跨区铁水调运连续开行时，调运计划要布置到位，并确认作业机车每位调乘员都清楚明了。交接班过程中，实行"不停轮"交接班的同时，跨区调运机车运行位置、作业内容及后续计划安排都要交接清楚，从而稳定运输秩序。

4）针对 A 炉大修期间铁水保供变化和设备稳定的重要性，运输部在提前谋划实施铁水线铁路设备设施相关消缺计划的同时，组织铁路、信号、机车、车辆等设备点检维护人员按"日巡检、一般缺陷故障不过夜"的要求，做好设备点检维护工作。

# 5 总结经验并推广应用

## 5.1 总体完成情况

从 A 高炉大修减产，即从 9 月 13 日高炉小休风做大修准备开始，截至其 12 月 14 日投产后达产，合计 93 天期间，累计完成铁水调运 1872 趟、3744 罐、109.5 万吨，日均 20 趟、40 罐、1.18 万吨；其中 11 月，四钢全月无炉役检修期间，全月完成 781 趟、1562 罐、45.8 万吨，日均 26 趟、52 罐、1.53 万吨，均按公司组产计划完成调运任务，并创历史新高，支撑公司实现经济效益增加 6457.6 万元。A 炉大修期间南水北调逐日完成趟数情况如图 2 所示。

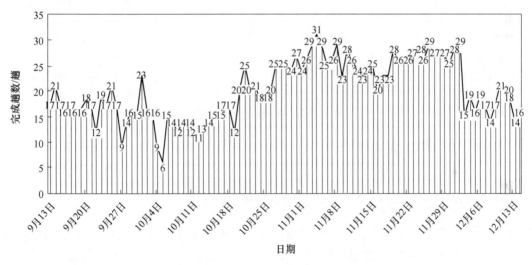

图 2　A 炉大修期间南水北调逐日完成趟数情况

## 5.2 创新情况回顾

一是从结果来看，整体创新思路准确，措施落实到位，达到预期效果；二是从过程来看，结合不同时间段内运输条件、生产需求的变化，对运输方案和保产措施有效调整也是促进任务完成的必要手段；三是前期预判与准备，以及必要的应急手段也是完成该项艰巨任务的基础；四是期间外部原燃料铁路运输处于一个低水平波动状态，从侧面为持续铁水高频率地调运提供了更为有利的条件。

## 5.3 经验推广

本项创新工作的顺利完成，为公司 2022 年的组产安排及继续做好四钢轧产能提升工作，特别是四季度 B 炉大修期间的经营组产模式提供了重要依据，消除了铁水资源平衡影响这一关键瓶颈。

# 冶金企业铁路运输"百厘物流"三年创建工程的构建与实施

闫　军，刘　欣，马智军

（首钢集团有限公司矿业公司运输部）

**摘　要**：2019 年，运输部围绕"立足钢铁主业，服务区域经济，拓展业务范围，提高服务能力，提升运营质量"功能定位，固本强基，提质增效，坚持创新驱动发展，围绕提效降本挖潜力，做大规模，做强管理，做优服务，学习借鉴矿业公司"百元选厂"先进经验和做法，大力实施了"百厘物流"三年创建工程，即确定了 2019 ~ 2021 年三年内周转量（吨公里）单位成本累计降低 0.1 元，即 100 厘的目标。"百厘物流"三年创建工程是基于精细之上的部门统筹管理，坚持指标引领，形成"指标促管理"的发展思路，量化指标促管理，不断追求卓越，精益求精。围绕降低能耗费、修理费、人工费和非生产性支出 4 项费用，强化全要素管控，开展管理创新和技术创新，三年累计制定实施 38 项技改措施和 7 项管理措施，全面贯彻了极低成本运行的理念，通过降低运营成本吸附客户，"以价换量"，稳控区域铁路运输物流市场，推动了"公转铁"政策落地。这项工程实现了冶金企业铁路运输各环节的有序衔接和优化组合，最大限度地发挥了各种生产要素的整体功能，实现了冶金企业铁路运输效率的最大化。

**关键词**：百厘物流；精细管理

## 1 "百厘物流"三年创建工程实施背景

"厘"，本意为利率单位，年利一厘按百分之一计，月利一厘按千分之一计，分和厘的换算关系为 1 分 = 10 厘。按此换算，"一百厘"就是 10 分钱，也就是 1 毛钱。"百厘物流"三年创建工程的基本含义，就是利用三年时间把构成铁路周转量单位成本的能耗费、修理费、人工费、非生产性支出 4 项主要费用降低 100 厘，即：每吨公里单位成本降低 1 毛钱。选择"厘"作为计算单位，一方面体现了管理的精细和精益，另一方面也体现了聚沙成塔、集腋成裘，涓涓细流汇成大海的价值追求。

### 1.1 实施"百厘物流"三年创建工程，是推动"公转铁"政策落地的基础

"公转铁"是"调整运输结构、增加铁路货运量"背景下的动作。国家实施"公转铁"战略，是基于对调整经济发展结构的考虑、基于对破解交通拥挤状况的考虑、基于对改善环境质量的考虑。如：国家发改委、工业和信息化部等十五部门和单位联合印发的《关于促进砂石行业健康有序发展的指导意见》要求，推进砂石中长距离运输"公转铁、公转水"，减少公路运输量，增加铁路运输量，完善内河水运网络和港口集疏运体系建设，加强不同运输方式间的有效衔接。

从全局上、宏观上分析，"公转铁"是利大于弊，是大势所趋。但具体到局部，具体

到某个地区、某个企业，在实施上还有很大难度，其根本原因还是体现在各种物流方式运输成本的博弈上。以河北迁安地区为例，铁矿粉、煤等大宗物料由京唐港、曹妃甸港汽运到厂较火运运输成本普遍低 70%~80%，从运价上火运毫无竞争优势。如一家地方钢企自有车队，由京唐港汽运到厂运费为 26 元/t，火运到厂运费为 44.19 元/t，火运比汽运运费平均高出 69.96%；由曹妃甸港汽运到厂运费为 33 元/t，火运到厂运费为 59.47 元/t，火运比汽运运费平均高出 80.21%。企业追求效益最大化，这种情况下企业不会有"公转铁"的积极性。作为铁路运输企业要想更多承接由汽运转移过来的货源，就必须努力降低自身的运行成本，进而降低运输价格，用价格吸引客户，"以价换量"，更好地发挥"看不见的手"的作用，绝不能仅仅依赖政府的干预和强势推进。

## 1.2 实施"百厘物流"三年创建工程，是改善企业经营绩效的必然要求

马克思曾科学地指出了成本的经济性质：成本水平的高低，不但制约着企业的生存，而且决定着剩余价值 M 即利润的多少，从而制约着企业再生产扩大的可能性。对作为铁路运输企业的运输部而言，可控成本中人工费、修理费、能源费、非生产性支出 4 项费用占比达到了 76%，是企业降本增效的主要方向。以 2018 年为例，吨公里成本为 591.56 厘，其中：折旧 135 厘，占比 23%；可控成本 457 厘，占比 77%。可控成本中人工费、修理费、能源费、非生产性支出 4 项费用合计 449.99 厘，占比 99%。因此，运输部降本增效必须聚焦人工费、修理费、能源费、非生产性支出 4 项费用，采取针对性措施，取长补短，立足于一点一滴，有所为有所不为。

## 1.3 实施"百厘物流"三年创建工程，是提高企业精细化管理水平的需要

精细化管理的本质就是对战略目标分解细化和落实的过程，让企业的战略规划能有效贯穿到每个环节并发挥作用的过程，同时也是提升企业整体执行能力的一个重要途径。"百厘物流"创建工程是提升铁路运营质量的总纲，是一项长期的、系统性的价值提升工程。实施"百厘物流"三年创建工程的目的是全方位降本增效，以便在行业内建立竞争优势。路径是通过抓好铁路运输日常生产组织管理的各环节工作，把有价值的事情做精细，不在没有价值的事情上耽误精力、耗费资源，而各项技术经济指标优化提升，就是企业的"价值提升"所在。技术经济指标可反映各种技术经济现象与过程相互依存的多种关系，反映生产经营活动的技术水平、管理水平和经济成果，是企业综合管理水平的风向标，也是核心竞争力的重要组成部分。"百厘物流"三年创建工程的效果直接反映在财务报表上，间接体现在技术经济指标的提升上，反映着企业的精细化管理水平。

# 2 "百厘物流"坚持指标引领，形成"指标促管理"的发展思路

## 2.1 指标引领，建立过程管控体系

吨公里成本的计算单位是厘/吨公里，子项是成本，母项是货物周转量。要降低吨公里成本，必须千方百计做小子项和做大母项双向发力，才能取得最佳效果。经过分析梳理，确定了机车台日产量（万吨公里/台日）、周转量劳产率（t/人）、电力机车电耗（kW·h/万吨公里）、内燃机车油耗（kg/万吨公里）及针对机车台班费、修理费再造指标共 18

项"百厘物流"指标,作为运输部核心竞争力指标纳入日常运输生产组织的管控重点。在此基础上,对每项指标子母项全部打开,分析构成要素及影响因素,积铢累寸,逐一制定管控措施,使指标的引领功能逐步增强。三年来,累计制定实施技改措施38项、管理措施17项。

## 2.2 对标对表,建立定期考评体系

坚持问题导向、目标导向和结果导向,聚焦行业先进管理理念、手段和先进指标,围绕铁路运输"安全、质量、效益、协调、绿色"的高质量发展方向,建立多维对标体系,引领管理进步。编制《运输部指标体系管理手册》,规范指标体系管理脉络和流程,切实提升指标引领管理的能动性。每月对照指标计划完成情况进行分析评价,通过指标构建企业运营状况的"体检表",并应用曲线文化和尺子文化,指导数据分析。各责任单位通过指标数据来深入分析、总结经验、查找不足,推动运输生产各环节稳定顺行。同时,指标完成情况纳入绩效评价,充分体现"挣工资"。

## 2.3 联动考核,提升协同创效能力

针对铁路运输组织多部门、多环节、多工种协调联动行业特色,实施"条块结合考核"模式,强化了铁路运输系统各环节的协调联动。

一是每月指标完成情况形成的绩效考核评价与职工利益挂钩,使每一名职工都能直接感受到生产经营变化与己息息相关。

二是指标责任下沉。四班评比主要是对生产一线班组的考核评价,所选取的指标遍布运输生产一线,让每名职工都成为运输发展的"主角",真正实现了全员参与生产经营,补齐了制约职工积极性的短板,实现了压力共担、成果共享,"挣工资"理念深入人心,进一步激发各岗位职工提质增效的主体活力,进而提升运输效率和运营质量。

# 3 "百厘物流"激发创新广度和深度,实现全方位降本增效

2021年,人工成本实现278.64厘/吨公里,比2018年降低82.81厘/吨公里;能源费整体完成38.82厘/吨公里,比2018年降低4.73厘/吨公里;修理费降至29.5厘/吨公里,比2018年降低11.35厘/吨公里;非生产性支出完成5.69厘/吨公里,比2018年降低6.37厘/吨公里。四项费用对比情况如图1所示。

## 3.1 创新车流径路理念,优化运行组织,释放运输潜能

一是实施了作业质量标准、标准作业时间、提高区间运行速度、提升通道运输能力、增加牵引定数等一系列释放运输潜能的组织方案。设立新庄站机务分区,日均减少机车往返运转时间70min。建立小石岭虚拟车站,区间通过能力由日30对提高到38对。

二是优化站场功能使用,释放车站潜力。将下炉站、木厂口站两站功能由"到达缓存"向"外发集结"转变,缓解选矿到发线紧张的局面,提高重车到达终端卸车效率。开通下炉站6道,南区接发车能力提升至30对/d。

### 3.1.1 抓源头,通过货源的规模化集约化组织,提升装卸能力

一是精矿站、裴庄区域实施集中一体化管理,建材装车、取对车达标率达到91%。粗

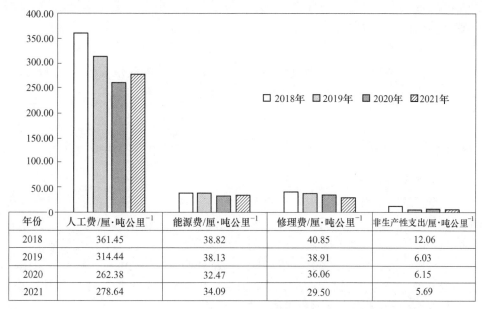

| 年份 | 人工费/厘·吨公里$^{-1}$ | 能源费/厘·吨公里$^{-1}$ | 修理费/厘·吨公里$^{-1}$ | 非生产性支出/厘·吨公里$^{-1}$ |
|---|---|---|---|---|
| 2018 | 361.45 | 38.82 | 40.85 | 12.06 |
| 2019 | 314.44 | 38.13 | 38.91 | 6.03 |
| 2020 | 262.38 | 32.47 | 36.06 | 6.15 |
| 2021 | 278.64 | 34.09 | 29.50 | 5.69 |

图1　四项费用对比情况

破站、杏山站远程控制改造，装车作业每钩压缩10min。实施调车员驻站管理，发车作业提效20min。推进建材装发一体化，强化建材"直发"降停时，围绕"装车精度、超偏载数据、清扫质量"三个"合格率"指标，固化裴庄自动计量装车，杏山、二马点位实施装发一体化管控，建材装发能力已具备12列/d水平。优化重车接卸流程，多点位灵活卸车，迁钢2号翻车机卸车效率由日均2列提升至3列。

二是优化钢材装车流程，推进钢材装车辅助工序前移，与路局协调钢材外发由"同一流向满轴外发"变为"多流向编组、空重车配列满轴外发"，扩大专用车底服务范围，平板车实现多点位发运；拓展曹妃甸、京唐港板卷火运运输通道，实现多联式运输模式，钢材发运连续刷新纪录，实现日装324车历史性新突破。

### 3.1.2　打通运输节点，优化路网结构，提高接发列车和车流改编能力

对专用线"一纵两横"干线路网结构实施优化改造，促进内部点线能力协调，提高综合效能。

一是实施线路升级改造，提升通道能力。重演现代版"愚公移山"，完成孟家沟降坡改造，区域坡度由12‰降至7‰，实现了整列牵引，打通了北区通道瓶颈，多年"拦路虎"一朝变坦途。

二是对裴庄站4道延长及其他线路南端进行改造，生产组织上构建现代装车模式，创新"铁牛"取对新模式，打破传统的"单车对单线"的作业方式，实现"一线两用"功能，提高装发效率。

三是对新庄站北端道岔进行迁移改造，实现水厂、二马区域列车全线接车，提高车站接发效率。

四是对82m站6道延长架网改造，实现了6道整钩进口粉返线，提升了82m站枢纽站场"容车率"，同时在82m站至选矿站区间安装动态衡，提高作业效率。

五是实施杏山线路改造，实现矿石、建材装车平行作业。通过局部改造，优化路网结构，为铁路运输提速提效增强硬实力。

### 3.1.3　构建集疏运一体化的调度指挥体系

迁钢院内实施"一站三场"调度集中，院外将粗破站、82m 站与选矿站整合，实现信息同步和联动互动，加快卸车回空，提高了调度指挥系统效率，为"一级调度管控"积累了宝贵经验。

## 3.2　改革机车车辆运用、管理及检修方式，提高移动设备能力和运用效率

### 3.2.1　机车乘务制度变革，提高机车运用效率

实施运行系统劳动组织模式变革，变革"双乘一调"机车值乘模式（即每台机车配备双乘务员，一人操纵一人瞭望；一名调车员），2020 年打破惯性思维，实施机车副司机与调车员相互协作，技能兼学兼做"联乘制"包乘组织模式（即每台机车配备一名乘务员、一名调车员，乘务员负责操纵，调车员承担瞭望职责）。2021 年，在充分总结"联乘制"经验的基础上，又推行了"单乘制"（即每台机车配备一名乘务员，承担了操纵、瞭望的全部职责），开创了国内铁路机车值乘组织模式的先河。

### 3.2.2　整合检修资源，实现设备检修专业化和精细化

深化技术创新提效，推进"课题+项目组"机制，深入学习巴登经验，向现场要课题、自主创新，首创国内电力机车"滑改滚"和遥控改造新技术，应用冻结夹板替代普通夹板，组织道岔加热融雪装置等技术攻关 109 项，累计见效 854.92 万元。开发遥控机车及牵引变电站工控数据解析程序，实现数据采集和远端传输。自主研发车辆轴温自动探测系统，实现运行列车非接触式轴温自动监测。2021 年，取得国家实用新型专利 1 项，获得钢铁行业冶金运输优秀科技创新成果二等奖 1 项、三等奖 2 项，实现了历史性突破。

### 3.2.3　加快牵引供电系统建设，改善用能结构

实施二马铁路电气化改造，改善用能结构，年降低能耗费 94.3 万元，同时提升机车作业效率 5%以上。小机修线、95 号线架设接触网，电力机车替代内燃机车。选矿站安装地面固定风源替代内燃机车打风，每列节省支出 173 元，全年节省支出 75.92 万元。实施内燃机车 0 号柴油替代改造，年节约费用 33.26 万元。实施润滑油阶梯利用，内燃机车淘汰柴机油替换自翻车轴油，年可节约费用 5 万余元。

## 3.3　多措并举，降低非生产性支出

优化人员配置，对乘坐通勤车职工工作地点、居住地等情况进行逐个排摸，并选择适当岗位就近安排，减少通勤人员 21 人。优化北京异地职工通勤模式，由租用通勤车变"明补"，年节省支出 18 万元。大力压缩行政办公费，倡导"一张纸两面用"和无纸化办公，管理人员办公费控制在 1.2 元/（人·月）。

# 4　"百厘物流"三年创建工程取得的效果

"百厘物流"三年创建工程是提升铁路运输运营质量的总纲，是一项长期的系统性价值提升工程，三年来取得了显著的经济成果、管理成果和精神成果。

经济效益方面：截至 2021 年底，人工费、能源费、修理费、非生产性支出 4 项费用吨公里成本同口径比 2018 年底降低 105 厘，累计见效 2.04 亿元，实现了预定目标，有力支撑了铁路运输高质量发展。

管理成果方面：技术经济指标持续提升，2021 年，纳入《指标管理手册》的 68 项指标中达到计划水平的有 50 项，占比 73.5%，其中机车综合能耗、机车台日产量、周转量劳产率、吨公里成本 4 项指标创出历史最好水平，并领跑同行业，从而进一步明确了"以指标促管理"的发展思路。

精神成果方面：深入推进"百厘物流"三年创建工程的过程中，先后总结了北区提速精神、建材发运精神和孟家沟削坡精神，进一步丰富和发展了"奋勇争先，一往无前"的"火车头"精神内涵，为铁路运输高质量发展提供了力量源泉。"铁路提速"精神被矿业公司党委列为"十三五"铁源文化落地的五种精神之一，成为新时期"矿山传统"的践行样板。

# 浅谈罗源闽光钢铁铁水运输组织
## ——铁路运输调度集控、信息化建设管理

练洪文，张　峰

（福建罗源闽光钢铁有限责任公司）

**摘　要**：随着福建罗源闽光钢铁有限责任公司厂区建设的推进，铁路运输系统成为钢铁企业物流系统的重要组成部分，运输效率对全厂的生产起到至关重要的作用。作为罗源闽光铁水运输的生命线，调度岗位管理逐渐向精细化方向发展，对于生产线的控制也逐步向精益化、智能化方向转变。本文针对福建罗源闽光钢铁有限责任公司铁路运输调度集控系统进行铁水运输组织的工作实践探索，介绍了铁路运输调度集控系统中的信息化建设管理。

**关键词**：铁路运输调度集控系统；铁水运输组织；信息化建设管理

铁路运输作为福建罗源闽光钢铁有限责任公司的运输大动脉，是肩负铁水取送、保障安全生产的企业生命线，其信息化的建设管理对于厂内铁水运输环节效率的提升有着重要意义。下文将详述福建罗源闽光钢铁有限责任公司（下文简称罗源闽光）信息化建设管理。

## 1　背景

随着罗源闽光的生产转型，尤其是产能的需求日益提高，铁路运输需求也日渐不同。

由于钢铁工业的生产复杂性，高炉、计量、取样、炼钢等系统均要求铁路运输安全、正点的高标准效益取送需要；对于铁路运输的特殊性，其涉及行车安全、行车规章、调车作业计划、机车运用指标、装卸罐车统计等管理问题，都需要严格把关。

面对这样内外严苛的生产形势，传统的人工作业模式已无法满足罗源闽光生产对于铁路运输的要求，人机交互的新模式成为发展方向。

## 2　罗源闽光铁路运输特点

除了一些铁路运输的共性外，罗源闽光铁路运输与一般铁路运输相比存在以下几个方面的特点。

### 2.1　罗源闽光厂区布局

罗源闽光铁路扩建时，由于受地形条件限制，轨道线路复杂不规范，没有专业的编组场地。在厂区内，轨道线路道岔多、股道短、复用线路多、机车运行区域固定，给铁路运输工作增加了困难。

在铁区高炉，纵列式是高炉最佳的排列方式，可以有效地降低列车的走行干扰，增加线路的通过能力。横列式排列方式虽然节约土地资源，易于改扩建，但是不利于列车走

行，还会增加道岔数目，使线路变得狭窄，加之铁区的运输作业繁忙，易产生大量交叉干扰，限制列车的走行。

## 2.2　铁路运输目标

铁路运输除了正常的取送重罐、空罐等生产任务外，还要担负冻罐处理、机车、车辆扣维修的运输任务。在运输生产过程中要特别考虑安全性、时间性和准确性。

### 2.2.1　安全性

在铁水运输过程中，铁水的温度在 1200~1300℃，如果在运输的过程中出现掉道造成车辆倾覆，大量铁水流出，不但作业人员的生命会受到严重的威胁，而且在短时间内铁水会凝结，造成机车、罐车、线路以及附近设备大面积熔化，由于线路及通信设备不能在短时间内修复，导致生产严重停滞，经济损失巨大。

### 2.2.2　时间性

铁水罐车在高炉下的滞留时间是固定的，滞留时间与出铁时间要一致。根据生产作业要求，滞留罐车满灌后，需及时取送至炼钢厂区。因为高炉出铁受批次的限制，满罐的次数和滞留次数也是固定的（除高炉二次出铁之外）。延误高炉铁水运输，不仅会造成炼铁厂区后续作业的等待，降低高炉的生产效率，还会延误炼钢厂区的生产，造成炼钢厂区的设备空闲。

### 2.2.3　准确性

为了提高生产效率，不延误出铁时间，要求：（1）调度班长不能下达错误的调车作业计划；（2）信号员不能开错行车进路；（3）调车员、机车司机不能操作失误，取送铁水的罐车必须在指定的线路、股道位置停放。必须确保铁路运输作业的准确性。

## 3　铁路运输信息化管理建设

### 3.1　铁路运输调度工作

铁路运输是一个庞大的联动机，它的生产过程要求各工种必须有节奏地协同动作、相互配合。而调度工作是整个运输组织过程中不可缺少的核心组成部分，它担负着日常铁路运输的组织、协调、指挥等工作。

罗源闽光铁路运输调度的基本任务是：（1）正确地编制和下达执行日常调车工作计划；（2）科学地组织重罐取送、空罐配罐、冻罐处理、机车、车辆扣维修等生产任务，搞好均衡运输，合理使用机车车辆和运输设备；（3）及时与炼钢调度、炼铁调度沟通现场情况，在保证安全的基础上，提高运输效率。

### 3.2　铁路调度集控系统

在罗源闽光铁路运输生产过程中，因涉及单位多、变化大、时间性强、不确定因素多，常常是一点不通影响一线，一线不畅影响一片。

针对贯彻安全生产、集中领导、统一指挥、逐级负责的原则，罗源闽光运输部采用"铁路调度集控系统"（下文简称集控系统）协助铁路调度的日常工作。

集控系统作为调度综合管理信息系统，以现代化的通信技术、计算机技术为手段，通过电子计算机实现铁路运输生产实时科学化管理，改善管理水平，提高运输效率，减少铁路事故。通过铁路数据通信传输网络，实时收集站场主要线路的挂车、甩车的寄存车情况管理信息。

调车作业计划作为其中最重要的一个模块，可借助该集控系统，制定拖拽车列编组计划，更好、更高效地完成铁水取送作业。

以往的调车作业计划，只能通过对讲机人工呼叫的下达方式，而集控系统拖拽调车作业计划，不仅有利于记录留痕、查询、修改，而且有利于调度班长的作业计划高效、准确、及时；将挂车点、甩车点、作业股道以虚拟方式呈现，通过与调车员现场沟通反馈更新，有利于调车作业多环节及其车况的实时监控，是罗源闽光铁路运输二期发展中的一个重大变化。

### 3.3　铁路信号和计算机微机联锁

铁路信号作为指示调车和行车运行条件的命令，是保证调车工作安全和提高铁路行车通过能力的基本条件，同时对改善调车员劳动条件起着至关重要的作用。

对于铁水罐车的取送和站场内的调车作业来说，必须根据防护每一进路信号机的显示状态进行，而被防护的进路又是靠操纵道岔来排列的。这种有关信号机和道岔之间，以及信号机和信号机之间必须建立的一种互相制约的关系，就是联锁。

罗源闽光采用电气的方法集中控制和监督全站道岔、进路和信号机，并实现它们之间的联锁关系。通过使用微型计算机和其他电子元件、继电器等器件组成的具有故障—安全性能的实时控制系统，利用计算机对现场设备的表示信息进行逻辑运算，完成对道岔、进路和信号机的联锁控制。

这种微机联锁通过计算机硬件实现联锁逻辑关系，操作简便，提高了办理进路自动化程度，提高了调车员、机车司机的自动化作业效率和安全性，是罗源闽光铁路运输二期发展中的另一个重大变化。

### 3.4　通信设备和平面无线调车设备

通信设备是指挥车列运行、组织铁路运输生产联络而迅速、准确地传输各种信息的通信系统。随着罗源闽光铁路运输高密、重载的发展，尤其是随着计算机技术、网络技术等现代化技术的发展，出现了自动化程度更高、控制范围更大、更集中化的通信设备，更具网络化、综合化、智能化的技术特点。

罗源闽光铁路运输二期发展中，还有一个标志性变化则是平面无线调车设备的使用。平面无线调车设备由调车区长台、机车台（便携式机车台）和调车手持机组成。

（1）调车区长台主要用于向机车台（便携式机车台）和调车手持机发送调车作业计划，也是调度班长与调车组（调车员、机车司机）之间通话联系的主要工具；同时调车区长台能监听调车组（调车员、机车司机）的通话联系。

（2）机车台（便携式机车台）是整个平面无线调车系统的核心，由无线信号接收发射器、线路信号显示屏和话盒等部分组成。主要接收集控系统的调车作业计划，通过无线信号发送给调车员的手持机。

（3）调车手持机在调车作业中是唯一一台发射运行信号的电台，同时具备通话、接收调车作业计划功能以及和机车台（便携式机车台）自动遥测信号的呼应功能。

3个通信设备用电台构成一个工作系统，必须具有两个条件：一是所有设备的频点是否一致；二是所有设备的车号是否相同。在机控器接通电源后，只有满足这两个条件才能开始工作。

# 4　铁路运输行车组织和运输方案优化

## 4.1　铁路运输行车组织优化

因为罗源闽光铁路道岔多、股道短、复用线路多、机车运行区域固定的特点，所以行车调度的难度高于一般铁路运输调度。

特别是在进行运输生产的过程中，需要根据现场情况不断变更调车作业计划，而新高炉的出铁和产量调整，导致运输线路的频繁变动，致使行车组织更为复杂、多变。

因此在优化行车组织方面，根据集控系统的自身特点，可适当提升铁路运输的利用指标，优化行车组织。

### 4.1.1　道岔（组）占用时间

道岔（组）占用时间是根据调车作业过程和线路固定使用决定的。因为罗源闽光站场咽喉区道岔较多，而咽喉区的道岔是最繁忙的，通常制约着整个站场的通过能力，甚至成为制约铁路运输行车组织效率提升的"瓶颈"，所以道岔（组）占用时间是铁路运输行车组织能力提升的重要指标之一。

### 4.1.2　轨道区段占用时间

轨道区段占用时间是根据调车作业过程和寄存车使用决定的，是指一天之内除去交接班、线路检修等固定作业时间，区段可被实际使用的时间。在分析区间通过能力时，通常要分析区间线路即整个轨道区段占用时间，才能对铁路运输行车组织进行提升、优化。

## 4.2　铁路运输方案优化

### 4.2.1　编组罐车等待时间、车数

编组罐车等待时间是指编组后的罐车在炉下等铁、炼钢进铁及铸铁机处理的等待时间。罗源闽光的铁水取送原则是快进快出，避免多辆集结。

一般情况下编组重罐不超过6个，空重编组不超过8个。编组罐车产生敌对进路时，因在扣车点等待进路被开通的时间也指编组罐车等待时间。

在优化运输组织方案时，根据铁路运输任务重、实时性要求高等特点，应适当降低各车列等待的总时间。但是优化的运输组织方案一定具有安全、稳定、高效的生产重要保障。

### 4.2.2　铁路运输方案优化的"瓶颈"

在整个铁路运输方案中，运输能力最薄弱的环节总是对运输能力起决定性的限制作用或是所谓的"瓶颈"作用。在铁路运输过程重要的区间上，运输限制区间或"瓶颈"地段的通过能力利用，往往成为保证运输畅通和关系全局运输的关键。

　　在这些地段，需要通过周密的计划，精心组织、均衡运输，在保证一定的运输质量的前提下，尽可能减少运输波动，最大限度地提高通过能力，是优化运输方案的重点。

# 5　铁路运输安全建设管理

　　铁路运输生产是一个动态过程，每天的挂车、甩车等编组作业都在变化，必须实行高度集中、统一指挥才能高效有序地运转。铁水是高温溶液，作为铁路运输第九类危险货物，确保铁水运输安全是重中之重。

## 5.1　铁路运输安全管理原则

　　以人为本，把安全管理的压力和员工的主人翁地位统一起来；抓生产必须同时抓安全，辩证生产与安全关系的重要性；防微杜渐，不放过任何小事故和事故苗头，防患于未然。按照"四不放过"的原则，分析原因、吸取教训、制定整改措施；各司其职，在安全管理上都有明确的分工，在运输生产中都有自己的定位，彼此互相衔接、联合协作，才能保证铁路运输的生产安全运行。

## 5.2　铁路运输行车安全管理

　　铁路运输安全管理应遵循的基本原则是"安全第一，预防为主"。"安全第一"是"预防为主"的前提，"预防为主"是"安全第一"的保证。

　　行车安全是衡量铁路运输质量和管理水平的重要标志，对铁路运输生产具有特殊、重要的意义。铁路运输是罗源闽光的生命线，而行车安全就是铁路运输的生命线。

　　对行车安全管理，必须贯彻"隐患险于明火、防范胜于救灾、责任重于泰山"的有机整体思想。

# 6　总结

　　本文对罗源闽光的铁路调度集控系统、行车组织方案优化以及安全管理三个方面进行了简单的介绍。铁路调度集控系统、行车组织方案优化以及安全管理的研究涉及很多内容，研究过程较为复杂，由于作者水平和时间有限，论文中难免存在不足，仍需要进一步完善。

**参 考 文 献**

[1] 常治平. 铁路线路及站场 [M]. 北京：中国铁道出版社，2015.
[2] 束汉武. 铁路运输信息系统及其应用 [M]. 北京：中国铁道出版社，2015.
[3] 赵矿英. 铁路行车组织 [M]. 北京：中国铁道出版社，2012.

# 露天矿山铁路智能运输集中管控系统的研究与应用

何先文，杨　伟，陈宗援，张　凯

（安徽马钢矿业资源集团南山矿业有限公司）

**摘　要**：本文对铁路智能运输集中管控系统进行了描述，并具体阐述了该系统的结构和功能特点，分析了集中管控系统在露天矿山铁路运输条件下的应用效果，为同类型铁路运输集中管控需求提供了较为实用的解决方案。

**关键词**：露天矿山；铁路运输；集中管控；车站调度

## 1　系统概述

铁路智能运输集中管控系统是以铁路信号计算机联锁系统为基础，将计算机联锁系统、车站调度集中系统功能扩展延伸，通过拖动智能方式生成调车作业计划单，依据调车作业计划结合机车跟踪定位技术实现进路自动预排、信号自动开放、计划自动执行。

铁路运输智能集中管控系统全面支持调车进路自动化，包含最优化进路选择和最恰当进路触发时机，系统的应用可缩短调车折返距离，避免人工办理进路的错、漏、误，提高冶金矿山企业铁路调度的自动化、智能化水平，为值班员和信号员的岗位合并创造条件，实现企业减员增效。

铁路运输集中管控系统可以实现多个联锁站场的分散自律式集中调度控制，实现跨站进路的一次性办理开放、站间联锁电路的自动办理，减少了信号调度处理环节，降低了调度人员的工作强度；系统以同步展示预演结果的方式制定作业计划，降低了计划编制的复杂度、提高了计划制定的准确率；系统在调度的同时实时展示现场车辆的调度分布结果，方便及时调整调度策略，并可以对车辆进行实时行为分析（如闯红灯、违规倒车）以便进行应急防护报警，以提高调度安全性；系统产生的数据可以送至后台软件进行加工处理，生成运行图、行车日志等管理数据[1]。

## 2　系统结构

### 2.1　硬件结构

以某露天矿山铁路运输集中管控系统为例，如图1所示，硬件主要由中心设备、终端设备、网络设备组成，其中中心设备全部采用冗余配置，主要包括服务器、交换机、防火墙等；终端设备主要包括冗余操作终端、仿真终端和维护终端；网络设备包括中心局域网设备、车站局域网设备以及中心与车站间的冗余光纤，车站局域网设备还包括集中管控系统与计算机联锁系统接口使用的串口隔离网关设备。

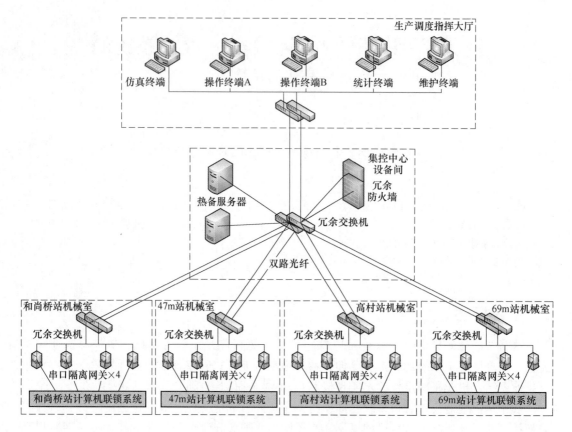

图 1　系统硬件结构图

## 2.2　软件结构

如图 2 所示，系统软件结构在逻辑分为人机界面层、业务层、数据层[2]，各层详细说明如下。

### 2.2.1　人机界面层

负责人机交互处理，主要包括登录管理、图形图像处理两部分内容，人机界面层由集中管控系统客户端软件实现，每套系统可设置多个集中管控客户端，各客户端通过服务器可获取不同的操作权限。

### 2.2.2　业务层

业务层为系统的核心，包括现车管理、智能计划生成、服务端主备数据同步、机车与车辆跟踪、进路的动态搜索、进路效率分析与反馈、仿真数据支撑处理、外部系统通信数据。

### 2.2.3　数据层

数据层由中间件软件实现，采用对象关系映射与连接池技术实现数据库的访问。同时，日志记录、权限控制和通信安全处理在每个逻辑层均进行了实现，以满足系统安全管控要求。

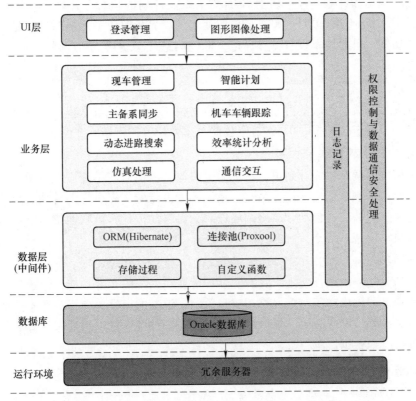

图 2　系统软件结构框图

## 2.3　系统功能特点

### 2.3.1　集中监控方面

该系统具有将多个车站计算机联锁系统集中到一个画面控制与监督功能，且监控画面根据显示分辨率自动调整和缩放；可跨越多个计算机联锁站场自动选排或人工办理超长列车进路；通过系统可实时监督和管理车辆变化；具有与外站接发列车功能，接发列车历史记录并自动生成行车调度日志和技术作业图表。

### 2.3.2　调车计划方面

该系统采用鼠标拖拽线路上机车/车辆，推演模拟调车过程产生钩计划，每拖动一次自动在调车单窗上增加一条钩计划，可以创建、追加、修改、查询、打印、执行、向机车发送钩计划，可以建立越场钩计划；通过高亮光带实时、直观显示钩计划的作业路径，减少误拖动操作，通过箭头弧线显示折返地点和执行步骤；调车作业钩计划由系统自动执行，无需人工操作。

### 2.3.3　现车管理方面

该系统可将机车和车辆以象形图方式在站场股道上显示为现车，显示内容包括车号、位置、顺位、车型、空重以及相关状态，当车辆较多显示不全时，系统采用堆叠的显示方式，并在车列两边标明车辆总数，堆叠的现车在操作鼠标悬停后自动展开明细显示；将现车区分为实时现车和计划现车，并且伴随调车作业计划的执行，计划现车转变为实时现车；除通过调车作业计划单对现车进行位置变更外，另预留手动对实时现车进行增加、删除和修改的功能；可对现车设置特殊标记，标记信息可反馈到自动进路模块，作为智能进路开放条件。

### 2.3.4　车列跟踪方面

该系统通过对轨道区段的占用、空闲实现对机车、车辆运行全程的连续性跟踪；可融合外部接口的卫星定位数据、RFID 定位数据对车列位置进行精确定位。

### 2.3.5　自动进路方面

该系统可根据调车作业计划单自动选排进路与开放信号，不许人工干预；系统可自动选排折返进路；多辆机车交叉作业系统，系统根据设定的优先级规则自动选择进路开放次序，避免进路执行冲突；自动开放跨站场进路，可自动按计算机联锁技术条件自动办理场间联系、半自动闭塞。

### 2.3.6　仿真功能方面

该系统仿真功能由软件实现，具有实际环境在用系统的全部功能，通过仿真可模拟车列运行、轨道区段占用空闲、信号机开放与关闭、道岔的定反位单操等基本联锁操作；可模拟各种设备故障、网络故障、接口故障；可模拟各种外部接口，通过仿真软件可向实际系统提供外部接口数据。

## 3　系统应用案例

2020 年 9 月，铁路智能运输集中管控系统项目在安徽马钢矿业资源集团南山矿业有限公司露天矿上铁路运输系统中正式上线运行，该项目是该公司加速优化设备条件、转变铁路运输发展方式的历史性工程。

项目实施后，将原先分散的 4 个铁路运输调度车站集中到指挥中心，实现了集中统一调度；通过图形拖拽的交互方式自动生成调车作业计划，简单便捷；系统实现了进路预排与信号自动开放，替代了传统的由信号员手工点击始终端按钮的作业方式，同时结合配套的数字平面调车系统、矿业生产管理系统，实现了计划上车和运输统计，彻底告别了传统行车调度作业中的"一张图、一支笔、一部电话"的作业方式，实现"一人、一鼠标、一整厂"的工作模式。该项目的实施应用极大提高了原铁路运输组织的信息化、自动化和智能化水平，对提高运输效率、保证行车安全、改善劳动条件具有重要的意义，通过集中管控，减少了人员岗位设置 16 人，提高铁路运输生产效率达到 10% 以上[3]。

## 4　结语

在当前冶金、矿山等传统工业企业"机械化换人、自动化减人、智能化无人"的大背景下，露天矿山内部铁路运输采用智能运输集中管控方式，通过集中管控、自动进路等功能可有效实现计划与信号岗位的合并，具有明显的减员增效效果，对于同类型的工矿企业具有较好的借鉴意义和推广价值。

**参 考 文 献**

[1] 武志灵. 信息化铁路运输调度指挥系统浅析 [J]. 现代工业经济和信息化, 2021, 11 (9)：110-111.

［2］ 宋晓丽，蔡涛，王振一．基于大数据的高速铁路调度指挥系统平台研究［J］．铁道运输与经济，
    2018，40（7）：58-62．
［3］ 肖宝弟，刘志明，白雪．城市轨道交通网络运营调度指挥系统建设研究［J］．现代城市轨道交通，
    2015（1）：1-4．

# 压缩天津铁厂
# 路局货车延占费探讨

## 李高生

（天津铁厂有限公司运输部）

**摘　要**：本文针对天津铁厂目前的铁路运输及路局货车停时现状，对影响局车延占费诸多因素进行分析，对不可避免因素和可避免因素两种情况进行了详细的论证和探讨。提出了压缩货车停时的改进措施，实现了缩短局车停留时间、减少货车停时费、降低运输成本的目的。

**关键词**：铁路；延占费；车辆

## 1　引言

近年来，天津铁厂有限公司生产规模逐步扩大，特别是 2019 年混合所有制改革以来，并且随着 2020 年技改项目的推动落地和启动，目前已初步形成 700 万吨铁、800 万吨钢、1000 万吨材的生产能力；生产能力的不断提升，导致对原材料的需求与日俱增，但是由于天津铁厂地处太行山区腹地，特殊的地理环境以及出于降本增效的考虑，特别是 2020 年新冠肺炎疫情暴发以来，公司绝大多数的原材料、半产品、产成品主要是靠铁路运输。铁路运量的急剧上升，导致局车到达量的猛增，如果没有合理的运输组织必然会导致路局货车停时的增加，进而产生大量的延占费。

通过对影响停时因素进行分析，确定停时可避免因素，并制定针对性措施，达到了缩短停时、降低延占费的目的。

## 2　天津铁厂运输部停时现状

按照以往铁路运量统计，天津铁厂运输部月均到厂局车数量为 9000～11000 辆。其中，超时车辆占比 40%～45%，收费停时占总停时的 18%～25%，单车平均停时约 18h。

根据中国铁路总公司最新文件规定，为提高局车货车使用效率，普通货车延占费收费标准为：计费停时在 1～10h，按照 5.7 元/（车·h）收取；计费停时在 11～20h，按照 11.4 元/（车·h）收取；计费停时在 21～30h，按照 17.1 元/（车·h）收取；计费停时在 31h 以上，按照 22.8 元/（车·h）收取，具体见表 1。

表 1　铁路货车延期占用费费率表　　　　　　　（元/（车·h））

| 车　　型 | 计费时间/h | | | |
| --- | --- | --- | --- | --- |
| | 1～10 | 11～20 | 21～30 | 30 以上 |
| 机冷车 | 10 | 20 | 30 | 40 |
| 罐　车 | 6.5 | 13 | 19.5 | 26 |
| 其他货车 | 5.7 | 11.4 | 17.1 | 22.8 |

铁路总公司根据货车的停时分段收取延占费,计算公式为:延占费=Σ(各档次停时费率×该档次计费停时)。根据相关文件要求,目前规定局车在厂一次作业免费停留时间为4h,超过这个时间就要按照上面的计费标准收取货车延占费。虽然目前大多数的局车都能在规定的停时内排出,但仍有一部分车辆由于种种原因产生了停时费用。

## 3 影响局车停时的因素

影响局车停时的因素主要有卸车前停留时间、卸车作业停留时间以及卸车后停留时间等。

路局车从进厂到出厂大致要经过以下作业过程:到达→解编→送车→卸车作业→取车→编组→出厂。如果是卸空装重,空车挂回后还要经过货运看车再配往装车线,然后经过挂车、编组等作业过程出厂。为了便于分析停时原因,本文把以上作业过程以卸车作业为中心分为3个时间段:卸车前的停留时间、卸车作业停留时间和卸车后的停留时间。下面就各停留过程分析其原因,见图1。

图1 停时过程分析图

### 3.1 卸车前停留时间

由货车到达编组站时起至送到装卸地点时止(包括到达作业、解体、编组作业),以及双重作业车由卸车完时起至送到另一装卸地点时止的时间。导致卸车前的停留时间长的原因如下:

(1)原燃料集中到达,由于厂内机械卸车能力有限、卸车线货位少、货场场地不足等原因满足不了集中到达时的卸车需要,造成重车积压,待送、待卸时间长。

(2)到达的有些品种煤,卸车前需要花费大量的时间取样化验,待化验结果出来确认合格后才能卸车。

(3)调度缺乏统筹兼顾计划,阶段计划乃至班作业计划编制不周密,下达不及时,影响调车作业时间(解编作业、送车作业)。

(4)因路局车到达的不均衡性,为了保证厂内成品装车需要,不得不保留一定数量的空车,而这些空车又不能及时送上货位装车,致使滞留时间长。

### 3.2 货物装卸线作业停留时间

由货车送到装卸地点时起至装卸作业完时止。导致卸车作业停留时间长的原因如下:

(1)货车送到货位后,装卸单位未及时组织装卸车作业,在货位上造成空车待装或重车待卸时间长。

(2)某些货物采用人力装卸车,致使装卸车时间长,如到达的精粉矿和化肥、硫酸铵等货物。

（3）装卸机械故障。如翻车机、堆取料机、皮带、天车等出现故障。

（4）由于冬季寒冷，原燃料冻结，粘帮粘底多，清底时间长。

### 3.3 卸车后停留时间

由货车装卸完时起至重车或空车取出至排出止的时间。导致卸车后停留时间长的原因如下：

（1）装卸单位未及时告知货运员装卸作业完了的时间，或站调计划不周密、不及时，延误挂车作业。

（2）由于在装卸作业过程中造成了车辆的损坏，被列检扣修的车辆。

（3）由于车辆装载不符合标准或车帮、车底等有杂物，交出后需返厂整理的车辆。

（4）受偏店站（天津铁厂与铁路公司交接站）接车能力的限制，车辆集中到达时，必须先将到达的车辆挂回后才能外排车辆。

### 3.4 其他方面的原因

行车设备故障、行车事故、施工限速、冶金运输与普车运输交叉干扰等。

## 4 改进压缩路局货车停时的措施

### 4.1 改造第二编组站线路

（1）对第二编组站线路进行升级改造，在站场东侧场地新铺设 4 条装卸线，分别命名为二编 14 道、二编 15 道、二编 16 道，二编 17 道，每条装卸线有效货位达 20 车，线路采用水泥站台高货位，便于机械作业。这 4 条装卸线主要在冬季使用，也可在货车集中到达时，弥补原有装卸线货位不足，提高卸车能力。目前，进厂的货车主要是靠翻车机翻卸和煤场螺旋机卸车，由于翻车作业和翻后清车底作业同时进行，受场地限制，一批次（20 车）货车翻完后，必须把空车挂回，才能进行下一批次的翻车作业。进入冬季，由于部分货车矿料、煤粉冻结，卸后车辆清车底时间明显增长，这将导致重车待卸停时增加。线路改造后，可以把冻结比较严重的货车直接送至二编组站装卸线，并采用钩机卸车，边卸边清底，这将大大提高翻车机的使用效率，加快局车卸车速度，减少待卸停时。

（2）优化机车使用方案。受线路坡度、机车功率限制，从偏店站挂车到编组站调车场，单机最大牵引数为 26 车，而偏店站到达列车编组通常在 60 车左右，按照以往作业方式，先将整列车单机从偏店站拉至第二编组站，然后等待补机，双机（三机）挂好后才能从第二编组站挂回至编组站。由于需要等待补机，必然增加了列车的进厂时间。运输部通过优化机车使用方案，采用双机重连技术，将两个机车连在一起专门用于偏店站内挂车，此法可避免列车等补时间，平均每列车可以减少进厂时间 30min 左右；由于邯长线双线电气化改造线路，目前均大列到达，受厂内坡度和线路影响，目前均需占用 3 台甚至 4 台机车，影响厂内作业效率，通过实地调查研究，我厂计划年内采购大功率机车，到时仅用双机重连即可将 60 辆以上大列编挂进厂，进一步减少局车进厂时间。

## 4.2　开发铁路运输调度指挥系统

铁路运输调度指挥是提高铁路运输作业效率的关键因素，完善的运输调度指挥系统是降低货车停时的前提和基础。为此，运输部组织相关技术人员自行开发了天铁铁路运输指挥系统，该系统主要由现车管理、机车管理、货运统计等模块组成。通过该系统可以及时将调车作业计划通过无线网络发送到机车上，掌握调车作业计划执行情况，实时掌握车辆装卸信息；系统还可根据货车停时长短分不同颜色显示车号，便于调度发现超时车辆，及时调整调车作业计划，减少停时。

## 4.3　加强与铁路部门协作

（1）通过发挥两级调度与偏店站值班员和货运员直接联络的作用，及时将厂内货车的待卸、待发车数反馈给车站，实现厂内车流信息的共享，以便车站合理安排运力，组织接发车作业，避免车辆集中到达。目前已经实现了车流的均衡到达，日到达车数均小于厂内局车最大接卸车数，重车大量积压的现象已经消失。

（2）积极对偏店的扩容改建提出意见。目前偏店站扩容改造项目正在推进落地阶段，完工后站内将再增加一条到发线，这将大幅提高偏店站的接车能力，减少车辆的待排时间，缓解接发列车相互冲突的矛盾。

## 4.4　加强货运组织

合理组织装卸车作业，把卸后空车及时排出，无特殊原因不预留空车，不准无计划装车；各个装卸线货运员应充分发挥监装监卸的职能作用，加强同装卸单位的协调关系，及时了解装卸作业进度，并向调度汇报情况。同时严把装车关，避免因坏车或装载不符合标准而造成的倒装或返厂。

## 4.5　完善大点车追踪机制

（1）对造成大点车的原因进行分析，从货车作业过程中的各个环节上找出延时的原因，例如，是计划不周、计划变更多造成重复作业多，还是调车组工作不当，影响了列车的及时解编、车辆的及时取送等，避免同类情况的再次出现。同时，跟路局签订日班计划兑现协议，确保开班计划和日班计划兑现率100%。

（2）厂内制定大点车预警机制，对产生的大点车及时处理，凡是超过12h的车辆，协同上级生产组织抓紧处理，站调要服从部调的指挥，重点安排大点车卸车。虽然大点车数并不多，但是产生的停时费用不可小觑，往往是20%的车数却产生80%的停时费用。要充分认识消灭大点车的意义，彻底消灭大点车。

## 4.6　设计解冻装置

为解决冬季原燃料冻结、卸车时间长这一难题，在原7、原9、原15等线路安装简易解冻棚，内有蒸汽管路，通过蒸汽解冻降低车内物料的冻结程度。此外，根据天气情况及时成立卸冻矿领导小组，从车间抽调人员，保证及时完成车底的清扫。同时，根据车辆的翻后空重程度，采用风镐、小钩机等机械辅助卸车，严格管控作业程度，杜绝因车辆损坏扣修产生的停时费用。

### 4.7　专用线施工期间缩短停时

铁路专用线施工改造时，制定施工期间车辆的运输保产方案，降低施工对运输作业的影响，尽量避免车流到达高峰期施工。日常点检维护要合理利用运输作业间隙要点作业。

## 5　结语

通过实施改进措施，使超时车辆下降到 10% ~ 15%，收费停时占总停时的 8% ~ 12%，单车平均停时达 13h 左右，停时费大幅降低，实现了降低运输成本的目的。

压缩路局车在厂停留时间、加速车辆周转是一项大有潜力、大有经济效益的工作。这也是个系统工程，须从多方面入手，分别减少每一个阶段货车停留时间，才能从根本上降低货车总停时。

**参 考 文 献**

[1] 杨宏图，张夏妍，赵飞，等. 不均衡运输模式下货车周转时间的计算方法 [J]. 铁道运输与经济，2004 (9)：68-69.

[2] 张雅净. 压缩货车周转时间的途径与分析 [J]. 科技资讯，2009 (23)：239-240.

# 河钢石钢新区铁路专用线项目介绍及效益分析

## 朱凤成，边克嘉

（河钢集团石钢物流公司）

**摘　要**：本文主要介绍河钢石钢新区及配套铁路专用线项目的设计情况，现阶段新区铁路的使用情况，铁路运输发运、装车效率提升等方面的效益分析。

**关键词**：河钢石钢新区；铁路专用线；效率；效益

# 1　河钢石钢新区铁路专用线情况介绍

## 1.1　河钢石钢新区介绍

河钢集团石钢公司（石家庄钢铁有限责任公司）是河钢集团特钢板块标志性企业，始建于 1957 年，是国内外高端装备制造业材料主要供应商。2018 年 12 月 27 日，作为河北省重点工程项目的河钢石钢环保搬迁产品升级改造项目启动建设，2020 年 10 月 29 日项目建成投产。

河钢石钢新区，是河钢集团全面落实河北省关于钢铁产业转型升级总体战略部署而实施的短流程特钢示范项目，代表着未来钢厂绿色智能高效的发展方向。新区的建成投产，标志着河钢石钢打造特钢"梦工厂"由蓝图变为现实，进一步成为河钢集团特钢板块标志性企业。

河钢石钢新区坐落在石家庄市井陉矿区清凉山下，与京昆高速、石太铁路毗邻相接。采用"废钢剪切→电炉初炼→精炼→连铸→轧制→精整"短流程生产工艺，主要装备有 1 台废钢破碎机及 2 台废钢剪切机、2 台双竖井式废钢预热型直流电弧炉、4 台 LF 精炼炉、3 台 RH 真空精炼炉及 4 台连铸机，以及大棒、中棒、小棒、高速线材 4 条轧钢生产线和多套精整系统，具备年产钢 200 万吨、材 192 万吨的生产能力。

## 1.2　铁路专用线情况介绍

河钢石钢新区铁路专用线利用既有新井支线接轨新井支线新井站小里程端 19 号道岔处接出引入新建石钢工厂站。新建石钢工厂站规模，初期、近期、远期发送运量分别为 156 万吨、156 万吨、196 万吨，到达运量均为 104 万吨。

河钢石钢新区工厂站铁路专用线新建工厂站从新井站小里程端 19 号道岔处接岔引出，穿越冀中能源厂区，上跨贾凤路，进入河钢石钢鑫跃焦化北侧工厂站规划选址地块，正线全长 2.133km（含工厂站）。新建工厂站采用横列式布置，到发场设到发线 5 条（含正线），有效长 850m，设机待线、机车整备线各 1 条；装卸区包括装车库、卸车库和成品库，三库平行布置于到发场南侧，装卸场设卸车线 1 条，卸车有效长 410m，设装车线 2

条，装车有效长分别为 252m、260m。站内设有装卸作业办公区，配备货运、装卸、机车整备房等附属设施；装卸、成品仓库配备装卸机械（桥式起重机）等设备设施。到发线、机待线按照电气化考虑，其余股道按非电气化考虑。

石钢新区铁路专用线目前有 2 台自备机车，日装钢材作业能力为 70 车，由河北盛嘉公司负责装卸车作业等业务。

## 2 现阶段石钢新区铁路的使用情况、铁路运输发运、装车效率提升等方面的效益分析

### 2.1 现阶段石钢新区铁路的使用情况

河钢石钢在 2020 年完成了铁路专用线项目核准的相关行政审批和第一部分新建石钢专用线及工厂站工程的初步设计审查工作。一期工程新建工厂站内轨道铺设完毕，卸车库一跨（建筑面积 14200m²）、综合办公楼（建筑面积 1452m²）、配电所（建筑面积 1047m²）、装车库及成品库各两跨（建筑面积 37456m²）建设完毕并投入使用。一期工程与冀中能源井陉矿业集团有限公司煤炭运销分公司专用铁路接轨于 2021 年 8 月底完工，达到发运货物条件。二期工程正做前期准备工作。

### 2.2 现阶段石钢新区铁路运输发运、装车效率提升等方面的效益分析

#### 2.2.1 铁路运输发运情况

河钢石钢铁路专用线一期工程与冀中能源井陉矿业集团有限公司煤炭运销分公司专用铁路接轨后具备自有铁路站台发运货物条件，与在冀中能源井陉矿业集团有限公司煤炭运销分公司专用铁路作业相比，河钢石钢铁路专用线减少了汽运短倒上站距离，河北盛嘉公司提高了作业效率。自 2021 年 9 月至 2022 年 5 月，河钢石钢铁路专用线共实现成品钢材铁路发运 5018 车、274104t；月均发运 558 车、30456t。

#### 2.2.2 装车效率提升情况

河钢石钢铁路专用线自有铁路站台的投入使用改变了原有用汽车吊装车方式，改为天车装车，大大提高了现场装卸车的效率。同时河钢石钢铁路专用线站台库的启用方便了河钢石钢公司协调组织货位，目前河钢石钢销售中心成品库在待发送货物安排上站时通过选择将同路局同方向的货位组织到相临货位区，优化装车，方便铁路调度出车及后续车站编组，缩短发运时间。另外，河钢石钢积极与铁路部门签订实重计费的相应协议，以河钢石钢的计费系统为准，减少过轨时间，提高效率。

#### 2.2.3 装载方案优化情况

随着河钢石钢新区投产，其产品线发生较大变化，先后增加了大规格圆钢棒材和小规格盘条的发运要求，因此对铁路装载方案也提出新的要求。河钢石钢结合铁路对装载方案的规定，根据实际情况多次调整装载方案，以满足实际货物发运要求。

#### 2.2.4 效益分析

我国铁路货运运价平均约为 0.11 元/(t·km)，河钢石钢发运钢材按铁路系统整车运价号 5 执行，分基价及部分路段单列费用合并计算运费，其中基价分为基价 1 和基价 2 两

部分，基价 1 为 18.6 元/t，基价 2 为 0.103 元/(t·km)。路段单列费用为某些路段另外的附加收费如京九线、地方铁路等。考虑到本线货运距离较短，受货运基价的影响，运距越短，综合运价越高；运距越长，综合运价越低。目前依据铁路货票上的运费金额除以实际装载量和铁路里程估算，河钢石钢发运钢材平均铁路运费大约为 0.16 元/(t·km)；公路货运运价根据运距、品类、季节等因素波动较大，若本线货物采用公路运输，公路运输量较大。经河钢石钢对其一段时间内发运钢材运费测算，运距在 800km 以内公路货运较为合适，运距在 800km 以上铁路货运更经济。

河钢石钢铁路专用线一期工程与冀中能源井陉矿业集团有限公司煤炭运销分公司专用铁路接轨后，现场装车方式的改变使装车费用由原 12 元/t 降低为 10.5 元/t，装车效率的提升也大大降低了延占费，由最初的约 7 元/t 降到最近的约 2.3 元/t。两项合计降费约 6.2 元/t，按河钢石钢与铁路互保协议计划年发运量 50 万吨计算，将实现降费 310 万元/年。

河钢石钢铁路专用线实现完全建成使用后除可节省原燃料和成品材运销运费等收益外，收取代发及站台费也是一种较为简单的运营方式，目前河钢石钢周边各铁路站点站台费一般为 12~20 元/t。河钢石钢铁路专用线在满足自身使用要求外，可适当发展收取代发及取送车站台费等业务，实现创收。

在国家提倡"公转铁"运输的大环境下，企业大力推进绿色物流建设。企业投资铁路建设，在注重经济效益的同时，社会效益也十分重要。铁路运输绿色、安全，按每年 50 万吨运量，可减少货车运行 1.5 万辆/次，减少排放；交通事故较公路运输方式少，可减少因交通事故引起的经济损失和人员伤亡。铁路运输环境污染小，有利于地区环境质量提高，减少政府改善环境的费用，有利于可持续发展。

# 浅谈建龙西钢铁路运输智能管控平台

雷明宏[1]，涂家鑫[2]

（1. 建龙西林钢铁有限公司；2. 北京同创信通科技有限公司）

**摘　要**：本文介绍了铁路运输智能管控平台对铁路运输的必要性，并以建龙西钢为例介绍了铁路运输智能管控平台的功能，以及通过智能化手段降低现场人员劳动强度及实现信息的共享。

**关键词**：智能管控；可视化

## 1　引言

目前建龙西钢铁路运输系统共有铁路线路 51526m、13 台厂内机车、6 大作业区、150 组道岔、60 处铁路道口、5 个调度站、卸车货场分散（32 条）。整个铁路运输系统承担着两大主要工作：（1）负责建龙西钢厂内原物料的进站卸车（每天约有 400 节车皮的卸车量）、成品和水渣的运出（数量根据销售情况来定）；（2）厂内铁水的倒运。为深入贯彻落实《关于推进实施钢铁行业超低排放的意见》，保证企业铁运的比例，降低企业成本，响应集团智能制造的发展规划，联合集团科技创新性公司北京同创信通科技有限公司对建龙西钢的铁路运输管控平台进行智能化改造。

## 2　存在问题

建龙西钢在实际铁路运输作业过程中仍旧采用较为落后的人工调度管理模式，即调度员利用经验对场内机车车辆进行调配，通过电台对讲与运输参与人进行协同。现场自动化程度低，存在大量人工作业，且作业效率较低，信息不能充分共享，容易形成信息孤岛，运输过程凭经验指挥，没有理论依据，随意性大。铁路自动化建设缺乏长远规划，且大多使用手工管理模式，导致运输指挥数据不准确，管理人员不能及时处理列车运行、调车等情况，影响企业铁路的正常运输生产。

## 3　项目必要性

建立一套企业的智能化铁路运输管理系统，可进一步提高铁路运输的劳动生产率，降低运输成本，保证运输安全；给铁路调度系统装上"眼睛"，嵌入"大脑"，让铁路运输实现可视化、智能化。

思路及对策见表1。

表 1　思路及对策

| 序号 | 问题层面 | 存在的问题 | 解决对策 |
|---|---|---|---|
| 1 | 管理层 | 缺乏有效的数据支撑，物流管理工作缺乏决策依据 | 系统自动收集各维度运输数据，通过大数据分析，形成有针对性的统计分析报表 |

| 序号 | 问题层面 | 存在的问题 | 解决对策 |
|---|---|---|---|
| 2 | 执行层 | 目前与运输相关的供应、营销、生产、计量信息等获取困难，导致调度过程考虑不充分，造成调车计划不合理 | 系统自动收集与运输相关的各维度信息，智能系统通过分析引擎形成更加合理的运输计划 |
| 3 | 执行层 | 厂内机车车辆位置、装卸信息等通过手工标记进行记忆与展示 | 通过运输看板进行全程可视化管理，运输实时信息与历史情况随时查看 |
| 4 | 执行层 | 运输调度凭经验指挥，调度安排不合理，机车周转率低 | 系统利用人工智能技术，研发智能调度引擎，自动获取与运输相关的一切指标，自动分析后编排出最优的调车计划 |
| 5 | 执行层 | 运输过程中存在大量手工记录作业过程 | 系统自动收集数据，生成所需日志与报表 |
| 6 | 执行层 | 各工种间的信息获取通过多种方式进行线下沟通，沟通成本高 | 系统通过文字结合语音播报方式进行各工序间的信息传递，利用语音识别技术最大程度降低协同成本 |
| 7 | 执行层 | 机车司机无法了解动态运输过程，无法俯视线路情况 | 机车通过安装智能机柜，可随时查看计划执行情况与线路状态，打印调车作业通知单 |
| 8 | 执行层 | 重要铁路道口采用单一管理模式，信息传递不及时，存在安全隐患 | 通过道口集控平台，对重要道口实行集中管控，信息掌握更加全面，提升安全系数 |

# 4 智能管控平台方案简介

本项目建设旨在完成一套完整的铁路接、卸、排、装、运一体化管理系统，实现进厂、厂内、出厂流程的全程跟踪，按计划组织运输作业，运输过程中进行精细的信息采集和跟踪，实现行车调度集中化、物流管理信息化，最终实现铁路运输物流管理智能化，进而推动作业的规范化，提高管理精度和效率。

建龙西钢铁路运输智能管控平台如图1所示，采用B/S架构，方便不同用户的使用。调度、计划需求者通过PC端进入铁路内部网进行操作；火车司机采用线上智能机柜自动接收作业计划；管理层通过App端随时查看全厂的铁路运输情况。

## 4.1 系统架构

### 4.1.1 专用铁路内部网

为保证场内铁路系统网络的安全及可靠，形成了全厂区5大调度作业区及中心机房的环网（见图2），即使某处网络出现故障、断线也不会影响整个铁路网络的稳定；同时也方便相关设备设施采点接入。

### 4.1.2 GPS差分定位服务平台

每辆机车上装有GPS差分定位系统，实现对各机车厘米级精度的定位，通过航拍实现厂区测绘，真实还原车辆的实际位置，给调度装上了千里眼，及时了解各个车辆的实际位置和运行情况。

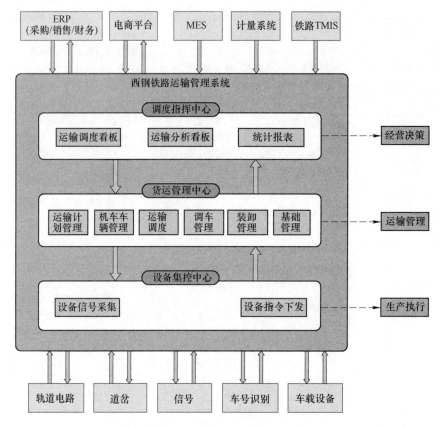

图 1　建龙西钢铁路运输智能管控平台

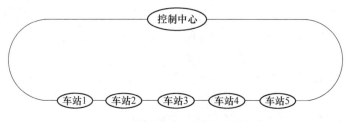

图 2　铁路环网结构示意图

　　适应各级使用者的不同需求，定位显现分成 3D 立体展示（用于生产调度指挥）和二维平面展示（用于调度行车指挥）。3D 立体展示示意图如图 3 所示。

　　运输调度看板可以直观、实时、准确地反映机车车辆在各铁路站场的运输状况，实现对站场中各现场设备（道岔、信号机、区段）状态、机车、车辆位置、运行、连挂关系、载物状态、作业节点/环节及匹配调度计划等信息的全局追踪，机车执行作业计划的计划信息和执行进度的实时监视。调度管理人员可以利用大屏看板实时、准确、快速地掌握现场设备状态的变化情况，为生产调度指挥提供更加准确、全面的信息依据，并在提高生产效率、降低运营成本、加强生产安全等方面提供强有力的信息支撑。

　　（1）以联锁图为背景显示站场信号状态，实现机车车辆位置、连挂关系以及运行的连

图 3　3D 立体展示示意图

续追踪。

（2）展示与运输相关的各类信息，包括运输计划、生产计划、到车信息、库存信息、检斤信息等。

（3）展示形式可全局、可分站、分区域展示。

（4）提供历史操作记录查询，历史画面回放。

（5）自定义显示/隐藏画面元素，如信号机、信号机名称、区段名称、道岔名称、车辆等。

### 4.1.3　三个中心搭建

整个智能管控平台分成 3 个中心，即调度指挥中心、货运管控中心、设备集控中心。

（1）调度指挥中心：通过打通与场内 ERP、MES、计量系统等内部系统通信，实现行车及调车任务组织、规划、指令下达及任务完成情况追踪。

（2）货运管控中心：实现运输过程与运输相关参与实体的集中管理，保证与设备集控平台的通信正常。

（3）设备集控中心：实现运输基础设施的集中控制与管理，完成设备采点与接入，实现集中化办公，降低沟通成本。

### 4.1.4　车号识别系统

利用局车的上 RFID 电子便签，在入厂轨道上和排车出厂轨道上增加车号识别系统，入厂时可对局车过来的信息与采购计划是否一致进行效验，为接车、排车、卸车计划是否打下准确的数据基础；出厂时可对销售编排计划进行二次效验，为装车、送车提供有力的数据支撑。

### 4.1.5　铁路道口集控

对于主干道上的铁路道口实现集中管控，通过电子围栏提前对操作人员进行火车进站或出站提醒，实现铁路道口和微机联锁系统的安全联锁；道口无人远程集中控制，完成警报、道口栏杆关闭、现场图像显示、远程喊话、音视频存储、操作记录存储等功能，各个设备间形成正确、符合铁路信号规范的联锁关系。

## 4.2　功能实现

### 4.2.1　采购调车

通过车号识别系统对局车进入场内的车辆信息二次确认，根据现场实际生产的需求，生成自动生产调车计划，站调根据实际情况进行确认，是否执行自动生产调车计划，然后送到现场卸车员进行卸车，完成确认。

价值体现：

（1）进厂车辆计划自动生成，摆脱人工重复工作量。

（2）对接计量，实现物质和检斤信息同步，保证数据的一致性。

（3）单据的自动生成，提高各作业单位的协作性。

采购调车到车计划见图4。

| 序号 | 发货日期 | 发货地 | 产品名称 | 供应商 | 总车数 | 总重量 | 预计到厂 | 操作人 | 操作时间 | 实际进厂 | 状态 | 操作 |
|---|---|---|---|---|---|---|---|---|---|---|---|---|
| 1 | 2023-03-30 | 满洲里 | 俄罗斯块 | 伊春富祥科技有限公司 | 19 | 1299 | | 系统生成SYS | 2023-03-30 08:38:08 | | 在途 | 车辆明细 删除 |
| 2 | 2023-03-30 | 满洲里 | 赤塔铁粉 | 黑龙江富祥供应链管理有限公司 | 66 | 4440 | | 系统生成SYS | 2023-03-30 08:37:58 | | 在途 | 车辆明细 删除 |
| 3 | 2023-03-30 | 七台河 | 二级焦炭 | 中铁物建龙供应链科技有限公司 | 11 | 550 | | 系统生成SYS | 2023-03-30 08:34:16 | | 在途 | 车辆明细 删除 |
| 4 | 2023-03-29 | 丹东 | 石灰石 | 辽宁鑫拓矿产品有限公司 | 15 | 0 | | 系统生成SYS | 2023-03-29 19:38:23 | | 在途 | 车辆明细 删除 |
| 5 | 2023-03-29 | 五营 | 石灰石 | 西林钢铁集团伊春五星矿业有限公司 | 32 | 0 | | 系统生成SYS | 2023-03-29 19:37:03 | 2023-03-29 19:40:05 | 进厂 | 车辆明细 |
| 6 | 2023-03-29 | 绥芬河 | 基姆坎粉 | 伊春富祥科技有限公司 | 3 | 208 | | 系统生成SYS | 2023-03-29 16:37:51 | 2023-03-30 02:20:05 | 进厂 | 车辆明细 |
| 7 | 2023-03-29 | 同江 | 基姆坎粉 | 伊春富祥科技有限公司 | 62 | 4304 | | 系统生成SYS | 2023-03-29 16:37:46 | | 在途 | 车辆明细 删除 |

图4　采购调车到车计划

### 4.2.2　销售调车

根据客户合同下达调车计划，把满足条件的物质利用局车进行外排，核对现车数据，下达计划，自动生成调车计划，执行后由司机进行打钩调车计划，最后完成装车。

价值体现：

（1）提供线上作业流程，缩短各单位间沟通协作时间。

（2）提供现车一览表，能快速检索厂内车的位置和车辆完整信息。

（3）对接计量，能自动获取车辆装载的物质和重量，减少错误率。

销售调车承认车管理如图 5 所示。

| 序号 | 业务日期 | 总车数 | 产品名称 | 创建时间 | 创建人 | 操作 |
|---|---|---|---|---|---|---|
| 1 | 2023-03-30 | 200 | 螺纹钢:70(58)线材:40(31)盘螺:40(0)钢坯:0(0)水渣:50(23)灰渣:0(0) | 2023-03-29 14:24:48 | 杨家祥 | ▫计划详情 ▫承认车详情 ▫删除 |
| 2 | 2023-03-29 | 122 | 螺纹钢:51(0)线材:0(0)盘螺:31(0)钢坯:0(0)水渣:40(0)灰渣:0(0) | 2023-03-28 14:36:29 | 杨家祥 | ▫计划详情 ▫承认车详情 ▫删除 |
| 3 | 2023-03-28 | 60 | 螺纹钢:30(0)线材:0(0)盘螺:10(0)钢坯:0(0)水渣:20(0)灰渣:0(0) | 2023-03-27 14:31:11 | 杨家祥 | ▫计划详情 ▫承认车详情 ▫删除 |
| 4 | 2023-03-27 | 120 | 螺纹钢:80(0)线材:0(0)盘螺:0(0)钢坯:0(0)水渣:40(0)灰渣:0(0) | 2023-03-26 15:02:03 | 杨家祥 | ▫计划详情 ▫承认车详情 ▫删除 |
| 5 | 2023-03-26 | 160 | 螺纹钢:70(0)线材:5(0)盘螺:40(0)钢坯:0(0)水渣:45(0)灰渣:0(0) | 2023-03-25 14:35:57 | 杨家祥 | ▫计划详情 ▫承认车详情 ▫删除 |
| 6 | 2023-03-25 | 130 | 螺纹钢:45(0)线材:0(0)盘螺:50(0)钢坯:0(0)水渣:35(0)灰渣:0(0) | 2023-03-24 14:25:01 | 戴彬 | ▫计划详情 ▫承认车详情 ▫删除 |
| 7 | 2023-03-24 | 113 | 螺纹钢:50(0)线材:0(0)盘螺:48(0)钢坯:0(0)水渣:15(0)灰渣:0(0) | 2023-03-23 14:48:45 | 戴彬 | ▫计划详情 ▫承认车详情 ▫删除 |
| 8 | 2023-03-23 | 164 | 螺纹钢:54(0)线材:0(0)盘螺:50(0)钢坯:0(0)水渣:60(0)灰渣:0(0) | 2023-03-22 14:27:33 | 戴彬 | ▫计划详情 ▫承认车详情 ▫删除 |
| 9 | 2023-03-22 | 137 | 螺纹钢:62(0)线材:0(0)盘螺:25(0)钢坯:0(0)水渣:50(0)灰渣:0(0) | 2023-03-21 11:45:25 | 戴彬 | ▫计划详情 ▫承认车详情 ▫删除 |
| 10 | 2023-03-21 | 144 | 螺纹钢:40(0)线材:0(0)盘螺:44(0)钢坯:0(0)水渣:60(0)灰渣:0(0) | 2023-03-20 13:59:22 | 戴彬 | ▫计划详情 ▫承认车详情 ▫删除 |
| 11 | 2023-03-20 | 90 | 螺纹钢:50(0)线材:0(0)盘螺:25(0)钢坯:0(0)水渣:15(0)灰渣:0(0) | 2023-03-19 11:27:07 | 吕海军 | ▫计划详情 ▫承认车详情 ▫删除 |

图 5　销售调车承认车管理

### 4.2.3　运输管理

运输管理分现车分布图、厂内现车、调车计划、铁水运输作业、车辆轨迹、现车调整等几个板块，实现排车后厂内的运输管理，可直接查看现场的分布情况，也可查看单车的车辆运行轨迹。

价值体现：

（1）提供线上作业单，保障数据可追溯性。

（2）线上计划为报表自动生成提供了原始依据。

运输管理调车计划如图 6 所示。

### 4.2.4　维修管理

维修管理系统分别从备件管理、油品管理、运费计算、加油登记、机车维修等几个方面实现对整个机车的整个生命周期的全方位记录。自动生成对应的报表，减轻相关岗位人员对数据的填写、数据校对等工作量，同时对管理层提供指导依据。

报表中心如图 7 所示。

### 4.2.5　手机 App

为方便岗位工人的操作，系统提供手机 App 端，及时把现场信息反馈到整个系统，增加系统的时效性，为系统的完整性提供补充；同时为领导随时查阅铁路运输情况提供快捷、简便的手段。

手机 App 如图 8 所示。

| 序号 | 调车类型 | 机车号 | 目的地 | 挂车总数 | 产品名称 | 调车单号 | 实际耗时/min | 创建时间 | 状态 | 司机接收 | 操作 |
|---|---|---|---|---|---|---|---|---|---|---|---|
| 1 | 人工 | D16(321) | 4烧5 | 29 | 基姆坎粉_同江，基姆坎粉_绥芬... | SHL2023 0330063 | | 2023-03-30 09:19:15 | ●执行中 | 是 | |
| 2 | 人工 | D9(7033) | 白林3（辅料） | 12 | 兴达石灰石 | SHL2023 0330062 | | 2023-03-30 09:09:23 | ●执行中 | 是 | |
| 3 | 人工 | D6(204) | 西钢7线 | 26 | 高线，盘螺，螺纹钢 | SHL2023 0330061 | | 2023-03-30 08:53:25 | ●执行中 | 是 | |
| 4 | 人工 | D10(7032) | 站5线 | 11 | 高线，盘螺 | SHL2023 0330060 | | 2023-03-30 08:52:58 | ●执行中 | 是 | |
| 5 | 人工 | D6(204) | 站7线 | 14 | 钢材 | SHL2023 0330059 | 12 | 2023-03-30 08:38:10 | ●完成 | 是 | |
| 6 | 人工 | D10(7032) | 站1线 | 10 | 螺纹钢 | SHL2023 0330058 | 6 | 2023-03-30 08:33:59 | ●完成 | 是 | |
| 7 | 人工 | D3(7042) | 4烧7 | 22 | 基姆坎粉（含煤）_绥芬河 | SHL2023 0330056 | 48 | 2023-03-30 08:24:27 | ●完成 | 是 | |
| 8 | 人工 | D16(321) | 4烧1复线 | 19 | 基姆坎粉_同江，基姆坎粉_绥芬... | SHL2023 0330055 | 26 | 2023-03-30 08:22:39 | ●完成 | 是 | |

图 6 运输管理调车计划

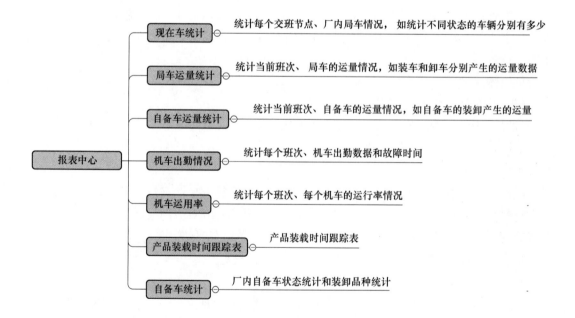

图 7 报表中心

图 8　手机 App

# 5　结论

　　建龙西钢铁路运输智能管控平台上线后，通过全程可视化管理，调度指挥人员能够及时掌握运输实时动态，管理工作更加及时到位，协作时间减少，提高沟通效率；通过系统自动编排调车计划，使得机车周转率明显提升，解决了运输旺季厂内车辆积压的问题；通过生产流程再造，促进生产力布局与组织优化，机器取代人工，可优化道口员 3 人，可优化信号员 3 人，每年可为企业创造价值 26 万元，通过智能调度系统，可提高机车作业效率 8.7%。同时统一集中指挥与控制，进一步增强了铁路运输作业的安全系数，为建龙西钢的生产提供了有力的运输保障。

# 优化炼铁站运输组织的分析

## 苓定红

（酒钢集团宏兴股份有限公司运输部）

**摘　要**：公司"十四五"发展规划中，未来五年炼铁厂铁水产量增加到 700 万吨/年，需由南向北调运铁水量约 417 万吨/年。随着新 3 号高炉、新炼轧厂的建设，炼轧集中布置于 18 号路以北，铁水改为由南向北调运，炼铁站铁水调运量增加，在现有的条件下，将造成炼铁站运输组织困难，因此，本文主要分析了炼铁站的现状、炼铁站咽喉区域通行能力和线路占用情况，通过分析炼铁站南咽喉区域平均每列车的间隔时间约为 5min，车列通过次数频繁，南咽喉区道岔使用率为 0.68，使用率达到饱和状态，因此提出了优化炼铁站运输组织的改进措施，对部分线路和咽喉区域进行升级改造，以满足公司增加铁水产量之后的调运任务和新炼轧厂产成品通过的运输组织需求。

**关键词**：优化；运输；组织；改造；通行；铁路

# 1　炼铁站现状

## 1.1　炼铁站承担的主要运输任务

炼铁站主要承担炼铁厂 1 号、2 号、3 号、4 号、7 号高炉的铁水，3 号、4 号高炉的铁渣，以及炼轧厂、碳钢薄板厂、不锈钢厂的钢渣调运和西部重工备品备件、自备机车、车辆检修的出入库运输任务。

## 1.2　炼铁站近五年铁路运量情况

炼铁站近五年铁路运量情况见表 1。

**表 1　炼铁站近五年铁路运量统计表**

| 年份 | 2017 | 2018 | 2019 | 2020 | 2021 |
|---|---|---|---|---|---|
| 运量/万吨 | 823.1 | 683.2 | 677.6 | 820.9 | 919.7 |

# 2　炼铁站"十四五"发展运能分析

## 2.1　炼铁厂"十四五"规划铁水调运情况

炼铁厂"十四五"规划铁水调运情况见表 2。

表2 炼铁厂"十四五"规划后铁水调运表

| 高炉 | 产能/万吨·年^{-1} | 铁水走向 | 日均（24h）出铁量/t | 日均出铁罐数（90t）/罐 | 平均一次调运铁罐数/罐 | 每日调运铁水次数/趟 | 重+空往返次数/趟 |
|---|---|---|---|---|---|---|---|
| 1号 | 175 | 碳钢薄板厂新炼轧厂 | 4795 | 54 | 3 | 18 | 36 |
| 2号 | 100 | 碳钢薄板厂新炼轧厂 | 2740 | 31 | 2 | 16 | 32 |
| 新3号 | 216 | 碳钢薄板厂新炼轧厂（143万吨） | 3918 | 44 | 5 | 9 | 182 |
| | | 不锈钢厂（73万吨） | 2000 | 23 | 1 | 23 | 46 |
| 7号 | 209 | 碳钢薄板厂新炼轧厂 | 5726 | 64 | 5 | 13 | 26 |

## 2.2 炼钢厂"十四五"规划消耗铁水情况

炼钢厂"十四五"规划消耗铁水情况见表3。

表3 炼钢厂"十四五"规划后消耗铁水情况表

| 炼钢 | 消耗铁水情况/万吨·年^{-1} | 铁水来源 |
|---|---|---|
| 不锈钢厂 | 73 | 新3号高炉 |
| 碳钢薄板厂 | 370 | 1号、2号、新3号、7号高炉 |
| 新炼轧厂 | 257 | 1号、2号、新3号、7号高炉 |

## 2.3 "十四五"规划新炼轧厂产成品调运情况

"十四五"规划新炼轧厂产成品调运情况见表4。

表4 "十四五"规划新炼轧厂产成品调运情况表

| 项目 | 产成品/万吨·年^{-1} | 每日（24h）/t | 车数（60t）/车 | 每日通过次数（按2000t/列）/列 |
|---|---|---|---|---|
| 新炼轧厂 | 260 | 7123 | 120 | 4 |

## 2.4 炼铁站咽喉区域占用情况测算

### 2.4.1 炼铁站南咽喉区域

（1）炼铁站南咽喉区域通过车列次数统计。1号、2号和新3号高炉铁水调运次数（空+重）共计86次/d；不锈钢钢渣的调运按20次/d；废钢站取送车2次/d；通过焦化走行线焦炭倒调次数8次/d；新建罐库倒调次数20次/d；新炼轧厂产成品按全部通过次数 4 次/d。

（2）炼铁站南咽喉区域占用情况测算。每日通过炼铁站南咽喉车列共计 140 次，平均 10min 过一次车列，每一列车通过咽喉区域的占用时间按 5min 计算，平均每列车的间隔时间约为 5min。

（3）计算南咽喉道岔（组）通过能力利用率见表 5。

**表 5　计算南咽喉道岔（组）通过能力利用率表**

| 咽喉区道岔（组）占用时间计算表（一昼夜） | | | | | |
|---|---|---|---|---|---|
| 进路编号 | 作业进路名称 | 占用次数/次 | 每次占用时间/min | 占用总时间/min | 咽喉区道岔（组）占用时间/min |
| 固定作业 | | | | | |
| 1 | 1 号、2 号和新 3 号高炉铁水调运次数 | 86 | 5 | 430 | 430 |
| 2 | 不锈钢钢渣的调运 | 20 | 15 | 300 | 300 |
| $\sum t_{固}$ | | | | | 730 |
| 主要作业 | | | | | |
| 1 | 废钢站取送车 | 2 | 15 | 30 | 30 |
| 2 | 通过焦化走行线焦炭倒调次数 | 8 | 15 | 120 | 120 |
| 3 | 新建罐库倒调次数 | 20 | 5 | 100 | 100 |
| 4 | 新炼轧厂产成品通过次数 | 4 | 15 | 60 | 60 |
| 5 | 调车作业 | 20 | 5 | 100 | 100 |
| 合计 | | | | | 410 |
| T | | | | | 1140 |

南咽喉道岔（组）通过能力利用率计算公式为：

$$K = \frac{T - \sum t_{固}}{(1 - \gamma_{空费})(1440 - \sum t_{固})} \tag{1}$$

式中　$\gamma_{空费}$——咽喉道岔（组）的空费时间的扣除系数，取 0.15~0.20。

$$K = \frac{1140 - 730}{(1 - 0.15) \times (1440 - 730)} = 0.68$$

通过测算，炼铁站南咽喉区域平均每列车的间隔时间约为 5min，车列通过次数频繁，南咽喉区道岔使用率为 0.68，铁路设计车站咽喉道岔计算通过能力利用率一般为 0.85 左右，实际咽喉道岔使用通过能力按照计算能力 80% 核定为 0.68，炼铁站南咽喉区道岔使用率达到饱和状态。

### 2.4.2　炼铁站北咽喉区域

（1）炼铁站北咽喉区域通过车列次数统计。7 号高炉铁水调运次数（空+重）共计 26 次/d；按照碳钢薄板厂和新炼轧厂的铁水消耗占比来看，碳钢薄板厂铁水消耗占比为 60%，新炼轧厂铁水消耗占比为 40%，因此，1 号、2 号和新 3 号高炉铁水的 40% 送往新炼轧厂，经过炼铁站北咽喉区域，每日调运次数（往返）共计 86 次/d×40% = 35 次/d，送往碳钢薄板厂铁水的一半经过炼铁站北咽喉区域（往返）共计 86 次/d×60%×50% = 26 次/d，共计 61 次/d；不锈钢钢渣的调运按 20 次/d；车辆库取送车 2 次/d；机车检修库取送车 2 次/d；新炼轧厂产成品按全部通过次数 4 次/d。

（2）炼铁站北咽喉区域占用情况测算。每日通过炼铁站北咽喉车列共计 115 次，平均 12.5min 过一次车列。每一列车通过咽喉区域的占用时间按 5min 计算，平均每列车的间隔时间约为 7.5min。

（3）计算北咽喉道岔（组）通过能力利用率见表 6。

**表 6　计算北咽喉道岔（组）通过能力利用率表**

| 咽喉区道岔（组）占用时间计算表（一昼夜） | | | | |
|---|---|---|---|---|
| 进路编号 | 作业进路名称 | 占用次数 | 每次占用时间/min | 占用总时间/min | 咽喉区道岔组占用时间/min |
| 固定作业 | | | | | |
| 1 | 7 号高炉铁水调运次数 | 26 | 5 | 130 | 130 |
| 2 | 送往新炼轧厂铁水调运次数 | 35 | 5 | 175 | 175 |
| 2 | 不锈钢钢渣的调运 | 20 | 15 | 300 | 300 |
| $\sum t_{固}$ | | | | | 605 |
| 主要作业 | | | | | |
| 1 | 送往碳钢薄板厂铁水调运次数 | 26 | 5 | 130 | 130 |
| 2 | 车辆库取送车 | 2 | 5 | 10 | 10 |
| 3 | 机车检修库取送车 | 2 | 5 | 10 | 10 |
| 4 | 新炼轧厂产成品通过次数 | 4 | 15 | 60 | 60 |
| 合计 | | | | | 210 |
| T | | | | | 815 |

北咽喉道岔（组）通过能力利用率计算公式同式（1），则

$$K = \frac{T - \sum t_{固}}{(1 - \gamma_{空费})(1440 - \sum t_{固})} = \frac{815 - 605}{(1 - 0.15) \times (1440 - 605)} = 0.30$$

## 2.5　焦化走行线进行不锈钢铁水运输通过能力测算

焦化走行线目前主要承担不锈钢钢渣、炼轧厂钢渣及 1 号、2 号筛焦炉倒调和炼铁站至嘉东站（废钢站）联络的运输作业，根据公司"十四五"发展规划，在新 3 号高炉建设期间不锈钢铁水的调运需通过焦化走行线运输，因此对焦化走行线线路通行能力进行测算。

不锈钢钢渣：每天 10 钩，通过焦化走行线 20 次（空重），每次占用进路 16min，用时 320min；炼轧厂钢渣：每天 10 钩，通过焦化走行线 20 次（空重），每次占用进路 17min，用时 340min；若不锈钢铁水利用焦化走行线进行运输，每天不锈钢给铁水约 14 钩，通过

焦化走行线 28 次（空重），每次占用进路 22min，用时 616min。1 号、2 号筛焦炉须利用焦化走行线倒调作业，每次占用约 60min，用时 60min。炼铁站至嘉东站联络线取送车作业，每次占用约 15min，用时 15min。线路、道岔、转辙机日常点检维修，约 30min。

每日焦化走行线占用时间累计达到 1381min，利用系数达到 0.96，线路占用频繁，通行列车繁忙。

# 3　优化炼铁站运输组织措施

目前 1 号、2 号高炉铁水主供老炼轧和不锈钢，3~6 号高炉主供碳钢薄板厂，7 号高炉约 75% 供碳钢薄板厂、25% 供老炼轧，7 号高炉正常生产年份由北向南调运铁水量约 50 万吨/年。"十四五"规划后：1 号、2 号和新 3 号高炉合计产量约 490 万吨，供不锈钢 73 万吨，417 万吨供碳钢薄板厂和新炼轧厂，需由南向北调运铁水量约 417 万吨/年。随着新 3 号高炉、新炼轧厂的建设，炼轧集中布置于 18 号路以北，原铸铁区铁水调运功能消失，铁水改为由南向北调运，炼铁站铁水调运量增加一倍，造成炼铁站运输组织困难，因此，需对炼铁站进行升级改造。

（1）延长炼铁站 3~8 号股道的有效长。公司"十四五"规划中拆除了原铁水小站，还建小站只有 3 股道，而且线路有效长短，只能解决铁水倒调作业需求，无法实现自产焦炭倒运车停留的需求，因此需要延长炼铁站 3~8 号股道的有效长，满足运输生产需求。

（2）新炼轧厂铁水走行线建设复线。新炼轧厂总图设计中铁水走行线只有一条线，为了能够实现铁水调运的双进路，方便送重取空，减少倒调次数，确保新炼轧厂铁水正常保产，需要再建一条铁水走行线。

（3）从 7 号高炉北侧 7 道处新建一条线路与炼铁站连接。7 号高炉的铁水既往碳钢薄板厂调运，也会同时往新炼轧厂调运。从 7 号高炉北侧 7 道处新建一条线路与炼铁站连接，既可实现铁水往碳钢薄板厂和新炼轧厂铁水调运的平行进路，也能方便碳钢薄板厂和新炼轧厂空罐的调运。

（4）从南咽喉铁线处（18 号道口以南）接一条线路与炼铁站相接。1 号、2 号和新 3 号高炉的铁水从炼铁站调运只有新线一条进路，无法保证 3 个高炉铁水和空罐的调运需求，因此，需从铁线处接一条线路与炼铁站相接，实现 1 号、2 号和新 3 号高炉铁水调运和空罐配送的平行进路。

（5）改造南咽喉区域菱形交岔线路。目前，无法从炼铁站 1~3 道通过焦化走行线，而且，新罐库投入使用之后需要频繁倒调作业，占用新线进路，因此，需将南咽喉区域菱形交岔改为交叉渡线，实现新罐库倒调作业与铁水调运的平行进路。

（6）新建成品小站与炼铁站渣场复线相接。成品小站的产成品通过线路站 3~4 号焦化走行线到达嘉东站，分流嘉北站车流，而且炼铁站与嘉东站车列牵引吨位在 2000t，一次可调运 30 辆车，运输效率高。

（7）焦炭倒库的车流从废钢站调运。铁水小站拆除，会让站 1 号、2 号和 9 号被新建罐库占用，造成线路紧张，而且会让站增加新炼轧厂产成品通过的运输任务，因此，将焦炭倒库的车流分流到废钢站，缩短车辆运输距离，减少调运次数，提高运输效率。

## 参 考 文 献

［1］苓定红．嘉北站北场咽喉区域改造方案［J］．中国高新科技，2020（9）：37-38.

［2］段立新．酒钢铁路运输优化研究［J］．甘肃科技，2018，34（5）：64-66.

［3］张伯伦．关于提高机车运用效率的研究［J］．科技风，2018（3）：135.

［4］苓定红．浅析酒钢铁路运输所面临的环保问题［J］．城市建设理论研究，2019（10）：155.

# 冶金企业内燃机车高效检修方案的探索与实践

王　冬，宋西彬

（河钢集团邯钢运输部）

**摘　要**：内燃机车因造价低廉、性能稳定、设施简单而被许多冶金企业用在原燃料进厂、厂内物料倒运、产成品外发等重要的生产组织过程中。但对于冶金企业来说，现行内燃机车的检修方案普遍存在人员多、费用高、耗时耗力、过剩维修等问题。针对这些问题，本文对现行内燃机车的检修方案进行了分析，并从设备升级改造、检修工具的创新应用、工艺流程的合理优化等方面入手进行了一系列的探索和实践，为提高检修效率、降低检修成本提供了新的思路。

**关键词**：内燃机车；检修方案；高效；创新

## 1　引言

铁路运输作为最有效的陆地运输方式之一，具有运输能力大、成本低、运输经常性好等特点；同时，作为清洁运输方式之一，较为符合当前的环保形势要求。内燃机车作为铁路运输的重要组成部分，因为造价低廉、性能稳定、设施简单等优点被许多冶金企业看中，被广泛应用于原燃料进厂、厂内物料倒运、产成品外发等重要的生产组织过程中。

为了保证内燃机车长周期处于良好的运用状态，企业势必要在内燃机车的检修上花费一定的人力、物力、财力，因此，如何制定出安全高效、成本低廉、劳动强度低的检修方案就成为许多冶金企业和检修技术人员所必须面对的重要课题之一。

## 2　冶金企业内燃机车检修现状

内燃机车检修技术专业性较强，需要多种技术工种联合协作才能完成。国家铁路系统为了满足长时间运行过程中对安全、稳定等方面的要求，所执行的内燃机车检修方案一般采用预防性的定期检修制、换件修和主要零部件的专业化、集中维修制，通常以机车的运行里程或运行时间作为一个检修周期，再依据检修周期的不同分别制定相应的检修标准、内容以及范围等，其主要特点是检修设备齐全、人员配置充分、备品备件充足。

冶金企业现有的内燃机车检修技术标准及规程也都基本参照国家铁路系统制定的检修模式、限度标准、修程周期等。但在长期的执行过程中，逐渐发现存在以下几方面的问题。

### 2.1　过剩维修情况较为严重

国家铁路系统所执行各项技术指标、操作要求、判断标准等都是基于对安全性、稳定性的高度要求，能最大限度地提前发现机车上各部件存在的问题，预防性极高[1]。但冶金企业在运用环境、行驶速度、运行时长等方面，均与国家铁路系统有较大差别，导致各部件的实际损伤情况与检修方案常常存在不相符的情况[2]。以河钢邯钢运输部 DF10D150 号机车为例，该车在运用 6 年后进行全面中修。在超限使用的情况下，该车虽然功率明显不足，故障频发，油耗增大，需要对柴油机部分，尤其是活塞环、气缸套等部位进行更换，但其走行系统、制动系统、主发电机和牵引电机的技术数据均仍在技术标准范围内，只是数据值稍微偏向下限值。根据数据值及其范围标准，再结合长期的检修经验，预计走行系统、制动系统、主发电机和牵引电机的使用寿命还可延长 2~3 年之久，完全不需要分解检修。因此，盲目的"一体化"检修势必会产生过剩维修情况，增加不必要的工作量和检修成本。

## 2.2　检修成本投入较大

内燃机车所涉及的零部件较多，需要的检测设备也较为专业，不管是初期投入，如天车、柴油机翻转架、不落轮对车床等，还是日常检修所需备品备件，如气缸盖总成、活塞、增压器、微机控制箱等，都价格不菲。国家铁路系统内燃机车通常是到专业检修厂家进行大中修，而一台内燃机车的中修费用少则几十万，多则上百万，这些都会给冶金企业带来不小的经济负担。

## 2.3　检修力量不足

在冶金企业里，铁路运输系统虽然有着相当重要的作用，但通常情况下都属于辅助单位，无法与炼铁、炼钢等生产系统相比，在人员配备、设备支撑、运用环境、资源分配等方面也自然存在一定的劣势，其检修力量更加无法与国家铁路系统相媲美，只能维持日常检查和处理常见故障，机车整体中修、大修等技术难度高、劳动强度大的检修任务只能通过外委完成[3]。以河钢邯钢运输部机车修理段为例，该段共有职工 33 人，担负着 6 种型号、共 35 台内燃机车的检修任务，不仅定员数量远远低于国家铁路系统的标准，而且大多数职工的专业技术水平也存在一定的差距，自然无法按照原有的检修方案完成机车检修任务，机车检修质量势必无法得到保障。而车型相对较多的实际情况，也会给机车检修任务的完成带来一定影响。随着企业的不断发展，铁路运量将会逐年增加，如果没有一定的检修力量做支撑，机车状态将每况愈下，高效顺畅的铁路运输系统也将难以为继。

# 3　内燃机车检修方案的创新探索与实践

冶金企业铁路运输系统具有车型杂、运输距离短、运行环境恶劣等明显特征，不可能完全按照国家铁路系统的标准来投入厂房、设备、人员及费用等足额配置，因此，必须制定切合自身实际的机车检修方案[4]。河钢邯钢运输部在对内燃机车检修方案的不断探索与实践中，充分利用现有技术手段，不断挖掘设备潜能，通过设备升级改造提高设备自身稳定性和可靠性，通过检修工具的创新应用提高机车检修效率，通过工艺流程的合理优化降低劳动强度，进而实现对原有检修方案的创新、改进和优化，逐步建立起把机车检修中复杂的"开胸破颅"的大检修变成高效的"微创型"小检修的检修模式，最终达到防止出现过剩维修、最大限度压减费用支出、检修人员和时间、弥补检修力量不足的目的，以不断满足企业对高效检修的需求。

### 3.1　对原有设备进行合理升级改造

内燃机车的设计使用寿命一般为 25~30 年。在如此长的时间跨度里，我国经济在快速发展，科技在不断进步，机车在更新迭代，机车上所使用的各种备件也在改型升级，稳定性较之以前也有很大提高。但由于备件生产厂家更多的是针对新型机车进行设计生产，导致新备件与老备件的兼容性往往不是很好，无论是安装方式还是外观设计，或多或少都会有所差别。以河钢邯钢运输部为例，在所拥有的 6 种车型里，泰山、大连等 2 种液传机车的车型都相对较老，限于机车出厂时的技术条件，所使用的部分电器备件稳定性较差，不同车型的同类备件型号不同，个别原型备件甚至已经淘汰停产，变相增加了检修难度。

针对这种情况，河钢邯钢运输部通过备件的换型升级、新装置的应用等方式，对机车进行技术改造，大大提高了机车的稳定性，有效降低了机车故障率和职工劳动强度，为铁路运输高效顺行提供了设备支撑。

（1）采用新型柴油机气缸盖机油连接装配。在 240 柴油机上的两个气缸盖之间，需要用连接油管将所有气缸盖的机油管路进行连接。但由于柴油机工作时振动过大、安装面不平整、不同心度误差较大、胶圈易老化等，导致在连接处频繁发生渗漏机油的情况。此时，可以通过采用一种新型柴油机气缸盖机油连接装配，把原来的直通式硬连接改变为 U 型软连接，从而彻底解决此处的漏油现象，不仅省时省力，而且防振防松效果好，能大大减少机件损坏，延长其使用寿命。

（2）安装减少铁路内燃机车冒黑烟装置。内燃机车在启动时，会发生冒黑烟的情况，尤其是在气温低的冬季，情况更为明显。在当今严峻的环保形势下，这无疑增加了冶金企业使用内燃机车的风险。针对这一情况，在充分分析冒黑烟的原因后，设计制作了"一种减少铁路内燃机车冒黑烟的装置"，可以通过机车电气连锁实现柴油机齿条加油方向的单向可调整精确限制，进而控制启动喷油量，并在加载时由总风缸向进气道进行补气，以消除在启动过程中油量与进气量不匹配的矛盾，使燃油、空气混合气比例合适，燃烧充分，从而解决了机车冒黑烟的行业难题。同时，由于减少机车柴油机启动油耗，转速波动小，启动更平稳，积碳的产生量相对较少，从而降低了缸套、活塞等部件发热机械磨损，延长了设备寿命，起到间接降低维修成本的目的。该装置设计新颖，体积小巧，安装方便，费用低廉，改造实施方式简便，不用改变原有柴油机部件和司机原有操作方式，也不影响启机后的齿条灵活动作，在任何情况下都不会限制齿条的减载和关闭供油，避免了飞车故障的发生，可靠性及安全性高。目前，河钢邯钢运输部已安装改造启动冒黑烟装置 27 台套，在我厂坡道大、弯道多、空气滤芯污堵较快、负载变化较大的实际情况下，取得了较为良好的效果，年可降本增效 30 多万元，在冬季或高寒地区等需要柴油机低温启动的条件下，使用效果应会更加明显。

### 3.2　创新制作检修专用工具

检修工具是提高检修效率的主要手段之一。在内燃机车上，一般都会配备一些随车工具。这些工具更多的是用于机车司机进行常规点检，虽然有个别专用工具，如盘车工具等，可以在进行特定操作时使用，但种类较为单一，且涉及的检修任务较少，不能满足高效检修的需求。为此，河钢邯钢运输部从创新检修工具方面入手，针对常见检修任务，制作专用工具，并实行专件专用，从而达到提高工作效率、降低劳动强度的目的。

（1）制作便于活塞快速安装的导入器。安装活塞是内燃机检修作业中的重要内容之一。活塞上装有活塞环，由于活塞环在自然状态下的外径略大于气缸套的内径，因此在安装活塞时，通常需要用手或卡子将活塞环收紧，再慢慢放入气缸套内。由于活塞上通常装有多个活塞环，且多个活塞环的开口之间需要保持一定的角度，因此，上述操作需要重复多次，而在操作过程中容易使活塞环的开口位置发生变化，或者损伤活塞环，最终影响内燃机的工作状态和使用寿命。针对这一情况，通过对废旧缸套进行加工改造，自行制作了便于活塞快速安装的导入器，可以在确保活塞环开口位置不发生变化的前提下，充分利用活塞自重及其安装过程中的向下运动，使活塞环可自然收紧，并顺利进入气缸套，大大降低检修人员的劳动强度，省时省力，同时也可有效减少对活塞环的损害。

（2）制作240柴油机活塞连杆下瓦托举器及内燃机车外延操作平台。柴油机活塞是内燃机车做功的重要部件，位于柴油机机体内部，通过活塞连杆和连杆下瓦连接在曲轴上。由于其位置的特殊性，以及自身重量过大和空间受限严重等问题，当发生活塞损坏时，通常需要将柴油机分解下车，放置到专用柴油机翻转架上，再进行活塞更换。按照这种方法更换一套活塞需要1个月左右的时间，而且拆装量大，耗时耗力，不适用于机车日常小、辅修任务。为解决这一难题，一方面，可以制作与机车走板等高的外延操作平台，以解决操作过程中空间受限严重的问题；另一方面，可以利用槽钢和钢管制作240柴油机活塞连杆下瓦托举器，用以在活塞连杆拆装时辅助锁定连杆下瓦位置。利用这套专用检修工具，在拆掉柴油机气缸盖总成及缸套后，就可以通过天车将活塞从气缸孔中掏出，整个过程只需要1天左右的时间，不仅检修效率大大提高，而且安全可靠，大大降低了劳动强度和拆装量，各项技术参数也均符合要求，从而解决了在柴油机不分解下车的情况下活塞不易更换的难题。

## 3.3　对原有工艺流程进行合理优化

内燃机车内部结构复杂，各种零部件排列错落，机油、冷却水、柴油等各类管路纵横，空间狭小，而机车在设计过程中也更多的是考虑机车结构的稳定性和完整性，考虑检修条件时，往往以中修、大修的整体拆卸为主，常规检修的部分考虑的相对较少[5]。冶金企业内燃机车恰恰以常规检修为主，因此，检修人员在对某一特定部位或备件进行检查、拆卸等检修任务时，按照常规工序，往往需要额外拆除大量外围相关部件，拆卸和安装的工序都较为繁杂，难度偏大，不仅增加了劳动强度、检修时长和检修成本，而且也不利于机车的正常运用。同时，检修人员身体受限也较为严重，往往必须采取趴、躺、俯身等检修动作，不仅大大增加了磕碰伤、划伤的风险，而且也影响工作效率。

针对这种情况，河钢邯钢运输部大胆突破，对检修手册上的分解工艺流程进行分析研究，再配合创新工具的使用，可以有效避开繁琐的拆卸工作环节，从而促进检修工艺的大幅度优化，实现了检修工期成倍缩短、检修费用大幅度降低、人员作业量减少、检修效率明显提高等一举多得的良好效果。

（1）快速拆检铁路机车轴箱轴承。内燃机车轴箱轴承所处的安装位置较为特殊，涉及转向架、轮对等多个部位，按照常规检修工艺，需要将各个相关部件一一拆解，工作量巨大，流程复杂，所需检修人员也相对较多。通过分析工艺流程可以发现，如果不分解机车转向架，直接拆卸检查处理机车轴箱轴承，就可以避开70%以上的拆卸工作环节，从而使检修工时大大降低。河钢邯钢运输部在实践过程中，创造性地利用大轴承滚珠之间的间隙和轴承外圈间隙配合的特性，制作了深入轴承保持架内的钩爪拖锤装置，可以直接掏出轴承，从而进一步检测轴箱轴承磨损运用状态，解决了因轴头承重和车体遮挡不能直接吊装机车轴箱轴承的难题。目前，已利用该方法检修机车轴箱轴承 200 多套，节省检修费用 80 多万元，根据检修工时及备件节省计算每年增创效益 50 多万元，经实践证明，在不用增加人员设备投入的情况下，可以使机车轴箱检修效率提高数倍，且简单安全易操作，不会对机车构件造成损害，曾仅用 8 天时间就完成了 7 台机车所有轴箱轴承的清洗、检查、换油等突击抢修工作，直接减少设备损失 20 万多元，为确保企业生产经营秩序稳定做出了突出贡献。在遇到不到中大修周期却需要拆检轴箱轴承时，使用效果更为明显，可以完全避免因一套轴承损坏而必须对整车转向架进行分解的状况，从而达到延长设备使用寿命、减少维修成本的目的。

（2）快速更换铁路机车轴箱拉杆。与内燃机车轴箱轴承一样，轴箱拉杆同样存在连接部件多、常规拆检工艺流程复杂的情况。河钢邯钢运输部在实践过程中，改变原有的检修分解流程，创造性地制作了专用连接、锁紧、吊装工具，利用架车机或千斤顶可以将车体和转向架稍微抬起 10~20cm，使需要检修拆卸的轴箱及拉杆不承受压力，从而避开复杂架车、转向架分解等环节，直接进行轴箱弹簧、拉杆等部件的拆卸，而且简单安全易操作，尤其在只需要更换个别轴箱拉杆时，效果尤为明显，可以在不增加人员设备投入的情况下使检修效率提高 5 倍以上，并不会对机车构件造成损害，有效延长整车的使用周期，达到实现减少维修成本的目的。目前，通过使用此方法，已中修、小修、辅修机车 300 多台/次，更换机车拉杆 104 个，节省检修费用 280 多万元，按照检修工时及备件节省计算，每年增创效益 40 多万元。

# 4 结语

内燃机车检修方案的创新是冶金企业在面对既要降低检修成本，又要提高检修效率并保障机车长周期可靠运行的这一矛盾时的必然选择。河钢邯钢运输部针对冶金企业内部内燃机车检修的实际情况，把复杂的问题简单化，充分发挥现有的人员、设备、场地的最大潜力，通过在设备升级改造、检修工具的创新应用、工艺流程的合理优化等方面的一系列探索和实践，解决了检修人员少、检修任务量大、检修费用少、检修周期长等一系列问题，降低了职工劳动强度，节省了检修费用，提高了检修效率，逐步建立起把机车检修中复杂的"开胸破颅"的大检修变成高效的"微创型"小检修的检修模式。该模式资金投入少，综合创效大，项目可操作性强，操作方法容易掌握，可以用较小的投入创造出较大的效益，为冶金企业内燃机车行业检修探索出一条新出路。

## 参 考 文 献

[1] 刘亚东. 浅谈冶金企业铁路内燃机车检修 [J]. 科技创新与应用，2013（26）.
[2] 王文利. 企业铁路内燃机车检修模式的探讨 [J]. 商品与质量，2017（32）：101.
[3] 文建华. 冶金企业内燃机车检修初探 [J]. 冶金设备管理与维修，2005，23（4）：23-24.
[4] 栾帅华. 宁钢厂内铁路内燃机车检修管理模式探讨 [J]. 建筑工程技术与设计，2017（22）：2792.
[5] 丁华，李宗彬. 港口铁路内燃机车检修模式的探讨 [J]. 内燃机车，2006（3）：45-46，48.

# DF7G-0127 机车运用中不能后向运行故障分析和处理

葛树东

(南京钢铁股份有限公司物流中心)

**摘 要**：DF7G-0127 内燃机车 2021 年元月中旬在运用中多次出现只能前向运行不能后向运行的情况，严重影响到正常运输生产。通过全面检查，排除可疑故障点，分析原因，最终找到故障点，其原因是反向器主轴与铜套在装配时间隙过小，并针对原因进行改进、处理，在运用中效果良好。

**关键词**：后向不能运行；反向器；卡滞；间隙；安装支架

DF7G-0127 机车是中车戚墅堰机车有限公司生产的 6 轴电力传动内燃机车，功率为 2000kW，由南钢 2020 年 11 月购进运用，主要用于上国铁梅桂营取大宗原材料，如矿粉、煤、焦炭等运送到各生产所需分厂，并将各成品运输到梅桂营站，再由国铁编组发往全国各地的用户。机车 24h 均处于取送调车作业中，机车按调车计划随时变换前向或后向运行，故机车换向频率很高。但 2021 年元月在运用中多次出现只能前向运行不能后向运行的情况，不但造成运输中断，同时阻塞线路，影响其他车组的运行，严重影响到正常运输生产，故必须快速采取有效的措施解决此故障。

## 1 机车不能后向工作故障现象

2021 年 1 月 14 日 10：30 前 DG7G-0127 机车均正常作业，当编组站前向运行到国铁梅桂营站，取挂大宗原料的路用车后向运行，分送到各生产分厂，当司机正常操作将机车换向器转置后向位，机车不能行走，液晶屏显示所有牵引电机电流为零，牵引状态显示是"卸载"，且警铃响，查故障信息是"后向换向故障"，见图 1。当班司机即时按提示停机检查司控器、换向器，作用灵活，接线正常，没有松、脱或烧坏现象，再次起动后向走车，却能正常后向运行。在 10：35~11：00 这段时间里又多次出现后运行时好时坏的情

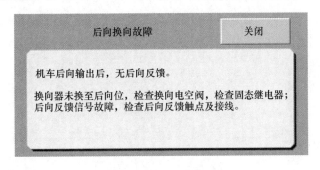

图 1 后向换向故障

况。为不影响运输生产，另安排备用机车代替 0127 机车作业。0127 机车被附挂回车库检修后，对机车换向相关电路进行排查，并对反向器做简单调整，库内试车正常，随即机车出库运用，但 15 日、18 日又多次出现后向运行不良故障。

## 2 机车前进与后退的电路转换及反向器

### 2.1 机车前进、后退转换原理

电传动内燃机车在调车运行前向与后向的转换，实际上是直流牵引电机旋转方向的转换，而改变直流牵引电机旋转方向的方法有两种：一是通过改变机车直流牵引电机电枢两端电压的方向，二是改变直流牵引电机的励磁电流方向。DF7G 机车采用的是第二种方法，即改变了电机励磁电流的方向。反向器 REV 就是用来改变直流牵引电机的励磁电流方向的核心电器，作用是改变牵引电机励磁绕组的前后向联结方式，如图 2 所示，即改变了励磁绕组内电流的方向，使牵引电机正转或反转，达到改变机车运行方向的目的，这样机车可以按运输需求实现前向运行或后向运行，十分方便、快捷，非常适用于频繁换向的调车作业。

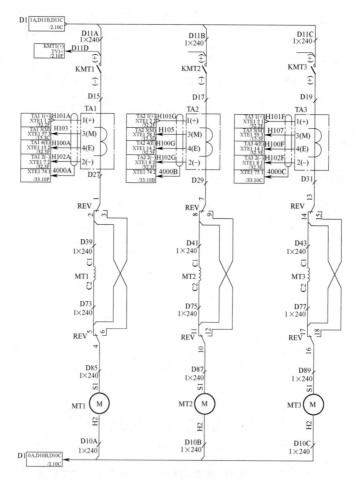

图 2  前进与后退转换电路

## 2.2 DF7G 机车主电路——前进与后退转换电路

图 2 是 DF7G 机车主电路——前进与后退的转换电路 1~6 个 并联电机中前 1~3 电路，现以 MT1 为例，后退工况电流路径为：

UMA（+）—D11A 线号—KMT1 主触点—D15 线号—直流电流传感器 TA1—D27 线号—REV—D73 线号—MT1 主极绕组末端 C2—MT1 主极绕组首端 C1—D39 线号—REV 反向器—D85 线号—MT1 电枢首端 S1—MT1 换向极绕组末端 H2—D10A 线号—UMA（-）。

备注：UMA 为主硅整流柜，MT1 为 1 位牵引电机，REV 为方向转换开关。

机车主要是通过司机控制器、换向器发指令后输入到 PLC 微机，再由 PLC 微机进行程序控制输出指令，通过一系列电器动作控制来实现机车前进与后退。

以上主要部件只要有一个出现问题，机车便不能正常工作。

## 2.3 反向器主要结构

DG7G 机车反向器是上下两层结构电空接触器，分别用来控制机车前进与后退，由主动、静触头组件、灭弧装置、辅助触头和电空控制传动机构组成，采用压缩空气作为反向器作用的动力源。

主触头位于电器的中间位置，采用转轴式结构，触头支架套在钢制方轴上，触指上有两个球形支柱，触指投向左侧时，下侧弹簧作用产生压力，触指投向右侧时，上侧弹簧作用产生压力。转轴分 6 层，每一台反向器共有 24 对主触头，可以同时控制 6 台牵引电机的工况转换。

辅助触头系统位于电器的下侧，采用二位置（前向和后 向）传动气缸，齿轮齿条传动，用两个电空阀控制两个位置（前 向和后向）的转换。电器设有中立位，在检修时可以利用手柄 将电器扳至中立位，断开全部主触头。

触头、电空阀参数见表 1。

**表 1   触头、电空阀参数**

| 项目 | 主触头 | 辅助触头 | 电空阀 |
|---|---|---|---|
| 额定电压/V | 770 | 110 | 110 |
| 额定电流/A | 1000 | 5 | |
| 数量 | 12 组（24 对） | 8 组 | |
| 开距/mm | 17.5~20.5 | ≥25 | |
| 超程/mm | 5.5~7 | 3~4.8 | |
| 压力/N | ≥ 155~200 | ≥ 3.5 | |
| 额定工作风压/kPa | | | 500 |
| 工作气压范围/kPa | | | 375~650 |

# 3 故障原因分析和处理过程

1 月 15 日与厂家来人共同按机车换向电路各部分进行一一排查，如图 3 所示。

因机车前向运行作用良好，而后向运行时才出故障，重点查后向工况各元件情况，按

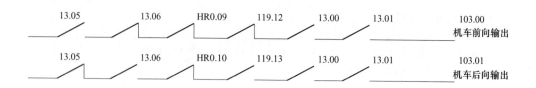

13.00：司机控制器零位

13.01：司机控制器非零位

13.05：方向手柄向前

13.06：方向手柄向后

119.12：换向前机车速度大于5km/h

119.13：换向前机车速度大于5km/h

图3　机车换向条件

上述换向条件，重点检查线路图4、图5。因是静态处理，在对后向电路全部检查、测试后，并没有发现故障点，只是反向器在后向位时有点有卡滞（手动操作电空阀时前向灵活，而后向时用力较大），同时发现主触头轻微接触不良，对主触头进行打磨，并调小弹簧压力，由200N调到180N，试用正常后机车出库运用。

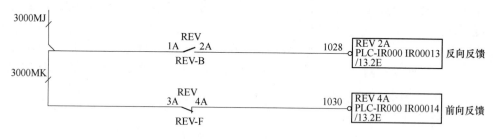

图4　检查线路1

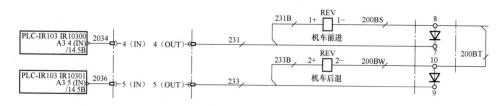

图5　检查线路2

1月18日机车运用时又多次出现后向运行时好时坏现象，最后是反向器后向卡死，厂家再次上门服务，同时查找反向器卡死的原因。

造成卡死的原因一般有两个：一是安装不符合工艺要求，造成变形后卡死；二是反向器本身有故障。

反向器是DF7G机车控制电器中主要元件，因需控制机车前进、后退运行，故采用双层电空阀结构，每层并排有用铜来制造6个结构相同电空阀，体积较大，长900mm×宽

600mm×高 500mm，质量约 60kg，悬挂安装在电器间左侧工字钢结构骨支架上（钢板厚度为 3mm）。因机车运行中反向器除了承受自身重量外，还承受运行中冲击力、弯道运行离心力等，因此对钢结构骨支架和安装水平度有一定的要求。

经用直尺检查电器柜反向器安装支架，长度在水平方向约有 6mm 的偏差，超过 2mm 的安装间隙要求。通过加垫片调整，达到工艺要求。

拆下反向器后，手动扳动故障反向器手柄，后退位不能动作，前进位能动作，说明反向器本身有故障，故更换反向器总成件，机车正常运用。

进一步对反向器解体检查后发现：

（1）反向器所有主触头均有烧蚀。

（2）左侧手柄转动滚柱已越过手柄的限位边线。

（3）对故障件进行恢复后，手动转动手柄杆，阻力较大，通冷风压进行试验，冷风压达到 0.6MPa，反向器才动作，标准要求"冷风压调至 0.37MPa，电空阀接通电源，转换开关应正常动作"。冷风压超过标准要求。

（4）在拆解反向器主轴时，发现辅助触头端主轴与铜套已碾连固死。利用工装拆解后发现辅助触头端主轴表面碾有铜屑，相配合的铜套拉伤严重。

通过与检修转换开关的操作人员分析对比，该反向器主轴与铜套的间隙小于其他转换开关。此反向器主轴尺寸大于其图纸要求，导致主轴与铜套的配合间隙减小，进而增大了装配精度、安装精度以及钢结构的要求，属于本次反向器卡滞的主要原因。综上所述，本次反向器卡滞的主要原因是反向器主轴尺寸不符合图纸要求。

反向器主接触器主触头在接断开时有拉弧现象，是造成主触头均有烧蚀、烧损的原因。

# 4  整改措施

（1）更换新的符合要求的反向器总成件。

（2）对照其他 DF7G 机车反向器钢结构骨支架钢板厚度 5mm，重新对 DF7G-0127 机车电器柜反向器安装支架进行更换，钢板厚度增加至 5mm，安装水平度间隙为 1mm，满足工艺要求。

（3）在软件中加入反向器动作和主接触器动作时间延时策略，当主回路电流值低于 50A 时，才允许反向器主触头分断，避免机车司机在卸载之后立刻进行换向操作，减少反向器主触头在断开时出现拉弧现象，这样主触头烧蚀、烧损概率大大下降，提高主触头的寿命。

（4）检查与维护主触头，需经常检查主触头压力及接触线，主触头接触线可用 0.05 的塞尺检查，塞入的宽度不超过主触头宽度的 25%，必要时可用细锉进行修理，以保障主触头接触良好，但不允许用金刚纸打磨主触头。应保持开关零部件的清洁，特别是绝缘件表面的清洁，通常用干净布擦除灰尘及油污，或用干净的压缩空气吹掉灰尘。应检查气缸内是否有油，气缸内无润滑油可使气缸漏风并使其寿命缩短，气缸内无油时应加 13 号压缩机油。当电路故障、反向器不能正常动作时，可以手动使电器至工作位。注意：反向器不带灭弧装置，不能在有负载的情况下分断，因此只在机车主手柄在 0 位转换，否则会造成电器的严重烧损，严重时会对牵引电机造成损害。

# GK1C 型内燃机车空气压缩机动力系统改造

## 尹祥蓉

（天津铁厂有限公司运输部）

**摘　要**：本文根据 GK1C 型 9 号、10 号内燃机车，在空气压缩机工作时出现整车电流瞬间-50A、自动停机和 10 号机车辅助发电保险及周边电气线路烧损的故障情况，进行实地考察并制定出了解决方案，通过实施，有效地排除了故障，保证了安全行车。

**关键词**：自动停机；瞬间大电流；动力系统；机油压力

## 1　概况

GK1C 型 9 号、10 号内燃机车 2001 年购进，运用至今，在空气压缩机工作时经常出现整车电流在-50A 的瞬间情况，工作瞬间机车电流波动较大。先后频繁出现自动停机的故障，多次更换 80kPa 停机油压继电器，自动停机故障仍未排除。

随后 10 号机车发生辅助发电保险烧损及周边电气线路烧损的故障，异常的烧损，说明机车在某一工作瞬间存在大电流，已经影响到了机车正常使用。上述几项故障发生在这两台机车上，已经到了必须彻底查找该故障并予以解决的地步，否则会造成严重的后果。

柴油机在高温、高转速的情况下，机油压力不足 80kPa 时可能会自动停机，发生这种高温、高转速的停机极易造成柴油机曲轴轴瓦粘连、活塞和气缸粘缸以及增压器损坏的故障；电气方面存在的瞬间大电流时刻对电气元器件造成安全隐患。综上分析，故障在对柴油机、电气方面造成的危害，对安全行车造成了极大的影响，解决这个问题刻不容缓。

## 2　故障原因分析

要想彻底排除故障，就要找出故障产生的真正原因。首先要从原理上进行分析，对比 9 号、10 号机车与同样是 GK1C 型机车的 23 号、24 号机车空气压缩机控制系统的工作原理和配置是否不同。

### 2.1　工作原理分析

9 号、10 号机车空气压缩机工作原理：为减小空气压缩机的启动阻力矩，在空压机排气管上装有无负荷启动电磁阀，空压机启动分为两级，一级为降压启动，二级为全压启动，在一级降压启动时无负荷电磁阀得电，空气排气管通大气，启动阻力矩减小，当空气压缩机在全压启动和运转时，无负荷电磁阀断电，空压机风管与大气通路关闭。

23 号、24 号机车空气压缩机工作原理：为减小空压机组启动的冲击电流，在空气压缩机排气管上装有无负荷启动电磁阀，当空气压缩机启动时，电磁阀得电，空气压缩机排气管通大气，启动阻力减少，3s 后，电磁阀断电，空气压缩机排气管与大气的通路关闭。

从原理分析上来说，9 号、10 号机车空气压缩机工作原理为二级启动，23 号、24 号机车空气压缩机工作原理为直接启动。

## 2.2 配置分析

对 9 号、10 号机车和 23 号、24 号机车的空气压缩机控制系统各个主要部件的型号进行了调查，并进行对比分析，见表 1。

表 1 9 号、10 号机车和 23 号、24 号机车空气压缩机控制系统主要部件的型号对比

| 车号 | PC 机型号 | 空气压缩机直流接触器型号 | 空气压缩机电机型号 |
|---|---|---|---|
| 9 号、10 号 | FX2n-80MT-D | CZ0 | ZTP-62A 并励 |
| 23 号、24 号 | FX2n-80MT-D | CZ28 | ZD316A 串励 |
| 对比结果 | 相同 | 不同 | 不同 |

从主要备件配置上可以看出，空气压缩机直流接触器型号和空气压缩机电机型号不同。

# 3 现场跟车调查，查找原因

从 2.1 节和 2.2 节中可以看出，9 号、10 号机车和 23 号、24 号机车的空气压缩机工作原理不同，空气压缩机接触器和空气压缩机电机型号不同，不同之处会产生什么影响？9 号、10 号机车空气压缩机工作整车电压异常下降的原因、瞬间大电流产生的原因、自动停机的原因又是什么？需要进行跟车调查。

## 3.1 调查空气压缩机工作时瞬间整车电流变化情况

分别对 9 号、10 号机车和 23 号、24 号机车进行了跟车，对空气压缩机工作时的瞬间整车电流变化进行了对比，对比情况如下：

9 号、10 号内燃机车，空气压缩机工作时整车电流出现 -50A 的瞬间情况。

23 号、24 号内燃机车，空气压缩机工作时整车电流下降 20~30A，不会产生 -50A 的情况。

## 3.2 调查各个部件所需工作条件

从 3.1 节中看出，9 号、10 号机车和 23 号、24 号机车空气压缩机工作时，整车瞬间电流不同，从电流本身不能查出故障原因，需要进行进一步分析。按照动力源提供、按照不同型号的空气压缩机接触器和空气压缩机电机所需的工作条件进行分析，才能真正找到空气压缩机工作整车电压异常下降的原因、瞬间大电流产生的原因。

## 3.3 空气压缩机工作电源的提供

柴油机启动时，由蓄电池供电，启动发电机作为启动电机驱动柴油机运转。当柴油机正常运转并驱动启动发电机运转后，闭合辅助发电开关，电压调整器正常工作后，启动发电机由启动工况转为发电工况，在电压调整器的调节下，电压稳定在 110V±2V，发电机的

110V±2V 的电压向蓄电池充电并向全车供电，为空气压缩机提供电源。

机车有对发电电压超压的保护，即启动发电机发电电压超过 125V 时红灯亮、警铃响。

在跟车过程中未发现灯亮、警铃响的情况，且发电电压一致保持在 110V。9 号、10 号机车和 23 号、24 号机车空气压缩机的工作电源均稳定。

### 3.4　空气压缩机接触器 CZ0 和 CZ28 工作条件

CZ0 直流接触器与 CZ28 直流接触器在结构上和控制模式上存在不同，使用环境和技术参数都一致，都用作控制内燃机车启发电机和风泵电机频繁启动和停止。

CZ0 直流接触器用在 2001 年前生产的 GK1C 机车中，CZ28 直流接触器用在 2007 年生产的 GK1C 机车中，从长期使用的效果来看，CZ28 直流接触器引弧灭弧性能好、触头烧损轻、燃弧时间短、飞弧距离小、弧罩不易损坏、故障率低。

### 3.5　直流电动机 ZTP-62A 和直流电动机 ZD316A 工作条件

9 号、10 号空气压缩机电机型号为直流电动机 ZTP-62A 并励，23 号、24 号机车空气压缩机电机型号为直流电动机 ZD316A 串励。

按照并励和串励电机的机械特性进行分析，并励电动机 ZTP-62A 具有较强的机械特性，串励电动机 ZD316A 具有较软的机械特性，并励电机启动转矩不大，只是与启动电流成正比，串励电机启动转矩较大，与启动电流的平方成正比。

### 3.6　PC 机工作条件

9 号、10 号机车和 23 号、24 号机车选用的 PC 机型号均为 FX2n-80MT-D。2001 年之前购进的 1~8 号机车所用的 PC 机型号为 FX2-80MT-D，相对应的空气压缩机启动为二级启动。2007 年之前购进的 23~28 号机车所用的 PC 机型号为 FX2n-80MT-D，相对应空气压缩机启动为一级启动。

### 3.7　查找自动停机的原因

通过对 9 号、10 号机车试验和跟车记录，自动停机发生在怠速、机油温度超过 80℃ 且空气压缩机工作时。怠速时正常机油压力为 200~250kPa，当温度升高时机油稀释，机油压力下降为 150~180kPa，空气压缩机工作时柴油机转速会下降 80~100r/min，与此同时机油压力也在下降，当机油压力低于 80kPa 时，产生自动停机故障。

## 4　确定故障点

从上述 3 中的分析可以确定故障点如下：

（1）9 号、10 号机车所用的 PC 机型号均为 FX2n-80MT-D，那么对应的空气压缩机启动应为一级启动。

（2）两种电机的机械特性对比后，9 号、10 号机车所用的空气压缩机电机型号为直流电动机 ZTP-62A 并励，空气压缩机电机启动时，产生的电流比 23 号、24 号机车空气压缩机启动时产生的电流大 4~7 倍，按照 2.1 中的原理分析，9 号、10 号机车空气压缩机需要进行两级启动，即一级为降压启动，二级为全压启动。而现实中只进行了一级启动，启动瞬间电流大。

（3）上述两项综合，即为空气压缩机工作整车电压异常下降、瞬间大电流产生的原因。

（4）在机车运行中，直流电动机 ZTP-62A 在启动时消耗柴油机功率较大，使柴油机转速下降较大，随之机油压力也下降较大，达到了 80kPa 停机油压继电器动作值，产生自动停机故障。

# 5 空气压缩机动力系统改造

## 5.1 制定改造方案

根据故障点的情况，制定出了 9 号、10 号机车空压机动力系统改造方案，方案如下：

（1）PC 机选型不变。

（2）将空气压缩机 ZTP-62A 型直流电动机改造为 ZD316A 型直流电动机，并对电机安装座进行改造。

（3）将 CZ0 直流接触器改造为 CZ28 直流接触器，并对线路系统进行改造。

（4）配置相关线路和备件。

## 5.2 具体实施过程

（1）安装直流电动机 ZD316A，设计制作、改造电机安装座。在原空气压缩机电机安装座的基础上加装垫板找平，用 56.7mm×46.7mm×14mm 铁板做支撑板，找正、打眼，固定在原电机安装座上。上部根据电机安装位置焊接 45 号边长 100mm 的方钢，划线、打眼。固定好电机后，通过百分表调整电机联轴器与空气压缩机同心度，使同心度达到技术要求范围。再将方钢焊接在铁板上。

（2）对直流电动机 ZD316A 重新布线并接线。

（3）安装 CZ28 型接触器，重新制作安装底座和重新布线。

（4）配置相关线路和备件。

## 5.3 改造后的试验

启机试验，试验空气压缩机工作时瞬间电流变化，试验怠速、机油温度超过 80℃，空气压缩机工作时柴油机转速下降情况和机油压力下降情况。

（1）9 号、10 号机车在空气压缩机工作时整车电流下降 20～30A，不会产生 -50A 的情况，无瞬间大电流产生。

（2）机油温度高于 80℃、空气压缩机工作时柴油机转速会下降 80～100r/min，机油压力降低到 120～140kPa，高于 80kPa，不会产生自动停机故障。

# 6 结语

通过 GK1C 型 9 号、10 号内燃机车空气压缩机动力系统改造，有效解决了 GK1C 型 9 号、10 号内燃机车空气压缩机工作整车电压异常下降、瞬间大电流、自动停机的故障。整个排除过程采用原理、实践相结合的模式，符合内燃机车使用技术要求。与此同时为今后排除故障奠定了坚实的技术基础。

# GK1C 改进型内燃机车头灯照明电路的升级改造

范秀川

（河钢集团宣钢物流公司）

**摘　要**：宣钢目前在线运用的 GK1C 改进型内燃机车头灯照明开关在设计上存在安全隐患，影响机车夜间作业瞭望，以下就该型机车头灯照明控制电路存在的问题进行总结分析，对具体缺陷作出了详细的阐述，并且通过研究分析完成了相应的改造，达到了预期的目的，为实现 GK1C 改进型内燃机车夜间作业安全提供了有力保障。

**关键词**：内燃机车；头灯；电路；改造

## 1　引言

物流公司主要负责宣钢内燃机车的运用和保养工作，现有各型号内燃机车 33 台，负责宣钢原料进厂、钢材外发、站场编组等工作，其中 GK1C 改进型内燃机车 13 台，它是在 GK1C 型内燃机车的基础上，通过外观、布局、辅助系统等优化提升而制造开发出来的，机车配装 6240ZJ 型中速柴油机，装车功率 1000kW，额定转速 1000r/min，最低空载稳定转速 （430±10）r/min，燃油消耗率不大于 210g/（kW·h），机车总质量 92t，调车工况最高速度 35km/h，小运转工况 75km/h。

宣钢采购了该型改进后的第一批内燃机车，在投放铁路运输以后，发现头灯照明系统存在缺陷，在作业中频繁发生头灯接触器及脱扣开关烧损的故障，造成机车头灯断电，影响了夜间调车作业安全。针对 GK1C 改进型内燃机车运用中头灯照明操纵复杂、故障率高、影响机车正常运用的实际问题，物流公司详细分析了该型机车头灯照明电路存在的问题，结合检修与运用实际，进行优化，取得了良好的效果。优化后的机车头灯照明电路故障率低、方便操纵，大大降低了该型机车的检修成本和运用成本，缩短了库停时间，提高了机车的完好率和在线应用率。

GK1C 改进型内燃机车控制电器系统由供电、柴油机启动和发电、空气压缩机组（风泵机组）控制、机车换向、机车起动及调速、机车运行过程中的自动保护、停车、机车其他部分控制和机车重联等电路组成。机车其他部分控制由预热锅炉控制、百叶窗冷却风扇控制、撒沙控制、风笛控制、辅助回路等组成，其中辅助回路由照明回路、风扇、暖气机器间通风等组成。

GK1C 改进型内燃机车照明回路属于辅助照明电路，其电路开关布局和动作逻辑关系存在设计缺陷，导致该型号内燃机车存在一定的安全隐患。具体缺陷有两方面：一是头灯脱扣开关、头灯转换开关安放位置不合理。头灯脱扣开关安装在操纵台前端墙上，头灯转换开关安装在操纵台下方侧墙上，机车换向手柄和主手柄安装在操纵台上。乘务员操作头灯时，必须俯身低头才能操作，从而增加了乘务员的操作难度，更容易分散乘务员的注意力，造成不安全因素。二是机车头灯前后照明方向与机车前后运行方向不一致，也就是前后头灯照明开关不随机车方向手柄的改变而改变。为了使机车头灯照明方向与运行方向一致，特别是夜间作业，乘务员必须在运行中操纵头灯脱扣开关和头灯转换开关。导致的后果有两点：一是操作方式繁琐，既不符合操作规律，又增加了转换时间，特别是在头灯前后转换时，造成间断瞭望，极易引起行车安全事故。二是由于头灯照明开关的转换频率增加，使得头灯电路电器故障率增高，头灯转换开关触头和脱扣开关频繁烧损，既增加了机车应用成本，又影响行车安全。

# 2 故障原因分析

## 2.1 头灯照明电路分析

GK1C 改进型内燃机车为车体不接地双线供电制，供电电压为直流 110V，头灯前后由前端头灯 2KMH 和后端头灯 1KMH 接触器触头控制，其他照明开关均设置在操纵台上和前方墙壁开关板上，机车前后向头灯照明控制电路见图 1。

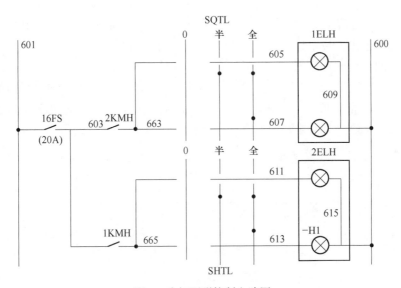

图 1　头灯照明控制电路图

16FS—头灯脱扣；⊗—机车头灯灯泡；SQTL—前向头灯万能转换开关；SHTL—后向头灯万能转换开关；
1KMH—后向继电器触头；2KMH—前向继电器触头

图 1 中，16FS 是机车头灯脱扣开关，其作用是接通或切断控制电源 601 到转换开关前向或后向的通路，脱扣开关 16FS 可通过的额定电流为 20A。SQTL 是前向头灯转换开关，SHTL 是后向头灯转换开关，其作用是接通或切断转换开关 16FS 到前向头灯或后向头灯的通路。该转换开关设置"0""半光""全光"三个挡位，乘务人员根据机车运行需要，操作头灯脱扣开关和转换开关，从而实现机车前向头灯或后向头灯的开启和关闭。

## 2.2 头灯与机车方向控制分析

GK1C 改进型内燃机车为液力传动，其液力传动系统分为 5 个箱体，主要通过前向变扭器充油和后向变扭器充油实现机车功率的传送，前向变扭器和后向变扭器具体充油过程则由主控制阀控制，主控制阀又接受前向和后向电控阀控制，前后向电控阀由 EXP 微机控制。通过具体控制给前向变扭器充油，或是给后向变扭器充油，实现机车前进和后退，如图 2 所示。

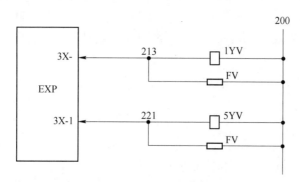

图2　机车方向输出电路图

1YV—机车前向电控阀；5YV—机车后向电控阀；FV—过压吸收器；EXP—机车微机输出板

运行中内燃机车需要换向时，乘务人员操作机车方向控制器手柄，将其置于前进或后退方向位，微机输出信号给机车前向（1YV）或后向（5YV）电控阀，电控阀控制风路使液力传动箱前向或后向变矩器充油，从而使机车向前或向后运行。

有输出就一定有输入，ADD 是司控器给微机的输入源，当 ADD 方向手柄推向前进方向，1007 线给微机前向信号，微机输出有两路控制，一路控制 1YV 机车变扭器，一路控制机车前向头灯 1KMH，反之则向后方向，如图 3 和图 4 所示。

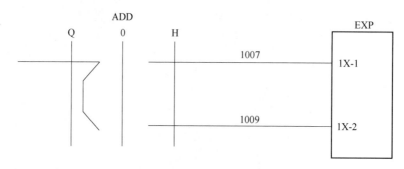

图3　机车方向输入电路图

ADD—机车方向控制器；Q—机车方向前；0—中立位；H—机车方向后；EXP—机车微机输入板；
1X-1—机车方向前输入点；1X-2—机车方向后输入点

## 2.3　机车头灯故障分析

GK1C 改进型内燃机车电气控制系统头灯控制电路故障频繁，主要集中在 1KMH 和 2KMH 主触头和脱扣开关以及转换开关上，GK1C 改进型内燃机车头灯转换开关采用沙尔特宝 SM 系列，具有结构紧凑、触头模块化、产品标准化、通用化的特点。触头采用 S806 型，具有速动性和自净性，适用于小电流的电路。该转换开关额定电流 $I_0 = 1A$，发热电流

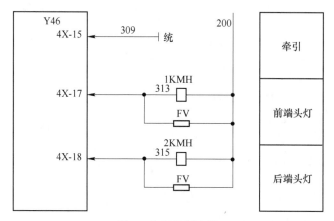

图 4　头灯控制电路

1KMH—前端头灯电控阀；2KMH—后端头灯电控阀

$I_R = 5A$，则可通过的最大电流为 $I_{max} = I_0 + I_R = 6A$。已知机车头灯额定电压 $U = 110V$，功率 $P = 800W$，通过机车头灯的电流 $I_{605} = I_{607} = I_{611} = I_{613} = P/U = 800W/110V = 7.3A$，通过节点 2 和 3 的电流 $I_2 = I_3 = I_{611} + I_{613} = 14.6A$，通过节点 1 的电流 $I_1 = I_2 + I_3 = 29.2A$。由此可见，通过转换开关 SQTL 和 SHTL 的电流 $I_3$ 和 $I_2$ 远大于通过的最大电流 $I_{max}$，通过脱扣开关 16FS 的电流 $I_1$ 远大于其额定电流，故脱扣开关和转换开关会频繁烧损，导致头灯控制电路故障。

# 3　解决措施

## 3.1　照明控制电路的改造

前后头灯接触器更换为沙尔特宝 S141A-2-110V/25A 直流接触器，S141A-2-110V/25A 直流接触器主要技术参数：

主、辅触头额定工作电压和控制电源电压均为 110V。主触头额定工作电流为 40A，辅助触头额定工作电流为 1A。辅助触头约定发热电流为 10A。线圈电阻为 740Ω，线圈功率为 16W。改造后增加了过流能力，减少了主触头的故障率。

## 3.2　头灯照明电路改造

针对该型内燃机车头灯照明控制电路存在的问题，将原来的脱扣开关 16FS-20A 型改为 16FS-35A 型，解决了脱扣开关电流过大易烧损的故障问题。

前向 1KMH 和后向 2KMH 主触头更换接线位置，由原来的一组触头控制，改为两组触头 KMH1 和 KMH2 控制，且分别控制两个头灯的正极进线，由原来的一组触头承受 30A 电流，改为两组触头分担，减少了单组触头的过流量，增加了触头的使用寿命，减少了头灯照明电路的故障率，如图 5 所示。

头灯转换开关位置不进行改动，采取制定头灯转换开关操作规程的方法，要求乘务员在进行头灯操作时，尽量减少灯光的转换频率，特殊情况下可以维持前后头灯全开，以减少转换开关的使用次数，但在两台机车交叉作业的区域严禁前后头灯全开作业，机车停留时必须关闭前后头灯。

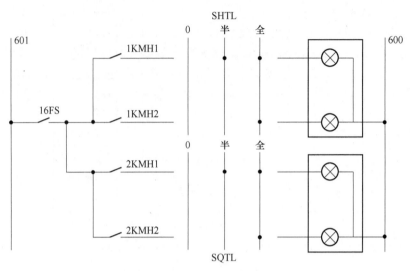

图 5　头灯照明电路改造

## 4　结论

　　总之，通过对 GK1C 改进型内燃机车头灯照明电路和头灯照明控制电路的改造，以及制定合理的头灯操作规程，原有的头灯脱扣开关、头灯转换开关安放位置不合理和机车前后头灯照明方向与机车前后运行方向不一致的缺陷得到有效改善。改造后，经过三个多月试运用，机车头灯照明电路、直流接触器和脱扣开关未出现故障，达到了预期的效果。此次改进，不仅彻底解决了该型内燃机车头灯照明电路存在的设计缺陷，而且降低了机车应用成本，消除了安全隐患，大大提高了机车的在线应用率。

参 考 文 献

[1] 刘占伏. 西门子 6SE70 变频器控制方式分析及其相互切换 [J]. 河北冶金，2017（10）：71-72.

[2] 李科学，李岩杰，苏金波，等. 镀锌家电板流纹缺陷产生原因及改进 [J]. 河北冶金，2017（5）：33-36.

[3] 铁道部人才服务中心. 内燃机车司机 [M]. 北京：中国铁道出版社，2008.

[4] 铁道部人才服务中心. 机车电工 [M]. 北京：中国铁道出版社，2009.

[5] 易沅屏. 电工学 [M]. 北京：高等教育出版社，1993：11-13.

[6] 况作尧. 内燃机车检修 [M]. 北京：中国铁道出版社，2013：299-318.

[7] 李晓村. 内燃机车故障综合分析与处理 [M]. 北京：中国铁道出版社，2012：9-13.

[8] 王奇夫. 内燃机车应用 [M]. 北京：中国铁道出版社，2014：204-223.

[9] 刘振华. 电子设备装接工 [M]. 北京：中国劳动社会保障出版社，2012：21-62.

[10] 聂清立. 内燃机车大修规程汇编 [M]. 北京：中国铁道出版社，2011：105-111.

# 铁路自翻车滚轴装置拆装器的开发应用

马守斌，何先文，黄礼桥，林震源

（安徽马钢矿业资源集团南山矿业有限公司）

**摘　要**：为了提升铁路自翻车维修效能，针对铁路自翻车倾翻机构中的滚轴装置进行了创新研究，开发出了"铁路自翻车滚轴装置拆装器"，不需天车配合，一人可快速拆装滚轴装置和处理车厢侧门散开故障，填补了我国铁路自翻车维修行业空白，通过实际应用，成效显著。

**关键词**：铁路；自翻车；滚子；滚轴；拆装

铁路自翻车多用于运输散粒货物，能实现自动向任何一边卸料的功能，对货物的粒度没有限制，可装运大块矿石，兼具卸货速度快、不埋道、周转快、经济效益好、节约人力等优点，越来越受到大型企业、厂矿的青睐。

## 1　背景及问题

安徽马钢矿业资源集团南山矿业有限公司铁矿石供应基地之一为华东地区首屈一指的露天铁矿石开采矿山——马鞍山南山铁矿。如图 1 所示，铁路自翻车（型号：KF-60T）是南山矿业有限公司主要的运输设备（占总运量的 85% 以上）。

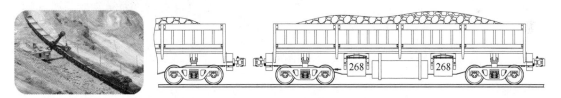

图 1　铁路自翻车

如图 2 所示，滚轴装置是自翻车卸料机构中的重要部件，它的性能直接关系到车辆卸

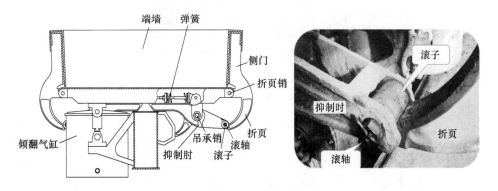

图 2　滚轴装置结构示意图

料的平稳性和安全性。滚轴装置由滚子、滚轴、抑制肘、垫圈、螺母组成。滚子通过滚轴安装在抑制肘前部，并顶住折页头部。车厢正位时，侧门以折页销为轴，产生顺时针旋转力作用在滚子上（即滚子顶住折页头部，约束侧门不会散开）。因此，滚子和滚轴不借助外力无法拆卸。

滚轴装置维修更换或加油保养时，如图 3 所示，必须使用专用吊具挂住侧门上的折页，天车吊起车厢，倾斜一定角度，消除作用在滚子上的旋转压紧力，再用撬棍插入抑制肘尾部，克服弹簧力，使滚子和折页头部脱开，使滚子处于自由状态，方能对滚轴装置进行维修更换或加油保养。因此，滚轴装置只能在有天车的专用维修厂房内才能拆装（天车配合），存在问题：

（1）滚轴装置平时无法拆卸加油保养，且车辆为露天作业，风吹、雨淋、日晒、灰尘大，滚子和滚轴间的润滑油膜不久就会破裂，长期处于干摩擦状态，如图 4 所示，摩擦损坏非常严重，公司每年消耗滚子和滚轴 2000 多件，抑制肘更换或维修达 2000 多次，直接成本消耗达 40 多万元。

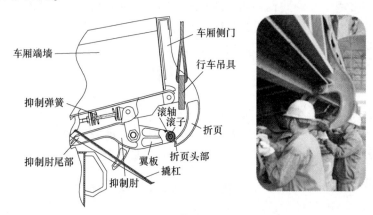

图 3　拆装滚轴装置示意图

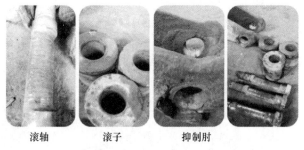

滚轴　　　　滚子　　　　抑制肘

图 4　滚轴装置摩擦损坏示意图

（2）滚轴装置一旦损坏（如不及时处理，易发生"扣车"重大事故）或出现"散门"故障（如图 5 所示，"散门"故障就是车厢侧门散开和端墙产生缝隙。处理方法：天车吊起侧门消除侧门和端墙之间的缝隙，在滚子和折页头部缝隙处嵌入厚度匹配的钢板，再将钢板固焊在折页头部。该故障如不及时修复，会发生漏料，严重时侧门会突然打开，造成"开飞机"严重行车事故）时，必须甩车，再用机车将其牵引到有天车的

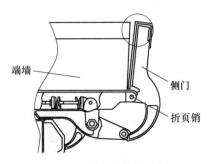

图5 "散门"故障示意图

专用维修厂内多人配合才能维修（小型维修站，不具备安装天车的条件）。因此，每年来回调车给公司造成的直接成本消耗达 50 多万元（甩车—电机车牵引—天车配合维修—电机车牵引—编组，该维修流程消耗了电力、人力，车辆出勤率受到严重影响，制约了生产）。

# 2 具体技术方案

针对以上问题，在 TRIZ 创新方法的引导下，充分研究滚轴装置和车辆的结构特点，巧妙引入螺旋传动原理，开发出了"铁路自翻车滚轴装置拆装器"。如图6所示，其由顶板1、顶杆2、前端盖3、套管4、压盖5、旋转杆6、拉块7、防转动板8、复位弹簧9、挂钩10、手柄11组成。顶杆2为管状，左端面设L形顶板1，左上部设挂钩10，右端面设球形凹槽与旋转杆6左端的球头匹配。顶杆2左端直径小于右端，成台阶状，台阶处设复位压缩弹簧9串设在套管4中，并用压盖5将顶杆2压装在套管4中，顶杆2伸缩无阻滞。套管4中上部设防转动板8；右上部设拉块7；右端面设螺母与旋转杆6左侧螺纹匹配。旋转杆6右端面设旋转手柄11。套管4上部的防转动板8和拉块7轴向中心线重合。

该拆装器的复位弹簧还可以采取另一种设计方法：顶杆无台阶直接插入套管。如图7所示，顶杆和套管相对设挂耳，用一对拉伸弹簧连接。要求顶杆受弹簧力作用可复位。

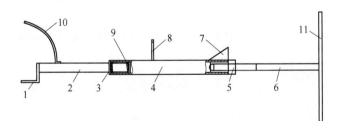

图6 铁路自翻车抑制肘滚轴装置拆装器
1—顶板；2—顶杆；3—前端盖；4—套管；5—压盖；6—旋转杆；
7—拉块；8—防转动板；9—复位弹簧；10—挂钩；11—手柄

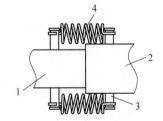

图7 复位弹簧另一种设计方法
1—顶杆；2—套管；
3—挂耳；4—拉伸弹簧

该拆装器还可把顶杆和套管设计成活塞形式，配备脚踏泵浦，实现液压控制，不再详述。

### 2.1　滚轴装置拆装方法

一只手持套管，另一只手持手柄。如图8所示，把拆装器从抑制肘下部插入，L形顶板1顶在抑制肘下腹部拐角处，挂钩7钩住抑制肘上部，防转动板6插入抑制肘两翼板之间（防止套管3转动），拉块5对准折页头部。旋转手柄8，旋转杆4推动顶杆2前伸，L形顶板1与拉块5反向移动，产生拉力迫使滚子和折页头部脱开，滚子成自由状态。这样就可方便地拆卸滚子和滚轴，进行更换或加油保养。检修结束后，反向旋转手柄8，复位弹簧推动顶杆2后退，释放拉力，取出拆装器。

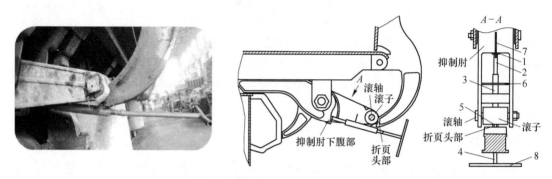

图8　滚轴装置拆装器使用示意图

1—顶板；2—顶杆；3—套管；4—旋转杆；5—拉块；6—防转动板；7—挂钩；8—手柄

### 2.2　"散门"故障处理方法

针对"散门"故障，同理，旋转手柄可使散开的车厢侧门和车厢端墙贴合。此时，滚子和折页头部之间会出现间隙，在间隙处嵌入相应厚度的钢板，并焊固在折页头部，就可快速修复"散门"故障。

### 2.3　创新点

（1）最大的创新点是以很小的成本投入（制造成本仅150余元），创造出较大的经济效益。

（2）质量轻，携带方便，一人可在任何工作场地对滚轴装置进行快速拆装更换或加油保养，同时可快速处理"散门"故障。

## 3　成效

"铁路自翻车滚轴装置拆装器"在安徽马钢矿业资源集团南山矿业有限公司推广应用，效果显著。经济效益如下：

（1）节省滚轴和滚子成本（定期加油保养，使用寿命提高1倍以上）：2008个/年×105元/个×2＝42.168万元/年。

（2）节省抑制肘更换和焊修材料成本：200元/台×30台/月×12＝7.2万元/年。

（3）节省维修劳务成本：6×200元×16次/月×12＝23.04万元/年。

（4）节约设备运行、电力、制约生产等综合成本（天车、机车）：2000元/次×16次/

月×12＝38.4 万元/年。

合计年创效：110.826 万元/年。

该发明结构紧凑简单、造价低（制作成本为 150 元）、使用方便、安全可靠，解决了公司几十年来滚轴装置维修困难和平时无法点检维护的痛点和难点，彻底改变了铁路自翻车一旦发生滚轴装置损坏和车厢侧门散开故障时，必须将车辆牵引到有天车的专用维修厂房内才能维修的现状（甩车—牵引—维修—再牵引—编组，造成设备、电力、人力、效率等一系列的成本消耗），为公司累积创效 700 多万元；曾荣获马钢集团"双革"和"双五小"一等奖、"中国科协第二届全国企业创新方法大赛"三等奖，授权中国发明专利（专利号 CN201510907360.4）。

## 4 结语

我国铁路货物运输中散状货物所占的比例较大，约占货物运输的 60%，但其装卸的机械化程度较低。从世界各国铁路货车的发展趋势看，专用货车发展的速度很快，我国目前粒（块）状货物运输约占散状货物总运量的 40%，而与之相适应的运输车辆则较少，特别是自动倾翻车更少。因此，加快铁路自翻车发展，扩大使用范围，是必然发展趋势。

本项目开发的"铁路自翻车滚轴装置拆装器"为首创产品，填补了我国铁路自翻车维修行业的空白。其在安徽马钢矿业资源集团南山矿业有限公司推广应用，经验证，效果显著。其优点是：构思新颖，结构紧凑合理、牢固可靠，一人可在任何情况下使用；操作方便、灵活轻巧，降低劳动强度，减少检修人员；缩短拆装和维修时间，降低维修成本，提高自翻车运营率；拆装、检修安全，避免因使用天车带来的一系列不必要的成本消耗和安全隐患。

综上所述，本发明创新成果具有广阔的市场前景和较大的社会推广应用价值。

### 参 考 文 献

[1] 成思源，周金平，杨杰. 技术创新方法——TRIZ 理论及应用 [M]. 北京：清华大学出版社，2014.
[2] 谭放鸣. 机械设计基础 [M]. 北京：化学工业出版社，2005.
[3] 王庆海，安春杰. 自翻车倾翻稳定性分析及保证措施 [J]. 煤炭技术，2002，21 (10)：12-13.
[4] 李波. 浅析铁路货车车辆检修质量问题分析 [J]. 中文信息，2017，26 (10)：164.

# 320t 混铁车轴承装配工艺的改进

## 陈　华

### （武汉钢铁有限公司运输部）

**摘　要**：本文分析了 320t 混铁车轮对轴承轴箱移位的原因，为规范 320t 混铁车轮对轴承装配，从配合过盈量和压装力两方面对鱼雷型混铁车轮对轴承轴箱组装技术参数进行探讨，简述了混铁车轴承压装方法及装配后对轴承进行磨合检验，保证了组装质量。
**关键词**：混铁车；轮对轴承；配合过盈量；压装；磨合检验

## 1　概述

320t 混铁车是一种进行炼钢或浇注铸铁块的高效先进的冶炼工艺设备专用冶金车辆，其走行装置采用 4 个 2 轴转向架、摇枕弹簧式结构，全车共有轮对轴箱组成 16 组，轮对为整体轧制车轮压入 40t 轴的结构，轴箱由轴箱体、前盖、后盖、密封环及轴承等组成，轴承利用轴端挡板和螺栓紧固（见图 1）。

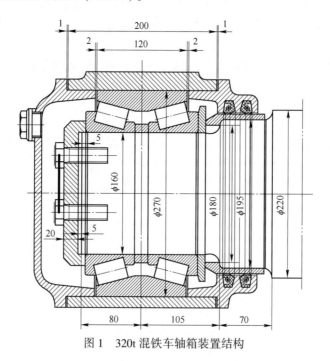

图 1　320t 混铁车轴箱装置结构

## 2　现装配方法

320t 混铁车轴承目前采用的有双列圆锥滚子轴承，如图 1 所示。双列圆锥滚子轴承属于可分离轴承，采用拆分热装配方式，轴承内圈采用电磁感应器加热组装，外圈和隔圈而后组装。其缺点是易混淆，耗时长，效率低，易进入杂质。自混铁车投入运用以来，不断有混铁车的轴箱装置出现轴箱移位现象，经检修分解测量发现，多数属于轴承内圈松弛（见图2），经分解后测量，轴承与轴颈之间配合过盈量为 0.01~0.03mm，根据大连重工提供的车轴轴颈尺寸 $\phi160mm$ n6，公差范围为 0.027~0.052mm，最小过盈量为 0.027mm。因此，我们需要根据实际情况选取轴承与轴颈之间配合过盈量。

图2　320t混铁车轴承内圈松弛示意图

## 3　轴承配合过盈量的选取

为防止轴承与轴颈配合松弛，以致把轴颈磨伤而引起燃轴，必须选取合适的配合过盈量。依据机械设计手册，轴承内圈与轴颈配合的最小过盈量 $\Delta d_{min}$（mm）由式（1）计算：

$$\Delta d_{min} = 2Q/(10^4 f_e g) \tag{1}$$

式中　$Q$——轴承外载荷，N，$Q$ 最小值选取 320t 混铁车空载静止状态下径向负荷，320t 混铁车自重 2995.86kN，轮轴总重 218.246kN，单个轴承最小负荷 $Q$ = (2995.86 - 218.246)/32 = 86.8kN；

　　　$f_e$——内圈尺寸系数，$f_e = b[1 - (d/d_0)^2]$，混铁车轴承型号为 352132X2，内圈 $d$ = 160mm，内圈有效宽度 $b$ = 140mm，平均外径 $d_0$ = 201mm，经计算可得 $f_e$ 取值 51.29mm。

$g$ 取 9.8N/kg，最小过盈量为

$$\Delta d_{min} = 2 \times 86.8 \times 10^3/(10^4 \times 51.29 \times 9.8) = 0.0345mm$$

从上述计算结果可以看出，320t 混铁车轴承内圈与轴颈配合过盈量最小为 0.0345mm。而大连重工提供的车轴轴颈尺寸为 $\phi160mm$ n6，公差范围为 0.027~0.052mm，最小过盈量为 0.027mm。建议将车轴轴颈尺寸改为 $\phi160mm$ p6，公差范围为 0.043~0.068mm，考虑轴承内径公差范围为 -0.025~0mm，则轴承内圈与轴颈配合过盈量为 0.043~0.093mm。

## 4　轴承压装技术的应用

轴承内圈与轴颈配合有热配合、压配合和楔套配合三种方式。轴承压装可以监督轴承选配，及时发现轴承缺陷，把不安全因素消灭在萌芽状态，利用现有的卧式专用油压机进

行轴承压装，将传统的热装改为压装，提高轴承装配效率和质量。

## 4.1 压装力的计算

轴承压装力是直接影响轴承压装质量的关键参数，压配合压装和拆卸时的压力 $P$ 与有效过盈量、内圈尺寸及配合表面滑动摩擦系数有关，依据机械设计手册，由式（2）计算：

$$P = f_k f_e \Delta d_a g \tag{2}$$

式中 $f_k$——取决于摩擦系数的阻力系数，$f_k = \pi E \mu / (2g)$，轴承钢弹性模量 $E = 205.8 \text{kN}/$
　　　　 $\text{mm}^2$，配合表面滑动摩擦系数 $\mu$ 压装轴承时（配合表面涂油）取 0.13，拆卸
　　　　 时取 0.16，经计算，$f_k$ 取值压装时为 4.286，拆卸时为 5.275；

　　　 $f_e$——内圈尺寸系数，$f_e = 51.29 \text{mm}$；

　　　 $\Delta d_a$——有效过盈量，$\Delta d_a = 0.043 \sim 0.093 \text{mm}$。

混铁车轴承型号为 352132X2，内圈 $d = 160 \text{mm}$，内圈有效宽度 $b = 140 \text{mm}$，平均外径 $d_0 = 201 \text{mm}$，经计算，$f_e$ 取值 51.29mm。

压装轴承时轴承压装力：

最小值 $P_{min} = 4.286 \times 51.29 \times 0.043 \times 9.8 = 92.64 \text{kN}$；

最大值 $P_{max} = 4.286 \times 51.29 \times 0.093 \times 9.8 = 200.35 \text{kN}$。

拆卸轴承时轴承压装力：

最小值 $P_{min} = 5.275 \times 51.29 \times 0.043 \times 9.8 = 114.01 \text{kN}$；

最大值 $P_{max} = 5.275 \times 51.29 \times 0.093 \times 9.8 = 246.58 \text{kN}$。

## 4.2 压装工艺过程

压装过程为：压装轴颈清洗→轴径测量→组装后盖、油环和内垫→轴承外观检查→涂润滑剂→压装→保压→压装质量确认。

（1）压装前对轴颈（轴承及油环处）、轴端面、轴端中心孔及螺纹孔等各部清洗，无杂质和污物。

（2）清洗后检测轴径（$\phi_1$ 处）和轴承处直径（$\phi_2$ 处）圆柱度，轴径测量位置如图 3 所示。$\phi_2$ 处直径为 Ⅰ、Ⅱ、Ⅲ 截面均布三个方向测量值的算术平均值，圆柱度为三个截面直径差的 1/2；$\phi_1$ 处直径为Ⅳ、Ⅴ 截面相垂直的两个方向测量直径的算术平均值。测量后数值应符合图纸要求。

（3）将加工检测合格的油环、后盖、骨架油封和内垫组对到位，注意油环需准确对正，以备实施压装。

（4）打开轴承包装，检查轴承不得有缺损、变形、磕碰划伤和裂纹；检查中间隔环是否偏离轴心，如有应将其复位。

（5）轴承压装前用乙醇或汽油擦拭干净，不得有铁屑等杂质进入，在、轴颈上均匀涂抹一层清洁防锈润

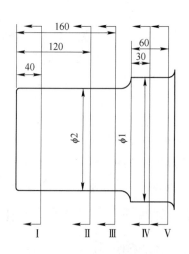

图 3　轴径测量位置

滑脂。

（6）轮对就位，使油压机活塞中心线与轴径中心线保持一致。将轴承装在油压机导套上与轴心对正，准备整体压装轴承。

（7）轴承压装时保持低速平稳，过程中转动轴承外圈，保持其旋转灵活。轴承终止贴合压力为 446.88kN，并保压 3~5s。

（8）轴承压装后，对外圈均匀施加 294~490N 轴向力，检测轴承轴向游隙符合要求。同时利用厂房扩建引进的轴承磨合机对装配完轴承的轮对进行磨合，实现对轴承装配质量的检测，通过温升曲线来判定轴承装配的质量。根据轴承磨合机提供的温升曲线，磨合速度 100km/h 时，轴承温升不超过 40℃，表明轴承装配合格。

# 5 结论

（1）320t 混铁车轮对轴承组装配合过盈量为 0.043~0.093mm。

（2）通过混铁车轴承压装技术的应用，改变了原有热装方式，可提高轴承装配效率，减少工人劳动强度，实现量化指标装配，减少组装差错率。

在实际组装和检修过程中，影响轮对轴承轴箱组装质量的因素还有很多，随着 320t 混铁车检修的不断深入，还应进一步研究。

## 参 考 文 献

[1] 况作尧. 冶金企业铁路特种车辆运用与检修 [M]. 北京：中国铁道出版社，2011.

# 铁渣车倾翻不良原因分析及检修运用对策

## 刘明魁

（酒钢集团宏兴股份有限公司运输部）

**摘　要**：铁渣车定期检修和临时抢修、车辆技术状态不良、铁渣罐技术状态、铁渣罐焊补更换、操作原因、外部环境、生产组织、磕坨凉坨等因素都会直接和间接地对铁渣车保产运输带来影响。如果铁渣车在倾翻时不能顺利立起，有时甚至堵住几辆车不能运用，将对铁渣车保产运输带来巨大影响。特别在集中出现铁渣车渣场倾翻不良的现象时会给保产运输带来极大的挑战，也给车辆检修工作者带来了极大的工作压力。所以查找铁渣车倾翻不良的原因并制定相应的检修和运用对策，不但对保产运输意义重大，对减少检修和抢修费用、降低成本和改进车辆检修工作者的形象都有积极的作用。

**关键词**：铁渣车；倾翻不良；原因；对策

铁渣车在正常的运用中，涉及车辆的定期检修质量、车辆的技术状态、车辆日常技检维护、车辆的运输组织、车辆的操作倾翻、渣罐的质量、渣罐的焊补质量、喷浆的质量、外部的运用环境等一系列的因素，加之运用频度较快、载重大、温度高、条件恶劣，传动装置和罐体本身的一些零部件都会发生磨耗、疲劳断裂或脆性断裂、弯曲变形、腐蚀、裂纹、折损等现象。这些损伤的存在有的直接影响倾翻，有的间接对倾翻造成影响。在车辆定期检修中如果不能彻底消除潜在的隐患和保证检修质量，列车技检中若不能及时发现和妥善处理，操作中不能正确操作和处理，轻者造成车辆倾翻不良，重者影响保产运输用车需求。因此，我们应不断研究和探索铁渣车辆在运用中发生倾翻不良的规律和原因，做到及早发现、妥善处理，以保证用车需求。

历年铁渣车倾翻不良故障统计见表1。

**表 1　历年铁渣车倾翻不良故障统计**　　　　（次）

| 故障年份 | 2014 | 2015 | 2016 | 2017 | 2018 | 2019 | 2020 | 2021 | 小计 |
|---|---|---|---|---|---|---|---|---|---|
| 传动装置 | 20 | 7 | 7 | 1 | 2 | 1 | 2 | 1 | 41 |
| 电机 | 8 | 2 | 0 | 0 | 0 | 0 | 2 | 1 | 13 |
| 电压 | 16 | 0 | 0 | 0 | 0 | 0 | 0 | 0 | 16 |
| 线路 | 6 | 1 | 0 | 0 | 0 | 0 | 0 | 0 | 7 |
| 其他 | 4 | 3 | 0 | 0 | 0 | 0 | 0 | 0 | 7 |
| 合计 | 54 | 13 | 7 | 1 | 2 | 1 | 4 | 2 | |

# 1 铁渣车倾翻不良原因分析

## 1.1 检修质量原因

### 1.1.1 定修检修质量问题

检修者和验收把关不严，存在检修不认真，对车辆的检修的三级检查验收制度即检修者自检自修、主操班组长检查验收、专职验收制度落实不到位，检修质量潜在隐患和检查不细致、不认真情况。比如 2014 年 7 月某日晚，1 号渣场 4 道铁渣车 1763 立不起来，该车外观检查为下丝杠窜动 12mm 左右。回库分解检查发现，下丝杠紧固大螺母压板开裂，紧固螺母外移 2 扣。该车于 2014 年 6 月定修，属于典型的检修质量问题造成的责任性倾翻不良。

### 1.1.2 临修故障处理不彻底、不全面问题

临修车进库后，尽管运输部和作业区一再要求要对车辆进行全面检查，但是有时因为检修任务多或者技检班组没有报或者检修者嫌麻烦图省事，亦或是发现问题想当然地认为还能坚持，或者是看到马上就到定修期限没有及时或彻底处理。比如：2015 年 8 月某日早上，1 号渣场 4 道有一个渣罐车 1742 立不起来，该车为段修到期车辆，外观检查为下丝杠丝母磨耗过限，不能起到把旋转运动转换为直线运动的作用，而使丝扣磨耗过限，存在上下丝母运动不一致的情况，导致半部横梁倾斜卡死不能立起，其余传动装置状态良好。该车曾经在 2015 年 7 月底因为换支罐入库，检修者和验收乃至技检者都没有及时发现丝母磨耗过限的潜在隐患。

## 1.2 车辆状态老化造成技术状态不良

在目前的 73 辆铁渣车中，有 14 辆以 16 打头的车辆系使用年限原定为 25 年（1979 年 8 月 31 日投入运用）。虽然这些车辆的轮对、轴承、丝杠等主要备件每年定期检修时也在检修更换，但是其主要的车体、构架等结构件却没有更换过，特别是受到检修条件的制约，对车体的月牙梁、扇形齿轮还不具备调修的能力。由于该车罐环质量约 8.5t，原来武钢外购罐质量在 18~20t，西部重工 2011 年 5 月以前罐质量都在 23.6~25.6t，渣质量 30t，所以载重最小在 56.5~64.1t，加之高炉炉渣的温度较高对金属材料的影响，造成车辆月牙梁疲劳受损下垂收缩，导致罐和齿轮啮合受到一定程度的影响。该批车辆先后有 5 辆车出现倾翻不良现象。

## 1.3 没有严格按照技术参数或者检修标准修复处理

### 1.3.1 修程上原因造成的技术不良

自 1998 年以来，受检修费用、作业人员等因素影响，冶金车辆取消了皆在恢复车辆的基本性能的大（厂）修修程。定（段、年）修的任务在于保持基本性能，应全面检查修好磨损部分，辅修是年修周期中辅助性的修理，要重点检查、修好磨损部分并进行注油。实际上从 1998 年开始，所有的冶金车辆的大修和辅修全部取消，车辆状态达不到技术要求。

### 1.3.2　备品备件、材料、费用的限制也在一定程度上影响了车辆的技术状态

每年真正用于修车的费用只有 30 万~40 万元。在定修时没有严格按照原来的冶金规程现在的四大标准检修更换，除了丝母使用一年必须更换外，其他诸如圆柱大齿轮、蜗轮、丝杠、向心轴承、推力轴承、半部横梁、减速机等都没有严格按照标准更换。比如说丝杠丝扣磨耗：规定年修时超过 1/3 更换、丝杠弯曲年修时每米超过 2mm、各种齿轮齿厚磨耗年修超过 1/4，减速机齿轮年修时不超过 25%；丝杠与丝母局部间隙年修时超过 2mm 更换；铜螺母与半部横梁两侧间隙之和年修时不超过 10mm，上下丝母与半部横梁间隙应为 6~10mm 等，由于受条件的影响，其实定修时这些数据大多数达不到要求，一定程度上也存在缺陷。

### 1.3.3　检修手段或点检手段的不足

对于一些要求较高的如轴的同轴度或者齿轮的同轴度在检修或者点检手段上存在不小的差距。比如罐环上的扇形齿轮，目前根本就不能拆卸下来修复，而且也没有专门的测试手段测试出每个大齿的磨耗量、不同轴度，所以在焊补后打磨时主要靠眼睛目视打磨，且受空间和位置的限制，打磨也不均匀细致。支框滚轮的轨道出现凹凸不平年修时不得超过 2mm，超过时焊后磨平。而且由于缺乏专业的点检仪器，主要还是依靠目视、听音的办法，对于轴承的保持架、内圈、外圈、滚道的划痕、压痕在车辆运用中很难判断，导致对零部件的劣化趋势掌握不准，往往是出现了故障抢修处理。

## 1.4　铁渣车倾翻不良的传动装置故障原因分析

（1）窜杠：渣罐车倾翻时允许有 5mm 的窜动量，为了防止丝杠窜动导致轴承破碎，在定修和临修时不允许窜动，通过给推力轴承施加一定的预紧力解决。在组装正确、润滑良好的情况下，丝杠的轴向力为 362.6kN，此时止动螺纹的剪切应力为 5194N/cm²，当润滑不良、扇形齿轮齿条中落入炉渣时，电动机在超载情况下工作，此时丝杠的轴向力达到 923.16kN，止动螺纹的剪切应力达到 12544N/cm²，远远超过螺母材料的许用剪切应力，发生窜杠。

（2）磨耗过限：各种圆柱大齿轮、蜗轮、丝杠、丝母、铜套、半部横梁等。

（3）轴承破碎：减速机齿轮、4 个向心轴承、2 套推力轴承。

（4）固定件裂损、开焊：直齿轮开焊、立架开焊、减速机、电机底架开焊、半部横梁裂损、各紧固螺栓松动。

（5）弯曲变形：丝杠、月牙梁、减速机主从动轴。

（6）配合度：联轴器、联轴节、齿轮啮合、丝杠丝母、铜套、半部横梁间隙、罐与车间隙等。

（7）备品备件质量：备品备件质量的好坏直接影响车辆的技术状态。2014 年购进的丝母中有两个在刚准备使用时就发现丝母掉块问题。1616 车在更换一个新减速机时就发现一个微裂纹。

## 2 铁渣罐影响倾翻不良原因分析

### 2.1 罐质量的影响

罐的基本技术参数为：渣罐由 25 钢铸成，罐底厚 90mm，其余部分厚 65mm，原来外购罐质量为 18t，包钢在用罐质量为 20~22t，而前几年西部重工制造的罐质量为 23.5~25.6t，罐质量的增加直接导致负荷加大，在倾翻时需要更大的动能。

### 2.2 罐的外形规格的影响

按照规定，罐座到罐环后四周和罐环要有 20mm 的间隙，罐底部至月牙梁的相对位置要有不少于 40mm 的间隙。个别厂家所造的罐体外形普遍较大，勉强可以坐到罐环内，四周和罐环基本没有间隙。比如 160、161 两个罐座到 1763、1764 车上后，在平地倾翻时在 90°左右罐沿直接碰到车体构架而无法倾翻，只能采取气割车辆边缘和人字棚、防护棚的办法。罐的外形过大的直接危害：一是罐体重心向上移动，在倾翻到位后罐的重量前移，增加载荷；二是罐体和罐环之间没有间隙或者间隙过小，造成在装运热渣后频繁的热胀冷缩变形，罐环处变形较小，罐环上沿和下沿变形较大，坨子即使松动也不易倒出。这些都会造成频繁返重，或者由于重罐导致不能正常立起。

### 2.3 罐的质量缺陷的影响

目前在用的多为共建单位铸造罐，一是铸造完毕后多数内壁有多处裂纹，而后采取焊补或挖补后焊补的办法，内壁本身就不光滑、光洁度不够，而且后期罐极易变形。罐壁最薄处只有 20mm，前年 3 月以来投入运用的铁渣罐中就有 12 个存在问题需要质保修复。频繁的修复也在一定程度上影响了罐的使用和保产需求。罐的变形导致罐内局部突起，致使坨子不下，进而导致车辆负载过大不易立起。二是极个别罐没有罐沿，或者罐沿过大被气割掉导致磕坨时无法撞击造成繁重或立起不良。

## 3 操作原因引起倾翻不良

安全操作规程规定：翻卸渣罐时必须注意车辆两侧是否有人或障碍物，做好联系和呼唤应答以便随时停车。渣罐车在平地上的倾翻角度为 116°±2°，滑件每侧行程为 911mm，丝杠从外往里至少留有 2 扣的距离。在渣场翻卸不下或者立不起来的渣罐中，80%是磕坨过程中立不起来。但是在操作中存在以下问题：

（1）不按照规定操作。操作人员不管罐体的倾翻角度，只是注意坨子是否翻卸下来，在坨子翻掉的瞬间按反向按钮立起，如果坨子不下就继续翻，在处理的立不起来的故障中在超高的轨道上，角度基本都在 125°左右。

（2）误操作。在车辆倾翻到位、坨子没有翻下的情况下，操作人员往起立时继续按下倾翻按钮，导致倾翻角度过大，不能正常立起。

（3）控制按钮的固在因素。在操作时明显感觉动力不足，这时更换一个接触器按钮马上就可以正常倾翻立起。

（4）撞罐因素。受倾翻人数和监管问题影响，操作人员一共两个人，在需要撞罐底磕坨时有时不撞，有时撞的次数不够，从使用的撞辊的情况就可以看出，导致带坨罐负载过大不能正常立起。包钢采用电动撞罐小车也能从侧面看出撞罐的重要性。

# 4 外部环境对倾翻不良的影响

## 4.1 电压因素

2015 年 4 月，一号渣场频频发生 24 辆渣罐立不起来，当时倾翻时的电压普遍在 320～340V，电机的额定电压为 380V，后在 7 月移动变压器后情况大为好转。

## 4.2 安全防护装置的因素

为了防止渣罐在倾翻时车辆颠覆，原来的车辆一是在横向联系梁处设有电动限位器，在倾翻角度达到 116° 时自动切断电源，在直齿滚道的两侧当达到 116° 时焊接斜铁防倾翻过度；二是在车辆车钩两侧设有抓轨器，把车辆固定在钢轨上防止车辆颠覆，由于渣场环境限制和使用的不方便，我单位采取线路超高的办法，超高在 70～80mm 需要多倾翻 2.7°～3.2°，需要比原载荷多 0.048～0.055 倍的功率。

# 5 检修及运用对策

通过以上渣罐车倾翻不良原因分析，需采取有针对性的检修和运用对策。

## 5.1 从根本上解决铁渣车技术状态不良的途径

严格按照技术标准的要求对车辆的技术不良处进行彻底的检查处理、修复。严格把好检修质量关，充分发挥专业技术人员的作用，按照三级检查验收制度，按照铁渣车跟踪调查情况一辆一辆地恢复车辆的技术状态。

## 5.2 人的方面

狠抓检修和点检人员的责任心，督促其认真干好本职工作、工作中耐心细致、一丝不苟，从根源上杜绝车辆带病作业。

## 5.3 仪器方面

增加检修和点检仪器设备，为快速高效地开展点检、检修工作服务。

## 5.4 费用方面

条件允许的情况下尽可能地增加检修费用，从根本上解决车辆潜在的隐患。

## 5.5 预防维护

（1）点检人员：要加强点检的力度，提高业务能力，及早发现存在的隐患，及时修复处理。

（2）本质安全：采购符合技术要求的罐，避免由于罐的因素影响翻卸。

（3）培训教育：加强对操作人员的培训教育和监管，正确操作。

（4）外部联络：尽可能地使外部因素对车辆的影响降到最小，促使外部环境符合要求。

## 参 考 文 献

［1］中国钢铁工业协会.冶金企业铁路规章制度汇编［M］.北京：中国铁道出版社，2021.

［2］铁路货车段修图册编委会.铁路货车段修图册［M］.北京：中国铁道出版社，2013.

［3］中国钢铁工业协会.冶金企业铁路技术管理规程［M］.北京：中国铁道出版社，2018.

［4］罗芝华.铁道车辆工程［M］.长沙：中南大学出版社，2015.

［5］曾照平，尹珊波.铁道车辆专业现场实习指导书［M］.北京：中国铁道出版社，2018.

# 整体道口板与道路衔接部位的沉降与控制

## 樊嘉谦

（武汉钢铁有限公司运输部）

**摘　要**：针对整体道口板与道路衔接部位不均匀沉降现象开展动力检测，从铁路、公路两方面对病害成因进行综合分析，为减缓不同路面结构应变不协调及沉降差，采用整体道口板底部过渡层工艺、面层过渡段工艺、装配式路面工艺、钢渣水稳基层等多种方案，控制整体道口衔接处不均匀沉降，确保道口交通安全平顺。

**关键词**：整体道口板；应变不协调；刚度差；过渡段

平交道口设置于铁路与公路平面交叉部位，其设备完好状况直接影响铁路、公路运输安全。平交道口结构主要有沥青道口、木枕道口、砌块道口、钢木组合道口、橡胶道口、钢筋混凝土整体道口等。整体道口板因结构稳定、维护量小，近年广泛运用于企业专用线铁路平交道口上。

在整体道口板日常维护中，我们发现在重载运输道路上，整体道口板与道路衔接处易出现不平顺，甚至发生"跳车"现象，影响道路交通安全。为整治道口衔接部位不均匀下沉病害，我们对整体道口衔接处病害进行了调查、动力检测和分析，从工艺和技术上采取了相应改进措施，控制整体道口不均匀沉降，取得了一定的效果。

## 1　整体道口板特点及常见病害

### 1.1　整体道口板特点和外形尺寸

整体道口板施工、养护主要特点是灵活更换、稳定性好，维护量小，钢铁企业重载运输道路平交道口中，整体道口板得到广泛运用。

整体道口板结构为拼装式钢筋混凝土预制结构，各单元整体道口板间用钢板预埋件焊接连接。单块整体道口板厚0.5m、宽3m，长度在2.5~4m不等（根据相邻路面宽度、铁路线形变化选择），道口板内预留了承轨槽，钢轨设置于承轨槽内，钢轨通过扣件、轨下垫板、螺栓固定于整体道口板，承轨槽和道口板四周均设置了角钢包边，见图1。

### 1.2　道口常见病害

道口病害按部位分为整体道口板、衔接处路面两类病害。

整体道口板主要病害为铁路道口铺面不均匀下沉，主要影响铁路运输。衔接处路面病害从道路方向主要为路面不平顺，具体表现为整体道口板与混凝土道路面层错台、衔接处路面破损、衔接处路面下陷、衔接处翻浆冒泥等，主要影响公路运输。

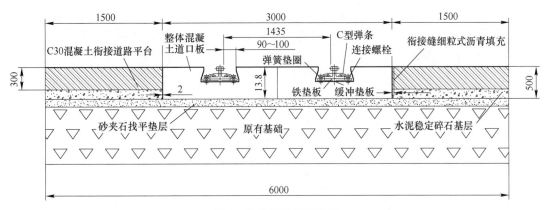

图 1 整体道口板安装图

## 1.3 交通安全影响

整体道口板不均匀下沉主要是由道口铁路基础施工不规范造成的，在整体道口板铺设施工时严格控制基础施工质量，沉降稳定后，此病害在中、后期基本不会发生。整体道口板稳定性好、维护量小的优势在日常运用中已得到验证。

日常维护中，整体道口板与道路衔接处不平顺，产生路面局部下陷、错台，不及时处理甚至会引发"跳车"现象，直接影响道路行车的舒适度、安全性。整体道口板与道路衔接处病害需要重点整治。

## 2 原因分析

### 2.1 结构刚度差异

道口板和相邻路面结构形式不同，衔接处刚度存在差异。在铁路机车车辆、道路车辆荷载作用下，不同结构沉降过程中产生沉降差，出现不均匀沉降病害，这是整体道口衔接部位成为道口薄弱环节的根本原因。平交道口相邻的道路路面结构主要有钢筋混凝土路面、沥青路面、复合式路面（混凝土加铺沥青）三种，其中整体道口板和沥青路面刚度差最大，其不均匀沉降导致道口衔接部位不平顺是最常见的整体道口病害。

### 2.2 路基施工不规范

在整体道口板和道口路面施工中，路基施工是最重要的工序，路基质量控制的关键是基础压实度、平整度达标、排水措施有效。路基施工中常见问题有：

（1）路基施工未按施工规范标准严格分层压实，每层压实度不够，路基顶面弹性模量不达标。

（2）路基填料未按设计选取，填料级配不佳、填料泥含量超过相应标准、含水率高、填料稠度大等。

### 2.3 整体道口板预留沉降量不合理

整体道口板施工中要求预留沉降量 20～30mm，没有考虑公路技术规范要求。如不针对性地进行整体强化设计，不同结构沉降差在道口路面表现为衔接部位错台、下陷，使用中甚至引发"跳车"情况，影响交通安全。具体施工中应考虑结合铁路、公路重载情况，对衔接路面进行相应处理，按公路规范要求合理设置预留沉降量。

### 2.4　道口衔接部位水渗透影响

整体道口板与路面衔接处均设置有伸缩缝，伸缩缝经过地表水或雨水的渗透后，易使衔接段路基发生翻浆冒泥病害，路基强度下降使衔接处发生沉降变形。

## 3　整体道口板动力测试和分析

整体道口板同时受铁路、公路运输荷载影响，为综合评估铁路、公路运输对整体道口板的影响，我们组织了现场动力测试。

### 3.1　整体道口板动力测试结果

动力测试汽车总质量约为 35t，后轴质量约为 $2 \times 14t$；机车采用 GK1B，其轴质量为 23t。

整体道口板各应变测点设置位置见图 2。

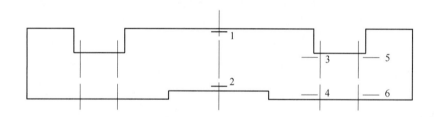

图 2　整体道口板应变测点布置图

不同汽车、机车工况下，应变测试结果见表 1，振动测试结果见表 2。

表 1　应变测试结果（$\varepsilon$）

| 测点 | 汽车最大值 | | 机车 5km/h 最大值 | | 机车 15km/h 最大值 | | 机车 25km/h 最大值 | |
|---|---|---|---|---|---|---|---|---|
| | 静标定 | 慢速 | 第 1 次 | 第 2 次 | 第 1 次 | 第 2 次 | 第 1 次 | 第 2 次 |
| 1 | $-102 \times 10^{-6}$ | $-68 \times 10^{-6}$ | $12 \times 10^{-6}$ | $12 \times 10^{-6}$ | $10 \times 10^{-6}$ | $11 \times 10^{-6}$ | $9 \times 10^{-6}$ | $11 \times 10^{-6}$ |
| 2 | $52 \times 10^{-6}$ | $51 \times 10^{-6}$ | $-9 \times 10^{-6}$ | $-10 \times 10^{-6}$ | $-8 \times 10^{-6}$ | $-9 \times 10^{-6}$ | $-9 \times 10^{-6}$ | $-7 \times 10^{-6}$ |
| 3 | $5 \times 10^{-6}$ | $-26 \times 10^{-6}$ | $-38 \times 10^{-6}$ | $-36 \times 10^{-6}$ | $-31 \times 10^{-6}$ | $-32 \times 10^{-6}$ | $-28 \times 10^{-6}$ | $-30 \times 10^{-6}$ |
| 4 | $8 \times 10^{-6}$ | $18 \times 10^{-6}$ | $25 \times 10^{-6}$ | $25 \times 10^{-6}$ | $22 \times 10^{-6}$ | $20 \times 10^{-6}$ | $18 \times 10^{-6}$ | $18 \times 10^{-6}$ |
| 5 | $6 \times 10^{-6}$ | $-24 \times 10^{-6}$ | $-36 \times 10^{-6}$ | $-34 \times 10^{-6}$ | $-32 \times 10^{-6}$ | $-34 \times 10^{-6}$ | $-26 \times 10^{-6}$ | $-27 \times 10^{-6}$ |
| 6 | $4 \times 10^{-6}$ | $17 \times 10^{-6}$ | $24 \times 10^{-6}$ | $25 \times 10^{-6}$ | $19 \times 10^{-6}$ | $20 \times 10^{-6}$ | $14 \times 10^{-6}$ | $15 \times 10^{-6}$ |

注：慢速指小于 5km/h。

表 2　整体道口板振动测试结果

| 测　点 | | 机车 5km/h 最大值 | | 机车 15km/h 最大值 | | 机车 25km/h 最大值 | |
|---|---|---|---|---|---|---|---|
| | | 第 1 次 | 第 2 次 | 第 1 次 | 第 2 次 | 第 1 次 | 第 2 次 |
| 竖向动位移 /mm | 左侧 | 0.00708 | 0.00737 | 0.01758 | 0.01332 | 0.01077 | 0.01453 |
| | 右侧 | 0.00751 | 0.00996 | 0.01081 | 0.04688 | 0.01914 | 0.01213 |
| 竖向加速度 /mm·s$^{-2}$ | 左侧 | 0.00344 | 0.00539 | 0.00451 | 0.00467 | 0.00748 | 0.00782 |
| | 右侧 | 0.00233 | 0.00356 | 0.00477 | 0.00385 | 0.00731 | 0.00619 |

注：结果为单次测量过程中的绝对最大值。

## 3.2　整体道口板应变测试结果分析

汽车静力作用下，整体道口板产生的最大拉应变、压应变分别为 $52×10^{-6}$、$-102×10^{-6}$，换算应力分别为 1.794MPa、-3.519MPa，发生在 1 号、2 号测点；汽车慢速通过时，1 号、2 号测点的最大拉应变、压应变分别为 $51×10^{-6}$、$-68×10^{-6}$。

机车以不同速度通过整体道口板时，整体道口板各测点的最大拉应变、压应变分别为 $25×10^{-6}$、$-38×10^{-6}$，换算应力分别为 1.760MPa、-2.346MPa，发生在低速（5km/h）工况下。

## 3.3　整体道口板振动测试数据分析

当机车以不同速度通过整体道口板时，实测整体道口板端部左、右承轨槽口处最大竖向动位移为 0.01914mm。

当机车以不同速度通过整体道口板时，实测整体道口板端部左、右承轨槽处最大竖向加速度为 0.00782mm/s²。

整体道口板的振动信号（动位移、加速度）主要反映结构动力响应特性，其值小，表明结构具有良好的动力性能。

## 3.4　工后沉降计算

计算依据：铁路机车整备质量 92t，道口面积 27m²。汽车载重后总质量约为 35t，轴距为 1.4m+3.9m，后轴质量约为 2×14t。路基工作区厚度为 2m，路基回弹模量为 40MPa。汽车轮胎着地面积为 0.0785m²，当量直径 $d=0.316m$，轴重 140kN，路面结构层厚度取 30cm，应力扩散角取 45°。

路面结构层底附加应力为 70/[3.14×(0.316+2×0.3)²/4]＝106.28kPa（附加应力约为机车路面的 3 倍）。

通过计算，汽车路基工后沉降 5.314mm，铁路道口板工后沉降 1.704mm（仅考虑机车影响），两者工后沉降差为 3.61mm。实际运用中，道口板方向还有汽车运输影响，沉降差（不均匀沉降）产生后，汽车对道口冲击加剧，现场的沉降差远大于理论值。

## 3.5　综合分析

整体道口板动稳定性高于公路路面。道口板动位移数值小，与沥青道路设计弯沉指标比较，可知整体道口板与沥青路面之间存在较大的应变不协调。应变不协调导致相邻铁路公路工后沉降不一致，进而影响相邻路面结构，发生道口衔接部位不均匀变形。

整体道口板相邻道路结构不同，工后沉降值、沉降速度也存在差异。衔接路面结构的沉降量比较：钢筋混凝土路面沉降量小于复合路面沉降量小于沥青路面沉降量。

# 4　整体道口板、道路路面不均匀沉降整治

## 4.1　铁路、公路设计要求

衔接过渡段：在《Ⅲ、Ⅳ级铁路设计规范》（GB 50012—2012）、《厂矿道路设计规范》（GBJ 22—87）、《城镇道路路面设计规范》（CJJ 169—2011）、《公路路基设计规范》（JTG D30—2015）中，对道口衔接过渡段均无具体要求。铁路路基设计中对路桥过渡段有设计要求，对道口的衔接过渡无具体规定。公路路基设计仅要求"二级及二级以上公路路堤与桥台、横向构造物（涵洞、通道）连接处应设置过渡段"，路基压实度要求小于"96%"[1]。

工后沉降：《铁路路基设计规范》（TB 10001—2016）、《公路路基设计规范》（JTG D30—2015）中，对铁路、公路路基工后沉降的控制要求不同。铁路路基工后沉降：Ⅰ级铁路不应大于20cm，路桥过渡段不应大于10cm，沉降速率均不应大于5cm/a[2]；Ⅱ、Ⅲ级铁路不应大于30cm，Ⅳ级铁路不应大于40cm，Ⅱ、Ⅲ、Ⅳ级对路桥过渡段工后沉降未作具体要求[3]。（一般路段）公路路基工后沉降：一级公路不应大于0.30m，二级公路不应大于0.50m[1]。

因工后沉降不同，道口衔接部位易出现错台现象，公路规范规定重度错台为接缝两侧高差大于或等于10mm。因道口衔接处不同结构间存在沉降差，易出现重度错台。路面错台对公路运输安全影响较大，从工后沉降分析，道口衔接处应进行强化设计。

从运用量上分析，平交道口处汽车运输量要远大于火车运输量。在道口板病害整治中，汽车运输影响应作为主要因素考虑。结合铁路、公路运输影响，参考铁路路桥过渡段设计要求，应把改善公路结构受力、提高公路结构强度作为整治的重点。

## 4.2　整治原则及方案

针对整体道口板与路面衔接部位的特殊性，采取相应技术措施。进行强化设计的主要目的是减小衔接处相邻结构的刚度差，为整体道口板、道口路面提供一个足够、均匀的基础刚度，控制减少不均匀沉降导致的病害发生。

### 4.2.1　设置过渡层提高道口路面基础强度

因单元式整体道口板总质量大（大于10t），且道口板与相邻路面存在较大的应变不协调，在铁路列车、公路汽车荷载作用下，整体道口板间、道口板与路面间易出现错台、板端翘曲情况。实践证明道口板施工时最有效的措施是在整体道口板下增设过渡层，实际运用中，中间过渡层有两种技术方案：基础底板结构（见图3）、塔形结构（见图4）[4]。过渡层的作用考虑汽车对道口相邻路面的冲击较大，通过向公路方向延伸的过渡层，将平交道口处因应变不协调引发的车辆弹冲击力传递给道口铁路地基，而不是将汽车冲击荷载直接作用于相对较低的公路地基上。

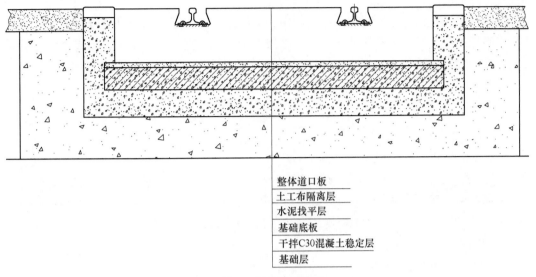

图3　基础底板结构

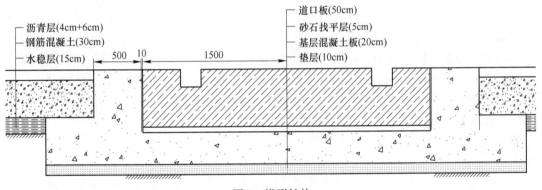

图4　塔形结构

基础底板结构施工简单、造价低；塔形结构施工复杂、造价高，但防治道口板不均匀下沉效果最好。这两种结构都存在施工时间过长的问题。

在钢铁企业建设中的整体道口运用实践表明，设置过渡层（保护层）是消除道口板基床病害、控制板间沉降的有效措施，但因施工周期长，在既有老道口改造中运用较少。

### 4.2.2　设置路面过渡段

过渡段设置方法：在道路与整体道口板间设置一定长度的过渡段，使面层结构的刚度依次递减，最大限度地减少路面与整体道口板之间的沉降差，减缓不同路面结构（道路面层、整体道口板）变形，保证车辆行驶安全、平稳。

在新线建设时，道口衔接设置过渡段适宜采用钢筋混凝土路面结构。既有道口改造中过渡段适宜采用类似"搭板"（钢筋混凝土板，见图5）工艺，加设钢筋混凝土板来增加相邻路面的刚度，减缓与整体道口板结构的刚度差。钢筋混凝土厚板用C40钢筋混凝土板，厚度为0.3m，宽度为4.5~6m（半幅路宽），长度为1~3m。"搭板"主要起过渡作用，将不均匀沉降分散在搭板长度内[5]。道口相邻路面为柔性路面时，搭板长度要大于相邻混凝土路面时的设置长度。

　　在既有整体道口衔接不均匀沉降整治中，为缩短公路占用时间，过渡段施工建议采用装配式路面工艺，装配式小板的优点是易维修、施工快、交通影响小。装配式路面能满足路面强度要求，使用效果较好。

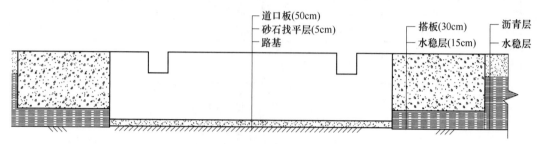

道口板(50cm)
砂石找平层(5cm)
路基
搭板(30cm)
水稳层(15cm)
沥青层
水稳层

图 5　柔性路面中设置过渡段

### 4.2.3　提高道路路基强度

　　设计时，衔接处的公路路基顶面回弹模量提高 1~2 个等级，建议按 60~70MPa 考虑。

　　改善道路基层材质。常用的水泥稳定碎石层水稳定性差，用钢渣替代部分碎石可有效改善道路基层材质。在道口衔接缝处渗水过程中，水泥钢渣水稳层的水稳定性较好，杜绝了翻浆冒泥发生。

　　钢渣水稳在湛江、宝山、青山基地均有成功应用案例。根据试验和实践检验，重载道路中钢渣水稳的控制指标要求：级配中钢渣掺量控制在 30% 左右，7d 龄期无侧限抗压强度大于 4.0MPa，压实度应不小于 97%，液限宜不大于 28%，塑性指数不大于 7[6]，其余均应符合《公路路面基层施工技术细则》（JTG/T F20—2015）中规定。

## 5　结语

　　整体道口衔接处的不均匀沉降是常见道口病害，不均匀沉降的发展会引发"跳车"现象，影响道口交通安全。应针对不同结构、不同施工条件，如沥青面层、混凝土面层、复合面层，采取针对性的强化设计和措施，严格控制施工质量和技术指标，运用整体道口板底部过渡层工艺、面层过渡段工艺、装配式路面工艺、钢渣水稳基层工艺，改善、减缓相邻路面不同结构间的刚度差，控制、减小公路路基的沉降，有效防治整体道口衔接处的不均匀沉降，确保交通安全。

### 参 考 文 献

[1] 中交第二公路勘察设计研究院. JTG D30—2015 公路路基设计规范 [S]. 北京：人民交通出版社，2015.

[2] 中铁第一勘察设计院集团有限公司. TB 10001—2016 铁路路基设计规范 [S]. 北京：中国铁道出版社，2017.

[3] 中华人民共和国铁道部. GB 50012—2012 Ⅲ、Ⅳ级铁路设计规范 [S]. 北京：中国计划出版社，2012.

[4] 金年生. 钢渣骨料沥青混合料路用性能研究 [J]. 公路交通技术，2019，35（1）：18-23.

[5] 詹超. 谈桥头搭板型式及设计参数 [J]. 山西建筑，2013，39（17）：192-193.

[6] 陈明. 整体道口板异常沉降和二维分离式道口模型 [J]. 路基工程，2009，6：89-90.

# 对酒钢厂区铁路钢轨探伤工作的分析与探讨

## 王远林

（酒钢集团宏兴股份有限公司运输部）

**摘 要**：本文通过对冶金厂区铁路线路中钢轨伤损的常见病害产生的原因进行分析，因地制宜地采取合理的探伤方法，解决探伤工作中误判和漏判的难题，也为铁路线路维修和无损钢轨探伤工作提供参考。

**关键词**：冶金企业；钢轨头部伤损；钢轨探伤；技术改进

## 1 引言

酒钢厂区铁路属于专用线，与国铁相比铁路等级低、车速慢、设备投入低、大修周期长。目前还有 20 世纪 80 年代的钢轨仍在接发车作业繁忙的嘉北站西场使用，钢轨疲劳老化情况非常严重。为了确保铁路行车安全，采用巡道工日常巡检和钢轨探伤工进行钢轨探伤相结合的方式进行日常检查。巡道工只能通过肉眼查找钢轨外观的变化，比如钢轨裂纹、磨损、掉块等，这要求巡道工既要有较高的业务技能，还要有较强的责任心，属于事后补位。钢轨探伤则不同，是通过钢轨探伤仪对钢轨进行伤损检查，可以发现钢轨内部的伤损，提前预知钢轨的状态，便于及时采取措施，属于预防手段，也是钢轨检查的主要手段。对于酒钢厂区铁路来说，钢轨探伤工作尤为重要。在进行钢轨探伤作业时，没有发现伤损钢轨，有可能还没有等到下一个探伤周期到来，钢轨就会折断，若巡道工也没有及时发现，会造成非常严重的后果。

本文主要是对酒钢厂区铁路钢轨探伤工作的分析，总结钢轨探伤作业中好的方法，与从事钢轨探伤工作的同行进行探讨，希望能够给同行提供一些方法和新的思路。钢轨是承载列车安全运行的铁道线路中最为重要的环节之一，近几年，为了延长钢轨的使用寿命，首先就要增强钢轨头部的耐磨性能，钢轨的轨头是直接接触车轮的，由于列车车轮的反复冲撞，轨头内侧会逐渐形成侧面磨耗，侧面磨耗达到一定程度就会直接影响列车的安全运行，将会被视为重伤钢轨，而不能再继续使用。同时轨头另一个伤损就是核伤，它源于轨头内部的细小裂纹，由于轴重、速度、运量的不断提高，在钢轨走行面以下的轨头内部出现极为复杂的应力组合，使细小裂纹先是成核，然后向轨头四周发展，直至核伤周围的钢料不足以提供足够的抵抗，钢轨在毫无预兆的情况下猝然折断，加强轨道及机车车辆的养护，能减少核伤的发展，但无法完全消灭。各国对核伤均采用折射角为 65°~70° 的超声横波探头进行探伤。我国根据核伤多出现在轨头内侧上角的特点，多年来探伤仪一直采用二次波法，即将探头向内侧偏转 14°~20°，利用经轨颚反射后的二次波进行检测。但这些年也逐渐增加了中心直打 70°（探头向内侧偏转 0°）探伤检测通道。我国和欧美的探伤车采用直打 70° 通道一次波、偏斜 70° 通道（向内侧偏转 14°~20°）一次波和二次波进行检测。

线路轴重大的苏联曾经采用内侧偏转 35°的一次波检测法[1]。酒钢的钢轨探伤工作已有 30 年左右的时间，2010 年以前主要是以 JGT-2 型脉冲式钢轨探伤仪，采用模拟信号[2]，虽然普通铁路的钢轨探伤工作开展时间长、经验丰富、模式较为成熟，但由于冶金专用线铁路钢轨探伤与普通铁路情况大为不同，甚至单纯地照搬、硬套，不能很好地指导地铁的钢轨探伤工作。因此，2015 年铁路工务方面对钢轨监控能力引进了新型 GCT-8C 钢轨探伤仪，第一次正式将钢轨探伤报告作为铁路维修计划参考的重要依据写入设备点检的制度文件里，同时，结合过去我们线路在钢轨探伤中积攒获得的资料和积累的经验和技术交流、学习，制定了相对完善的规章制度和标准，但是还有很多特殊条件下的探伤没有参考和借鉴，只能对其方法、模式进行分析和讨论，通过技术改良寻找出真正适应我们现场的方法就显得十分重要和必要。

## 2　钢轨轨头伤损产生原因及现象分析

### 2.1　钢轨头部常见的伤损

轨头横向疲劳裂纹俗称轨头核伤，是指在列车荷载的反复作用下，在轨头内部出现极为复杂的应力分布和应力状态，使细小裂纹横向扩展成核伤，直至核伤周围的钢材强度不足以抵抗轮载作用下的应力，主要有核伤、裂纹、鱼鳞纹、表面掉块等；裂纹根据位置和方向，又分为螺栓孔裂纹、水平裂纹和垂直裂纹，核伤又分为黑核和白核，此种伤损钢轨在出现漏检时毫无预兆的情况下猝然折断，存在很多不确定性，产生的后果却十分严重，其中，钢轨发生突然脆断，是最危险的钢轨伤损，通过理论联系实际分析，大体上有以下 3 个原因：

（1）核伤重要形成原因是钢轨在制造的过程中因冶金缺陷、热处理缺陷等原因造成本身存在白点、气泡等内部缺陷，在列车动荷载重复作用下，这些微小疲劳源逐步发展成核伤。

（2）除材质原因外，大运量重载区段，由于接触应力过大，且长时间反复作用，在钢轨表面先形成轨面鱼鳞或其他类型的表面伤损，然后慢慢发展为核伤。

（3）在小半径曲线地段，由于地段超高满足不了现在高速列车的要求，因此造成钢轨曲线上股偏载现象，曲线上股钢轨侧磨严重，轮缘对轨颚挤压力大大增加，在水平推力与挠度应力的复合作用下，钢轨轨头易产生细微裂纹，形成疲劳源，在列车往返运行重复作用力下，裂纹易发展形成核伤。

### 2.2　钢轨运用过程中产生伤损的突出现象

针对近 3 年来现场出现的问题，通过查阅相关资料分析显示，钢轨核伤是所有伤损的基础，又多发生在钢轨轨头部，当核伤面积占轨头 10%～15%时，钢轨疲劳强度下降 90%以上，伤损直径达到 20～40mm 将发生断轨风险。从过去单一的表面伤损发展为极强隐蔽性和综合性显现，且有轻伤发展重伤时间缩短的倾向，根据近 2 年来的钢轨伤损趋势、钢轨折断后的分析报告，大概总结出一些规律，如接头轨面碎裂掉块、擦伤引起钢轨内部有伤探不到；曲线上股侧磨严重，下股压宽，轨面破皮时有伤难探；轨头两侧有小伤难以检出；伤损的倾向与探头的角度不垂直时难以探出；钢轨接头高低错位等。

　　综合起来就形成以下钢轨头部伤损形态特征对照表，可以看出不同伤损逐渐形成和发展过程，通过现场反复实践和观察，总结以下主要形态特征和形式，也为铁路线路维修和无损钢轨探伤工作提供参考。具体特征内容见表1、图1和图2。

**表1　钢轨头部伤损形态特征对照表**

| 钢轨伤损类型 | 主要形态特征 | 表现形式 |
|---|---|---|
| 磨耗 | 表层塑性流变和微裂纹萌生于表层，轨头断面逐渐减少 | 轨头侧面磨耗和垂直磨耗超限 |
| 压溃 | 表层和次表层金属塑性流动变形 | 轨头踏面压宽和碾边 |
| 剥离 | 呈薄片状剥离或局部发展成剥离掉块 | 轨头全长剥离和掉块 |
| 波浪磨耗 | 同磨耗和压溃累积塑性流动变形和疲劳磨耗 | 高低不平的波状变形 |
| 纵横裂型核伤 | 呈条状形貌并逐渐发展成为水平方向分布的纵向疲劳裂纹面 | 加工工艺过程中的缺陷和后期形成扩大 |
| 轨头横向疲劳断裂 | 裂纹源位于轨头内部或表面，有明显疲劳裂纹扩展区 | 钢轨横向疲劳断裂 |
| 脆性断裂 | 断口无明显疲劳特征，根据放射状撕裂棱线方向可以确定断裂起始点位置 | 横向脆性断裂 |
| 踏面擦伤 | 白层马氏体 | 擦伤层剥离掉块或导致钢轨横向疲劳断裂 |
| 轨头淬硬层纵向裂纹 | 针状马氏体 | 踏面浅层纵向裂纹或浅层掉块 |

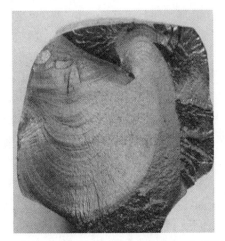

图1　实物对比钢轨轨头教学纵横裂型核伤断面

图2　高炉区现场钢轨轨头纵横裂型核伤全断面

# 3　伤损钢轨的检测方法

　　针对钢轨突出伤损现象，对应小角度偏斜校正探测补缺法操作。

　　如图3和图4所示，针对钢轨头部伤损，可利用4个单独和1个70°组合探头正推，对有异常报警但不显示或反之现象的，通过改变探头角度人为反向推小角度偏斜校正和A型脉冲与B型图像同屏、同步显示对比验证，然后，将其结果在试块上复推得出最终结果。结合现场实际探伤操作人员的描述，基于常规探伤的 4 个单独 70°探头根据需要采用小角度偏斜校正探测法补缺，利用钢轨探伤仪斜探头前沿和折射角测试与钢轨探伤仪斜探头声束偏斜角测试的两个实验结合的原理，在班组设立了试验区，有 43kg/m、50kg/m 和 60kg/m 三组 6 块自制实物对比试块，分别针对轨头核伤、裂纹、鱼鳞纹、表面掉块 4 个伤损，轨腰、轨底以及螺孔伤损，并建立周期档案，将异常但现场不能确定的视屏或照片带回试块对比，用这一套反向推理的小技巧，效果很明显，2021 年 6 月获技术革新三等奖，同时已在本专业岗位推广，使得探伤的准确率再一次得到提高，为现场探伤提供了一种很好的方法。

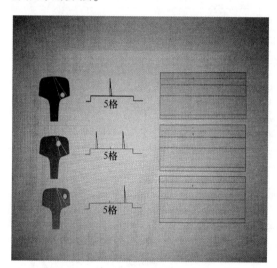 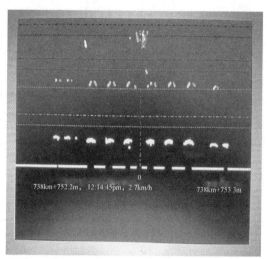

图 3　斜 70°探头的伤损位置与 A 显、B 显示意图　　图 4　斜 70°探头的 ACDB 通道伤损位置显示示意图

### 3.1　钢轨表面剥落掉块、擦伤的探测

遇有钢轨面掉块或擦伤时，探头配置应能保证从钢轨踏面上扫查时，声束所能射及部位的危害性缺陷都能被有效探测，保证对轨头（包括内侧、中部和外侧）和轨底横向裂纹（核伤）探测。钢轨头部进行探测主要使用的是 70°的探头，这是国际的标准，所以要对其检查范围进行一定的提高，同时在探测时，要保障探头所指向的方向和探头移动的方向呈现 18°~20°的夹角，使波形发射更详尽地显示在探测仪上，使得裂纹的位置以及其长度都有一个正确的参数能够进行参考，提高其正确性；探测中，如果出现回波，就说明其有损伤[3]。以上必须坚持两点原则，首先是站停看波，水量要足，灵敏度提高 3~6dB；然后是校对探头或通用仪器进行轨面小角度偏斜校、直校和轨头侧面校及两只探头一收一发校等特殊检查。

### 3.2　曲线磨耗、下股压宽的探测

改进 70°探头内部结构，把探头晶片在探头内部改成偏斜 14°，这种改进后的 70°探头可以把探头纵向直接接触轨面上。没有改进的 70°探头在曲线上与轨面接触少，改进后 70°探头基本完全与轨面接触，并且改进后的 70°探头完全可以用在直线和曲线上（见图 5）。

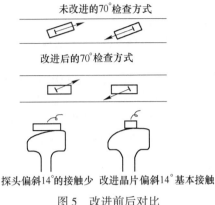

图 5　改进前后对比

轨头压宽轨面无破损时，加大供水量，仪器上的探头尽量调中或偏移反方向，直至无法显示，再用仪器进行反向检查。轨头压宽轨面破损时，由于轨面破损，探伤仪器无法对此类钢轨进行监控，因此，通知班组，按标准进行综合判定，达到有发展的根据现场实际情况组织更换处理。

## 4　改进方法后产生的效果

通过改型探伤仪后补缺过去人为技术不足造成的漏判和误判，同时，也尝试使用解决螺孔小角度裂纹[4]结合现场实际采用 70° 和 37° 探头小角度偏斜校正探测补缺，发现和解决了一部分比较隐蔽的伤损钢轨，避免了轻伤发展为重伤，可以提前预知和预防，2020 年线路探伤发现各类伤损引发故障 29 起，较 2021 年同期 12 起重点可能影响生产的故障下降 39.7%，几乎所有钢轨伤损在轻伤有发展时就有计划地进行更换或通过年修对咽喉部分进行改造，比如炼铁站、高炉区重点铁水走行线、嘉北站内整组砼枕道岔更换和南环线部分曲线升级改造，通过因地制宜地运用，钢轨探伤技术已经大大降低了由于突然断轨带来行车事故的风险，真正做到了通过科学的手段为环线大修和铁路日常检维修提供依据，有效地避免了人力和材料的浪费。

## 5　结语

综上所述，钢轨核伤的产生和发展不仅与材质有关，而且还与钢轨外界条件有关，尤其是养护不良和受冲击力较大处，如曲线上股、轨头内侧飞边或侧磨严重处、道岔导曲部位等都容易形成核伤，作业时应该高度重视加强对这些部位的探伤，适度调节灵敏度和角度，排除杂波，加强数据分析对比，区分伤损回波与螺孔固定回波的不同，将伤损查早查小，我们通过现场实际情况对检查方式随机进行调整，效果十分明显，因地制宜地利用小角度对钢轨的检测只是解决了冰山一角，要最大限度地兼顾盲区，做到提前预防监控和达到及时消除隐患的效果，探伤仪探头和钢轨之间本身存在的弊端，如探伤仪存在探伤盲区、探头灵敏度不稳定、耦合不良、误报警回波报警受干扰等都是有效避免检测漏洞的关注方向[5]。如何更好地做到"精准""快速"，除了更进一步改进探伤技术在现场铁路实际中的运用，准确、高效地检出伤损状态也是今后要研究和解决的课题。

## 参 考 文 献

［1］石永生，张全才，李杰，等．探伤车与探伤仪的轨头核伤检测能力对比分析［J］．铁路技术创新，2012（1）：99-101．

［2］陈春生．钢轨探伤史话（续篇）［M］．北京：中国铁道出版社，2015．

［3］郑学礼．铁路线路维修检测中钢轨探伤技术的应用［J］．建筑与环境，2014，40（3）：172-173．

［4］高建节．关于铁路工务钢轨探伤工作的探讨［J］．工程技术，2016（10）：293．

［5］王新莹．钢轨探伤漏检误判的原因和解决办法［J］．广西铁道，2005（4）：23-24．

# 基于信息化技术的钢轨及车轮异常磨耗分析

程志波

（宝武集团鄂城钢铁物流管理部）

**摘　要**：本文论述了通过铁水信息跟踪技术，对比分析重载铁水车在特定时间，特定铁路区段的各种运行信息，从铁水车与区域铁路的通过性能是否相匹配的角度，分析钢轨及车轮产生异常磨耗的原因，达到减少或消除异常磨耗的目的。

**关键词**：信息化；钢轨；车轮；异常磨耗；分析

## 1 引言

企业自备铁路（见图1）往往具有弯道半径小、"S"弯曲线多的特点，故而钢轨磨耗成为企业铁路运输的一种较为常见的现象。当钢轨出现明显的"掉粉"时，称为"异常磨耗"。钢轨异常磨耗的同时，与之接触的车轮同样产生异常磨耗，主要体现在车轮轮缘及钢轨的侧面磨耗上。往往因为缺乏直观的动态检查手段，加之轮轨关系相对复杂，难以确定是"路"还是"车"的原因。

图1　企业自备铁路

笔者所在单位的铁水运输线采用60kg钢轨，最小曲线半径约为116m，负责日常铁水运输的是六轴敞口罐铁水车，装满铁水后单台总质量为240~260t。每当天气炎热、气温骤然升高时，铁路小半径曲线就出现不同程度的"掉粉"，车辆通过时伴有刺耳的尖叫声，主要发生在小半径曲线及"S"弯铁路区域，其他半径稍大的铁路弯道区域未见明显"掉粉"。经过对铁路、车辆的检查、调整，辅之以车速控制、钢轨涂油，高温天气时"掉粉"磨耗总体受控，运行5年的铁水车轮缘平均侧面磨耗量小于1mm/a，新换半年的曲线钢轨，平均侧面磨耗量小于 2.3mm/月。

随着企业逐步将创效重点放在"提升铁水入炉温度"上，铁水罐周转率由 2018 年前的 2~2.3 次/d，提升至现在的 5.3~5.5 次/d，车轮及钢轨的磨耗问题日益突出，铁路小半径曲线区域"掉粉"愈发严重。尽管对铁路、车辆的检查、调整，以及车速的控制、钢轨的涂油都比以前要求更加严格，但并没有从根本上改变磨耗加剧的状况。运行 2 年的铁水车，车轮轮缘平均侧面磨耗 2.5mm/a，新换 4 个月的钢轨，平均侧面磨耗 3.6mm/月，并有持续加剧的趋势，给快节奏的铁水运输带来较大安全隐患，必须得到遏制。

## 2　异常磨耗分析

铁水车满载时，整车会有 30mm 左右的下沉量，局部还有一定程度的弹性变形。其在钢轨上行走，还会有振动、惯性及离心力的综合作用，难以直观找到异常磨耗的主因。当钢轨出现"掉粉"时，通过运用铁水信息跟踪技术，结合钢轨的"掉粉"程度，铁水车在特定时间、特定铁路区段采集的各种运用数据信息，本着先"车"后"路"的原则，从"车"与"路"的通过性能匹配性着手，运用三种基本方法分析如下。

### 2.1　温升分析法

选取相隔不小于 1km 的两组铁水车轴温监测点 $a$、$b$，利用定点测温技术，监测总质量相当的重载铁水车各车轴轴头在 $a$、$b$ 两点的温度。以三轴敞口罐铁水车为例，当局部铁路弯道处出现"掉粉"时，记录温度并分析，如表 1 所示。

表 1　铁水车轴头温度表

| 轴位 | A 车在 $a$ 点温度 $T_{aA}$/℃ | | A 车在 $b$ 点温度 $T_{bA}$/℃ | | B 车在 $a$ 点温度 $T_{aB}$/℃ | | B 车在 $b$ 点温度 $T_{bB}$/℃ | |
|---|---|---|---|---|---|---|---|---|
| 第 1 位 | 11 | 12 | 11 | 12 | 11 | 12 | 11 | 12 |
| 第 2 位 | 21 | 22 | 21 | 22 | 21 | 22 | 21 | 22 |
| 第 3 位 | 31 | 32 | 31 | 32 | 31 | 32 | 31 | 32 |
| 第 4 位 | 41 | 42 | 41 | 42 | 41 | 42 | 41 | 42 |
| 第 5 位 | 51 | 52 | 51 | 52 | 51 | 52 | 51 | 52 |
| 第 6 位 | 61 | 62 | 61 | 62 | 61 | 62 | 61 | 62 |

（1）同车型、不同编号的铁水车：相同轴位的车轴轴头，在两个监测点 $a$、$b$ 的温升基本相同，即 $T_{bB}-T_{aB} \approx T_{bA}-T_{aA}$，可认为纳入对比的铁水车的通过性能均正常。如某台铁水车的个别轴头温升 $T_{bB}-T_{aB}$ 比其他铁水车同位轴头温升 $T_{bA}-T_{aA}$ 明显高出，则考虑该铁水车该位车轴的通过性能受限，可下线检查该轴箱内部各件在重载情况下的相互磨耗或干涉痕迹。

（2）不同车型的铁水车：相同轴位的车轴轴头，在两个监测点 $a$、$b$ 的温升基本相同，即 $T_{bB}-T_{aB} \approx T_{bA}-T_{aA}$，可认为纳入对比的两车型铁水车通过性能均正常。如某型铁水车的车轴轴头温升 $T_{bB}-T_{aB}$ 普遍比其他车型同位轴头温升 $T_{bA}-T_{aA}$ 明显高出，则考虑该型铁水车整体通过性能受限，局部设计可能不适应小半径曲线运行。

（3）同车型、局部结构设计不同的铁水车：主要指心盘、旁承及轴箱内外结构不同的铁水车。相同轴位的车轴轴头，在两个监测点 $a$、$b$ 的温升基本相同，即 $T_{bB}-T_{aB} \approx T_{bA}-T_{aA}$，可认为纳入对比的铁水车通过性能均正常。如某不同结构的铁水车轴头温升 $T_{bB}-T_{aB}$ 普遍比其他结构同位轴头温升 $T_{bA}-T_{aA}$ 明显高出，则考虑该铁水车通过性能受限，该设计可能不适应小半径曲线运行。

（4）如各铁水车相同轴位的轴头，在两个监测点 $a$、$b$ 的温升基本相同，即 $T_{bB}-T_{aB} \approx T_{bA}-T_{aA}$，但 $T_{bB}-T_{aB}$ 或 $T_{bA}-T_{aA}$ 差值普遍较大，则考虑铁水车整体通过性能受限。如铁水车最小转弯半径符合要求，则考虑铁路曲线局部技术状态不良。

需要注意的是，靠近罐体的第 3 位、第 4 位车轴容易受到铁水热辐射的影响，可同步参考第 3 位、第 4 位车轴两端轴头的温差，必要时可与第 1 位或第 6 位轴互换后再确认。

## 2.2　定点分析法

针对重车通过钢轨磨耗区段的"掉粉"变化，评价铁水车在该区段的通过性能，利用铁水信息跟踪系统，寻找"问题"铁水车，下线排查。分析方法如下：

选取一端有车号自动识别功能的铁路磨耗区段，长约 50m，作为定点分析法的监测区段。监测前，清扫该区段钢轨内侧所有掉粉，前后 100m 以内钢轨与轮缘接触面也做适当清扫。每隔 4h 观察一次，发现"掉粉"问题，及时登录铁水跟踪系统排查"问题"铁水车，作好记录，再清扫，直至全部在用铁水车排查一次。"问题"铁水车根据生产安排定时循环观察，直到确认为止。

为了避免发生疏漏，在"问题"铁水车下线后，其他在用铁水车可适当延长观察时间间隔，持续重复排查，直至异常磨耗减轻或消除为止。

## 2.3　下线排除法

对信息化技术排查分析的"问题"铁水车，现场检查又没有发现明显痕迹的，则可能属于重载下的技术状态不良，这时候需要采用下线排除法，逐台安排下线，观察弯道"掉粉"情况是否好转，对"问题"对象完成确认。

## 3　结语

造成钢轨及车轮异常磨耗的原因很多，但重载动态运行造成的影响，缺乏切实有效的直观检测手段。这种运用信息化技术，结合现场磨耗变化，先"车"后"路"的分析方法，发现了轴箱后盖与车轴止挡弯道干涉、斜楔式轴箱止挡结构不适应小半径曲线重载运输、铁路弯道动态超高不足、直道进弯道坡度过缓等重车动态影响因素，对减轻"异常磨耗"起到了积极作用。

以上方法的联合运用需要高温天气条件、相对充足的车辆周转保障、生产方的大力支持，以及大量的数据查阅与分析，更需要企业铁路运输技术管理者尽力做到极致，适应企业当前极致创效下的安全运输要求。

# 全电子模块微机联锁系统在韶钢铁路运输的运用

## 李中伟

(广东韶钢松山股份有限公司物流部)

**摘　要**：联锁系统是以技术手段实现以进路控制为主要内容的联锁功能的系统，铁路信号微机联锁系统是整个站场控制的核心，是指挥列车运行、保证行车安全、提高运输效率、传递信息、改善行车人员劳动条件的关键设施。全电子式联锁系统更是佼佼者。
**关键词**：联锁；控制；全电子

铁路信号设备是铁路行车的指挥与控制系统。它在保障行车安全、提高行车速度和密度、提高运输效率和改善行车运输工作人员的条件方面具有重要作用。计算机联锁系统是实现铁路现代化和自动化的基础设施之一，是一种高效、安全的车站联锁设备，是提高车站通过能力的基础。同时，计算机联锁系统还具有故障—安全性能，与电气联锁系统相比，其在设计、施工和维护方面都较为便捷，且便于改造和增加新功能，为铁路信号向智能化和网络化方向发展创造了条件。

## 1　系统概述

GKI-33e 微机联锁系统是符合中国铁路技术标准和欧洲铁路安全标准的新一代计算机联锁系统。系统充分利用计算机容错技术、冗余技术、安全可靠技术、故障屏蔽技术，遵循故障—安全的设计原理。系统的安全完整性等级达到 SIL4 最高标准，并通过第三方国际知名认证机构德国 TUV SUD 的评估和认证，适用于国铁、城轨、冶金、煤炭、电力、化工、港口等领域的所有铁路车站，具有安全性高、系统配置灵活、设备容量大等优势。

## 2　系统主要工作原理

### 2.1　二乘二取二结构

系统采用二乘二取二结构。通过系内二取二结构保证高安全性，通过系间二乘冗余保证高可靠性；系统软件、硬件设计遵循"故障—安全"原则；严格遵循欧洲铁路信号 EN 501XX 系列标准，符合 SIL4 要求。二取二安全原理结构如图 1 所示。

### 2.2　全电子接口模块设计

实现小体积、标准化机柜式结构，大大减少系统占用空间；采用层次化和模块化设计，大大增加系统可扩展性，方便进行维护和改造。

### 2.3　超强处理能力

采用高性能微处理器，极大地增强了系统的处理能力，同时也使接口模块具有智能

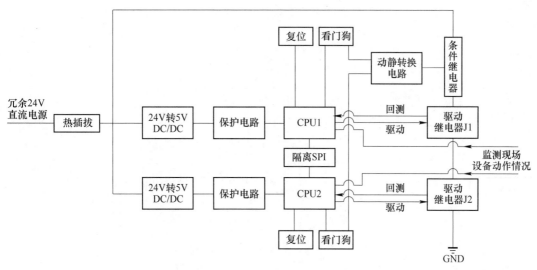

图1 二取二安全原理结构图

性；全部硬件板卡采用双 CPU 冗余，具备自诊断能力，报警显示迅速定位到通道及接口，能够根据设备故障进行多级报警。

## 2.4 冗余

系统搭建有冗余的通信网络和 UPS，实现完整的二乘结构；全部硬件板卡具备热插拔能力，便于维护时系统连续工作。

随着智慧制造的发展，铁路站场多功能设计才能满足铁路运输需求，二乘二取二结构提高了系统的安全性和准确性，全电子接口模块降低了设备故障率，这些系统功能不仅提高了运输效率，还降低了点检维护人员的工作量。

# 3 系统架构和设备功能

## 3.1 系统架构

CKI-33e 微机联锁系统架构如图 2 所示。

（1）控显机、电务机、KVM 和显示屏构成了系统人机交互设备，用户使用显示屏和鼠标控制和监测联锁设备，进行人机交互，完成车站作业和设备维护。

（2）A、B 两系联锁机是这套设备的运算核心，负责将下层模块采集到的室外设备状态和上层控显机下达的命令集中运算，将运算结果传递给下层模块执行。联锁主机采用二乘二取二结构，具有较高的安全性和稳定性。

（3）各类 IO 模块（信号模块、道岔模块、轨道模块、零散模块，下同）为系统的输入和输出设备，负责采集室外设备状态和驱动室外设备动作。它们具有的 CAN 总线和 485 总线还可以为电务维修机提供数据采集。

（4）交换机是联锁机、电务维修机和控显机以及区域联锁站间通信的枢纽，将站内、站间的此类设备组成一个局域网，使信息在其中顺畅的交互。交换机使用双网冗余模式。

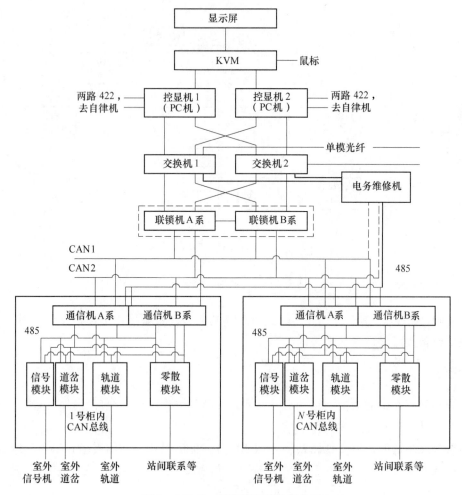

图 2　GKI-33e 微机联锁系统架构图

（5）通信机是联锁机、电务维修机和柜内机笼模块的信息交互枢纽，采用双路 CAN 总线和 485 总线模式，每台接口柜采用一对通信机。

## 3.2　设备功能

### 3.2.1　联锁机

联锁机由专门开发的基于 Cortex-A8 核的专用计算机组成，采用软硬件结合完成二取二表决的容错机制和硬件完成双机热备的冗余机制来实现二乘二取二的工作方式。

联锁机主要功能包括：

（1）联锁逻辑运算，实现信号设备的联锁逻辑处理，完成进路的办理，发出开放信号和动作道岔的控制命令。

（2）通过以太网接收控显机传来的操作命令，向控显机传输表示信息。

（3）通过 CAN 总线接收 IO 模块传来的室外信号设备状态，进行联锁逻辑运算，通过 CAN 总线发送驱动命令至 IO 模块，驱动室外设备完成相关动作。

（4）两套 CPU 系统之间通过 SPI 总线进行二取二运算。

（5）通过 CAN 总线进行两系联锁机之间的数据同步，通过切换电路实现两系的主备无扰切换。

### 3.2.2 通信机

GKI-33e 计算机联锁系统的通信机由专门开发的基于 Cortex-M3 核心的专用计算机组成，采用软硬件结合完成二取二表决的容错机制和硬件完成双机热备的冗余机制来实现二乘二取二的工作方式。

通信机主要功能包括：

（1）通过对上的 CAN 总线接收并存储来自联锁机的控制命令包，将命令解包后通过对下的 CAN 总线将命令转发给 IO 模块。

（2）通过对下的 CAN 总线接收 IO 模块上报的信息，打包后通过对上的 CAN 总线转发给联锁机。

（3）两套 CPU 系统之间通过 SPI 总线进行二取二运算。

（4）在区域联锁时，通过以太网接收联锁机的命令，转发给 IO 模块，以及接收 IO 模块的信息，打包转发给联锁机。

（5）通过 RS485 总线接收 IO 模块的故障信息，将信息打包后转发给电务维修机。

### 3.2.3 控显机

控显机属于系统的人机交互层，信号操作员通过此软件观察现场设备实际状态，同时也通过控显机下发选路等操作命令。控显机仅完成表示读取显示、操作命令获得与下发、对外系统的通信、信息记录，不进行联锁运算。

控显机软件使用 delphi 语言编写，在 Windows 环境下运行。站场基础数据由计算机辅助 CAD 工具自动生成。程序和数据完全分开，对各站来说，程序是通用的，不同的是每个站场有各自的数据文件。

控显机的软件模块结构如图 3 所示。

### 3.2.4 信号模块

信号模块采用二乘二取二设计，由 A、B 两系信号机控制模块同时输出的方式控制室外信号设备，以提高系统的可靠性和稳定性。每系信号机模块使用两块工业级 CPU，以主/从方式独立运算，采用 SPI 数据交换比较的二取二方式完成解析指令、控制输出、状态回测等动作，以实现高安全可靠的控制。

信号模块主要功能包括：

（1）接受联锁机的寻访、控制指令，对室外二、三、四、五、六显信号机进行控制。

（2）通过回测继电器触点状态信息、电流检测、电压检测，实现对室外信号设备实时状态的监测。

（3）主备机通过 SPI 交换比较控制指令、回测状态。

（4）采用故障安全控制逻辑，智能控制信号设备状态倒向安全。

（5）采用安全可靠的冗余通信设计。

（6）完整的故障诊断、上报处理流程。

### 3.2.5 道岔模块

道岔模块以两片 Cortex-M3 核的处理器芯片为核心，组成两套独立的 CPU 系统，两套

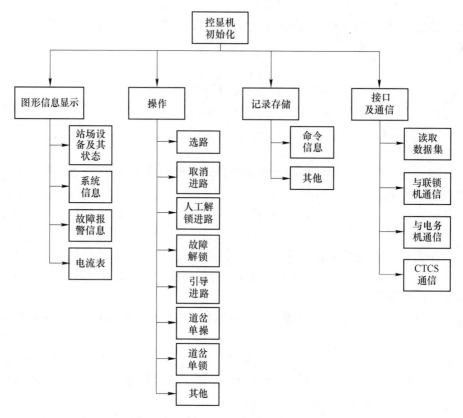

图 3　控显机的软件模块结构图

CPU 系统之间通过 SPI 总线进行数据同步和比较，构成二取二结构。两套 CPU 系统各提供 2 路独立的 CAN 总线接口，构成冗余的 CAN 总线网络，用于和通信机通信。两套 CPU 系统各提供 1 路 RS485 总线接口，用于通过通信机和电务维修机通信。

　　道岔模块主要功能包括：

　　（1）通过 CAN 总线接收来自联锁机的控制命令，控制室外道岔转动。

　　（2）通过 CAN 总线将室外道岔的位置信息，电压/电流检测值、故障状态等发送给通信机。

　　（3）两套 CPU 系统之间通过 SPI 总线进行二取二运算。

　　（4）通过 RS485 总线将故障信息发送给通信机，从而上报给电务维修机。

3.2.6　轨道模块

　　轨道模块由专门开发的基于 Cortex-M3 核的专用计算机组成。以两片 Cortex-M3 核的处理器芯片为核心，组成两套独立的 CPU 系统，两套 CPU 系统之间通过 SPI 总线进行数据同步和比较，构成二取二结构。两套 CPU 系统各提供 2 路独立的 CAN 总线接口，构成冗余的 CAN 总线网络，用于和通信机通信。

　　轨道模块主要功能包括：

　　（1）通过 CAN 总线接收来自联锁机的巡防命令。

　　（2）通过 CAN 总线将室外轨道区间状态信息发送给通信机。

（3）两套 CPU 系统之间通过 SPI 总线进行二取二运算。

（4）通过 RS485 总线将故障信息发送给通信机，从而上报给电务维修机。

# 4  在韶钢的应用

## 4.1  改造概述

韶钢工业站站场国铁马坝站交接，主要负责进厂原料物资与成品出厂的运输。主要有：31 组道岔，为 ZD6 型转辙机；46 架信号机；38 个轨道区段；1 处道口，4 处站间照查联系方式。本项目为室内铁路信号系统改造，接口以 I-IIG1 区段（D203 信号机处）、I-IIG2 区段为界；工业站与工厂站接口 1 以 1WGF 区段（进厂线）为界；工业站与工厂站接口 2 以 2WG 区段（牵二线）为界。该系统采用老式继电器式控制联锁系统，已使用 16 年，超过使用寿命期限，并且联锁系统故障频发，影响机车正常通行。

本次改造主要针对计算机联锁系统室内设备及轨道电路，改造时间为 2019 年 2~5 月。

## 4.2  计算机联锁系统改造

（1）工业站室内联锁系统更新采用全新的全电子计算机联锁系统。其联锁控制系统采用二乘二取二冗余制式，工业站信号楼设置应急操作终端（平时作为监控终端），工厂站调度中心设置操作终端，实现远程集中控制，共计 31 组道岔。计算机联锁系统采用双机热备，两台联锁机互为主备机，可以人工或自动方式相互切换。当备机故障时，应能自动转入脱机状态。并且计算机联锁系统可与其他信号设备使用统一接口协议结合（与既有铁路信号调监系统、道口预警系统、机车安监系统、监测系统），可联网与其他管理信息系统交换数据，但必须与其他系统安全隔离，不得影响系统的正常工作。

全电子联锁柜布置如图 4 所示。

（2）更换全新信号专用电源屏为工业站信号设备供电（具备主副电源自动转换功能），电源屏容量为 20kV·A。配置 UPS 不间断电源、电源浪涌防护盒、电源防雷接地装置。

（3）配置监测系统，实时显示并记录站场画面信息，记录操作信息、故障信息，并具备站场画面回放功能；实时测量道岔动作电流，记录历史数据；实时测量轨道电路电压，记录历史数据；实时测量电源屏电压、电流，记录历史数据。

（4）本次大修涉及软硬件设计、新系统调试，以及实现与既有调监、监测、机车安监及计划传输系统接口同步实施，同时开通使用。

（5）工业站信号机械室设置在原机械室，新设备投用后拆除原室内设备及旧的电线电缆。

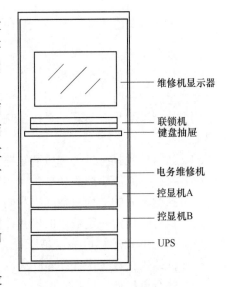

维修机显示器

联锁机
键盘抽屉

电务维修机

控显机A

控显机B

UPS

图 4  全电子联锁柜布置图

## 4.3　轨道电路改造

本项目主要是对达到铁路信号大修年限的室内计算机联锁设备进行大修改造，室外设备本次不进行更新改造，因此轨道电路制式保持不变。

室内仍保留原轨道接口电路及轨道柜，对轨道柜进行改造，通过轨道继电器接点，提供轨道占用、空闲状态。增加 480 轨道电路全电子组合柜，采集轨道继电器的接点信息，实现联锁运算。同时，轨道电路今后若需改造为交流连续式轨道电路，只需将室外信号电缆接到防雷分线柜即可，从而为今后室外改造预留条件。

工业站信号平面布置图如图 5 所示。

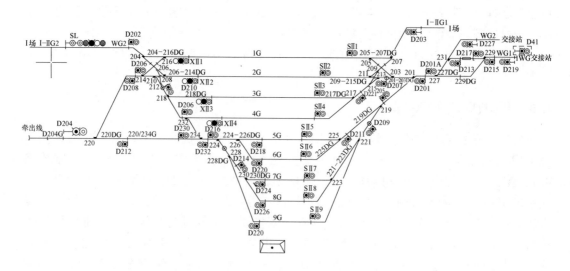

图 5　工业站信号平面布置图

## 4.4　执行单元改造

（1）执行单元工作可靠并符合故障—安全原则。

（2）执行单元面板上有指示工作状态的表示灯，在正常状态下表示灯的亮、灭或闪烁应符合要求，故障时有相应的报警功能。

（3）执行单元具有与其他系统实现通信的能力。执行单元与联锁计算机等通信时，遵循规定的通信协议。

（4）执行单元具有过载和负载短路自动保护功能。

（5）执行单元能热插拔。

（6）执行单元的平均故障间隔时间（MTBF）大于或等于 106h。

（7）执行机预留一定数量的模板接插位置。

（8）执行单元接触可靠，易于插拔，结构坚实，不发生机械变形，并具有防插错措施。接插件插拔次数应保证在 400 次以上。

（9）执行机机柜与机箱的结构有良好的散热、隔热、防潮和防尘性能。

### 4.5 监测单元改造

（1）监测机能随时监测设备的运行状态，记录操作信息、设备状态信息和自诊断信息，信息记录保存时间符合有关要求。

（2）监测机采用先进的技术手段，实现信号设备运用过程的动态实时监测、数据记录、统计分析。

（3）监测机能监测信号设备的主要电气性能，当电气性能偏离预定界限时应及时预警或报警。

（4）监测机供电电源经 UPS 引入，在外电断电时，UPS 设备可以保证监测机可靠工作 30min。

（5）监测机应具有远程诊断及维护功能。远程诊断不应造成对计算机联锁系统的"病毒"及其他非法侵入。具有良好的防护措施。

### 4.6 信号防雷系统改造

（1）对室外信号机、轨道电路、站联等信号外线在分线柜处新设防雷保安器。

（2）信号机械室新设置法拉第笼屏蔽网。

（3）信号接地装置 1 处（对地阻值不大于 1Ω）。

2019 年 5 月韶钢物流部对工业站室内设备完成大修，采用 GKI-33e 全电子微机联锁系统，至 2020 年 1 月验证期间以及到 2021 年 11 月，未出现故障，铁路信号设备正常运行，对比大修前传统微机联锁系统更稳定、故障率更低，这也证实了此系统更适用于铁路站场。

## 5 结语

随着各领域的快速发展，企业往往会对铁路信号微机联锁系统提出新的或特殊的功能要求，特别是今年韶钢对铁路运输要求非常高，如响应快、安全性高、故障率低等。本文提及的 GKI-33e 全电子微机联锁系统可以完美地实现特殊功能，这就使得其在实现特色联锁方面表现优秀。

## 参 考 文 献

[1] 林瑜筠. 铁路信号基础 [M]. 北京：中国铁道出版社，2009：113-127.
[2] 徐洪泽. 计算机联锁控制系统原理及应用 [M]. 北京：中国铁道出版社，2008.
[3] 王永信. 车站信号自动控制 [M]. 北京：中国铁道出版社，2010.

# 无线电智能综合调度指挥系统开发与运用

向学庆

（新余钢铁集团有限公司）

**摘　要**：本文介绍了无线电智能综合调度指挥系统在新钢公司铁路运输部门的平调区长台集中调度技术升级改造中的成功应用，希望能为读者解决钢铁企业复杂环境下平调区长台集中调度后的通信问题提供有益帮助。

**关键词**：平面调车；集中调度；减员增效；实时监听；远程控制区长台

## 1　概况

为了达到减员增效的目标，越来越多的钢铁企业已经或正准备对厂区内各车站实行数字平调区长台的集中调度。通过使用新的区长台集中调度系统设备，企业不但可以有效减少调度人员，便于人员的管理，还能够使调度人员更好地及时把控调车作业的现场情况，缩短机车运行时间，提高机车的调车作业效率，有利于机车的节能环保。

钢铁企业平面调车作业通信主要是由随车的调车人员与机车司机之间的信令和语音通信，以及车站平调区长台与机车组成员之间的语音通信两大部分组成。新余钢铁（以下简称新钢）厂内有7个车站，厂外有1个车站。在每个车站设有1个调度室，每个调度室内安装了1部数字平调区长台，各个车站的调度人员使用该区长台与在本辖区内作业的调车人员和机车司机进行通讯联系。另外，每个车站设有1套站场广播系统，在机车通场前调度室的调度人员需要使用专线广播电话向站场辖区铁路线广播机车通场告警进行清场。

新钢实施平调区长台集中调度后，原来8个车站的调度人员都集中到了指挥调度中心对8个车站辖区内的机车进行调度指挥作业，原来每班至少需要8个调度人员，现在可精简到4个调度人员，每个调度人员可管理两个车站辖区内的机车作业。随着生产规模的不断扩大，铁路运输生产任务也在逐步提升，指挥调度中心的调度人员与各车站现场调车人员和机车司机之间的无线通信频次也大幅增加，这对调度集中后的平调区长台通信也提出了新的要求，即调度人员需要实时监听站场上每台机车的作业通话情况。

在新钢调度指挥中心，集中了多个行车调度和安全视频监控系统，如微机联锁系统、道口安全视频监控系统、平调区长台集中调度指挥系统和站场广播系统。如果单纯地把各个车站的平调区长台和站场广播系统直接搬迁至调度指挥中心，会面临如下几个方面的问题：

（1）调度指挥中心与大部分车站的作业区域距离较远，加之它们之间有高炉和钢筋混凝土钢构建筑物的阻挡，调度指挥中心的平调区长台不能满足对大部分车站作业区的信号覆盖要求。

（2）将8个车站的平调区长台和车站的专线广播控制电话全部集中摆放到调度指挥中

心操作台上，其占用的位置空间太大，不利于设备摆放和调度人员的操作使用，同时还影响调度指挥中心设备布局的美观性。

（3）不能满足调度中心调度人员对 8 个车站辖区内所有作业机车的调车作业通话情况进行实时监听，必须装备新的系统设备来满足此项要求。

综合以上情况，根据企业已有的网络基础设施条件，新钢定制了一套通过光纤环网进行远程控制平调区长台功能的无线电智能综合调度指挥系统。无线电智能综合调度指挥系统是以远程控制区长台技术为核心，结合计算机管理控制、计算机存储、光环网通讯技术、无线通讯电台、站场无线广播系统于一体的综合调度通信指挥系统。

## 2 无线电智能综合调度指挥系统构架

无线电智能综合调度指挥系统由安装在调度中心的智能调度控制器、智能调度操作台，安装在各个车站信号楼的远程控制区长台、广播区长台，以及将这些设备连接成一个整体的光纤收发器和光纤环网等设备组成。系统构成原理框图如图 1 所示。

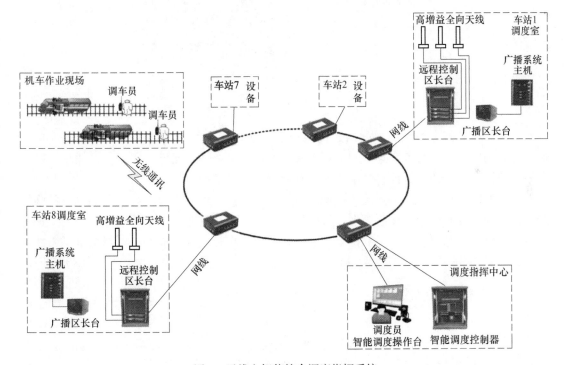

图 1　无线电智能综合调度指挥系统

智能调度控制器是整个系统的核心，选用了工业级服务器，其内集成了操作系统、数据存储模块、录音存储模块、记录管理模块、网络通讯模块、终端管理模块、调度控制模块等综合调度专用软件（见图2），并配备了 UPS 不间断电源，在发生异常断电的情况下，能保证系统数据安全。数据存储模块储存系统内所有的数据，包括人员号、身份 ID、通话时间、通话信道等；录音存储模块保存了所有的通话录音；记录管理模块将各类调度、通话信息分类整理，以便查询、调取；网络通讯模块负责通过光纤网络连接系统中的各类设备，包括主备用智能调度控制器，各个车站的远程控制区长台，各个智能调度操作台；终端管理模块负责添加或删除系统中的各个远程控制区长台；调度控制模块负责将智能调度操作台发出的各项操作指令分发到对应的远程控制区长台上执行。在整个系统中，调度员在调度指挥中心操控智能调度操作台发出各项操作命令，通过网络传输到智能调度控制器，由智能调度控制器控制对应的远程控制区长台工作；远程控制区长台收到各调车组实时通话语音，通过光纤收发器和光纤环网传送给智能调度控制器和智能调度操作台，并通过对应的多路扬声器播放出来；所有的操作记录和语音数据都会存储在控制器中，以便日后查询。

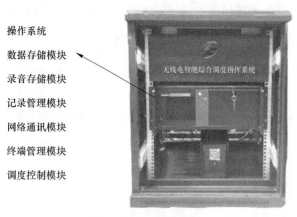

操作系统

数据存储模块

录音存储模块

记录管理模块

网络通讯模块

终端管理模块

调度控制模块

图 2　智能调度控制器

光纤环网是整个系统内部的信息传输通道，通过工业级光纤收发器将智能调度控制器、智能调度操作台与各个车站的远程控制区长台连接在一个光纤环网上，在任意一段光纤故障的情况下，还能保证整个系统的正常运行。

远程控制区长台是整个系统的执行终端，由于摩托罗拉所有的原装电台都不具备网络接口，无法直接通过网络控制管理，所以只能通过二次开发才能满足系统使用需求。远程控制区长台由电源模块、摩托罗拉车载电台、电台二次开发接口模块、控制主机、天馈单元组成（见图3）。

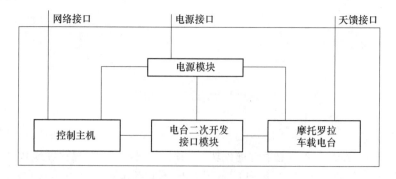

图 3　TW-639D 远程控制区长台

远程控制区长台可替代传统区长台安装在各个车站调度室（具有传统区长台同样的收发功能和性能），同时也具备了网络控制管理功能。当控制主机从网络接口收到调度指挥中心调度人员的控制信号后，通过电台二次开发接口模块控制内置摩托罗拉车载电台切换信道，使之与现场作业机车信道保持一致，将调度中心调度人员的话音通过内置电台传送给现场的机车司机和调车员，同时也将机车司机和调车员作业时的语音信息回传到调度中心。

智能调度操作台是整个系统的操作控制中枢，采用高性能微型工控主机，内置调度指挥专用软件，供调度管理人员操作使用。调度指挥专用软件具有图形化操作界面，将远端的区长台进行虚拟化，以窗口形式显示出来，内置信道与区长台的所有信道一一对应，并且可远程对区长台的信道进行切换，操作方便、简单；可以控制管理所有接入系统的远程控制区长台，进行语音的发射、接收等操作；可以实时显示远程控制区长台的工作状态，如在线、离线、接收、发射、工作信道等；可以分级管理，给不同的调度员指定可管理的远程控制区长台；可以自由编辑远程控制区长台名称和信道名称；可以外接多个音响，指定各个远程控制区长台的声音从分配的音响输出声音，方便调度管理人员区分正在呼叫的电台身份；可以显示、查询历史通话记录，回放通话录音。

车站广播区长台是为了升级改造原有的车站站场广播系统而专门开发研制的。通过使用一部固定接收频率的区长台接收车站远程控制区长台发送的无线广播信号，再通过专用的接口电路将接收到的广播话音接入原有的广播系统，将机车通场前的通场告警广播信息从车站的广播系统中播放出来，从而实现了利用远程控制终端控制各车站广播的目的。

在调度指挥中心安装了4套智能调度操作台和15个外接音响，每套智能调度操作台管理两个车站辖区内的机车进行调车作业，每个车站根据辖区内调车作业机车的最大数量确定所需远程控制区长台的数量。

## 3 无线电智能综合调度指挥系统工作原理

如图4所示，智能调度操作台通过软件控制将调度人员呼叫的语音数据输送至智能调度控制器，控制器收到语音数据后经软件进行处理及存储，通过数据库查找对应的远程控制区长台的IP地址后一同将语音数据和IP地址输送至远程控制区长台控制单元，控制单元接收到数据后，控制电台进行发射，将语音数据发送出去。反过来，远程控制区长台接收到车站现场调车人员或机控器发出的语音数据后，会将其传输至远程控制区长台的控制

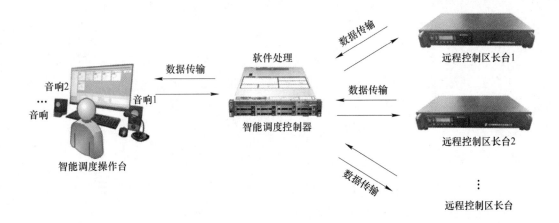

图4　智能调度操作台工作原理图

单元，控制单元会将语音数据和回传 IP 地址信息一同输送至智能调度控制器，控制器接收到语音数据和 IP 地址，经软件进行处理及存储，通过数据库查找对应输出端口后一同将语音数据和端口数据输送至智能调度操作台，操作台接收到语音数据和端口数据后，通过对应车站远程控制区长台的外接扬声器将语音播放出来。

# 4　社会经济效益

该系统的开发，最大程度利用了原有数字平调设备进行升级扩展，采用信号中继传输方式克服了无线电传输距离问题，远程指挥调度得以实现；开发了智能调度操作系统，在一个电脑工位上集中控制多个站场调车组通讯的切换，具备实时调度、实时监听、应急广播等多项功能，极大程度丰富了调度指挥手段，为铁路运输调度集中提供了工具，提高了作业效率，为优岗减员创造了条件。

# 全电子计算机联锁系统的设计与实现

## 胡浪，邬胜来

（武汉钢铁有限公司运输部）

**摘 要**：全电子计算机联锁系统是当前信号控制领域的发展方向，本文介绍了 HJ-RSSE 全电子计算机联锁系统的设计原理、构成和实现方法，并详细说明了系统构成中的关键技术难点。

**关键词**：全电子计算机联锁系统；二乘二取二；安全设计原则；CAN 总线

## 1 概述

近些年，随着计算机技术及控制技术快速发展，计算机联锁系统均实现了国产化和自主化，尤其是技术含量最高、最关键的二乘二取二的安全运算平台的研制，使得计算机联锁系统的技术得到了全面发展。

同时，全电子执行单元由于具备智能化程度高、维护性能好（维护简单、平均维修时间短）、系统集成度高、占地面积小、标准化程度高、施工周期短、可靠性高以及功能扩展性强等诸多优点，已经成为近年来的行业热点。

HJ-RSSE 全电子计算机联锁系统是上海亨钧科技股份有限公司自主创新研发的新一代全电子计算机联锁系统，该系统采用双套专用二取二安全计算平台构成二乘二取二冗余结构。系统软件获得了铁道部产品质量监督检验中心铁路车站计算机联锁检验站的标准站检验报告，符合铁道部 TB/T 3027—2015《铁路车站计算机联锁技术条件》。整体系统满足欧洲铁路技术标准，安全完善度等级为 SIL4 级，并通过了第三方独立安全评估认证。该系统是国内最早通过 SIL4 认证的全电子计算机联锁系统。

## 2 二乘二取二架构模式

为了维持系统的不间断运行，早期的计算机联锁系统是双机热备结构。这种结构的问题在于其无法发现自身的错误，会存在一定的安全隐患。于是在此基础上，将双机热备中的单机升级为二取二冗余架构的专用安全平台。在运行过程中，安全平台中的两个 CPU 进行任务级同步相互比较，发生比较结果不一致的情况时，即认为系统发生严重错误，立即退出运行，另外一台安全平台自动升级为主机运行。"二乘二取二"中的"乘"指热备，"二取二"指两个 CPU 的相互比较运行。HJ-RSSE 即采用了二乘二取二架构模式。

## 3 系统基本架构

HJ-RSSE 系统在逻辑上被划分为人机交互层、联锁运算层、执行表示层和电源层等。层次结构如图 1 所示。

人机交互层：为操作、维护人员提供可视化的人机操作界面。

图 1　HJ-RSSE 系统层次结构图

联锁运算层：联锁运算层是联锁系统的核心，该层依据操作终端命令信息和执行表示层的信号、道岔、轨道等设备状态信息，进行联锁安全逻辑计算，输出运算结果给执行表示层，通过执行表示层对室外信号设备进行安全控制。

执行表示层：执行表示层由道岔、信号、轨道、零散等电子执行单元构成，采集并判断室外设备状态，接收联锁运算层控制信息，驱动设备动作。

相邻层之间通过可靠的通信硬件和安全通信协议传递信息。系统硬件结构原理框图如图 2 所示。

控显机与联锁机之间采用双冗余设置的光纤以太网通信，控显机与外系统接口机之间通过双冗余设置的普通以太网连接。联锁机之间通过双冗余设置的同步光纤通信连接。联锁机与电子执行单元之间采用双冗余设置的 CAN 总线通信连接。联锁机和监测机之间通过带光电隔离的 RS422 串行总线连接。监测机和电子单元之间通过 CAN 总线连接。

## 3.1　人机交互层

人机交互层主要由两台 1+1 冗余的控显操作机构成。控显机采用铁总计算机联锁系统统一标准设计，主要用于显示车站信号设备的拓扑结构和状态信息、操作按钮的设置与分布、站场名和相关提示与报警信息等。

## 3.2　联锁运算层

联锁运算层由两台二取二安全计算机构成，联锁运算子系统是联锁系统的核心，接收来自控显机的联锁操作信息和执行表示层的联锁设备状态信息。根据以上信息通过安全逻辑运算，产生相应的控制命令，由执行表示层的全电子执行单元对信号设备进行实际控制。

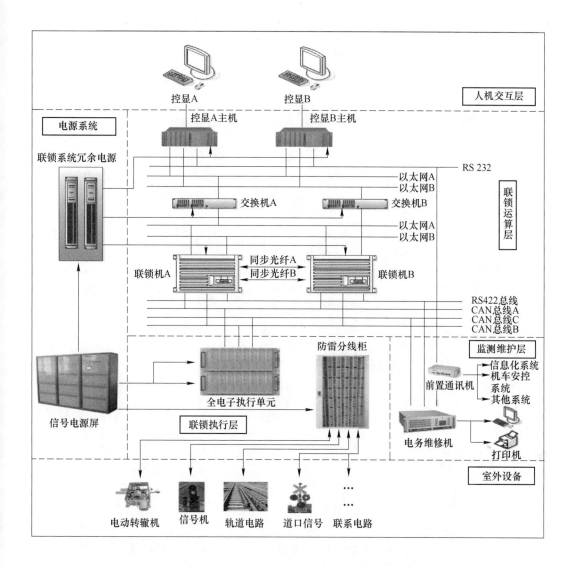

图 2 HJ-RSSE 型全电子计算机联锁系统结构示意图

每台联锁机包括二取二 CPU 板、双系切换板、双系光纤通信板、控显机以太网通信板、CAN 总线通信板、RS422 通信板。

联锁机为 CPCI 结构，一块 CPU 板上有两个 CPU，两个 CPU 实现任务级同步运行，CPU 板通过底层的 ISA 总线和其他通信板交互数据，交互方式均按照双口 RAM 方式。图 3 是联锁机双系结构示意图。

单台联锁机中二取二实现逻辑如图 4 所示。

系统按照 200~400ms 周期运行，双 CPU 为主从关系，由主 CPU 控制系统运行节奏，从 CPU 跟随执行。新周期开始同步运行后，首先进行输入数据的比较和同步，在输入数据一致的基础上进行联锁运算和结果比较，如果结果不一致，则证明系统故障，退出运行，否则输出运算结果。

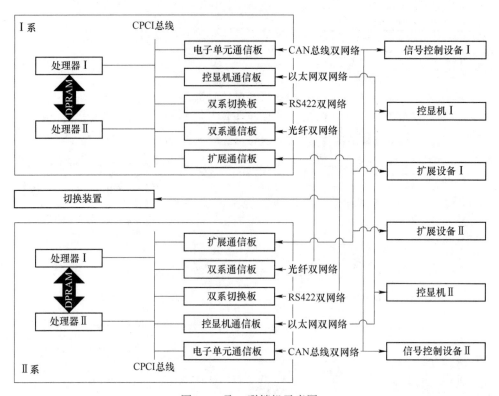

图 3　二取二联锁机示意图

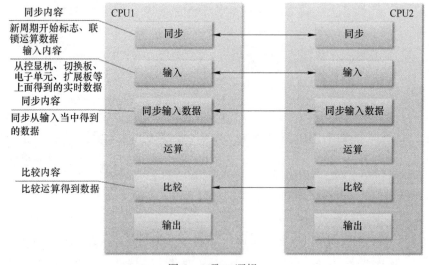

图 4　二取二逻辑

## 3.3　执行表示层

　　执行表示层主要由全电子执行单元构成，全电子执行单元用于室外设备的状态采集和动作驱动，同时完成对室外设备电流、电压等模拟量采集。模块种类包括通信网关、道岔控制模块、信号控制模块、轨道模块和零散功能模块。

其中，道岔模块完成交流、直流转辙机的控制；信号控制模块完成对列车、调车信号机的控制；轨道模块完成对480轨道电路和25Hz轨道电路模块的状态采集；零散模块主要完成对照查电路、半自动闭塞电路等功能。执行单元如图5所示。

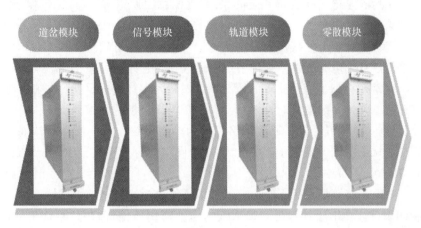

图5 执行单元

上述电子执行单元采用相同的二取二架构，即从处理器、采集电路、开关控制电路均为双套硬件，按照逻辑与模式同步处理。电子模块属于涉及安全的产品，需要具备故障—安全能力。因此在设计过程中，需要遵循安全设计原则。主要安全原则有：组合式故障安全原则、差异性安全原则、反应式故障—安全原则、固有故障—安全原则、可信测量原则等。

（1）组合式故障安全原则：全电子执行单元中，采用了双套独立的ARM处理器进行运算，实现任务级同步结构，双处理器运算结果比较一致时输出。状态采集电路、开关控制电路均实现了双套电路的逻辑与。

（2）差异性安全原则：差异性安全原则是对组合式安全原则的补充，通过在道岔、信号、轨道、零散模块的硬件架构设计中，实施部分硬件差异化设计，以及软件差异化设计，以达到避免双套硬件产生共因故障点的目的。

（3）反应式故障—安全原则：全电子硬件电路中的电气回路均采用了实时闭环监测，且用独立的硬件检测部件。实现从基本电气电路，到功能电气电路的实时闭环控制。

（4）固有故障—安全原则：在道岔、信号、轨道、零散模块中设置了"安全防护继电器"，吸起时接通联锁设备驱动电源。该继电器是弹力式安全继电器，广泛应用在城市轨道交通当中，具备固有故障—安全属性。该继电器由双处理器动态驱动，构成逻辑"与"结构，当故障检测到有异常发生时，切断输出动作电源，实现故障—安全。

（5）可信测量原则：室外联锁设备状态的安全采集和驱动回路的安全检测，是电子模块安全控制的核心内容。常规的传感器测量方法，因为存在漂移和故障后状态不确定等因素，不能直接应用在涉及安全功能的电路中。在电子模块设计中，通过深入分析联锁设备电气信号特征，并通过对信号采集调理电路的逐级监控，以及多信号之间的相互印证，实现了对电气信号的可信采集。

# 4 系统通信

## 4.1 CAN 总线通信规划

联锁安全平台和全电子执行单元之间采用 CAN 总线通信方式。CAN 总线的通信节点数量虽然在理论上不受限制，但实际应用中有 110 个节点的上限。全电子计算机联锁系统的设计容量设定为 150 组道岔规模的站场，道岔、信号、轨道数量按照 1∶2∶2 的比例估算，最多可接入 500 个电子模块。通信节点数量远超过总线的容量上限。对于多网络节点情况的处理，通常是在满足应用要求的情况下，划分为多级网络。因此在 HJ-RSSE 系统设计中，在充分考虑联锁系统的实时性要求，和系统设计容量的需求情况下，将联锁安全平台和全电子执行单元之间的 CAN 通信网络划分为两级网络。第一级从联锁安全平台到通信网关，第二级从通信网关到电子模块。为 32 个网关，每个网关带 16 个节点，从而解决了多通信节点的问题。

此外，在全电子计算机联锁系统中，通过以下措施提高了通信可靠性。

（1）降额设计：全电子计算机联锁系统的通信应用条件符合 CAN 总线 1M 的速度环境要求，出于可靠性考虑，采用了降额设计，将通信速率设置为 500K。同时，经过排队机机制处理后，在某一确定时刻，确保了只有一个节点独占总线，净化了总线环境，降低了位级别错误发生的概率。

（2）隔离冗余网络设计：联锁安全平台和全电子执行单元之间为隔离的双网络设计，其中通信网关实现了双网络的物理隔离，有效避免了电子模块插箱的通信共因故障。插箱中的每一个模块通过冗余 CAN 总线同时收发数据，实现了线路冗余和数据冗余。

（3）数据冗余和时间冗余设计：受 CAN 总线通信带宽和联锁周期高实时性限制，当发生节点通信失败后，很难实现单一周期内的数据重传机制。因此，采用了数据冗余设计，当一条线路的数据错误时，采用第二条冗余线路的数据。如果两条线路的数据均错误，则在联锁处理中采用时间冗余的处理方式，丢弃本周期数据，等待接收下一周期数据。

（4）优化布局布线：严格遵循 CAN 总线布线规范，做到最优的阻抗匹配，分支线路最短，实现强弱电分线槽隔离等。

另外，通信协议按照 EN 50159 设计，实现了安全通信。

## 4.2 安全通信的实现

在 HJ-RSSE 系统中，控显机和联锁机之间的通信，以及联锁机和电子执行单元之间的通信为安全通信，依据 EN50159 进行安全通信协议设计。在该协议中需要能够有效的检查丢包、序号超前、超后、数据错误等问题。在具体实现过程中，实现了以下安全措施：

（1）能够检测通信双方源、目的地址错误。

（2）能够检测数据类型错误。

（3）能够检测数据值错误。

（4）能够检测过期无效数据。

（5）能够检测超出时间冗余的通信中断。

（6）涉及安全通信和非安全通信的功能独立性。

（7）数据的生产采取了安全防护措施。

（8）对错误操作要有安全防护，并且防护程序要和不可信系统实现功能隔离。

（9）数据接收方有错误检测机制。

（10）残留通信失效率要低于设计值。

（11）通信的安全完善度等级和系统等级一致。

（12）如果源地址不确定，则要在用户数据中加入源地址。

（13）在用户数据中加入完整性安全码。

# 5　第三方独立安全评估认证

HJ-RSSE 全电子计算机联锁系统在开发过程中，同步完成了第三方独立安全评估。依据风险分析方法，从定性和定量的角度对系统的安全性进行了全面的评估。最终安全性指标、可靠性指标、可用性指标、可维护性指标均达到了 SIL4 要求。

# 6　总结

HJ-RSSE 全电子计算机联锁系统采用二取二冗余结构的安全平台作为关键联锁运算部件，有效提升了系统运行安全性。采用全电子执行单元作为执行部件，在提高设备智能化水平的同时，解决了现场维护人员短缺、维护经验不足的难题。

系统自 2017 年先后在武钢开通应用 10 多个车站。系统运行稳定，获得了广泛的认可，实际检验了系统的可靠性和安全性。同时，系统的各项指标满足管控一体化系统设计要求，为今后智能控制系统的实施奠定了坚实的基础。

## 参 考 文 献

［1］ EN 50126：1999 铁路应用——可靠性、可用性、可维修性和安全性（RAMS）的演示和规范［S］.

［2］ EN 50128：2001 铁路应用——通信、信号和处理系统——铁路控制和防护系统中的软件［S］.

［3］ EN 50129：2003 铁路应用——通信、信号和处理系统——与安全相关的电子信号系统［S］.

［4］ 中国铁路通信信号总公司研究设计院. TB/T 3027—2002 计算机联锁技术条件［S］.

# 基于通信的分布式联锁系统的研究与应用

## 赖建伟

（福建三钢闽光股份有限公司铁路运输部）

**摘　要**：基于工业以太网技术的联锁系统采用网络分布式架构，打破传统铁路信号以站为单位的集中短距离控制和封闭式孤岛结构，实现大范围的区域联锁信号控制和网际协同控制。创新研究 TCP/IP 网络模式下满足故障导向安全的道岔控制技术、信号控制技术、轨道状态采集技术、进路控制技术，构建全新网络分布式联锁系统。采用模块化、标准化技术设计联锁系统，提高设备集成度，降低设备类型复杂度，降低系统建设及运维成本。目前该系统已经在福建三钢全厂区专用铁路中得到应用。

**关键词**：分布式网络；铁路信号；故障—安全；信号联锁控制

基于 TCP/IP 网络架构的分布式信号联锁控制技术以 TCP/IP 网络为基础，在满足故障—安全原则下创新设计，统筹考虑室内、室外控制需求，彻底突破传统系统因受技术、器材、认知等约束带来的问题与不足，建立一种全新的铁路信号控制方式，实现大范围铁路车站/站场信号的网络化分布式控制。IP 化、模块化、标准化和集成化的设计理念，在设备层面实现突破，创新采用目前成熟、先进、国际通用的元件器材结合铁路信号对安全的严苛要求重新定义铁路信号联锁控制硬件设备，提升信号控制的现场适应能力，降低建设、运营维护成本，提高系统的稳定可靠性和易用性。开放的硬件和软件设计理念，使系统具有通过网络与其他系统实现数据交互和网际协同控制能力。

# 1　关键技术研究

## 1.1　分布式信号联锁控制研究

深入研究铁路信号控制的安全需求，将联锁系统设计为安全控制层和操作应用层，安全控制层内部的所有设备、操作应用层的所有设备通过 TCP/IP 网络连接。根据铁路信号的控制需求，研究以 TCP/IP 通信网络为基础的道岔控制技术、信号控制技术、轨道采集技术和进路控制技术，设计具有 IP 网络互连能力与功能独立完整的道岔控制模块、信号控制模块、轨道采集模块、联锁控制主机等软件和硬件；确保系统的所有控制模块、主机都具有在标准 TCP/IP 网络下的联网控制能力。研究通过网络连接即可实现联锁控制的模块与主机，简化了设备间的连接关系，降低了设备之间的关联度和复杂度。研究应用层的专用安全控制协议实现主机与模块之间的可靠数据传输。由于分布式系统采用 TCP/IP 网络技术，不再受电缆和距离限制，研究网络分布式下的信号联锁系统在设计、建设、管控等工程应用技术，研究全新模式下的大范围区域联锁控制技术。

## 1.2　开放式的软件和硬件平台研究

基于通信的分布式联锁系统采用 TCP/IP 网络构建，控制核心设备由各功能控制模块和联锁主机构成，模块与主机均具有完整独立的控制和处理能力，相互之间通过网络交互联控。所有的控制模块/主机均为网络中的一个节点，系统应继承TCP/IP的开放性，能够按照工程现场应用需要增加、调整和删除。研究标准化和智能化的开放性软件平台和硬件平台，隐藏屏蔽传统信号联锁系统的专业性和复杂性，将信号联锁系统建设和运维从专用专业技术层面降低到通用技术层面，并将传统信号系统从封闭孤岛式系统提升到开放的两化融合模式下的信息物理节点。

### 1.3 多站场多区域任意控制研究

通信分布式联锁系统基于TCP/IP网络的开放架构，并且TCP/IP网络是目前成熟通用的国际标准网络，研究根据现场控制需要的多区域多站场的任意合并控制技术，实现现地、远程、集中、车载等多种操控方式，并确保无需太多专业技术、专业厂家和专用设备支持即可实现。

### 1.4 取消信号主干电缆研究

基于通信的分布式联锁系统，综合考虑室内室外的统一控制，控制模块布置非常灵活，可将道岔控制模块、信号控制模块、轨道模块等直接设置在室外轨旁，室外控制模块与联锁主机之间通过标准TCP/IP网络通信。研究在该技术下的全新站场改造、局部线路改造时取消信号主干电缆工程应用技术，降低工程建设成本和工程建设难度。

### 1.5 取消信号楼研究

基于通信的分布式联锁系统，设备集成度非常高、设备类型少、设备占用空间少，并且采用网络交互连接，不再受传统集中控制技术的约束，可将控制设备分散至各控制点，因此可以取消传统集中控制模式下所需要的信号楼。

### 1.6 网际协同控制研究

基于网络通信的分布式联锁系统采用TCP/IP网络构建，为网际协同控制提供了基础技术保障，能够与生产过程管理系统实现网际协同，实现数据无障碍交互，成为两化融合或智能制造大平台中的一个信息物理单元无缝集成到大平台中。

## 2 分布式联锁系统主要设备研究

通过对各项技术的研究和分析，基于通信的分布式联锁系统由通用网络设备和专业功能设备构成。通用设备由工业交换机、工控机等构成，专业设备由道岔控制模块、信号控制模块、轨道模块、联锁主机、电务维修监测机等构成。

### 2.1 系统总体结构

基于前面的研究，本文所述通信分布式联锁系统总体结构如图1所示。

### 2.2 通信链路及信息交互

联锁主（备）机、控制模块、操作机之间通过网络交互数据。数据网络层通过

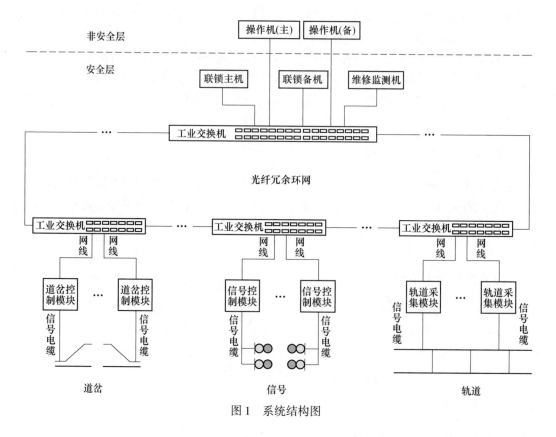

图 1　系统结构图

TCP/IP协议传输，应用层通过专用协议实现控制命令传输。专用协议应能够对网络延时、网络丢包进行检测，能够对非法数据包、非法请求进行识别，保障数据传输的可靠性和准确性。联锁主（备）机、控制模块、操作机、电务维修监测机之间根据需要建立通信链路实现数据交互，如图 2 所示。

## 2.3　主要硬件设备

根据前面的研究，基于通信的分布式联锁系统专业设备由联锁机、道岔控制模块、信号控制模块、轨道模块和电务维修监测机构成。

### 2.3.1　联锁机

联锁机通常由两台组成，实现热备控制，通过交换机直接接入安全层网络。联锁主机应具有完整的联锁运算和进路安全控制能力，能够实现道岔、信号和轨道控制；能够在规定的工程现场条件和规定的时序实现行车进路控制。对于来自操作设备的错误操作具有防护能力。联锁主机应通过网络与道岔控制模块、信号控制模块、轨道模块、操作机交互信息。

### 2.3.2　道岔控制模块

将道岔控制电路、表示电路、通信单元、防雷模块等都集成到了一个模块中，一个道岔控制模块控制一组道岔。采用电流过载保护技术，在电流过载时应自动断开并向电务维修机和联锁操作终端报警，维修人员可以远程维护；同时应具备无拉弧启动技术，保证在转辙机

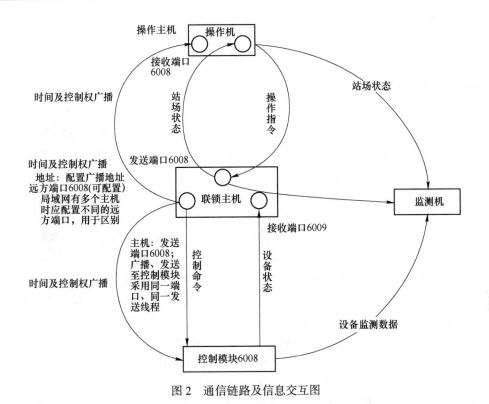

图 2　通信链路及信息交互图

启动和停止时无打火、无拉弧。对外端接口应遵循国铁 4 线制标准并具有防雷功能。

### 2.3.3　信号控制模块

将信号控制电路、灯丝检测电路、通信单元、防雷模块等都集成到了一个模块中；采用电流过载保护技术，在电流过载时自动断开并向电务维修监测机和联锁操作终端报警，维修人员可以远程维护；能自动适应不同的信号显示机控制，应具有高可靠接口；能对 LED、普通色灯进行灯丝监测。

### 2.3.4　轨道模块

通过实时检测轨面电压，判断轨道区段占用/空闲状态；具备高灵敏检测技术，能实现对绝大部分"不洁净""泄漏大"区段的可靠检测，降低轨道区段"红光带""压不死"等故障，降低轨道电路维修难度，应基本做到轨道电路免维护；应具有高可靠接口设计，模块内部设置防护电路。

## 2.4　主要软件组成

基于通信的分布式联锁系统软件由联锁软件、人机接口界面软件、功能模块控制软件和开发平台软件构成。

### 2.4.1　联锁软件

联锁软件是联锁系统的核心软件，实现联锁控制、模块管控、操作命令处理等，是一个高可靠的工业控制软件；主控采用 C 语言开发，运行在嵌入式 Linux 操作系统中。Linux 操作系统针对联锁应用裁剪，对 Windows 病毒具有绝对免疫力；对所有网络端口进行管理，能有效抵御恶意代码攻击；具有较高的安全可靠性。

#### 2.4.2　人机接口界面软件

实现操作人员与系统之间的对话和操作，运行在 Windows 操作系统中，界面友好，图形显示直观，操作应简单方便。

#### 2.4.3　开发平台软件

能够实现全功能的联锁开发，通过智能开发平台绘制完站场图后，自动或人工配置设备地址，生成设备网络连接表、联锁表等，对特殊联锁关系具有编程能力，具有对站场进行仿真和对联锁机、操作机进行联锁数据下载等功能。

## 3　三钢工程应用

福建三钢铁路由北站区、南站区、原料站区和铁区构成。其中北站区包括北站主站、焦区、轧区和北站高线，站场分布范围较广泛；南站区包括南站主站、6 号高炉区域和料区；原料站区包括原料一场和二场；铁区为 4 号、5 号高炉区域。

（1）北站区：在北站主站信号机械室设置联锁主机，主站区域及其他区域均通过网络接入联锁主机，在北站调度室设置操作终端。

（2）南站区：南站信号机械室设置联锁主机，各种控制模块直接通过网络接入南站联锁主机。在南站调度室设置南站主站操作终端，在 6 号炉调度室设置 6 号炉操作终端，同一联锁系统分区域操作。

（3）原料站区：原料一场信号机械室设置联锁主机，原料二场通过光纤网络直接连接到一场。在铁路三元区站设置主操作终端，在南站信号楼设置在线备用操作终端。

（4）铁区：目前铁区部分高炉在进行升级改造，升级改造期间的过渡线路仍采用联锁控制，过渡线路在轨旁直接设置控制模块，控制模块通过光纤接入铁区调度室过渡联锁主机，并设置操作终端，实现铁区过渡线路信号联锁控制。

## 4　结语

基于通信的分布式联锁系统目前在福建三钢北站区、南站区、原料站区和铁区过渡线中得到应用。系统模块与交换机可直接组网，模块功能可独立应用，便于铁路信号联锁一站多场扩容改造。系统工程造价低、维修维护简单方便，系统开通至今运行稳定可靠，为三钢数字化转型升级奠定了坚实的基础。

**参 考 文 献**

［1］中国铁路通信信号总公司研究设计院. TB/T 3027—2002 计算机联锁技术条件［S］. 2002.
［2］陈光武，范多旺，魏宗寿，等. 基于二乘二取二的全电子计算机联锁系统［J］. 中国铁道科学，2010，31（4）：138-143.
［3］旷文珍. 铁路车站分布式计算机联锁系统［J］. 中国铁道科学，2012，33（5）：141-145.
［4］北京全路通信信号研究设计院. TB/T 3074—2003 铁道信号设备雷电电磁脉冲防护技术条件［S］. 2003.

# 钢铁企业铁水运输全流程安全可视化管控体系的构建与创新

## 罗 涛

（宝武集团鄂城钢铁物流管理部）

**摘　要**：鄂城钢铁"750"工程实施后，物流管理部主动谋划献策，把"750"工程作为重点工作来抓，在铁水运输安全高效上下功夫，将绿色发展理念贯穿智慧物流发展的全过程，致力打造节能环保的智慧铁水运输。为此物流管理部基于综合管理体系过程控制理论，结合信息化和可视化技术的应用，创建铁水运输全流程安全可视化管控体系，提升企业创新管理水平。

**关键词**：智慧物流；过程控制；安全可视化管控体系

## 1 钢铁企业铁水运输全流程安全可视化管控体系的构建与创新的背景

### 1.1 存在的主要问题

鄂城钢铁原高炉炉台下采用的是特拉莫比机车牵引、转线对罐作业，耗时耗力作业效率较低，连接工经常进出炉台下作业摘挂钩，不仅运行费用和维护费用高，还极易发生人员烧烫伤及机车烧毁事故。同时连接工经常在炉台下作业存在高温、粉尘、噪声等诸多职业病诱发因素，不利于员工身心健康。因此，生产过程中应做到最少的人工干预，让连接工远离恶劣工作环境。原铁水运输模式已不满足现在"一罐到底"的生产需求，从高炉下连挂重铁水车、迁出后加挂隔离车、过磅后送大转炉、转炉空线甩隔离车、转线甩重铁水车、炉台下甩空铁水车、空线甩隔离车、转线待令等 11 个环节，一个都不能少，遇到抽铁补罐更是繁琐，导致铁水作业过程繁琐，既费时又费力，加之高炉下为柴油机车牵引对位，油耗高、烟尘及噪声污染比较严重，达不到国六排放标准，不满足智慧制造和清洁运输发展要求。从高炉下至转炉内整个铁水运输过程，存在着铁沟烧穿、铁水超重、铁水罐液位超高、机车超速等安全风险，没有利用科技手段（如可视化系统、视频监控系统等）进行有效监管，仅靠管理人员每天在现场巡查，无法确保人工监管到位。

### 1.2 实施背景

21 世纪以来，智慧制造、可视化、大数据等技术方兴未艾，众多国家和企业都将其列入关键技术优先发展，中国宝武、鄂城钢铁也分别制定了智慧制造战略，打造面向未来钢铁的全新竞争优势。智慧制造为钢铁行业生产技术进步、安全管理水平提升提供了新的突破口。但是这些新技术如何落实到铁路运输管理过程中，如何实现全流程的信息化管控，仍需要不断地探索和实践。液态金属铁路运输安全全流程可视化管控在国内均无成功的经验，究其原因主要是行业内在机车定位、液态金属状态识别和三维建模算法等关键技术没有突破，没有对全流程存在的安全风险进行辨识，并形成一整套全流程安全管理思路，一旦出现影响铁路运输安全的事故和异常必须依赖人工确认处理，企业无法承受生产中断和铁路运输事故扩大化带来的严重后果，包括安全风险和经济损失等。为响应国家《中国制造 2025》号召和宝武智慧制造的要求，鄂城钢铁近年来加快推进智慧制造和铁水运输效率提升工作，防范铁路运输安全事故发生，改善基层职工作业环境的各项工作部署。鄂城钢铁物流管理部为深入贯彻落实集团公司 2020 年"全面对标找差、创建世界一流"的管理主题，实现管理创新与技术创新双驱动，提出创建铁水运输全流程安全可视化管控体系，以高炉对位采用"智能铁牛"、取消隔离瞭望车、轨检仪精密点检为核心，以液态金属安全可视化系统应用为基础，结合信息技术和大数据技术的应用，实现从高炉至炼钢铁水运输全流程安全管控，降低人工干预程度和人员的劳动强度，打造出智能高效的企业管理创新机制。

## 2　钢铁企业铁水运输全流程安全可视化管控体系的构建与创新的主要做法

### 2.1　基本内涵

本成果以高炉对位采用"智能铁牛"、取消隔离瞭望车、轨检仪精密点检为核心，以液态金属安全可视化系统应用为基础，结合信息技术和大数据技术的应用，实现从高炉至炼钢铁水运输全流程安全可视化管控，降低人工干预程度和人员的劳动强度，提升企业创新管理水平。

本成果以简单高效的管理学研究方向，运用过程控制理论，以当代钢铁行业智慧制造高速发展和信息化、可视化技术广泛运用的现状为依据，将技术为管理服务，以管理优化促进技术发展。理论框架如图 1 所示。

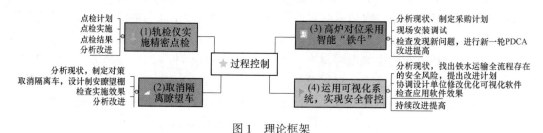

图 1　理论框架

### 2.2　具体实践及主要做法

2019 年，鄂城钢铁物流管理部以"创建多方位一体化体系，提升铁路创新管理水平"为指导方针，组织相关科室、车间管理人员和现场作业长进行系统规划和实施。针对铁路线路点检方法、铁水运输作业模式和可视化系统应用技术展开调研和讨论，确定了以提高线路本质化安全、降低铁水温降、提高铁水运输效率，实现铁水运输全流程的安全管控目标。为实现这个目标，在技术上依靠智慧制造项目开发液态金属安全可视化系统，实现铁水运输安全管理智能化。在管理上运用过程控制方法，建立集中高效的管理模式，培育精干的员工队伍。

(1)采用轨检仪实施精密点检。简单管理的本质是在日常设备点检维护过程中，准确找到和把握铁路线路点检的规律，将一项项重复繁重的点检工作简单化，然后高效地解决。鄂城钢铁通过购置新型专业点检工具，实现铁路线路点检自动统计几何尺寸，生成点检结果报表，减少人工干预、人工误判和人工记录数据，让点检作业过程简单高效，数据更加科学准确。

上线使用以来，线路点检测量频次高、精度高、点检效率高、点检数据可靠性高、点检作业强度大幅降低，点检效果有保证，今年利用此工具共发现隐患88处且全部整改到位，未发生一起铁路线路脱线事故（原来年均10余次）。此外还实现了对铁路线路技术状况的趋势分析，为铁路线路状态维修计划的制定提供了数据基础，确保线路定修到位。同时对点检员点巡检行为进行规范，确保点检计划的严格落实，确保铁路线路设备技术状况受控。原采用道尺日常点检，如图2所示；现采用轨检仪精密点检，如图3所示。

图 2 原采用道尺日常点检 图 3 现采用轨检仪精密点检

(2)取消隔离瞭望车。以前的铁水运输模式，从高炉至转炉有11个环节，因为无论迁移还是推进铁水车时中间都加挂有隔离瞭望车，捣调作业频繁费时费力。通过现场作业人员集思广益、与同行业企业对标找差，一致认为要改变现有作业模式，必须取消隔离瞭望车（见图4），并在铁水车上加装瞭望棚（见图5）。改造后既可以减少连接工捣调作业频次，还可以节约铁水运输时间、提高运输效率。

(3)高炉对位采用智能"铁牛"。智能"铁牛"（电力机车）替代原来特拉莫比机车后，由人在车上操作变为远程控制、无人驾驶，不但节约了机车油耗、缩短机车炉台下频繁转线作业时间，还减少了铁水温降、提高了效益，节能环保。改变对位方式，减少在线运行铁水罐的数量，机车可脱离出铁过程，加快分罐、补罐效率，缓解高炉铁水罐对位的压力。不需要连接工在炉台下作业，可避免铁水飞溅以及铁水落地危及作业人员安全的风险，减少连接工的劳动强度。原炉台下特拉莫比机车人工对位如图6所示，现炉台下智能铁牛自动对位如图 7 所示。

图 4　原隔离瞭望车（影响调车作业）

图 5　加装瞭望棚（连接工靠前指挥）

图 6　原炉台下特拉莫比机车人工对位

图 7　现炉台下智能铁牛自动对位

（4）运用可视化系统，实现安全管控。运用可视化、大数据管理理念，在高炉至转炉铁水运输全过程的信息获取、信息传递、信息处理、信息利用等方面采取措施，构建"集控化、平台化、信息化"的液态金属安全可视化管理系统，为铁水运输全流程安全管控提供支撑。打破了传统意义的铁水运输全流程靠人工安全检查的概念，通过全流程监控集中化、L3 自动化系统大数据汇集管理、交互式平台界面的管理等手段，实现了铁水运输全信息化的过程管理。

物流管理部由于点多、线长、面广，对作业点的安全管理难以管控，为了加强安全过程管理，一是逐步建立了物流管理部视频监控平台，目前已安装监控摄像头 160 个，涵盖厂区主干道、铁路站场、铁路道口等物流各个环节，且全部集中在统一平台进行存储录像。同时为保证系统平台稳定运行，我们制定了视频监控系统管理制度及点检标准，各管理科室按周期进行点检，发现异常及时安排维保单位处理，并定期组织相关知识培训，提高系统应用水平。二是液态金属安全可视化系统的应用，主要实现从高炉产出铁水，经铁水罐车装运运输，再到炼钢厂转炉生产出钢水，由钢包进行转运，经连铸机铸成钢坯的整个过程中，对与液态金属相关的人员、设备、车辆进行实时位置追踪，对液态金属生产运行过程中涉及的危险区域进行标定和实时监控，对液态金属状态信息进行实时显示，对危险因素进行识别和预警，对液态金属容器进行热红外温度监测，对局部温度过高的设备进行报警。同时这些系统功能，如铁水车车轴自动测温、铁水罐自动测高、机车实施定位等都已申请发明专利（已受理）。

# 3 钢铁企业铁水运输全流程安全可视化管控体系的构建与创新的实施效果

本成果以减少生产过程的人工干预、实现铁水运输全流程安全管控为手段，以铁路运输安全、保产、高效为目标，国内首家实现铁水运输流程可视化，填补了国内空白。武钢、湘钢、大冶特钢等国内知名钢铁企业先后来参观并借鉴鄂城钢铁做法进行了升级改造。目前已在武钢借鉴推广。

高炉采用智能"铁牛"、取消瞭望车等管理创新成果，实现综合降本创效 2500 万元，节能环保，每年可减少碳排放 86026kg。并且把现场作业人员解放出来，远离高风险操作区域，大幅度降低了接触职业伤害的时间。通过铁水运输全流程的安全可视化监控，现场作业人员接触职业危害的环境时间减少了 70%，大幅度降低了铁水运输的安全风险，打造出智能高效的管理创新机制，在国内同行业领域领先。铁水运输效率、安全管理水平、安全本质化不断提高。

# "公转铁"形势下全面提升冶金企业铁路运输效能的探索与实践

王利源，刘　欣，马智军

（首钢集团有限公司矿业公司运输部）

**摘　要：** 随着国家"公转铁"政策逐步推进，冶金企业铁路运输需求大幅增加，给予了冶金企业铁路运输较好的发展空间，同时冶金企业铁路运输能力不足的矛盾日益凸显。本文以首钢迁安地区铁路运输为研究对象，在原有产业布局以及冶金企业铁路固有特点限制下，以站场、货场、区间等限制瓶颈为突破口，对装、卸、运全链条深挖潜力，探索冶金企业铁路运输效能提升的方法与途径，提高铁路运输生产效率、降低铁路运输成本，对冶金企业铁路运输发展具有十分重要的现实意义。

**关键词：** 公转铁；冶金企业；铁路运输；管理创新

## 1　研究背景及意义

首钢迁安地区铁路始建于 1959 年，最初是首钢为开发铁矿而建设的铁路，后期随着球团、烧结、焦化和钢铁冶金项目的增加而不断配套改建，具有线路纵横交错复杂、线路标准低、装卸线多而货位不足、各单位装卸设备效率低等特点。近年来，国家"公转铁"政策推进落地，冶金原燃料、钢材成品火运比不断提升，环评 A 类企业大宗物资火运比不低于 80%。再有矿业公司大力发展资源综合利用产业，围绕各采矿点新建生产线，砂石料火运规模阶梯式增长。迁安地区铁路年运量由 2018 年的 3400 万吨跳跃式增长至 2021 年的 5000 万吨，为铁路运输产业发展奠定了良好的运量基础。原有铁路均围绕冶金流程需要建设，内外部运输需求发生较大变化后，既有铁路运输在设备设施水平、生产组织模式、运营管理、生产组织等诸多方面存在不适应铁路运输市场发展需求的问题。为破解铁路运输瓶颈，提高运输能力和效率，以技术和管理创新为驱动，打破固有的生产组织模式、优化工序流程、延长运输服务链条，以物流产业思维和市场理念释放政策红利，提升运能空间，提高运营效率效益，全面推进铁路运输质量变革。

## 2　现状及存在的问题

### 2.1　设备基础薄弱掣肘产业发展

设备设施投入早、运行时间长、更新慢。部分机车存在超期服役的情况，且大修不足。铁道线路等级为冶金企业三级铁路，一直以来以状态修为主，目前基本维持低速运行状态。信号设备运行不稳定，制约运输生产效率；且受环境、地形地貌限制，站场均为"小车站"配置，容车数量较少，部分区间、车站运能不能适应整列车运输组织模式。

### 2.2　铁路沿线运行环境复杂制约运行速度

经过 60 余年发展，铁路临近村镇规模在不断增大，地方村镇建设将铁路线路包围，铁路沿线行人车辆流量增加，地方村民穿越铁路线路情况非常普遍。另外，当地公路网络建设日渐发达，历史上的土路或人行过道逐步被正式公路所取代，造成了公路与铁路平交道口大量增加。矿区铁路区间正线运行里程 52.6km，在册道口 88 处，尤其选矿站以北区域道口密度大、间距短，平均 400m 就有 1 个道口。受现场环境和安全视距影响，列车通过道口前 200m 需提前降速，部分道口需降速至 10km/h 以下。再有，沿线铁路与社会生活、生产区域基本无隔离设施，也是制约运行速度提升的主要因素。

### 2.3　信息化、自动化发展水平不高

受功能定位、机构调整及行业发展等历史原因影响，主要存在网络基础设施薄弱、运行监控程度低、集中管控能力弱、车地人数据联控缺乏等问题。面对高运量、快节奏的生产形势变化，反映出"四个不够用"：一是人不够用，尤其是乘务员、调车员等一线岗位尤为明显；二是车不够用，造成机车、车辆不能及时回房整备；三是线路不够用，站场满线状态时有发生；四是脑子不够用，随着机车使用台数的增加，出现调度岗位"丢车""漏发"等现象，影响运输效率。这些问题反映出信息化、自动化建设在人力资源优化分配、运行监控及智能调度方面的支撑度明显不够，制约着铁路运输高质量发展。

## 3　全方面提升铁路效能的途径和方法

### 3.1　基础设备设施优化升级

#### 3.1.1　铁道线路质量全面提升，有序推进全域提速

把线路升级作为实现新旧动能转换满足运能的重要举措，采用"国铁正线旧轨+大机检修"模式，即：购置国铁正线换下的二手钢轨，用于企业自备线路，同步引入国铁大机维修养护，对卑水正线、裴柳支线、杏山支线及车站线路进行彻底清筛、补砟、捣固，大幅提升线路技术状态，满足铁路运输重载化、高速化需求。另外，对 27 组主要咽喉道岔进行 AT 型道岔升级，有效提升运行安全保障能力。

#### 3.1.2　实施机车技术升级改造，提升机车牵引性能

机车大修实施技术升级改造，提高机车性能，如车载电源、斩波调速、转向架"滑改

滚"、空压机等。同步对电力机车快速开关进行升级改造，增加断路器综保系统，实现机车断路器快速断开，减少越级顶电现象，降低停电对生产的影响，降低机车故障率和运行成本。

### 3.1.3 实施自备车辆技术升级改造，提升运行安全保障

对自备车进行"滑改滚"改造、心盘耐磨技术升级、尾砂车防泄漏改造、车辆轻体化改造，并利用精密点检设备开展鱼雷罐裂纹排查活动等，全面提升自备车装备水平，提升车辆安全性能。

## 3.2 提升运行环境质量

实施有人道口无人化、无人道口远程化改造。为最大限度减少有人看守道口人力资源占用，提升铁路道口的安全防护能力，组织完成百米、高引铺、杨官营、朱庄子等30多处道口远程监控技术升级项目施工。实施铁路沿线封闭治理，采用护网、刺线和水泥立柱的方式，封闭铁路沿线10余千米，为安全行车营造了良好的运行环境，打破了运行提速提效瓶颈，为提升运能创造条件。

## 3.3 优化生产组织，提升运能空间

### 3.3.1 实施"两疏两直"生产模式，提高终端站作业效率

随着矿区到发量持续提升，矿内选矿站、原料站等主要解编、接卸车站到发线紧张的矛盾日益突出，一定程度上制约生产组织效率。为缓解主要"终端作业站"到发线压力，实施"两疏两直"生产组织方式。"两疏"即疏解国铁交接站、矿内主要终端作业站，到达车列及时进入矿区，不占用沙河驿镇站到发线，外排列车及时发往木厂口站及其以远。"两直"即到达重车、空车车源直达终端作业站，不占用下炉站、木厂口站到发线，外发重车、非运用车满足外发条件后及时送达木厂口站及其以远，不占用"终端作业站"到发线。

### 3.3.2 调整调度指挥模式，促进生产组织管理提升

按照"一个中心、四个区域"持续推进调度集中，实现调度生产组织集中指挥，充分发挥站场到发线能力及机力使用调配能力，提升生产组织效率。结合多种机车型号的实际，优化机车运力布局，按照干线、站线作业性质和牵引力需求调整机力，避免"小马拉大车"能耗不经济、增高机车维修成本的现象，实现经济、高效运力布局。

### 3.3.3 提升牵引实载量，实现"多拉"提效

提升内部装载精度，打满标载上限。以提升整体装载合格率、打满单车装载上限为目标，围绕提升内部矿石、矿粉、建材产品等散堆装货物的装车精度，对铲车、抓斗等装车设备安装计量，利用信息系统分析趋势，总结并推广最佳操作法，实现单车净载增加3.5%，提高单车净载量。同时，试验方法，用足机车牵引力，用足装卸两端位货位有效容车数，实现单钩牵引实载提升4.5%。

### 3.3.4 精准投入实施铁路扩能改造

结合近期运量需求调研情况，对所辖车站到发线、咽喉能力以及区间通过能力进行综合测算，以能力缺口点位、关键薄弱点位为改造目标，精准施策提升铁路运输能力。

例如：裴柳线单线铁路区间增加虚拟车站，低成本实现单线铁路追踪行车，提高区间通过能力31%。对82m站"半列"车站到发线进行整列延长改造，提升站场到发线容车数，同时缩短区间距离，提升区间通过能力13%。对区间"马鞍形"大坡道限制区域削坡降方，坡度由12‰降低至7‰，实现150t电力机车牵引定数由半列提升至整列。增建2座动态衡，火运计量方式由静态方式转为动态方式，释放配合作业机车及调车员。开启集装箱接卸业务，新增接卸线及货场，实现多点位、多车型接卸，适应集装箱为主流的发展趋势。

### 3.3.5　优化检修组织模式，实现设备检修提质提效

推进"操检合一"，优化检修组织模式。将电力机车定检模式由8名修理人员调整为每天由1名钳工和1名电工带领6名乘务员完成机车小修工作。通过动态调整，有效释放6名修理人员参与到机车大中修。翻车机岗位结合停机检修，与修理人员协同开展检修，组织对翻车机靠车油缸、重调机走行轮、空调机走行轮、压车梁橡胶更换等项目进行检修，提高岗位检修技能。内燃轨道吊司机、钩机司机结合"操检合一"培训与实践，自主完成钩机油管接头点位漏油处理，更换油管、液压管、油封等。

推进"精密点检"和"智能检修"模式的应用，提升设备健康管理水平。重点对253个车钩、钩舌、钩尾框进行磁粉探伤，对412条轮轴、轴颈进行磁粉和超声波探伤，并利用钢轨探伤仪对迁钢重轨区、新庄站、82m站钢轨进行探伤，消除断轨隐患43处。完成118号电力机车、粗破2号翻车机、迁钢2号翻车机、6台遥控机车以及设备处牵引变电站共计10套设备纳入设备健康系统管理。

## 3.4　构建智能运输体系

### 3.4.1　构建智能调度系统

以物流信息系统和微机联锁系统为基础，不断扩展系统业务功能、强化数据分析应用能力，实现按列车运行图行车、调度计划的自动编排，直接下达至机车，自动开放信号、铺图、执行、清钩，充分释放人脑，提高生产组织及机车作业效率，减少机车无效能耗，提高机车作业效率，降低机车综合能耗，压减生产调度岗位配置，取消信号操作岗位。

### 3.4.2　构建智能驾驶系统

鉴于无人驾驶技术尚不成熟，在自动摘钩、防碰撞识别与处置等环节仍存在技术瓶颈，以高炉铁水运为试点推行遥控机车作业，通过遥控机车的技术攻关，现运行基本稳定，直接减少乘务员及调车员等岗位人员配置。

### 3.4.3　构建智能行车系统

随着5G技术的推广应用，组建铁路沿线无线网，数据无线传输至工控网，并与现有的管理网、视频监控网进行"四网融合"，构建铁路运输物联网。实现机车、车辆等移动设备的定位信息、运行状态、调度指令及安控信息与地面联络指挥端的有效交互，准确判断运行环境，提高机车运行效率及运行安全。

### 3.4.4　构建智能运营系统

为挖掘人力资源潜力，在道口集控、牵引变电站集控、翻车机集控及"一站多场"成

熟应用的基础上，分步构建"集中调度、集中指挥、集中控制、集中管理"的调度指挥中心。首先推行"区域集中"，将17个车站整合为4个区域车站、37处有人道口减为9处、5台翻车机集中1处控制、4座牵引变电站集中1处控制。在调度区域集中的基础上，进一步推进"一级管控"，实现4个区域车站向1个中心的转变，实现压减岗位工配置、提升作业效率。

### 3.4.5　构建智能检修系统

搭建运输部设备健康系统，对运输部铁路、信号、机车等主体设备的健康状态进行动态跟踪、远程监控及诊断分析，对设备隐患形成提前预判，为实现"预知修"提供数据支撑，降低主体设备检停率。

### 3.4.6　构建智能指标管控系统

构建包含生产、设备、财务、人力资源及安保等5方面的指标体系，开展"百厘物流工程""标准化工程""机车包乘制""模拟市场化"等一系列举措。通过集成整合信息数据资源并充分挖掘应用，强化指标的自动统计与分析，为细化完善指标体系提供支撑，促进专业管理能力的整体提升，适应铁路运输产业发展需要。

## 4　综合效果

通过以管理和技术创新为驱动，打破固有的生产组织模式，推进冶金企业铁路运输向装备国铁化、管控智能化、管理精细化、运营市场化、服务精准化发展，不断优化人力资源、全方位提速提效，推进运营质量变革，取得了一定的成效。以2018年为基年，机车台日产量、人均劳产率、机车综合能耗、修理费、单位成本指标创出历史最好水平。2018~2021年主要指标完成情况见表1。

**表1　2018~2021年主要指标完成情况**

| 序号 | 项　　　目 | 2018年 | 2019年 | 2020年 | 2021年 |
|------|-----------|--------|--------|--------|--------|
| 1 | 运输总量/万吨 | 3398 | 4000 | 4910 | 4872 |
| 2 | 周转量/万吨·km | 56983 | 67187 | 87260 | 86751 |
| 3 | 台日产量/t·km·(台·d)$^{-1}$ | 57115 | 62689 | 67044 | 69073 |
| 4 | 人均劳产率/t·人$^{-1}$ | 26689 | 32054 | 39377 | 39543 |
| 5 | 机车综合能耗/kg·(万吨·km)$^{-1}$ | 86.41 | 88.44 | 81.49 | 80.50 |
| 6 | 运输修理费/元·(万吨·km)$^{-1}$ | 375.2 | 387.9 | 397.7 | 331.2 |
| 7 | 单位成本/元·(万吨·km)$^{-1}$ | 5920 | 5000 | 4400 | 4566 |

## 5　结语

铁路运输是多工种协作的劳动密集型行业，提升铁路运输效能也是一项长期性、系统性的工程。本文以首钢迁安地区铁路运输为研究对象，以个例展示铁路运输效能提升的途径和方法，具有一定的局限性。但冶金企业铁路固有的特点以及行业性质相通，希望能给同行带来一点启发，达到抛砖引玉之效。

## 参 考 文 献

［1］郑明理. 对铁路跨越式发展中改革问题的思考［J］. 铁道经济研究，2003（5）：2-3.

［2］钱仲侯，吴凤. 铁路运输业全面质量管理［M］. 北京：中国铁道出版社，1987.

［3］纪嘉伦，宋来民. 铁路现代运输企业管理［M］. 北京：中国铁道出版社，1996.

［4］郑时德，吴汉琳. 铁路行车组织［M］. 北京：中国铁道出版社，1980.

# 全方位推进冶金物流低碳转型

王长青，赵　勇，刘佳浩，张　堃

（河钢集团唐钢公司）

**摘　要**：企业承担社会环保责任，必须以国家环保战略为导向，按照"科学、高效、低碳、减排、绿色、效益、可持续发展"的原则，建立起高效的物流组织架构和管控体系，通过细化管理、创新性管理，全方位推进冶金物流低碳转型。提升低碳清洁运输比例，促进企业低碳经营，最大程度降低环保管控对企业正常生产的影响。持续开展"公转铁"、水路运输、管道运输、新能源电动汽车运输等低碳物流转型，减少碳排放，实现经济效益、社会效益和环境效益的统一。

**关键词**：低碳转型；清洁动力；绿色物流

冶金钢铁企业属于高耗能、高污染的行业，在国家"碳达峰、碳中和"大背景下，环保压力尤其巨大。物流产业涉及冶金企业的各个角落，近年来，多数企业常因物流环保问题限产限行。冶金物流能否低碳转型，关乎企业的环保成效，越来越多的冶金企业认识到，企业的发展必须严守国家环保战略，担负起企业的环保责任，必须走低碳环保的可持续发展之路。中央经济工作会议将"做好碳达峰、碳中和工作"作为经济建设重点工作任务，提出我国二氧化碳排放力争 2030 年前达到峰值，力争 2060 年前实现碳中和。碳中和目标将深刻影响下一步产业链的重构、重组，物流作为冶金钢铁产业链条的联结纽带，在钢铁企业低碳减排的过程中起到了至关重要的作用。

## 1　冶金物流低碳转型总体思路

"碳达峰、碳中和"是一场广泛而深刻的经济社会系统性变革，需要纳入生态文明建设的整体布局。全方位推进冶金物流低碳转型是以经济社会协调发展为前提，以国家"碳达峰、碳中和"的发展战略为导向，按照"科学、高效、低碳、减排、绿色、效益、可持续发展"的原则，建立起高效的物流组织架构和管控体系，通过细化管理、创新性管理，全方位推进冶金物流低碳转型[1]。

为打造低碳绿色物流企业，要持续开展"公转铁"增量、集装箱运输等绿色物流模式，实施铁路、水路、管道运输、管状带式输送、新能源电动汽车运输等多种低碳清洁运输方式相结合的全方位物流管控措施，减少碳排放。不断完善各项节能减排的基础管理，实现制度化、规范化，全面提升冶金企业物流管理水平。

## 2　冶金物流低碳转型推进措施

### 2.1　构建低碳绿色的厂内物流

钢铁行业物流组织始终围绕着钢铁企业的保供保产这个核心开展业务，企业的生产经营过程必然需要大量的运输动力作为保障。在以往的物流活动中，运输动力的耗能伴随了高碳、高污染性，已经不适应国民经济可持续发展的要求。为改变这种现状，必须大力推进以低碳绿色运输为中心的物流体系，不断研究和推广高效节能、低碳排放的组织方案和技术，最大限度地以最低的动力耗能和清洁的运输方式保障企业正常的生产经营。

为确保转型的实施，需要成立以主要负责人为主的低碳物流攻关组，确立改善目标，对保产物流的皮带运输、保供物流的新能源电动重卡运输、保运物流的"公转铁"增量和集装箱运输，进行细化分析和改进提高。同时，倡导各岗位低碳办公、绿色出行，全面实施低碳清洁物流建设。

在物流低碳转型的建设中，本着"先易后难、由点及面"的原则，逐步推进各项低碳物流措施的实施。首先考虑报废、封存污染排放大的公务车和货运燃油车，其次采用新能源电动车替代燃油车作为近途及厂区运输工具。

## 2.2　多措并举，降低机车排碳

冶金企业生产厂的厂内保产物流主要依靠铁路运输组织来实现，重点是高炉铁水运输组织改善，最大限度地减少机力投入、减少机车排碳，是实现低碳绿色清洁运输的根本途径。本文重点研究提高机车作业效率的有效途径。

### 2.2.1　谋划厂内铁运保产方案，规范铁路线路现场管理

铁路运输组织计划是铁路运输组织高效的关键因素之一，决定着生产厂保产物流的效率和机力的投入量，较少的机力投入是保产物流减碳的重要方法。围绕高炉运输组织和铁水运输，需要针对铁路线路布局、铁水车的配备情况以及高炉生产需求，制订相应的运输组织方案，通过讨论、计算机模拟等方式，确定最合理的铁路运输组织模式，并进行固化。

另外，通过加强调度组织管理，采取提前了解生产厂需求、主动征求生产厂意见、合理编排保产计划等措施，全面提升了铁运效率。根据厂内铁路线路实际状况，通过在线路上设置不同作业任务的电子标志牌，方便机组准确、高效地进行调车作业，加快了机组作业效率。

### 2.2.2　实施车辆跟踪技术，提高调度指挥效率

科学技术是第一生产力，依靠科学技术解决调度指挥与现场车辆状态和生产进度有序衔接是提高调度指挥高效快捷的有力保障。通过 ERP 及车号识别技术实施车辆跟踪，能准确掌握车辆各类信息，避免发生错误的调度计划和调车作业。通过对铁水车采取电视画面实时跟踪技术，利用通讯网络设施、电视终端画面，通过安装铁水车车号识别装置、搭建计量系统接口、搭建钢区天车系统接口，实现了铁水包可视化动态画面的追踪。这些技术的应用确保调度员准确追踪掌握关键线路位置的铁水车包信息，提高了调度计划准确性，并为调度计划的超前性提供了条件。

### 2.2.3　高炉炉下铁水车实施电动牵引技术，提高机车作业效率

高炉炉下机车拉摆铁水车始终存在铁水飞溅危及机组人员安全的问题、机车往返各股道之间的效率问题、打撤铁鞋的时间问题、高炉炉前现场人员与机组人员的配合问题。通过在高炉炉下各股道加装遥控电动车牵引铁水车的装置，可以有效解决高炉出铁过程中存

在的安全、效率等问题。实现"两保一提一降",即保作业人员安全、保高炉出铁正点、提高高炉生产的作业效率、降低机力投入减少耗能。可以使高炉出铁的准点率、正点率大大提升,同时也可以使保产物流压减机车成为现实。

## 2.3 实施清洁动力能源战略,减少燃油车使用

以往冶金钢铁企业的许多物料和产成品多数是以公路运输为主体的,受环保的影响,众多燃油车的使用经常造成企业限行限产。为改变现状,在无法采用铁路、水路、皮带输送等清洁运输方式的情况下,投入新能源重卡进行公路运输[2]。借鉴清洁运输先进企业的经验,与多家新能源重卡厂家进行技术交流,在确认能保证运力、满足生产后,实施切合企业原料进厂、钢材发运等业务的新能源重卡运输模式,并着力做好新能源车后市场服务,包括设置厂内充电桩、建立第三方物流业务协调与沟通机制、设置协调机构与人员等。

## 2.4 深化与国铁路局的密切合作,促进"公转铁"

我国铁路资源丰富,近年来,国铁大力发展地方铁路联网建设,有效实施"公转铁"战略,为企业实现低碳清洁环保运输提供了有效途径。

### 2.4.1 加大铁路基础设施建设力度,为"公转铁"创立基础条件

积极落实和推进企业内"公转铁"的基础设施建设,包括厂区铁路线路的改扩建以及集装箱装卸设施、设备的建设,为适应"公转铁"增量提供设施保障。

### 2.4.2 优化运输组织路径及方式,促进"公转铁"增量

积极探寻与国铁的密切合作机制,针对生产实际,采取灵活多样的运输方案,实现"公转铁"增量;通过优化企业内铁路线路的使用,提高调度组织效率,使路用车厂内周转时间降低,从而带动"公转铁"增量;配套设置集装箱装卸设备,实现大宗物料的集装箱运输,促进"公转铁"增量,并减少物料散落损失。

### 2.4.3 优化与"国铁"及"第三方物流"的运输组织协作,促动"公转铁"

(1)强化科技引领作用。建立路局车实时动态跟踪信息化系统,通过实施调度系统对路局车进厂后实时动态监控,确保路局车在厂内的及时周转。

(2)强化制度约束。制定并推行路局车调修标准和流程,为提高路局车的利用率提供制度保证及现场指导。

(3)利用第三方物流优势。充分与地方国铁合作,建立互利共赢的联合物流方式,打通铁路运输通道,增加铁运量,促进了"公转铁"增量。

## 2.5 实施清洁工程,改善物流各环节烟尘排放

物流各项业务活动必须始终坚持绿色清洁、低排放的原则,并把改善作业环境、提升节能减排技术进步作为切入点。

### 2.5.1 实施卸焦炭车间的除尘改造

冶金企业内的焦炭卸车车间是烟尘排放的焦点区域,特别是车辆在车间内卸车时,产生大量的烟尘不利于环保。企业物流应该加强与生产厂的合作,在车间加装最新型的防尘

罩等防尘设备，降低污染，改善焦炭卸车环境，有利于提高卸车效率。

### 2.5.2 保持内燃机车良好状态，减少排烟

内燃机车的运行状态是保持低碳排放和高效运输的一个重要因素。为减少机车冒黑烟，应当采取加强机车乘务员、机车检修钳工操作技能培训和强化机车"状态修"的措施，对机车有冒黑烟前兆和不良运行状态的，随时入库修复。同时，深入开展机车设备节能攻关活动，发现和推广先进的机车节能操纵法。

## 2.6 强化各项物流低碳清洁转型的基础管理

### 2.6.1 完善物流低碳清洁转型的基础制度管理，提高低碳清洁管控水平

为切实加强低碳清洁绿色物流的基础管理，需要制订绿色物流管理考核细则，对包括新能源车使用、皮带输送、"公转铁"等业务进行奖惩规定，对造成环境污染、烟气排放等需要明确考核，特别是对发生火灾造成污染、机车冒黑烟、违规使用燃油车造成限行等作为考核重点，并与月度奖金挂钩。

### 2.6.2 建立全力支撑铁、钢、轧生产的节能环保高效的衔接制度

物流业务必须紧跟企业铁、钢、轧项目生产节奏，统筹抓好物流资源的协调联动，加强大宗物料进厂、厂内铁水运输及配套系统保障、成品库存管理及外发组织，在工序保产的基础上，确保生产组织最顺畅、物流路径最优化、运输方式最节能环保、降本控费最显著。

# 3 总结

全方位推进冶金物流低碳转型是国民经济可持续绿色发展的客观要求，低碳环保物流转型符合国家的宏观环保战略。企业低碳转型必然为人类社会生活和环境的改善做出贡献，必然为企业良好的生产经营秩序提供重要的基础支撑，必然会减少限产、限行对企业生产的制约，进而提高企业竞争力，促进企业可持续健康发展。

参 考 文 献

[1] 杨婷. 国外钢铁工业低碳技术发展与我国减排 $CO_2$ 策略 [J]. 中国钢铁业, 2011 (6)：12-16.
[2] 贾亚雷, 马凯, 李璐. 基于流程优化的钢铁行业长流程低碳转型研究 [J]. 应用能源技术, 2021 (12)：10-13.

# 冶金铁路运营模式发展探讨

## 钱先花，刘晓丽

（马鞍山钢铁股份有限公司运输部）

**摘　要**：冶金铁路运营模式与企业管理及技术发展密切相关，传统上多采用自营自管模式，注重运输对主体厂矿的保产能力。随着生产管理与技术进步，冶金企业对铁路在保产能力及运输效率上均提出了更高要求，为此，冶金铁路应通过运输组织的自动化、智能化，推动运营模式创新发展，提高运输效率，更好地满足企业对冶金运输的新需求。

**关键词**：冶金企业；铁路运输；运营模式

## 1　现有冶金铁路运营模式及存在的问题

### 1.1　现有冶金铁路运营模式

冶金铁路传统上均是由冶金企业自身投资管理的一个企业运输部门（公司），主要宗旨是为冶金主体厂矿的生产经营提供运输保产服务。其运营模式多采用企业自营自管模式，也就是无论是运输组织、现场具体作业还是各类设备设施的维护检修等均由企业自身完成。

### 1.2　现有运营模式存在的问题

如上所述，冶金铁路现有的企业自管自营模式可看作基于"效率导向"管理理念，但其"效率导向"中的"效率"主要是运输满足企业生产需求层面的效率，该理念下，铁路运输通常作为企业的一个成本中心，在运输组织等方面管理相对粗放，存在效率不高等问题，主要体现在如下几个方面。

#### 1.2.1　运输调度指挥层级多、管控跨度小，运输组织灵活性差，精细化程度低

指挥层级多：冶金铁路多采用"部调-站调-区调""部调-站调"两种调度模式。后者主要借助信息技术的应用，以站为中心采用小区域调度集中取消了区调。也有部分企业在此基础上，通过远程控制等信息技术，将部调、站调等均移至一处实行类似国铁的全厂"集中调度"模式，与"部调-站调"相比，该模式主要是将各站站调及部调的空间位置集中在一起，调度的职能及指挥流程都没有大的差异。

管控跨度小：在上述调度模式中，站调是现场作业的直接指挥者，直接指挥所管辖区域的机车调车（列车）作业。因作业效率及安全所限，传统指挥模式下，1名站调通常以同时指挥4~5台机车作业为限。由于多数冶金企业铁路运用机车数较多，上述指挥模式使得指挥现场作业的站调多，其调车计划管控区域小，具体作业特别是跨区域作业精细化程度低，进而影响整体运输效率的提升。

### 1.2.2　行车组织自动化、智能化程度低，信息系统集成度不高

虽然冶金铁路普遍都建立了行车组织相关的各类信息系统，但这些系统的主要功能大致相同：进出厂局车车号自动识别、调度计划电子化编制、以调车计划为基础的计算机辅助选择路径、以站为中心的小区域调度集中及货运管理等。但上述功能除车号自动识别外，其余均以人工操作为主，仅有的计算机辅助选择路径也仅是由系统通过调车钩计划辅助选择对应的进路，进路所需的长度、多个进路相扰时的前后顺序选择以及进路开放时机等仍需人工选择控制。因此，上述系统在自动化特别是智能化方面几乎没有涉及，仅解决了运输组织人工操作的网络化、电子化，以及在此基础上的数据共享化，同时，通过系统内计划与进路控制的关联，实现了系统内物流位置等信息的动态监控，但由于其进路操控以人工操控为主，上述监控数据的质量特别是实时性不高。

另外，冶金铁路的运输组织等信息系统与其服务的冶金厂矿 MES 等信息系统间几乎没有集成，制约了运输与装卸作业间的跨界面流程优化融合。

以装卸线作业流程为例，可将上述情况列举如下：

运输方面：运输调度下达装卸线取送调车计划，值班员布置进路、办理闭塞及传递相关道口计划，信号操作员控制信号，货调根据作业进度通知厂家车辆上离道时间及对位车辆货运信息情况，货运员在装卸开始前或完成后到现场检查车辆及装载情况，并办理票据交接等，货调根据货运员反馈情况完成运输信息系统中作业车辆的装卸信息。

装卸单位方面：接到运输上道通知后，及时安排人员接车，检查车辆及装载情况、核对货运信息，与运方货运人员完成交接，开始装卸作业，装卸结束并检查完毕后通知运方装卸完成，运方货运员到现场检查车辆及装载情况并与厂方办理相关票据交接后，确认可以取车。

从上述流程可以看出：

（1）运输组织流程长，自动化、智能化程度低。铁路作业流程涉及"计划编制—传递与闭塞办理—道口操控—进路操控—现场作业—货运信息维护"等 6 个环节，每个环节均需人工操作完成。

（2）运厂双方协调配合方式落后，效率低。装卸线作业流程需运厂双方协调配合共同完成，上述协调配合基本是线下通过电话或作业人员现场的票据交接等完成，没有实现信息系统的数据共享与互动操作。

（3）交接环节重复作业多。厂家及运方货运人员均要对装卸前及完成后的车辆及货物装载状况进行检查，检查的主要目的是确保车况及装载安全。由于冶金厂矿的装卸人员均是在固定线路、长期进行相同货物及车型的装卸作业，并且均有明确的装卸方案，上述厂运双方的相关检查可认为是重复作业。在同一企业管理下，完全可以通过流程优化，由厂家一方独自承担。

## 2　冶金铁路运营模式的发展探讨

通过上述分析可以看出，冶金铁路现有的运输组织技术手段相对落后，已不能适应企业运输保产的新需求，也制约了企业铁路运营模式的创新发展。为此，冶金铁路应以智能运输技术的应用为抓手，大力提升运输组织环节的自动化、智能化水平，不断创新运输组织模式，推动运营模式由"效率导向型"向"效率与效益双重导向型"发展，具体做法如下。

## 2.1 运输组织自动化、智能化程度的提升及新组织模式创新

### 2.1.1 运输组织自动化、智能化能力提升

针对冶金铁路以调车为主的作业特点，以提升调车计划编制及进路操控的自动化、智能化为核心，借鉴国铁编组站综合自动化系统相关技术，开发图形化的调车计划编制技术，实现由调度员鼠标拖动车辆由初始位置移至目的位置，系统通过仿真计算辅助编制调车计划，大幅提升计划编制效率。

在进路自动操控方面，系统以调车计划为基础，在充分考虑进路长短、多机车相互干扰作业及保产特殊需求等条件下，智能自动完成择路（选择进路方向与长度）与择机（根据现场作业进度控制信号），并将计划自动转换为相应的控制指令传递给联锁系统，指挥联锁系统完成相应操作，实现进路的智能自动操控。

目前上述技术在钢铁企业的铁水运输中已有成功运用的案例，根据铁水运输的具体实践，可全面实现进路的自动操控，将调车计划编制效率较传统模式提升50%以上，并且已具备在冶金铁路全面推广实施的条件。

### 2.1.2 构建铁路智控平台，推动铁路运输组织模式创新

以上述计算机辅助编制计划、智能自动进路为核心，构建适应冶金铁路运输组织特点的铁路智控平台，并以此为基础推动运输组织模式创新如下：

（1）取消信号操作岗位，将站调与信号员岗位合二为一，有效缩短站运输组织流程，提升站运输组织灵活性。

（2）结合铁路智控平台的运用，将各站调度指挥与进路操控进行集中，结合调度编制计划效率的提升，重新优化各站站调管控范围，减少值班员配置，大幅提高站调管控跨度，创建以铁路智控平台为基础、集运输指挥及进路操控集中化、管理组织扁平化为特征的新型运输组织模式，支撑运输指挥与组织效率的提升。

（3）基于自动进路技术的应用，系统平台能自动采集到高质量运输流程数据，并通过对上述数据的积累与分析，为调度优化运输组织、实行精细化运输提供有力支撑。

另外，结合企业主体厂矿智慧制造工作的推进，该平台可与物流相关的厂矿 MES 等信息系统进行集成，实现铁路装卸、货运、局车到发及计量等信息的共享，消除信息孤岛，杜绝信息的重复录入，进一步提升运厂双方的跨界面融合。

## 2.2 冶金铁路"效率与效益双重导向型"运营模式探讨

综上所述，为适应冶金企业对铁路运输效率与效益的双重提升要求，在创新运输组织模式、提升冶金铁路运输效率的同时，在其效益提升方面可进行如下探讨。

### 2.2.1 打破自营自管模式，将部分技术门槛低的业务社会化，实现多种运营并存

一方面可以使管理进一步聚焦运输主要环节，有利于提升运输效率；另一方面，通过引入竞争机制，可进一步降低铁路运营成本。例如，根据运输组织的新模式，运输将主要管理聚焦至集中一体化管控环节，重点提升运输效率及组织的精细化，而把调车、道口控制等现场作业社会化，由社会机构组织运营，更有利于降低上述环节的运营成本。

### 2.2.2 树立大物流管理理念，支撑企业包括铁路运输在内整体物流效益的提升

物流是企业的第三利润源，企业的低库存运行模式是其整体物流效益提升的重要体现

方式之一，为了更好满足企业低库存运行要求，构建冶金企业产销一体化平台，提高冶金企业铁路运输组织效率与效益。

（1）通过冶金企业产销一体化平台，提高企业包括铁路运输在内的物流效益。冶金企业产销一体化主要是把采购、生产、运输、销售等过程集中在一起，实现一体化管控，优化管理和业务流程，建立完整的物流体系，通过信息实时互联互通实现一体化管控，快速响应市场，高效生产协同，严格控制物流计划执行，合理利用资源，有效降低库存，为物流管理提供有力支撑，最终提升物流管理水平和降低物流成本。

冶金企业产销一体化平台可以将采购系统、生产系统、运输系统、销售系统等信息系统集成在一起，实现铁路装卸、货运、局车到发及计量等信息的共享。冶金企业铁路运输主要包括采购进厂、厂内倒运、销售出厂三部分。在采购进厂和销售出厂方面，与采购系统、销售系统联动，接收进出厂任务、计划信息，支撑接车、车货匹配、调度、装车编组、外发等管理节点，并监控其运行过程；同时，通过与路局系统信息联动，获得路局进厂车辆的预报、确报信息，更好地支撑路局进厂的预知性和计划性，提高接车作业效率。在厂内铁路倒运业务方面，通过与各生产厂家联动，获取原燃辅料调拨需求、在制品转库计划等运输需求，及时安排车辆，跟踪装卸车进度，及时取车对车，加快车辆周转。车辆上道、离道信息由运输系统自动传给各生产厂家，车辆装卸完成后，各生产厂家录入装卸车信息，装卸车信息自动传回运输系统，不需要人工进行线下电话沟通，优化作业流程，增加货物信息的准确性，提高运输组织效率。

（2）通过冶金企业产销一体化平台，提高运输组织的灵活性。企业产销一体化平台将铁路、公路及水路运输集中在同一个系统中进行管理，有利于合理分配运输资源，充分发挥各种运输方式的优势。在采购时，可以合理选取铁路、公路及水路运输方式；在厂内倒运时，各生产厂家只需要向运输系统提交运输计划，运输调度根据运输品名、运输起点和终点，综合考虑铁运和汽运的运输能力，合理分配运输方式。特别是在库存低、保供困难时，产销一体化平台将快速响应，从采购、铁运、水运、卸船到厂内汽运等各个环节紧密衔接，及时传递信息，高效组织运输，圆满完成保供任务。

# 3　结语

随着管理与技术的进步，冶金企业铁路运输的自动化、智能化水平将会不断提升，将推动冶金铁路运营模式的不断创新发展，进一步支撑冶金铁路运输的高质量发展。

**参 考 文 献**

[1] 樊志强，林颖洁. 铁路专用线运营管理模式的探讨 [J]. 铁道运营技术，2007（3）：14-15.
[2] 刘艳君，付俊凤. 铁路企业生产经营信息化探讨 [J]. 铁道运输与经济，2001（12）：38-40.

# 浅谈无人驾驶技术在钢铁企业铁水运输中的应用
## ——以鞍钢鲅鱼圈铁水运输为例

王　晨，郭　兵，张　明，李生意

（鞍钢股份有限公司鲅鱼圈钢铁分公司）

**摘　要**：本文以鞍钢鲅鱼圈铁水运输为研究对象，通过在高炉和转炉之间进行鱼雷罐车运输来满足两点之间的供需关系，提出了以机车自动驾驶技术为核心的铁水无人化智慧运输系统，以机车智慧运输调度为核心，结合大数据分析及机器视觉、机器学习等先进技术，实现了工业场景全天候全流程高效无人化运输及调度作业。

**关键词**：智能制造；无人驾驶；铁水运输；高度集成

## 1　引言

在以信息促工业的发展背景下，我国大力推进物联网、大数据、人工智能等先进技术和传统工业的结合。钢铁行业作为国家支柱产业之一，加快钢铁企业的信息化、智能化建设尤为重要。无人驾驶技术的不断发展推动着各行各业对无人化技术的创新和探索[1]。目前高铁自动化水平已处于各行各业的领先水平，钢铁企业也逐步实现了对行车的无人化改造，但对铁水运输的无人化改造少之又少，鉴于钢铁企业铁水运输线路相对封闭、作业流程相对固定的场景特点，围绕对钢铁企业铁水运输的自动驾驶技术研究与运用逐步纳入各级领导的视线。无人驾驶技术是一门综合类的技术，是基于机器视觉、机器学习、自动驾驶、大数据等先进技术，集 5G 通信、自动控制、智能装备、环境感知、智能决策等多学科于一体的高度集成技术。

### 1.1　概况

鞍钢股份有限公司鲅鱼圈钢铁分公司（以下简称鞍钢鲅鱼圈）隶属于鞍钢股份有限公司，目前正处于加快转型升级、迈向高质量发展的关键时期，公司现有 2 座 4038m³ 高炉、3 座 260t 转炉，总设计产能 650 万吨/年。每座高炉 4 个铁口，其中 3 个铁口轮流出铁、1 个铁口检修。每个铁口一般出 4 罐铁，每炉铁 1000t 左右。

铁水运输采用内燃机车牵引鱼雷罐车往返于高炉和转炉之间，现日常在线投运机车 6 台、鱼雷罐车 26 台，鱼雷罐车周转率为 3.8~4.0，铁钢界面铁水温降约为 153℃。

铁水运输进路选择与控制采用计算机联锁方式，调度人员根据铁钢界面实际生产情况，结合铁路线路、机车鱼雷罐车状态和位置等信息，决策铁水调度及运输指令。日常 6 台机车均具备遥控功能，每台机车配置 1 名司机可遥控方式指挥机车运行，司机根据作业任务和目的地，控制机车驾驶作业。鱼雷罐车依靠内燃机车，通过车钩的牵引力进行铁水运输，在到达出铁口下方区域、倒罐站区域、铁路沿线等工位点时，司机需下车人工放置铁鞋防止鱼雷罐车溜逸。

此外，每班配置 1 名铁水调度和 1 名运输调度人员，协调制造部、物流部、炼钢和高炉，通过电话沟通方式确定鱼雷罐车分割和机车匹配，调度根据作业情况，确定铁水去向、炼钢折铁、配罐需求、机车匹配等信息，调度人员的思维决策主导铁水运输的调度运行。另有 2 名远程道口员负责封闭、开放道口，2 名信号员负责微机联锁信号的操控及对列车的运行进行跟踪和监控。

## 1.2　高炉至转炉运输环节存在的问题

钢铁企业铁钢界面是炼铁和炼钢工序的衔接过程，是钢铁制造流程的一个重要子系统。铁钢界面包括高炉出铁、铁水运输及预处理等众多环节，受到总图布局、工艺技术、运输组织调度、设施设备等多因素影响。高炉铁水运输是钢铁企业生产运营中的一个重要环节，铁水运输系统对高炉甚至全厂的生产都起着决定性的作用，与此同时铁水运输系统在很大程度上会受到铁水运输线路布置的影响[2]。

随着钢铁企业技术装备和管理水平的不断提升，高炉和转炉逐步向智能化、智慧化转型升级，传统的铁水运输模式逐渐成为制约铁钢界面生产效率再提升的瓶颈，铁水运输作业在生产环境、作业流程、运输安全等诸多方面均存在以下痛点：

（1）对人力依赖性高。传统的场区运输方式是司机遥控驾驶机车往返于高炉和转炉之间，对人力的依赖性较高，整体运输效率受人为因素影响较大。

（2）现场作业环境差。铁水运输过程具有高温、重载的特点，工作危险系数较高。

（3）信息化、智能化水平低。铁水运输作为高炉与炼钢厂之间的传输纽带，体系工艺复杂，多专业协同，技术门槛高，信息化、智能化升级困难。

# 2　解决方案及技术措施

## 2.1　解决方案

为解决以上问题，充分发挥铁水运输组织优势，提高作业人员现场安全系数，加大钢铁企业铁钢界面的信息化、智能化、智慧化的建设力度，提升钢铁企业铁水运输系统的智能化水平，在钢铁企业铁钢界面部署基于无人驾驶技术的铁水智慧运输系统，该系统是无人驾驶和人工智能技术在工业运输场景的落地。

## 2.2　技术措施

### 2.2.1　5G 通信技术

国内 5G 核心技术和产品已实现突破，为铁路开展 5G 技术应用提供了良好的技术环境。自动驾驶为了保证生产需要，对网络延迟及网路故障的容错性要求比较高。为了满足实际应用中的低时延、抗单设备故障，采用双 5G 网络保障。

双网建设规划如图 1 所示。专用无线网络整体组网方式采用双 CPE 和双基站构建双路径空口链路（A/B 网），一方面实现了车载 CPE 和基站的设备冗余，另一方面双路径空口链路可以网络传输、优化技术、降低控制数据的丢包率和时延。

其中 A 网作为控制业务专用网络，只用于承载机车控制业务，B 网用于承载机车控制业务和视频监视两项业务，实现 A 网和 B 网的硬件冗余。控制信号分别通过 A 网和 B 网

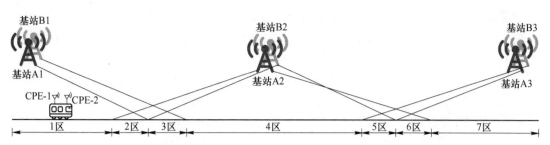

图 1　双网建设规划

同时传输，控制数据在射频段传输有冗余。

每个基站可以提供上下行的高数据吞吐量，满足端到端的低传输时延，两个基站之间也做到无缝连接、无感切换。

控制双网回路如图 2 所示。网络通讯采用的网络传输优化技术可以实现多种通信方式并存的高可靠车地并行通信网络，保证系统可靠，无信息丢失，并确保控制指令、反馈信息等在各系统中快速、稳定地交互。本系统采用双路径无线网络实现高可靠车地通讯，利用网络传输优化技术对网络进行加固。

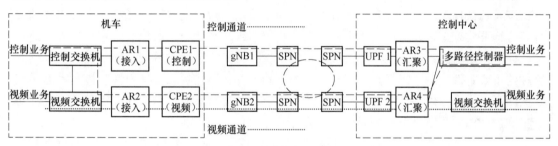

图 2　控制双网回路

### 2.2.2　环境感知技术

冶金铁路未采用大铁的封闭式区间管理，铁路区域存在人员穿插的情况。另外在厂区内部存在多个道口汽车火车交叉作业的情况，要实现铁路的自动驾驶，就必须完成相关人员、车辆等影响安全行车的因素识别。感知系统获取环境信息的全面性、准确性和高效性要求越来越高，是自动驾驶的重要一环，是车辆和环境交互的纽带，是无人汽车的"眼睛"，贯穿着自动驾驶的核心部分。感知融合算法如图 3 所示。

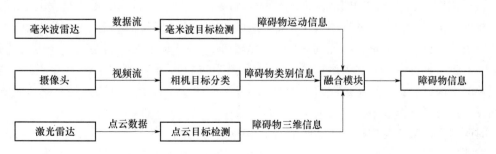

图 3　感知融合算法

　　毫米波雷达有较大的波长，可以穿透雾、烟、灰尘等激光雷达难以穿透的障碍，可较好免疫恶劣天气；很好地弥补了如红外、激光、超声波、摄像头等其他传感器在车载应用中所不具备的使用场景。

　　摄像头是基于深度学习的多目标检测和跟踪算法，算法能够对环境中的行人、车辆以及其他障碍物进行识别检测和轨迹跟踪。激光雷达向周围发射脉冲激光，遇到物体后反射回来，通过来回的时间差，计算出距离，从而对周围环境建立起三维模型。

　　激光雷达获得周围空间的点云数据，从而测量出周边所处的环境信息，融合以上多种传感器庞大丰富的数据信息，在一定的准则下加以自动分析和综合，可以完成所需要的决策和估计而进行信息处理。

　　信息融合的最终目标则是基于各传感器获得的分离观测信息，通过对信息多级别、多方面组合导出更多有用信息。这不仅是利用了多个传感器相互协同操作的优势，而且也综合处理了其他信息源的数据来提高整个传感器系统的智能化，从而实现了信息的冗余性、信息的互补性、信息处理的及时性及实现功能的低成本性。

### 2.2.3　自动控制技术

　　冶金铁路运输的典型场景是通过铁路，使用一台机车运输一个或多个铁水装载设备，而机车与运载设备、运载设备与运载设备之间均采用车钩柔性连接，形成一个多级联的柔性组合，要实现工艺要求的高精度控制，需克服多级联柔性组合的控制难题。另外，还存在路面摩擦系数的不确定性、轨道坡度不确定性、机车和运载重量的不确定性、机车动态特性的不确定性、刹车滑行空转打滑过程的不确定性、连挂状态不确定性、机车动态响应速度的不确定性，以及鱼雷罐车起停振荡对于机车速度影响的不确定性。每种不确定性对于精确控制的刹车距离都会造成一定程度的误差。

　　采用实时学习和自适应算法得到机车的实时参数，通过实时学习的参数不断更新模型；通过提高算法的鲁棒性减少实时模型的不确定性，并最大程度降低随机干扰带来的影响。

### 2.2.4　智能调度技术

　　冶金铁路的调度，特别是铁水物流运输系统的调度多存在这样一些特点：需要满足高炉安全出铁的要求；需要满足炼钢生产的节奏要求；追求温降等一系列指标的要求。随着人工智能算法的发展，通过使用大数据分析、机器学习、智能决策优化算法等先进技术来解决智能调度中的问题已经成为可能。

　　机车调度问题可归结为团队定向问题（team orienteering problem，TOP）。团队定向问题可视作一类经过指定点的带回报的 TSP 问题。求解方法是把机车安排和路径规划作为一个整体进行考虑。当多辆机车在同一路网上作业时，特别是来往车辆共用一条走行线路，就容易产生车辆冲突或者出现运动锁死，所以应该在规划层面上避免这种冲突。如果冲突不能及时解决，将造成铁水运输重大安全事故；如果冲突不能有效解决，将会导致系统停在冲突的状态无法继续下去，造成运输系统瘫痪。

　　时间窗算法最初是根据机车运行状况，在双向有向图中为机车搜索无冲突最优路径。时间窗算法属于预测式防冲突控制方法。信号灯避障的基本思想是在冲突即将发生时，按照一定规则在冲突区域设置交通信号灯。通常，在死锁区域（相向冲突）进行策略设置。

实际的机车群路径规划的其他冲突消解方法将采用上述几种方法综合处理，针对运输道路的复杂性，实际项目中将结合多种冲突消解方案。一方面，避免时间窗方法的低效和复杂死锁防范能力的不足，另一方面也克服信号灯方法事前规划性弱的缺点。

## 3 结语

随着无人驾驶技术的不断发展和在钢铁企业铁水运输环节中的应用，不但给钢铁企业铁水运输带来了技术创新、科技创新，也在铁水运输的调度指挥、运输工艺组织等方面为钢铁企业提供了管理上的经验。该项技术是在封闭场景下对智能化技术的体现，也可以反向推动技术的不断迭代更新。但是由于冶金工艺的强关联性及生产环境的恶劣条件，在实际落地的过程中，还需要加强多系统安全联锁的设计以及安全冗余设计。

### 参 考 文 献

［1］黄若山 . 无人机车铁水运输可视化远程监控系统设计及实现 ［D］. 重庆：重庆大学，2020.
［2］贾怡良 . 钢铁企业铁水运输组织与优化分析 ［D］. 西安：西安建筑科技大学，2011.

# 浅谈包钢智能化调度系统设计

## 吴宇超

（包钢钢联股份有限公司运输部）

**摘　要：**包头钢联股份有限公司（以下简称包钢）自1959年投产以来便肩负着建设、发展祖国西北边疆的重任。在包钢发展建设中，因受经济、地势及生产工艺等诸多因素影响，在规划过程中仅考虑了钢铁的产能设计目标，而对铁路运输的统筹考虑不足，使作为包钢生产运输"大动脉"的铁路运输的管理模式至今仍以人工管理作业方式为主：生产作业信息主要是通过电话人工制定、人工抄摘进行分级传递，这种以纸、笔、电话收集和处理各种信息的方法占用了调度、现场人员和管理人员相当多的时间和精力，且可靠性差、效率低下。进入21世纪后，随着现代计算机技术、通信技术、数据库技术的飞速发展，使企业自备铁路运输调度系统向数字化、智能化方向发展成为可能。因此有必要进行冶金企业铁路智能运输调度综合信息系统的开发研究与应用。

**关键词：**包钢铁路专用线；智能调度；进路搜索；平面调车

## 1　研究意义和背景

近几年随着包钢生产工艺的不断进步，生产规模的不断扩大，对铁路保产运输的要求也越来越高。目前包钢引进并建设开发了铁路信号计算机联锁系统、机车监测系统、调度计划管理系统等，这些信息系统对提高包钢铁路运输生产的效率都起到了积极的作用。但是就目前运行的情况来看，这些已经应用的系统都是相对分散、相互独立的系统，不能作为一个协调的整体来进一步发挥作用，没有能够在统一的智能运输系统框架指导下形成有机的整体，限制了运输生产效率的进一步提高。因此需要更高层次的规划整合，开发一个功能更强的自动化行车系统。

## 2　包钢铁路运输调度作业分析

### 2.1　计划下达与执行流程

生产部物流办公室根据销售部门申报，编制及修正日计划，将批准的日计划或修正计划上传至系统。运输部调度接收到日生产计划及上级调度指令，编制日运输作业计划和调度命令下发到各站。车站调度根据日作业计划、调度命令编写作业计划，生成调车作业单，发送给信号员和调车组。信号员接收调车作业计划后按照作业计划及时开放信号，办理进路。而调车组通过机车上无线传输接收设备获取调车作业单，并执行调车作业（没有无线传输的，则口头传达给调车组作业人员，由调车员复诵后执行调车计划）。

各站站调将本站作业执行情况反馈至部调度室，部调统计计划执行情况后反馈到运输部物流办公室（对计划执行情况进行跟踪，形成闭环，为分析提供依据）。其中关于车辆的基本信息都包含在车辆基本信息资源库中，以备站调编写调车作业；查询、统计运量等作数据支撑。流程如图 1 所示。

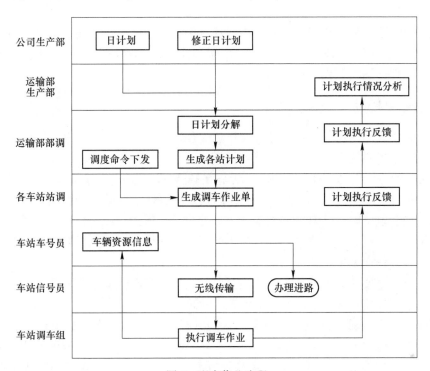

图 1    现有作业流程

通过上述包钢铁路专用线作业流程可以看出：尽管包钢铁路运输实现了一定程度的信息化，但各应用系统间较为分散，没有形成统一的信息处理体系，造成基础信息不完备、数据共享能力差，生产调度工作依旧主要是靠人工指挥方式层层下达完成，这种作业模式不仅使作业更依赖于调度的工作经验，也存在安全隐患，阻碍了保产运输效率的进一步提高。

## 2.2    包钢铁路运输调度作业特点

包钢企业铁路相较于国有铁路货物运输站，除具备了铁路运输的共同点外，还存在以下特有的几点：

（1）运输的策略与环境存在差异。通常情况下，包钢专用线铁路难以承载规模过大的货物运输压力，并且具有线路复杂与尽头线多的特点。

（2）运输信息具有可预见性。包钢铁路专用线所需运输的货物种类相对国铁较为固定，作业时间具有规律性，各车站负责范围内装卸点的作业能力大致明确，因此车流信息基本可以预见。

（3）车辆构成复杂。包钢专用线铁路运输车辆种类较多，且有普通车辆和特种车辆及外发到站和厂内到站之分。

（4）运输任务不同。包钢铁路专用线的运输任务主要可分为两大类，第一类是厂内、厂外列车的运转，第二类是厂内、厂外列车的接收与发出。从作业情况看，列车接发少而调车多，实现保障生产是最为核心的调度目标。

（5）企业调车作业较多，且相互之间存在影响，因此编制调车作业计划时需要结合实际情况综合考虑。

系统的设计不仅需考虑包钢铁路专用线现有作业流程的改进，还需结合包钢铁路专用线调车作业多、线路复杂等作业特点，加强调车作业指挥算法及联锁进路搜索算法的能力，进而确保保产运输工作有序进行。

# 3　系统预计目标

根据对包钢铁路专用线的运输特点及作业流程进行分析，结合包钢铁路专用线实际作业情况，智能调度系统设计需要达成下列目标：

（1）信息管理。系统中信息管理主要包括信息预报及信息查询两个部分，其中信息预报提供在途的物料品名、数量、预计到达时间及路局待送车辆数、物料品名；车辆是否过磅、是否取票及取票时间；对铁路设备（如线路封锁、解封、施工信息、信号、通信、电力设备故障信息、机车、车辆信息、行车事故、交通事故等）信息进行管理，并加以信息提示，避免后续作业发生错误。

而信息查询主要功能为便于 ERP 高层部门统计生产运输成本等情况，系统需能对不同时段的运量、局厂车停时、装卸车数实现自动统计。

（2）车辆追踪。系统通过包钢铁路专用线入厂处所设置的车号自动识别装置录入车号，并自动保存时间等关键节点信息，保证与路局的正确结算。随后依据系统生成的车辆解配信息，在货位外所设车号自动识别装置再次完成信息核对。在车辆完成装卸车作业后，由货位作业人员完成车辆信息变更，并上传至系统终端。最终系统对数据进行整合分析后，完成车辆外发出场前的调车、编组计划。

（3）物流追踪。物流的自动跟踪是基于铁路计算机联锁进路及车号自动识别二者的信息整合分析而实现的。铁路计算机信号联锁根据系统的作业计划实现信号自动预排，待调车作业执行完毕后将运输实时信息反馈到系统中，作为物流自动跟踪的数据支撑，实现物流信息的实时变换。车号识别系统及物流自动跟踪算法通过获取信号进路信息、车辆信息、调车作业执行信息，实现车辆与货物的对应情况、货物装卸情况等物流信息自动变换，使之与运输中的车流、物流情况相符。

（4）安全监控。系统安全监控模块依托 5G 网络为技术基础，主要包括遥控机车安全监控及智能远程设备监控两个方面。在调车作业中，AI 安全监控系统通过现场调车作业人员及安全监管人员所配备的 5G 智能远程监控设备，检测到调车组在作业过程中严格执行标准化作业及全方位确认制度后，将视频数据上传保存，经系统许可后解除机车锁闭状态交由调车作业人员操控机车作业。当作业过程中机车安全监控系统检测到机动车辆、行人等进入行进线路内时，将自动采取制动并中断作业遥控指令传输，进而确保了调车人员作业安全。

（5）调车指挥。系统根据信息预报、车辆跟踪、物流跟踪、安全监管等多方上传的数据，通过算法选取最优解生成调车作业计划，由调度核对确认后将计划分别发送至铁路信号联锁计算机及无线传输设备。铁路信号联锁计算机经进路搜索算法分析后选取最优解，自动预排进路；无线传输设备经微波波段将计划下达至调车作业人员，调车员通过机车上的接收装置将接收的计划打印出来，开始执行调车作业。

## 4　关键技术分析

铁路智能运输调度系统以 B/S 与 C/S 混合的模式为总体设计，并通过消息触发模式完成各个功能模块之间的数据共享机制以及数据联动机制，各模块系统作业如图 2 所示。而其中决定系统各模块运行的关键技术便是信息的收集及算法的设计，主要内容如下：

（1）铁路信号计算机联锁进路搜索算法。在铁路信号联锁系统中，车站进路、信号、道岔间的联锁通常由工业控制计算机系统及专门的铁路软件实现，而若需系统能根据生产运输作业的需要自动预排信号，便需计算机可以自动采集和处理信号机、道岔及轨道电路的信息，进行联锁信号进路的搜索。搜索进路不仅需做到无往返，还需确保不会错误迂回。最后再结合系统调车作业计划进行联锁关系的运算和判断，最后输出信息到执行设备，实现车站信号设备的控制和监督。

（2）车号与物流自动跟踪算法。物流自动跟踪以站场内各线路存车信息、货位装卸情况为依据，在采用车号自动识别系统的基础上，根据车站站场线路平面图及机车作业计划采用软件技术建立物流自动跟踪算法进行不间断监控，将相应的调机、车辆状态和物流运行信息等结果自动反馈给系统终端的处理程序，处理程序自动修改系统中站场及货位数据信息，并进行相应的信息置换，从而达到物流自动跟踪的目的。

（3）调车作业指挥系统算法。调车作业路径规划可归属为 TSP 问题，目前 TSP 的算法大致包括以下两类：第一类是构造型算法，如最近邻点、最近插入、最近添加等，该种算法的优势在于设计简洁易懂、操作难度小且求解的精准度较高，而缺点是处理大规模问

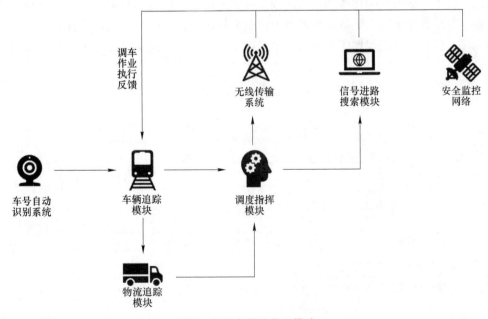

图 2　系统各模块作业模式

题所耗费的时间长；第二类是启发式算法，其中包括遗传算法、蚁群算法以及混合优化策略等，其优势在于处理大规模计算时效率比较高，缺点在于对算法设计要求高且欠缺足够的精准度。当系统接收数据后，可选择合适的算法对数据进行分析处理，进而选择最优调车作业进路方案及备选方案，以便调度员根据实际生产情况进行选择。

（4）车号自动识别系统。车号自动识别系统主要由车辆电子标签、读出装置（AEI）、编程器（电子标签的数据写入）、车站控制与车号处理系统（CPS）和复示系统、便携式标签读出器等组成。车号自动识别系统主要作用为完成车辆的车次、车号、车型等基础信息的收集工作，为后续数据处理提供支持。它的运用改变了铁路运输生产工作中采用人工现场抄写车号信息的作业方法，减轻了工作人员的劳动强度，突破了局限性；并通过自动识别技术，避免了人工出错的可能，现有车号自动识别装置对速度为 0~160km/h 的列车车号自动识别准确率高达 99.5%。在本系统设计架构中，车号自动识别系统是实现物流信息自动跟踪管理的基础。

# 5　研究意义

随着近几年包钢新体系工程投产；三、四、六高炉相继完成大修改造，使包钢的生产规模越来越大、工艺流程越来越先进、生产情况越来越复杂，铁路保产运输的挑战也越来越大。究其本质便是生产物流信息量的增加与处理速度不成正比，所以如何在保障调车作业安全的前提下，在包钢现有的空间、时间及人力条件下合理使用运输资源、提高作业效率、降低能源成本、减小劳动强度等一系列问题，均取决于信息流的共享及畅通程度。因此，信息技术正在成为构造现代企业铁路运输系统最重要的技术基础，全面开展包钢铁路智能化调度系统的研究符合这一技术发展的要求。

包钢铁路运输自动化系统以模型算法为数据支撑，运用电子计算机技术、现代通信技术及控制技术构成的智能化体系，其主要目标便是快速、准确地获取、处理、共享生产物流信息，保证铁路运输系统信息流的畅通，进而解决包钢铁路专用线现有作业模式中所产生的问题。优化作业流程如图 3 所示。随着数字化信息化的快速发展，我国铁路智能化、

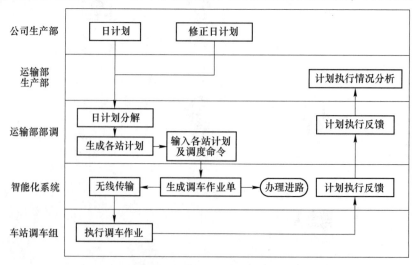

图 3　智能化系统作业流程

信息化的开发建设也在近 20 年间取得了长足的进展，以 CBTC、CTCS 为代表的铁路列车控制系统应运而生，但大多此类系统均是为了用于城市轨道或国有铁路的运营模式，无法满足冶金铁路专用线运输的作业需求及特点，不过这些系统在城市轨道等的成熟运用也为冶金企业铁路自动化系统的研发提供了丰富的经验。

## 参 考 文 献

［1］徐洪泽．车站信号计算机联锁控制系统原理及应用［M］．北京：中国铁道出版社，2005．

［2］郝建青，张仲义，陈滨．基于车辆实时跟踪的编组站综合自动化系统集成方案的研究［J］．铁道学报，2000，22（2）：1-6．

［3］张冰，贺禹．数据采集和智能数据处理系统的分析和设计［J］．计算机工程与设计，2004，25（6）：892-895．

［4］马海民．综合自动化系统在酒钢铁路运输中的技术实施［J］．甘肃科技，2005，21（12）：115-117．

# 物流运输组织优化对鱼雷罐周转率的提升实践

## 王　印

（中国宝武太钢不锈物流部）

**摘　要**：本文从鱼雷罐物流运输环节着手，找出影响鱼雷罐周转率的相关因素，详细分析主要因素对鱼雷罐周转率影响程度，此外对鱼雷罐运行现状进行分析，优化现有的物流运输组织方式，形成系统的工作方法，最终实现鱼雷罐周转率提升的目标。

**关键词**：鱼雷罐；周转率；优化

## 1　引言

目前许多大型钢铁企业铁水运输模式普遍是将鱼雷罐作为载体，鱼雷罐运输铁水是衔接炼铁与炼钢之间重要的纽带。鱼雷罐周转率是铁水运行效率的重要体现，是衡量企业铁水运输的重要指标。鱼雷罐周转率既与铁钢界面各工序的自身控制水平有关，也受到鱼雷罐本身运行规律的影响。而本文从鱼雷罐运输模式的角度出发，在过去研究的基础上，进一步优化现有鱼雷罐运输模式，形成系统的鱼雷罐运输组织方法，并将之应用于实践中，取得了一定成效。

## 2　鱼雷罐周转率分析

### 2.1　鱼雷罐周转率

鱼雷罐周转率是指在一定时间内（通常以 24h 为标准），高炉产铁量所对应的鱼雷罐个数与鱼雷罐实际周转个数的比值，即

$$F = \frac{N}{N_a} \tag{1}$$

式中　$F$——鱼雷罐周转率；

　　　$N$——铁厂高炉的实际出铁鱼雷罐个数；

　　　$N_a$——铁厂鱼雷罐实际周转个数。

由式（1）可知，若无检修等异常情况，在铁厂与钢厂连续化程度的影响下，单位时间内高炉产铁量几乎是相当的，故鱼雷罐周转率主要是由铁厂鱼雷罐实际周转个数决定的，且铁厂鱼雷罐实际周转个数越少，周转率越高，铁厂鱼雷罐实际周转个数越多，周转率越低。

### 2.2　鱼雷罐周转个数

鱼雷罐实际周转个数的计算基于供求平衡原则，即高炉产铁量等于炼钢需铁量并等于鱼雷罐运输量。

假定某钢厂有高炉 $m$ 个，炼钢厂 $n$ 个，$P_{mn}$ 为高炉向炼钢厂输送铁水的比例。现有鱼雷罐需从 $m$ 个高炉向炼钢厂运送铁水，则第 $i$ 个（$0<i\le m$）高炉的鱼雷罐运行时间参数的数学表达式如下：

$$t_i = t_{i1} + t_{i2} + t_{i3} + t_{i4} + t_{i5} + t_{i6} \tag{2}$$

式中　$t_i$——第 $i$ 个高炉的鱼雷罐总运行时间，$\min$；

$t_{i1}$——第 $i$ 个高炉的鱼雷罐受铁时间，$\min$；

$t_{i2}$——重罐等待离开的时间，$\min$；

$t_{i3}$——从第 $i$ 个高炉到钢厂的重罐运行时间（$t_{i3}$ 由高炉到中转区时间和中转区到钢厂时间两部分组成），$\min$；

$t_{i4}$——第 $i$ 个高炉运出的鱼雷罐在钢厂的停留时间（$t_{i4}$ 由等待倒空时间和等待机车时间两部分组成），$\min$；

$t_{i5}$——从钢厂到第 $i$ 个高炉的空罐运行时间（$t_{i5}$ 由钢厂到中转区时间和中转区到高炉时间两部分组成），$\min$；

$t_{i6}$——第 $i$ 个高炉的鱼雷罐等待受铁时间，$\min$。

第 $i$ 个高炉在 $t$ 时间内的产铁量与鱼雷罐运输量的平衡方程如下：

$$N_i^c Q_m P_{mn} = \frac{t}{t_i} 60 N_a Q \tag{3}$$

式中　$N_i^c$——第 $i$ 个高炉在 $t$ 时间内的出铁次数；

$Q_m$——高炉每次产铁量；

$N_a$——铁厂鱼雷罐实际周转个数；

$Q$——单个鱼雷罐的实际载铁量（此处取其在单位时间内的平均值）。

故得

$$N_a = \frac{t_i N_i^c Q_m P_{mn}}{60 t Q} \tag{4}$$

由式（4）可知，于铁厂而言，$N_i^c Q_m$ 在正常情况下为定值，故影响鱼雷罐周转个数的因素为鱼雷罐的实际载铁量和鱼雷罐总运行时间。因本文主要论述优化物流运输组织，即考虑运行时间对实际周转个数的影响，故当鱼雷罐总运行时间缩短时，鱼雷罐的周转率随之增大，即每个鱼雷罐的周转次数增加、周转速度变快；反之则周转速度变慢。

# 3　优化物流运输

结合本文及式（4）分析得出，提升鱼雷罐周转率的关键在于缩短鱼雷罐总运行时间，而在鱼雷罐总运行时间内，$t_{i2}$、$t_{i3}$、$t_{i4}$、$t_{i5}$ 均与运输有关，如何有效缩短总运行时间取决于物流运输组织的优化程度。

## 3.1　铁水运输环节

铁水运输作业见图1。

在铁水运输消耗时间中，根据作业环节可以分为运行时间和非运行时间。从物流优化层面分析，减少作业环节、合理化运输组织、提高运输效率都是缩短运行时间的有效措施。

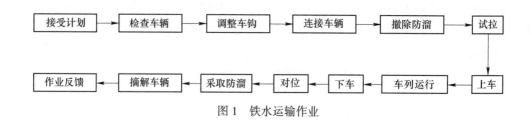

图 1 铁水运输作业

## 3.2 缩短运行时间措施

### 3.2.1 非运行环节

缩短非运行环节的时间，主要有两个方面：一方面是减少非运输环节的次数，另一方面是缩短单项作业的时间。

减少非运行环节，重要的是要减少鱼雷罐连挂、摘解次数，这就要求运输组织时机车的专一性，所谓专一性，就是要求在重罐从高炉下货位到钢厂上货位和空罐从钢厂下货位到高炉上货位的整个环节中，只安排一台机车参与作业，要求空重鱼雷罐一次性兑货位；其次就是单次运输鱼雷罐数最大化原则，结合钢厂的实际货位数，在不超过牵引定数的情况下，单次连挂鱼雷罐数要与钢厂货位数相同；最后是铁厂在铁口打开之前，对炉内铁水成分化验后，根据钢厂实际消化能力，平衡铁水去向，且须在第一时间将计划告知运输部调度，计划中要保证高炉与钢厂唯一性，即各高炉铁水不进行混编，实现机车一次性作业。

缩短单项作业时间主要取决于调车人员在接受计划后动车是否及时。行车调度在计划下达之前必须充分了解即将接受计划的调车员、司机及机车所处位置及状态，计划下达时做到必要的提醒和督促；对于在行将交接班时，调车员极其容易出现下班焦躁、推诿计划等情况，要求行车调度合理运输组织，尽量避免在交接班期间下达运输计划。

### 3.2.2 运行环节

运行环节时间从倒调作业和车列运行作业两个方面着手，即减少倒调作业频次和缩短车列运行作业的时间。

减少倒调作业频次主要取决于高炉货位上兑罐作业的次数，精准出铁是解决这一问题最有效的手段。所谓精准出铁，就是要求炼铁厂规范高炉生产，做到出铁计划精准，一是铁口出铁顺序必须提前告知运输部调度且过程中不得随意改变；二是铁口每次出铁量（装载鱼雷罐数）要准确、相同，即铁口下鱼雷罐都具备送往钢厂的条件，杜绝了尾罐的产生也就杜绝了二次甚至三次兑罐作业，倒调时间也随之缩短。

车列运行作业的时间包含的环节从连挂作业结束后开始运行，过程中伴有等待信号开放、折返道岔、通过道口作业、调整机车方向作业，缩短运行时间将是对上述环节的逐个精确。合理运输组织，对进路实施一次性开通可以有效避免等待信号，保证车列运行的连续性、加快节奏、提升效率；找出最优进路，执行优先鱼雷罐运输的规定，可以减少折返道岔及调整机车方向作业的次数；安排车列尽可能地运行在有人看守道口的线路上，实现最大安全速度通过道口，且在车列运行线路上，清除所有影响安全行车的侵限物，保证车列运行速度的稳定性、连续性。

引入准时制的概念，通过前期数据积累，即按周统计鱼雷罐运行时间，包括高炉至钢厂运输时间、钢厂门口等待配重罐时间、钢厂上货位时间、钢厂倒罐时间、空罐下货位时间、空罐从钢厂至高炉底运输时间。然后通过对记录时间的分析，将各环节时间总结并制成运行时刻表，并在运输作业中以此为标准规范各项操作，做好钢厂与铁厂之间的联系衔接工作，真正将铁水控制实现精准化；从而实现动态掌控鱼雷罐运行趋势，实现运输效率的提升。

## 4 结语

结合厂内现有运输环境及运输部门自身的特点，借鉴优化物流运输组织模式中一次性进路排通及最大速度通过道口的方法后，实践效果明显，有效地缩短了铁水运行时间，为铁厂减少鱼雷罐数提供了可靠的保障，实现了鱼雷罐周转率的提升，从而大大提高了铁水运输效率。

### 参 考 文 献

[1] 黄帮福，贺东风，田乃媛，等．鱼雷罐的运行控制［J］．北京科技大学学报，2010，32（7）：933-937.

# 基于作业成本法的企业铁路物流信息系统优化研究

杨志鹏

（福建三钢闽光股份有限公司铁路运输部）

**摘　要**：本文从物流信息系统的基本概念和其在企业生产中的作用入手，阐述了作业成本法在物流行业中的运用，分析了企业铁路物流信息系统目前存在的问题，以及企业铁路物流信息系统引入成本作业法的必要性和可行性；提出了在作业成本法的环境下，优化铁路物流相关业务流程，优化成本管理模式，从而优化铁路物流信息系统的基本思路。

**关键词**：物流成本；物流信息系统；作业成本法；优化

## 1　基础理论简介

### 1.1　物流信息系统基本概念

物流信息化指的是依靠成熟的信息技术，跟踪物流作业流程，采集物流作业的所有信息，然后根据管理职责的不同，对信息进行分类处理、传输和查询物流信息等活动，对物流作业过程实施可视化控制，最终达到降低成本、提高效率和效益的目的。在企业内部还可以和 ERP 系统及 MES 系统等互联，为运输指挥和管理提供及时准确的信息，提高铁路运输的效率和管理水平[1]。

物流信息系统的作用是进行物流信息的收集到输出的全过程处理，优化管理流程，为物流管理人员提供管理决策依据，提高物流管理效益。

### 1.2　物流成本基本构成

物流成本的基本构成从广义上讲有如表 1 所示的几种。

表 1　物流成本的基本构成

| 序号 | 物流成本结构 | 基本组成 |
|------|--------------|----------|
| 1 | 运输成本 | 人工费用：运输人员工资、福利等 |
| | | 营运费用：车辆燃料费、折旧、运输管理费等 |
| | | 其他费用：差旅费等 |
| 2 | 仓储成本 | 建造、购买或租赁仓库设施设备的成本和各类仓储作业带来的成本等 |
| 3 | 流通加工成本 | 设备费用、材料费用、劳务费用及其他费用等 |
| 4 | 包装成本 | 包装材料费用、机械费用、技术费用、人工费用等 |
| 5 | 装卸搬运成本 | 人工费用、资产折旧费、维修费、能源消耗费以及其他相关费用等 |
| 6 | 信息和管理费 | 物流管理所产生的差旅费、会议费、管理信息系统费以及其他杂费 |

企业铁路物流成本主要体现在局车停时、机车燃油消耗及时间成本等。这些成本费用包括很多内容，例如原燃材料的消耗、局车停时、运输人员费用、运输设备维修费用、设备折旧费用等。当然还有附加的费用，例如办公费用、管理人员费用、信息系统建设及维护费用等。

## 1.3  作业成本法理论

作业成本法的基本原理：企业的生产必然有作业的发生，生产产品过程必然要消耗作业，有了作业行为就必然消耗一定的资源，然后成本就在这一整个过程中产生了。

作业是成本管理的重点[2]。生产费用根据作业的成本动因分解到各个作业，计算出每一个环节的作业成本，再按产品生产所消耗的作业成本计入产品成本。

作业成本核算包括四大要素：资源、作业、成本对象及成本动因[3]。资源是作业的成本和费用来源；作业是企业活动的耗费资源的工作，是作业成本管理的关键；成本对象指成本核算的对象；成本动因是作业成本发生变化的元素，是核算作业成本的重要依据。

# 2  企业铁路物流信息系统存在的问题分析

## 2.1  对铁路物流成本重视程度不高

对铁路物流成本管理的认知度、重视度不高，缺乏物流成本管理意识，相对于生产成本来说，物流成本往往比较容易被忽略，物流成本被分散到许多费用项目中，没有按间接成本和直接成本进行分类，再根据成本动因进行分配。在今后的发展中，控制物资消耗和提高劳动生产率的空间越来越小，依靠这些方法降低成本的潜力也越来越小，物流将是成本下降的重要攻关方向[4]。

## 2.2  缺少成本精细核算

科学划分物流成本构成，并对其进行有效的管理，是物流管理需要解决的问题[5]。物流成本在财务科目中分类不够详细，企业往往弱化了物流成本的存在感，企业财务报表上只反映出很小一部分的物流成本，仅"冰山一角"，而大部分的物流成本隐藏在其他费用中。

## 2.3  局车停时管理缺乏有效的量化系统

局车停时是企业铁路物流成本的主要组成之一。停时管理缺乏有效的量化体系，各单位部门没有形成有效的控制系统，造成局车停时很难压缩。

局车在企业专用铁路线的停时长短，标志着企业铁路运输管理水平的高低。缩短局车在专用铁路线停留时间，减少局车在企业的保有量，提高铁路空车的兑现率[6]，对加速车辆周转、实现货物快运、提高运输效率和经济效益，都有着积极的意义。

## 2.4  与生产信息共享程度不高

铁路物流信息系统与局车的进厂、出厂关系密切，但是与生产信息共享程度还不高，人为因素很多，铁路物流信息系统是被动接收信息，还不能提前预知局车需要到达货场、日装车计划。实际上，由于可能存在的各环节时间上的延误，往往在接收到这些信息时，都是临时性、紧急性的较多，还存在几个货场同时需要装或卸，经常使调度和作业机车顾此失彼、无所适从，最终影响卸车进度和装车计划。

### 2.5　对机车运行的时间缺乏预知性

在铁路物流信息系统的调度现车表里面，没有计算和显示调机在区间行驶的时间和每两钩作业计划之间所需的时间。在微机联锁复式信号显示器里面，只能知道线路是有存车占线或空线，不能显示调机在线路股道的具体位置。调度员都是依靠经验估计调机作业时间。预知调机在区间的行驶时间的意义在于，调度员能够将作业计划编排得更紧凑、更合理，能够压缩调机的作业时间，降低燃油消耗和人工消耗。

## 3　企业铁路物流信息系统引入成本作业法的必要性和可行性

### 3.1　引入作业成本法的必要性分析

#### 3.1.1　成本核算的需要

间接费用在物流总体成本中的比例相对较高，而且还不能直接纳入直接成本计算。大部分的物流成本都没有在企业的财务数据中详细体现出来。传统的物流成本核算方法存在弊端，物流作业多样性的特点使得传统的成本核算方法对物流成本核算并不适用，无法准确地计量物流成本。作业成本法正是针对物流活动间接费用比例很高的特点而引入的，要精细核算物流成本，运用作业成本法是必要的。

#### 3.1.2　成本管理的需要

作业成本法能够使成本管理方法系统化，并且还能够做到成本预算。作业成本法理论能够通过价值链上下关系，细化每个作业活动所消耗的成本，对增值作业环节尽可能降低其成本消耗，同时控制或者清理非增值作业。

#### 3.1.3　管理决策的需要

作业成本法所反映出来的成本信息是准确的、有价值的，能够同时完成成本的预算、计划、控制和评价，对管理决策和过程控制有很大作用。

### 3.2　引入作业成本法的可行性分析

物流活动过程可以分解成一个个单独的作业，这些单独的作业组合成物流活动的全过程，这为作业成本法的运用、加强物流作业管理创造了条件。

物流活动具有多变、多样、频繁的特点。在产品工艺多变、货物品种多样、运输作业调整频繁的情况下，要更加准确地进行物流成本核算，作业成本法可以有效地发挥作用，满足这样的需要。

物流活动的间接成本在总成本中比重高的问题，正是作业成本法所能够解决的。作业成本法的间接费用的分配方式符合成本管理的需求，更能够精确计算物流活动中各作业的成本，所以它所提供的成本信息是准确的、有价值的、更加详细的。

## 4　作业成本法在企业铁路物流信息系统优化中的应用

企业铁路物流信息系统优化的基本思路是在作业成本法的环境下，运用其基本原理，结合企业铁路物流的现有运作模式和特点，分析物流信息需求，优化相关业务流程，从而优化物流信息系统。

## 4.1 优化物流管理业务流程

流程优化是铁路物流降本增效的有效途径，是提升铁路运输能力和管理水平的迫切要求[7]。细化成本动因分析，可以识别非增值活动，使流程作业的效率不断提高，使作业成本进一步下降，保证铁路物流进行有效的增值活动，为铁路物流信息系统优化提供可靠的保障。

## 4.2 建立信息集成体系

通过界定每项作业所关联的资源，寻找与作业密切相关的资源，将较为分散的、与铁路物流相关的各单位部门（如原料管理组、装车单位调度等）与物流公司之间、铁路物流各区域调度之间的物流管理信息进行整合，建立集成体系，实现装、卸、运、排信息一体化，实现信息反馈和作业实时控制的快速处理，给编制调度计划提供准确、可靠的依据，确保车辆调度、物资调运的信息沟通顺畅，减少车辆返空现象，降低物流作业成本。例如：

（1）货物预到达信息。预知货物到达时间，在到达之前提供站场空线路，及时安排接车，避免造成站场拥堵。

（2）股道实时存车信息。各站场和货位上的存车数量情况，空车多少、重车多少，分别在什么股道。

（3）实时装卸信息。货位上实时在装（卸）的车数，全部装（卸）完成的预定时间。

（4）预装卸信息。各单位需要预装（卸）的时间和货物的品种、数量、位置等。

## 4.3 优化信息快速查询功能

建立索引是加快查询速度的最有效手段。铁路物流信息系统必然有多个数据库，而且与多个管理系统关联，如果不建立索引查询，工作效率会大打折扣，而且可能引起网络堵塞，严重则会造成系统崩溃。所以，在建立信息集成体系时，在系统数据库设计时，不仅要根据需要有针对性地建立索引，以加快查找速度；而且要设计更加合理的数据库结构和查询途径，尽可能减少数据读取造成的负面影响。例如：查询货物的品种和数量；查询货场、站场存车情况，以及装卸完成进度；查询"老牌车"的数量及停留时间；查询实时局车停时；查询空车数量是否能够满足装车需求等。

## 4.4 实现数据采集和统计分析自动化

自动采集与物流作业相关的业务信息，逐项分析成本对象对作业消耗的逻辑关系，查找薄弱环节，有针对性地改善物流过程中的增值作业。

通过采集装卸单位的装卸进度、库存情况，以及需求申请，可以让调度员准确掌握各项进度，合理编制调度计划，组织作业机车进行穿插作业，既能使各作业计划完成无缝对接、提高作业效率，又不会让作业计划做无谓的空跑和长时间等待、浪费燃油消耗。

利用车号自动识别系统自动识别通过车辆的车号、车型，自动采集局车进厂以后的单车在线时间、在货场的装卸时间，以及在编组站的停留时间，实时计算局车停时，分析调度计划编制和实施的合理性，做到先到的局车先卸、先装，平衡总停时，提高局车周转效率，降低局车停时费用。同时，还能够掌握空车动态，灵活及时地进行装车配送。

利用 GPS 精确定位作用，采集机车运行速度和铁路线路有效长度，掌握机车位置，计算作业机车运行时间，方便调度员掌握计划完成时间，为下一步编制计划提供依据。同时，还能够提高机车利用率，减少机车运行时间，降低燃油消耗。

### 4.5　实现系统管理可视化

物流信息可视化功能的运用可以完善物流监管体系，能够实现铁路物流信息的实效性和准确性，能够实时查看物流作业状态[8]。物流信息的可视化功能能够有效获取各类信息资源，实现信息互通，主要包括：每日进排车数量及运输量，掌握局车在厂内的动态、运输量变化情况；机车日作业时间（小时），掌握生产节奏，以及运输的工作效率；局车停时及"老牌车"情况，及时调整运输组织，降低局车停时，减少"老牌车"的存在；异常反馈情况，及时发现和分析可能出现的不利因素，采取措施，控制生产局面等。

### 4.6　优化成本跟踪对比分析

通过财务反馈过来的铁路物流成本信息，跟踪变化情况，横向对比分析同期成本变化原因，查找可控因素，采取对应措施。检查成本消耗是否按计划完成，分析原因，落实责任；预计下一阶段成本变化情况，平衡年度成本消耗考核指标；查找异常成本存在的风险；落实成本管理责任；预判可能出现的突发应急事件，提前制定合理的管理决策等。

## 5　结语

随着企业生产工艺、生产结构和生产需求的变化，企业更加追求管理精细化、效益最大化，优化企业铁路物流的成本结构，强化企业铁路成本管理，显得越发重要。引入作业成本法对企业铁路物流各作业行为进行成本动因分析，整合与企业铁路物流相关的信息、数据、畅通信息流、数据流，优化成本结构，从而优化企业铁路物流信息系统、降低物流成本，这对提升经济效益是很有现实意义的。

### 参 考 文 献

[1] 张俭福，宋绪松，季宏杰. 济钢铁路物流信息系统的研究 [J]. 问题研究，2011，29（1）：60-62.
[2] 赵玉敏. 作业成本法的基本原理、特点及运用 [J]. 产业与科技论坛，2008（2）：232-233.
[3] 李希婕. 物流企业中作业成本法的应用案例 [J]. 管理观察，2015（20）：164-166.
[4] 杨殿青. 钢铁企业铁路物流降本增效途径探讨 [J]. 交通企业管理，2012，27（9）：64-65.
[5] 王瑶. 企业物流成本构成及管理研究 [J]. 物流技术，2013，32（9）：92-94.
[6] 郭瑛. 论铁路货车厂内停时压缩分析探讨 [J]. 数字通信世界，2017（3）：215-216.
[7] 李闯. 以流程再造为核心的冶金铁路物流管理 [J]. 交通企业管理，2013，28（3）：59-61.
[8] 唐雨. 薇物流可视化信息平台问题及改进对策研究 [J]. 物流技术，2015，34（15）：258-260.

# 浅议应用调度集中控制提升嘉策铁路运输效率

姚晓光

（酒钢集团宏兴股份有限公司运输部）

**摘　要**：本文通过对调度集中控制技术在冶金铁路运输中重要意义的阐述，分析嘉策铁路运输现况，提出在嘉策铁路推广应用调度集中控制技术必要性。调度集中控制可为嘉策铁路行车指挥打造安全、高效、可靠的作业环境，调度集中控制技术的运用可提升嘉策铁路运输水平，论证了应用调度集中控制技术是提高嘉策铁路运输效率最有效的手段。

**关键词**：调度集中控制；嘉策铁路现况；提高嘉策铁路运输效率

## 1　调度集中控制技术在冶金铁路运输中的意义

调度集中控制技术是铁路运输智能化、自动化发展的产物，简称 CTC 系统，就是将通信信号及计算机网络等多种科技进行融合的一种综合性技术，是对某一区域内的列车和调车作业进行指挥管理，通过联锁、列控、区间闭塞等信号设备，实现集中控制的铁路信号技术装备，是铁路运输的重要行车设备和指挥中枢。它与传统的控制手段相比具有高效性、监控性、智能性的优点，即通过 CTC 系统将调度中心的相关计划和命令进行及时的传达和发布；通过 CTC 系统对铁路运营状况的实时信息进行及时的收集和整理；通过 CTC 系统将信息及时地反馈给系统服务器，实现对列车运行线路的跟踪、监管警报器以及运行流程图自动测绘；通过 CTC 系统对铁路运输组织工作进行合理的调控和规划，并根据反馈信息选择出铁路运输组织最优的运行方案，实现调度控制集中。

调度集中控制技术在铁路干线运输中应用已有了成功的经验，特别在高铁运输组织上已形成了标准规范的技术模型，并向信息化、集成化、标准化的方向发展。冶金铁路运输相对于铁路干线运输发展速度慢、起点低，鞍钢等冶金运输企业已成功应用了调度集中控制技术，改变了落后的运输组织方式，促进了运输指标进步，所以应用调度集中控制技术对冶金铁路运输意义重大，是提高企业竞争活力、经营管理的需要；是提高企业经营效益和冶金运输效率的前提条件；是企业减员增效、降低成本的基础；是企业"四新""三化"技术工作的目标。随着企业生产先进技术设备的不断应用、工艺水平的提高、生产节奏的加快、经营模式的转化，冶金铁路运输需要通过调度集中控制技术提高运输效率。

## 2　嘉策铁路现况及存在的问题

### 2.1　嘉策铁路现况

嘉策铁路起于酒钢厂区嘉新站，止于中蒙边境的策克西站，2006 年投入使用，干线长 459.008km（其中甘肃境内 114km、内蒙古境内 346km），线路总延长 517.5km，道岔 150 组；全线大桥 2 座，长度为 357m；中桥 6 座，长度为 227m；小桥 1 座，长度为 18m；涵洞 354 座，长度为 3642m。有人看守道口 2 处，全线现开通运行 13 个车站。远期设置 17 个车站，远期输送能力 800 万吨。沿途多为戈壁荒漠、砂岩砾石，部分路段处在沙丘软土地基上，途经黑河流域、胡杨林古河道，绝大部分地段荒无人烟。

嘉策铁路是酒钢厂内铁路运输的重要组成部分，担负着酒钢原燃材料的输入工作，负责完成策克料场和葫芦山料场的原燃料运输任务，负责嘉策沿线的后期保障任务，负责国家铁路临策线部分货物的装车运输任务，年运输量最高达 580 万吨。中间站每班 2 人，实行月二班制作业模式，全线采用无线数字调度和固定通讯系统，信号采用微机联锁系统，运行图人工绘制，信息传递通过酒钢内网，每站设置行车人员操作行车设备。

## 2.2　嘉策铁路运输组织目前存在的问题

（1）作业人员素质参差不齐。表现为现作业人员大部分是外聘人员，有的未受过系统教育，技能与持证不相符，现场应急处置能力偏低，因环境相对艰苦人员招聘困难。

（2）现场有效控制能力低。各车站参与运输指挥，环节多，信息传递不畅，对现场作业进度掌控不够，运输作业效率低。

（3）作业过程安全可控性不强。依靠操作人员作业，出现失误甚至发生事故的概率比较大，安全风险大，对现场作业监控手段少，管理技术人员集中检查不易发现现场存在的问题。

（4）设备老化严重，自动化程度低。调度计划还靠手工编写，调度命令手写，进路排列人工操作，信息网络传输速度慢。

（5）劳动生产率低，运输成本大。目前中间站至少 4 人（二班倒）作业，相对于类似铁路干线明显使用人员多，劳动生产率低，设备的升级有减员的空间。

# 3　运用调度集中控制技术提高嘉策铁路运输效率

## 3.1　调度集中控制技术在嘉策铁路应用的必要性

嘉策线具有线长、点多、面广、设备老化严重、作业环境恶劣、控制手段少等诸多不利因素，而运用调度集中控制技术可最大限度地消除以上不利因素，实现对列车、调车进路的智能化远程控制，有效解决了调车控制过程中车站与行车指挥调度中心频繁交换控制权的问题，并且还能执行无人值守车站的接发列车、调车作业，充分发挥调度集中的优势，可解决目前嘉策线运输组织中存在的问题，所以有必要应用实施。

## 3.2　调度集中控制技术可为嘉策铁路行车指挥打造安全、高效、可靠的作业环境

运用调度集中控制技术，通过除嘉兴站、策克西站单独设置人员控制外，其他 11 个中间站实现集中控制，实现了调度与列调台的合二为一，列车、调车进路自动办理，减少多环节指挥所带来的安全风险；通过运行图自动编制和列车运行计划自动调整，根据日运行列数及检修"天窗"要求，自动编制最优运行图，辅助调度人员对现场的应急处理，减少了作业人员的工作量；通过列车运行信息自动控制系统，实时掌握列车车辆信息、货位装车情况，减少了信息人为传送造成的失误；通过对列车及调车进路控制、行车信息显示、列车运行自动跟踪、列车运行图管理、运营统计报表、重叠信息显示等行车指挥功

能，运输安全高效顺行；通过系统交换信息功能运行信息的共享、统计分析可持续改进运输组织中存在的问题。

### 3.3 调度集中控制技术的运用可提升嘉策铁路运输水平

通过应用调度集中控制技术，能够适应企业智能化、自动化、绿色化发展的新要求，可达到以下效果：

（1）集中控制能力提升。将原有分散的调度系统改为集控，使得嘉策线各站之间信息实现实时互通；车站调度人员可及时、准确了解列车运行情况，合理安排列车运行图，减少调度指挥的中间环节，更加有利于统一的运输组织，提高运输效率；在运输调度、人员调配以及任务落实等方面得到大的提升，从而形成资源和能力的整合，区间通过能力得到提高，按实施前每日 6 列核算（45 辆），实施后每列作业时间可减少 30min，运输能力每日可达到 7 钩，作业效率可提高 16.7%。

（2）自动化水平提升。实现调度集中控制后，调度组织的环节减少，运行图实现了自动编制，且根据日运行列数及检修"天窗"要求，能自动编制最优运行图，通过列车运行信息自动控制系统可实时掌握列车运行信息，以及车辆、货位装车等信息，增强了系统运行的可靠性、稳定性和自动化水平。

（3）劳动生产率提升。实现集中控制后，沿线中间站可减少 2 人，全线可减少 22 人，同时因对调度智能化控制改造，消除了中间站作业环节，减少了中心调度人员的工作量，提高了作业效率。

（4）运输成本降低。调度智能化控制改造后，达到了减员增效的目的。按人工成本 13 万元计算，每年可节约 286 万元，大大降低了运输成本。

（5）安全环保水平提升。调度集中控制系统实现全方位的信息校验和信息综合，将行车作业的规章、标准、业务流程等纳入设备的管理中。从根本上解决了进路错办问题，实现了由监控向防控、由人控向机控的转变，防护条件设定由人工设置向系统自动设置转换，使行车组织按规章、按流程严格执行，消除安全隐患，防患于未然，自动控制系统消除了人为操作可能带来的不安全因素，现场定置管理水平提高，现场作业安全环境得到改善，符合公司节能环保的发展理念。

总之，调度集中控制技术是提高嘉策铁路运输效率的有效手段之一，它的实施应用会提升嘉策铁路运输水平，能实现降低运输成本、提高劳动生产率、促进技术指标进步的目标，而且为酒钢厂内运输持续发展奠定了坚实的基础，为酒钢实现跨越式发展保驾护航。

### 参 考 文 献

[1] 侯启同. 调度集中和列车调度指挥系统［M］. 北京：中国铁道出版社，2008.

[2] 靳俊. 高速铁路列车运行控制技术——调度集中系统［M］. 北京：中国铁道出版社，2017.

[3] 王奇夫. 铁道车务［M］. 北京：中国铁道出版社，2013.

[4] 北京全路通信信号研究设计院集团有限公司. TB/T 3471—2016 调度集中系统技术条件［S］. 北京：中国铁道出版社，2016.

# 关于南钢智能调度集中操作系统的改进探讨

赵耀维

（南京钢铁股份有限公司物流中心）

**摘　要**：以创新为驱动，提升创新能级，让南钢从传统产业蜕变成为高科技企业。如今的南钢以"业务数字化，数字业务化"为目标，全面创新升级生产、操作系统，为提升运输效率，大力提高运输操作安全性，铁运中心引进并于 2021 年 12 月开始运用智能调度集中操作系统进行生产调度管理与操作。本文通过对智能调度集中操作系统与微机联锁系统进行对比，简述了智能化操作为生产安全带来的全新改变。同时，本文根据生产、运输情况提出了改进建议。

**关键词**：南钢；智能化发展；智能调度集中操作

## 1　引言

智能调度集中操作系统，实际是由原来的中冶京诚 PLC 系统（简称微机联锁）更换为二乘二取全电子制式的 GKI-33（A）铁路信号计算机联锁系统（简称智能调度集中操作系统）。它在原有微机联锁系统基础上增加了车辆信息、线路存车信息、铁水罐空重信息以及电流表信息等，然后调度、值班员通过车辆与铁水罐的拖拽排列形成计划，系统会根据计划自动排列相关进路，极大地节约了人工操作时间及成本，避免了 98% 以上因人工操作不当引发的事故。

## 2　微机联锁操作

铁路信号微机联锁系统最早应用于 20 世纪 80 年代，随着我国科学技术的稳定发展，铁运一直以来运用并不断优化微机联锁系统辅助生产运输。微机联锁系统作为当前较为先进的一项技术，是通过计算机处理铁路进路内的道岔、信号机、轨道电路之间安全联锁关系，并获取自动列车监控系统传递的信号，对列车输出联锁信息的系统。线路总图示意图如图 1 所示。

微机联锁系统简要来说是由值班员通过电脑制作调度计划并传送至信号员与调乘组电脑端。信号员根据计划表的内容，根据车辆动态排列相应进路的一系列操作。例如值班员根据生产作业需求制定计划（见表 1）发送至信号员与对应机车 0547 计划机，计划执行到车辆行至江 6，调车员要道进江铁 12 进行对罐作业。信号员根据作业计划，由于车辆过磅，先点击 D410、D420 排列江 6 至江 4 进路，再点击 D475、D441 排列江 4 至江铁 12 进路。系统根据操作同时操作始端与终端间的所有道岔，区间光带变成绿光带后，由远及近逐个开放信号，信号灯由蓝色变为白色。确认信号开放无误后，回复调乘组进路开放完毕，由调乘组复诵后确认地面信号方可动车作业。

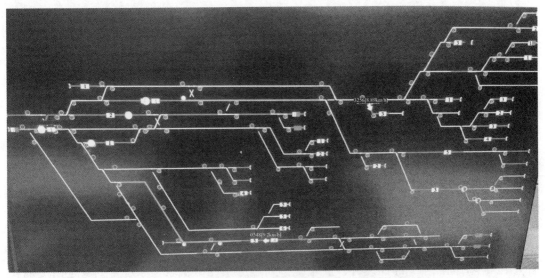

图 1　线路总图示意图

**表 1　0547 机车调车作业计划**

| 钢 3 | + | 3 | |
|---|---|---|---|
| 江 4 | 0 | | 过磅 |
| 江铁 12 | − | 2 | 对位 |
| 江铁 11 | − | 1 | 对位 |
| 江 2 | + | 0 | 梅方 |

在开放信号后，接到 1 号高炉 2 号出铁口江铁 13 条货位鱼雷已出满通知，需要机车对货位。此时机车正在由江 6 行进江 4，值班员优先通知 0547 机车，将取消江 4 至江铁 12 信号，之后制作调车作业计划（见表 2）发送至信号员与对应机车 3361 计划机。调乘人员确认后停止作业。信号员根据计划在微机联锁系统总人工解锁相关进路后，点击相关按钮开放江 3 至江铁 12 进路。待 3361 机车进入江铁 13 走行，即可开放 0547 江 4 至江铁 12 进路。

**表 2　3361 机车调车作业计划**

| 江 3 | + | 0 | 梅方 |
|---|---|---|---|
| 江铁 13 | + | 0 | 对位 |
| 江 3 | + | 0 | 梅方 |

由上述操作可以看出，由于数据的输入、输出、操作全部都是人工，使得微机联锁有着人性化、变动灵活的优点，与此同时也有着安全性较差、人工导致事故发生概率较高的缺点。人工干预的任何环节出现疏漏都容易引发安全责任事故。此外，信息的更新方式也较为原始，采用白板手写，需随时更新，操作较为繁琐，一旦有信息遗漏，整个运输流程也会受到重大影响。

# 3　智能调度集中操作系统

智能调度集中操作是通过拖拽车辆标牌与各个线路鱼雷罐车、110 铁水包、平板来完成计划的。仍以表 1 为例，机车 0547 钢 3 挂取 3 辆空鱼雷罐车，江 4 过磅送至 1 号高炉 1 号出铁口配罐对位。机车已到达江 6 条，要道进江铁 12 条。微机联锁系统操作如下：

（1）值班员编辑计划并发送至信号员、调乘组电脑。

（2）调车员要道进江铁 12 条。

（3）信号员点击 D410、D420 排列江 6 至江 4 进路，再点击 D475、D441 排列江 4 至江铁 12 进路。

（4）进路开放后，信号员还道，调车员复诵后机车方可启动。

智能集中调度操作系统操作如下：

（1）值班员拖动 0547 机车及车辆至江 4，再拖至江铁 12 条。

（2）系统按照计划排列进路进江 4，信号开放后，调车员向信号员要道确认，信号员确认信号无误即可启动。

对比上述两种操作，智能集中调度操作系统（以下简称新系统）操作上更加便捷，节省人工操作时间成本。除此之外，新系统排列短进路比微机联锁系统排列长进路更加安全；新系统的操作集中化，将所有空重罐、半罐重量、罐号、车辆信息、线路存车信息等全部集中体现，避免错罐、错开进路等安全隐患。总的来说，新旧系统的交替极大地提高了运输安全性。虽然新系统的运行带来了种种便利，但为了实现全自动化铁水运输，仍存在一些不足之处。

## 4　智能调度集中操作存在的问题

相较国铁和其他新兴钢铁厂来说，南钢的运输线路相对复杂，具有坡度高、弯度大、运输线路较长、时间不固定等不利因素。因此，系统就会与实际操作之间发生不协调的情况。

车辆作业及存车状况示意图如图 2 所示。计划页面如图 3 所示。

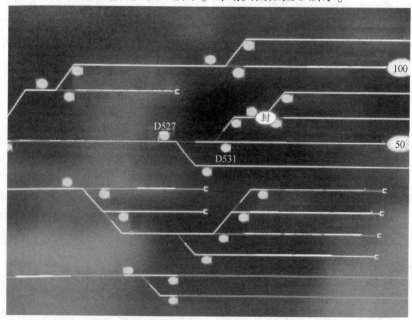

图 2　车辆作业及存车状况示意图

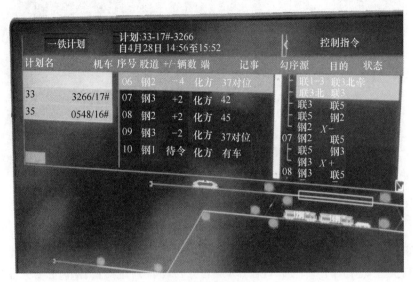

图 3　计划页面

下面举例说明：根据表 3，13 号车江 3 条梅方出，江铁 12 条对货位后到罐 2 条对货位，14 号车江 4 条过磅后进江铁 25、26 配罐对位。

表 3　13 号车、14 号车计划

| 13 号车计划 | | | | 14 号车计划 | | | |
| --- | --- | --- | --- | --- | --- | --- | --- |
| 江 3 | + | 0 | 梅方 | 江 4 | 0 | | 过磅 |
| 江铁 12 | + | 0 | 对位 | 江铁 25 | − | 2 | 对位 |
| 罐 2 | + | 0 | 对位 | 江铁 26 | − | 1 | 对位 |

当 14 号车进入江 4 条时，13 号车江 3 南出进 12 条对货位。正常情况下，13 号车对好货位出的时候，14 号车正好能过完磅待避，由于单机比带罐车辆速度快，所以先由 13 号车转头进入江 1 南牵，14 号车再开短进路前进。

但事实上，在操作中通常是只要 13 号由江 3 南出，江 4 南头的信号就会自动开放。所以值班员每次都要手动干预消除信号，并且手动开放 13 号车的进路。在这个过程中还会存在车牌跟不上的情况，主要是由于电脑规划的进路和手动开放进路不一致。这就导致车牌与光带脱离，出现故障。这个情况必须要执行报点或者强制结束本钩作业。

关于这个问题，由于进路的开放是根据车辆作业进度执行的，它不能识别所有车辆的要紧程度，所以不够灵活优化。操作人员虽然可以用磁贴封堵江 4 的 14 号车，但是车辆过后还是需要继续执行操作等。另外，还有一种极其常见的状况就是车辆压岔，如图 4 所示。

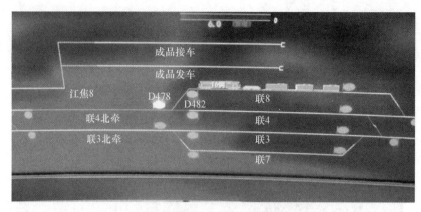

图 4　车辆作业无法进信号机

车辆压岔（见图 4）则电脑认定本钩作业（见图 5）未完成，车辆压岔出（见图 6）则会导致车牌未跟随，从而电脑默认车辆仍在联 8，进路则不会继续排列，此时就需要人工操作强制执行（见图 7）之后（见图 8）才会自动排列进路。据不完全统计，这样的情况存在于江铁 30、31、19、20、21、22、4、3、2，联 8、4，罐 3、4、5、6、7、8 等线路。这些线路普遍存在车辆作业时无法进入信号机内方的情况，总体来讲是受铁路线路状况所制约的。

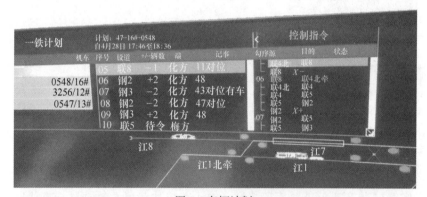

图 5　车辆计划

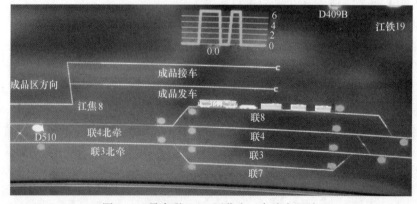

图 6　16 号车联 8-1，压岔出，车牌未跟随

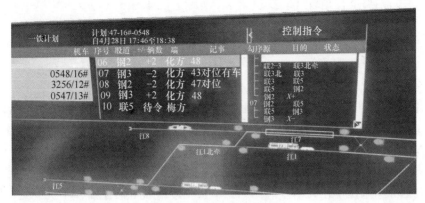

图 7　强制执行计划

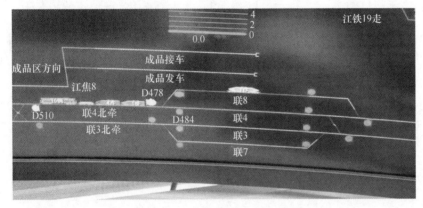

图 8　车牌和红光带同步，信号自动开放

由于实际操作的灵活性、变动性强，而系统的编程毕竟是机械化的，因此，值班员的操作难度相对较大，也较为关键。那么，在系统完善之前，值班员对于计划操作的时效性要求也要相对提高。明确易出问题的区域，随时关注车辆动态，提前做出相应的强制结束或者总人工解锁进路功能是目前最有效的提高操作效率的方法。

就以上面的计划为例，16 号车联 8 条-1 时，只要车牌进入联 8 就可以提前强制结束，使车牌进入联 4 北牵，那么系统就会自动开放之后的进路。这个方法适用于车辆较少、没有穿插、整体作业量小的时候。这个时候值班员工作量少，可以随时监视动态、提前干预车辆作业。一旦车辆繁忙或者需要干预的项目较多时，反而更适合手动开信号，然后批量报点纠正车牌位置。

## 5　关于提高自动化操作的建议

铁运在接下来的目标进程中，将追求铁水运输全自动化操作，也就是实现全程无人工智能运输。要想达到这种程度，首先在细节处理上就要做到完全优化。在这里浅提三点建议：

（1）人工干预后，建议随着人工干预后的进路自动排列进路。比如第一个例子中，原路径是 13 号车江铁 12 出后江 4 转头进罐 2，实际上江 4 有车过磅无法转头，所以人工开江 3 进路进行转头。这也就导致进路受阻、车牌无法跟上光带，必须人工干预强制结束或报点。如果系统可以根据干预更改路径，那么计划就可以不受阻继续执行下去。整个过程类似某导航中的路径选择，要从 A 到 B，结果在某个路口走过了，那么导航会重新匹配路径。虽然会有近有远，但路径通行更加人性化、便捷化。

（2）压岔出车牌不跟进的情况，可以通过系统增加口令解决。比如第二个例子，调乘组要道出的时候按相关遥控，来表示车辆作业已完成，车辆需要向外牵引。当车辆向外牵引时车牌自动前进，那么就可以有效保证进路的排列。

（3）车辆的穿插则需要由值班员将日常穿插可能出现的情况大致汇总，然后分类，最后程序员根据分类来设置相关口令。比如，单机和带重罐车辆穿插，单机优先；同一条线路挂车和撤钩，挂车优先等类似的方式进行设置。

# 6　结语

智能调度集中操作系统的最大特点就是安全系数高，在安全的基础上着力于生产，改进路径选择、完善系统设置、优化排列方案，以期达到完全自动化操作，这是目标也是趋势。

参 考 文 献

[1] 任栋. 铁路信号微机联锁系统的管理与维护 [J]. 信息通信，2014（9）：275.
[2] 杨小燕，崔炳谋. 钢铁企业铁水运输调度优化与仿真 [J]. 计算机应用，2013，33（10）：2977-2980.

# 6号高炉铁水运输组织的方案设计及优化

## 刘志雄，唐育刚

（广东韶钢松山股份有限公司物流部）

**摘　要**：本文主要围绕保证韶钢6号高炉生产顺行，在铁路线路复杂、运输路程远、运输时间长、炉下配包时间紧等条件下，设计及优化6号高炉铁水运输组织方案，做好高炉保产、运输安全、铁钢生产平衡等工作，实现安全、高效、准点、有序的铁水运输服务，满足韶钢炼铁、炼钢的生产需求。

**关键词**：铁水；运输组织；高炉

## 1　引言

韶钢6号高炉自2019年初大修之后，高炉产铁量从大修前的3500t/d，提高到产铁量3800t/d。产铁能力得到了相应提高，出铁配罐模式也因此发生改变，铁水罐配罐由原来的5+1变成现在的4+1配罐模式，炉下配罐时间缩短，由原来的42min缩短到现在的30min。在铁路线路复杂、运输路程远、运输时间长、炉下配罐时间紧等条件下，对高炉生产顺行、铁水运输安全保产的要求更高，原有的铁水运输组织方案已无法适用这种新的配罐模式。因此，需设计符合新配罐模式的铁水运输组织方案，并根据实际应用变化不断优化运输组织方案，确保铁水运输安全保产工作。

## 2　设计6号高炉铁水运输组织方案的必要性分析

### 2.1　机车配置

韶炉原采用1台GK1C型内燃机车负责6号高炉与炼钢工序的铁水运输安全保产工作，因新的配罐运作模式后，原来的1台机车已不能满足现行的运输保产需求，严重影响炉底配罐对装效率及铁水运送衔接等铁水运输安全保产工作，因此，6号高炉必须增加1台机车配置，才能满足现有模式下的铁水运输安全保产工作。

### 2.2　炉底配罐模式

6号炉原采用5+1组合配罐对装模式，自2019年初大修后，产铁能力得到相应提升（如表1所示），炉底配罐的模式也随之改变；结合6号高炉配罐铁水运输新的模式运作后，原采用的5+1铁包组合配罐对装模式的运输组织方案已作废，必须设计新的铁水运输组织方案，以满足新配罐模式下铁水运输组织运行的要求。

**表 1　6 号高炉日铁水运输计划表**

| 炉号 | 大修前产量/t | 炉次 | 平均每炉产量/t | 大修后产量/t | 炉次 | 平均每炉产量/t |
|---|---|---|---|---|---|---|
| 6 号 | 3500 | 9 | 388 | 3800 | 11 | 346 |
| 大修后提高产量/t | 300 | | | | | |

注：炼钢工序装载按每包 103~118t。

## 2.3　运输管理

　　铁水运输管理规定：重车运行速度为 10km/h，空车运行速度为 15km/h。在铁路线路复杂（如图 1 所示）、运输路程远（运输距离最远 4km）、运输时间长（如表 2 所示）、炉下配罐时间紧（如表 3 所示）等条件下，因 6 号高炉推行新配罐模式运作后，高炉出铁时间减短，铁包周转作业随之加快；原有的铁水运输管理方式已无法满足铁水运输安全保产工作。

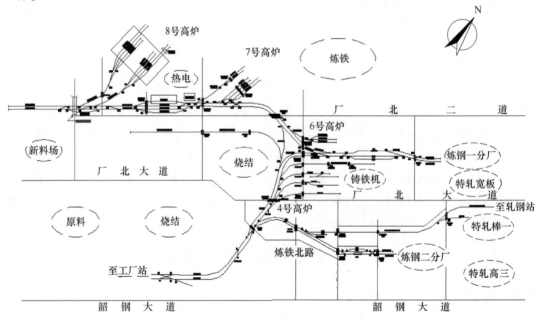

图 1　物流部铁运作业区铁路平面示意图

**表 2　6 号高炉铁水运距和运输时间表**

| 装车点 | 卸车点 | 距离/km | 运行时间/min | 增加取样测温时间/min |
|---|---|---|---|---|
| 6 号高炉 | 炼钢一工序 | 1.5 | 15 | 8 |
| | 炼钢二工序 | 3 | 35 | 8 |

**表 3　6 号高炉炉下配罐时间表**

| 炉　号 | 原对位时间/min | 现对位时间/min |
|---|---|---|
| 6 号 | 42 | 30 |

注：对位时间是指高炉堵口后，铁包到达高炉炉下并向高炉炉前发出到位指令的时间。

# 3 6号高炉铁水运输组织方案的设计

## 3.1 机车人员配置

（1）机车：配置两台运行机车，负责6号炉炉下空、重铁水罐车调运，机车在炉前渡线待命、交接班；六铁二线北头配置一台001号牵引车，负责炉下出铁对位工作。

（2）人员：司机2人，运行调车员2人，牵引车调车员1人。

## 3.2 运输组织

（1）为能满足高炉安全出铁的需求，铁包对位按照4+1模式进行组织，对位时间控制在30min内。

（2）1号、2号铁口轮流出铁，六铁二线固定为1号、2号铁口出铁主线，遥控牵引车在出铁口以北，前顶主线4个铁包从西向东逐次受铁，副线（六铁三线或六铁一线）1个铁包做过渡包（如图2所示）。

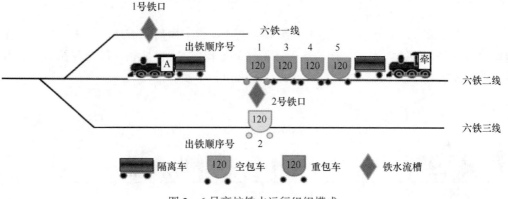

图2 6号高炉铁水运行组织模式

（3）主线第2个120t铁包受铁满后，由机车（A）送到炼钢工序（如图3所示）。炉下配包状态变为主线剩2个铁包、副线1个过渡包。牵引车前顶主线2个铁包继续由西向东对主线第3个铁包继续受铁至铁包装满铁。

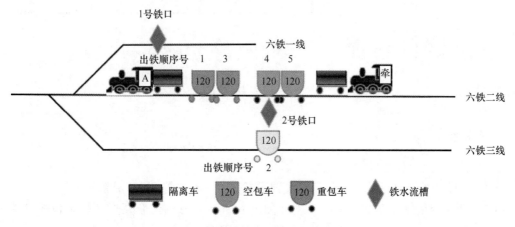

图3 6号高炉铁水运输运行模式其一

（4）此时，由机车（B）负责带回一个铁水空包给另一个铁口的副线对好位，并在 6 号高炉区域待命（如图 4 所示），高炉堵口后将全部铁包拉出，过渡包和尾包调运至其他高炉补装铁水（尾包净重大于 90t 送炼钢工序），铁水重包送至炼钢工序。

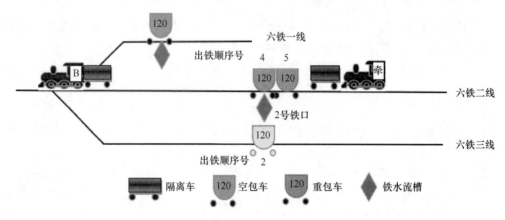

图 4　6 号高炉铁水运输运行模式其二

（5）当机车（A）运输 1 号、2 号铁水重包到炼钢工序后，需从炼钢工序挂回 4 个空包在 6 号高炉炉外区域待命（如图 5 所示），待机车（B）将炉底铁包全部拉出后，及时进入炉下配包对位。

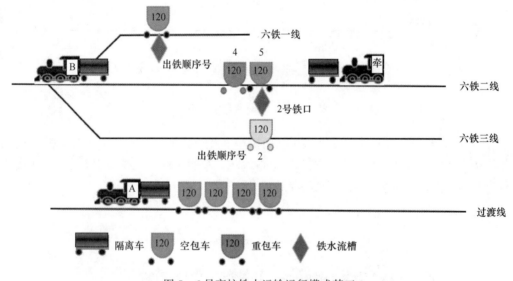

图 5　6 号高炉铁水运输运行模式其三

## 3.3　铁水运输管理

（1）高炉出铁配罐执行铁水调度计划。

（2）6 号高炉堵口后的过渡包及尾包调运至 7 号、8 号高炉继续兑铁。

（3）调度利用物流系统铁水图形化（如图 6 所示）密切配合高炉做好尾包的处置和

调整，高炉炉下尾包装铁超过 50t 不能做过渡包。

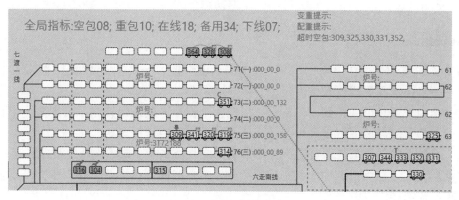

图 6 物流系统铁水图形化

（4）单铁口出铁时，过渡包视装入量是否满足下炉次出铁过渡的要求，可 2 炉次调一次包。

（5）配给 6 号高炉对位装铁的铁包在炉外区域待命时，调车员必须完成本组车辆风管摘解和车辆排风工作，减少 6 号高炉配罐对位时间。

（6）为规范铁包运行管理，调运备用或在线运用铁包时，注意存放和停留位置，不得将铁包存放和停留在集中排水点下方，防范雨水或其他杂物进入铁包，确保铁包受铁作业安全。

（7）遇高炉出残铁情况时，残铁包皮质量不超过 76t 且不加废钢，装入残铁质量控制在 40t 以内，出完优先安排残铁包进行冲兑，装满后第一时间送炼钢厂，通知炼钢厂优先卸空。

（8）炉下出铁对位与出铁工联系由牵引车调车员负责，通过操控铁水牵引车对铁包进行对位装铁作业。

## 3.4 运输设备维护管理

（1）机车车辆检修作业区每周两次到现场对铁水车进行点检。

（2）机车车辆检修作业区每 6 个月对铁水车按计划进行轴检（检查转向架、轴承油润状态）。

（3）机车车辆检修作业区每年做段修，主要转向架侧架、轴箱磨耗板检修，轴承检查补充润滑脂。

（4）线路信号检修作业区配合做好铁水运输运行区域线路、信号设备的重点巡查，发现设备不良、线路存在安全隐患时，要做好记录并及时安排整改。

（5）机务作业区负责内燃机车的加油和维护保养工作，发现问题及时处理，做好铁水运输安全保产工作。

# 4 6 号高炉铁水运输组织方案的优化

针对韶钢目前 6 号高炉为 3 条铁路线，其中六铁二线为 2 个出铁口共用线路，六铁二线为 1 号出铁口主线，六铁三线为 2 号出铁口主线，推行牵引车炉底对位运输组织模式，调车员负责炉下牵引车出铁对位工作，在现有的运输组织和铁水运行管理方面将继续优化 6 号高炉铁水运输组织方案。

### 4.1 运输组织

（1）牵引车调车员在出铁过程中要及时向调度汇报炉下铁包装铁情况，根据分次调铁模式，炉下具体操作执行行车调度指令。

（2）牵引车调车员在接到高炉出铁工出铁完毕指令，确认出铁指示灯熄灭、出铁口无铁水滴后，要及时向调度汇报高炉出铁完毕及炉下铁包装铁情况。

（3）6 号高炉牵引车调车员炉下操作牵引车要严格执行"指唱确认"规定。

（4）所有运送至炼钢工序的铁水必须在取样平台取样测温作业，管控中心铁水调度有特别要求不需取样测温的除外。

### 4.2 铁水运输管理

（1）牵引车炉底对位线路解车时，需摘解风管、排空风压后才能进入炉下配包作业。

（2）机车取送作业时，严禁与牵引车同时连挂同一组车辆（异常情况除外）。

（3）当遥控牵引车发生故障，运行机车不在炉下区域待命或不能及时恢复机车对位时，立即通知高炉出铁工紧急堵口。

（4）当发生铁水下地、穿包事故时，立即通知炉前出铁工和铁水作业区调度，执行《高温液体（运输）事故专项应急预案》进行操作；并遥控牵引车脱离车组运行至安全区段，防止烧损牵引车。

## 5 6 号高炉铁水运输组织方案的实施效果

（1）6 号高炉铁水运输组织方案实施后，解决了炉下准点配罐，以及确保高炉安全、高效出铁等系列难点问题，实现了铁包运输的"快拉、快送、快取、快排"，减少了铁水运输反钩作业率，满足了铁-钢生产平衡的新局面。

（2）牵引车的应用实现了炉下出铁精准对位遥控智能化，极大地消除了对位过程中的反复位移缺陷，提高了作业效率和安全性。

（3）确保了在铁路线路复杂、运输路程远、运输时间长、炉下配包时间紧等条件下的铁水运输安全保产工作，满足了高炉铁水运输组织的需求。

（4）提高了铁包周转率和铁水入炉温度（如表 4 所示）。6 号高炉铁水运输组织运行前，韶钢铁包周转率为 3.73，铁水入炉平均温度为 1339.24℃；采用新的铁水运输组织运行后，铁包周转率为 4.09，铁水入炉平均温度为 1374.26℃，铁水包周转率同比提升 0.36，铁水包到站平均温度同比提高 8.15℃。

**表 4 铁包周转率及铁水到站平均温度表**

| 指标名称 | 改造前 | 改造后 | 提高 |
|---|---|---|---|
| 铁水包周转率 | 3.73 | 4.09 | 0.36 |
| 铁水入炉平均温度/℃ | 1339.24 | 1373.26 | 8.15 |

# 6 结语

自推行6号高炉新的铁水运输组织运行方案以来，保证了钢-铁生产平衡，铁水运输安全顺畅，解决了铁水运输线路复杂、线路长、跨度大、多车运行密度高、重载运输时间紧等难点问题，铁包周转率及铁水入炉温度得到了显著提升，提高了铁水运输安全保产服务能力。对标周边钢企，韶钢铁包周转率及铁水入炉温度达到领先水平。同时，为下一步6号高炉推行"单包调铁"及7号、8号高炉推行"头包调铁"铁水运输组织模式优化奠定了坚实基础。

## 参 考 文 献

[1] 范波，蔡乐才."一罐制"铁水调度优化模型的研究 [J]. 四川理工学院学报（自然科学版），2014，27（1）：49-52.

[2] 刘峰. 大型高炉铁水运输作业模式分析 [J]. 宝钢技术，2010（2）：63-69.

[3] 田茂勋. 冶金企业铁路运输组织 [M]. 北京：冶金工业出版社，1987.

# 集团化铁路调度联动体系的构建与实施

## 唐光明，沈　鸿

### （河钢集团国际物流有限公司）

**摘　要：** 2018 年国务院办公厅印发《推进运输结构调整三年行动计划（2018—2020 年)》，要求以京津冀及周边地区为主战场，以推进大宗货物运输"公转铁、公转水"为主攻方向，深化交通运输供给侧结构性改革。河钢集团与铁路北京局集团在所属区域和企业布局上高度吻合，具有天然的战略依托。双方积极响应国家号召，共同践行国有企业的政治使命和责任担当，深化人才交流互派机制，成立河钢集团驻局铁路调度协调中心，全面推进公转铁战略实施，提升路企协同作战能力，强化铁路物流对钢铁企业的基础支撑作用。

**关键词：** 集团化；铁路调度体系

近年来，物流作为钢铁企业的"第三利润源"被充分挖掘，企业为优化物料仓储库存资金占用，提出"低库存运行"概念，这就对物料的运输组织管理提出了更高的要求。如何保证原燃物料的及时、均衡到达，保证生产接续不断料，成为河钢集团铁路运输需要攻克的难题。

## 1　实施背景

铁路运输具有运输能力大、远距离运输成本低、受气候影响小等优点。铁路运输在河钢集团的日常生产组织中发挥着重大作用，但同时铁路运输也存在固有的缺点，如运输灵活性差、时限波动较大、不均衡到达导致生产接续困难等。这给铁路运输日常调度组织带来了极大的挑战。

## 2　实施内涵

集团化铁路调度联动体系是指河钢集团通过构建"驻钢铁子公司——6 家物流分公司""驻北京铁路局——河钢北京铁路调度协调中心""总部——铁路运输管理中心"三级调度体系，与铁路北京局集团的"铁路货运中心""北京局总调度所""铁路北京局集团"三级运输组织管理体系形成相互协调联动，共同发挥各自集团化优势，打通河钢集团对外铁路协调全流程调度跟踪组织渠道，全面提升河钢集团铁路运输组织管理能力。

河钢集团通过构建三级调度体系，保证了集团各钢铁子公司原料的及时供应，响应了国家推进运输结构调整、打赢蓝天保卫战的号召。同时，通过成立"河钢北京铁路调度协调中心"，与北京铁路局合署办公，加强了与国铁的战略合作，凭借河钢集团的大客户优势，为企业争取到了一定程度的运费优惠政策及杂费减免政策，全面降低了企业物流成本。

# 3 具体做法

河钢集团国际物流有限公司作为河钢集团旗下发展现代物流产业的旗舰企业，承担着集团物流业务的组织协调与系统优化职能。为提高集团铁路物流的管理能力，河钢物流进行了内部组织机构优化，逐步构建了三级调度联动体系。

## 3.1 建立三级调度联动组织体系

三级：2016年，河钢物流公司在河钢集团下属6家钢铁子公司驻地授牌成立6家驻厂分公司，分别为唐山分公司、邯郸分公司、宣化分公司、承德分公司、舞钢分公司、石家庄分公司。主要职能之一为与辖区内国铁货运中心进行对接，负责子公司对外铁路业务协调。

二级：2018年，设置"河钢北京铁路调度协调中心"，派驻专业调度人员与北京铁路局调度所合署办公，负责集团内北京铁路局层面的问题协调解决，并协助三级调度，解决三级调度货运中心层面无法解决的问题。同时寻找进一步合作的空间，促进路企深化合作。

一级：2016年，在国际物流公司总部设立"铁路运输管理中心"，负责河钢集团与铁路部门的业务对接、战略合作方案拟定、价格谈判、驻厂分公司铁路业务管理等工作。自2018年，二级调度"河钢北京铁路调度协调中心"成立，铁路运输管理中心作为总部一级调度，新增总体铁路运输业务协调调度职能。形成了厂内、厂外铁路运输全流程管理物流链。

河钢物流三级调度联动组织体系架构图如图1所示。

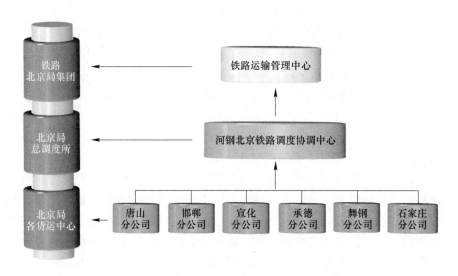

图1 河钢物流三级调度联动组织体系架构图

## 3.2 建立365/24调度组织机制

通过建立微信群、日调度例会、周月调度工作总结的机制，保证铁路运输组织相关问题实时反馈，随时解决。由铁路运输管理中心牵头，各分公司调度人员及河钢北京铁路调度协调中心调度人员参与，每日召开调度例会，解决日常铁路运输业务中的问题。运输组织中的偶发情况、环保管控变化情况、重点紧缺物料的库存及在途跟踪情况，可通过微信群的方式，随时在群内进行信息反馈及问题应对解决，实现物流协调组织的及时性。

### 3.2.1　特殊时期铁路运输工作的应对

困难是考验调度联动体系作用的试金石。2020 年初，受春节假期以及全国新冠肺炎疫情防控的双重影响，河钢集团外部物流运输组织受到不同程度的限制和影响。原燃物料到达方面，受资源地发货量降低、港口公路疏港阶段性限制、公路运输效率降低、铁路运输集中到达等影响，铁路卸车压力增大，集团各子分公司原燃料库存普遍偏低，部分品类库存量持续低于安全生产下限。产成品外发方面，受北方冬季停工期及春节假期影响，节前社会钢材库及厂内成品库基本处于高库位运行状态。受疫情防控影响，节后建筑项目需求不及预期，北京地区钢材库大多处于满库状态，加之公路运输整体运力下降、区域性公路运输受限、铁路站点停装等原因，集团各子公司产成品库存持续高位运行。

河钢物流以日调度会、微信早晚报的形式组织汇总集团各子公司物流生产完成情况和分析，形成《物流生产组织日报》，及时在组织层面急生产之所急、应生产之所需，掌握疫情期间的物流生产情况。发挥河钢北京铁路运输调度协调中心与北京铁路局联合办公的优势，优先保障集团原燃物料到达和产成品外发的运力需求和在途协调。

产成品外发方面，各钢铁子公司加强"产销运系统"协同联动，加大推进"公转铁"力度。物流系统与销售一道，借助铁路运输优势和铁路局政策支持，加强产品外发资源流向调整，加大铁路发运组织，辅以汽运服务周边市场，全面落实降库保产工作。原燃物料到达方面，各钢铁子公司继续按照"低库存、多频次、小批量"的模式组织原燃料采购和供应，优化物流运输方式，确保低库存安全运转。

2020 年一季度，河钢集团克服疫情及春节的双重影响，钢材铁路发运同比 2019 年增加 40 万吨。中国铁路北京局集团发来感谢信，进一步坚定了路企合作的伙伴关系。

### 3.2.2　河钢集团重点原料物资保供

河钢集团为优化物料仓储库存资金占用，执行低库存战略，这就对物料的运输组织管理提出了更高的要求。如何保证原燃物料的及时、均衡到达，保证生产接续不断料，成为铁路运输需要攻克的难题。

2020 年以来，焦炭价格上涨且波动较大，集团采购系统为降低采购成本同时降低库存资金占用，采取低库存战略，个别钢铁子公司焦炭库存长期保持在 1 天左右。2021 年一季度，受全路保电煤运输影响，焦炭资源地铁路运力资源紧张，为保证集团用料，北京铁路调度协调中心通过北京铁路局向太原铁路局转达河钢集团诉求，保证了集团煤、焦资源的每日批车兑现量。同时，通过北京铁路调度协调中心的努力，北京铁路局同意为北京铁路调度协调中心开通信息化账号，通过该账号可实时查询河钢集团物资的在途发运情况。通过对焦炭在途数量及地点的掌握，配合适当的与路局调度员的协调沟通，保证集团焦炭在到达北京局管界后 1 天可到达各钢铁子公司接轨车站，为集团的物料保供提供了强有力的支撑。

### 3.2.3　钢材发运请批车计划的协调

河钢集团钢材产品主要销售区域为京津地区，北京地区黄村站、石景山站；天津地区张贵庄站、军粮城站，由于运行能力有限，时常出现重车积压限批限装的情况。三级调度体系协调联动，解决请批车计划难以兑现问题。一是各驻厂分公司与钢铁子公司物流系统协同，对于重点限装区域采取整列集结编组发运的方式，缓解国铁积压站点编组压力，争取铁路批车计划的兑现。二是各分公司与销售系统一道，征求客户意见，对产品外发资源流向调整，将货物向积压站点附近站点转移，保证货物及时送达。三是在积压严重时期，各货运中心批车数有限制，北京铁路调度协调中心从北京铁路局层面进行沟通协调，增加各钢铁子公司对应的货运中心总批车指标数，解决钢铁子公司批车困难。

### 3.2.4 形成铁路运输日报表，为业务提供数据支撑

总部铁路运输管理中心设计形成铁路运输日报表，反映集团各钢铁子公司原料到达及成品外发的作业量数据。横向分为到达、外发两类。到达类目下为各原料品种，外发类目下为钢铁子公司外发的成品钢材、水渣等物料品种。纵向按运输组织方式分为铁路运输、公路运输。添加物流库存相关数据，用以掌握物料运输组织的紧迫度。

## 3.3 积极响应国家号召，推行"公转铁"

为响应国家"加快运输结构调整，打赢蓝天保卫战"的号召，河钢集团积极推行"公转铁"战略，构建绿色物流体系。但由于集团各钢铁子公司建厂已久，铁路线路卸车及周转能力有限，推行"公转铁"战略具有一定的难度。同时，由于集团钢材销售市场多以周边地区为主，运输距离较短，铁路运输相较于公路运输，无论是在灵活性还是运输成本上，都明显处于劣势。河钢集团国际物流公司围绕以上难点，积极寻找应对措施，在硬件条件无法改变的情况下，积极寻找创新途径，通过调度管理寻求解决方案，提升铁路运输管理水平，为"公转铁"战略提供支持。

### 3.3.1 克服厂内卸车能力限制

铁路运输由于存在不均衡到达的特点，对厂内的卸车组织能力是一个考验。由于河钢集团各钢铁子公司建厂已久，各种生产设备及铁路线路布局固定，且能力有限，集中到达考验铁路运输调度的水平及装卸队的装卸效率，加之国家铁路对路用车的使用时间有所限制，超过规定时间车辆未排空，将收取企业延时使用费。为降低路车使用费，提高卸车效率，在设备能力固定的情况下，物流组织系统从管理上要效率。河钢物流各驻厂分公司第一时间将到达接轨站的信息传递给钢铁子公司物流调度员，保证原料接卸的及时，厂内卸车组织结合生产情况有序安排原料卸车，内外协调联动，保证卸车效率。

### 3.3.2 规避运输成本升高

钢铁企业的资源布局和销售市场由来已久，是在综合考虑了供货的及时性以及运输成本等因素的基础上形成的。若是实施"公转铁"战略，可能使运输成本增高。河钢集团的产品主要销售区域集中在京津地区，众所周知，铁路运输适合长距离、大批量运输，运输成本相对较低。销售半径在 200km 以内，铁路运输相较于公路运输没有价格优势，且灵活性较差。如何克服运输成本的升高，成为推行"公转铁"战略的难点。

河钢物流作为河钢集团铁路运输管理的专业部门，利用大客户优势，本着"优势互补、资源共享、互惠互利、合作共赢"的原则，与北京铁路局签订量价互保协议，通过集团货物"公转铁"形成铁路增量来争取运输费用的优惠。北京铁路局为河钢集团各子公司

提供"一厂一策"铁路运费优惠政策，有力地支撑了"公转铁"战略的实施。

### 3.3.3　建立物流基地为"公转铁"提供物流节点支撑

河钢集团与北京铁路局集团携手推进国家运输结构调整，实施大宗货物进京"公转铁"战略。共同签署了《全面深化绿色物流战略合作协议》，发出"引领绿色物流建设，共卫首都清水蓝天"的倡议。双方调度部门合署办公，信息共享，共建服务京津冀地区的智慧绿色物流基地。根据北京局铁路货场自然布局，结合市场调研及河钢集团钢材投放情况，双方确定了黄村、沙河、高碑店、文安4个绿色物流基地。4个物流基地是北京铁路局着力打造"天网+地网"绿色物流配送体系中"地网"环节的重要组成部分。"地网"主要包括以北京黄村和沙河为中心，面向京南、京北、辐射京东、京西的绿色物流基地，以河北高碑店、文安为节点，辐射雄安新区的绿色物流基地。京南大兴黄村绿色物流基地作为第一个启动项目，2020年正式投入运营。

## 4　实施效果

通过构建多层级调度联动体系，明确各级调度职责分工，形成了连接厂内、厂外的全铁路运输调度协调系统，解决了河钢集团日常铁路运输组织中面临的难点、痛点。同时，发挥河钢集团大客户优势，强化路企合作共赢，在推进"公转铁"实施的过程中，协调北京铁路局为河钢集团提供"一厂一策"铁路运费优惠政策，实现了河钢集团铁路运输费用的降低，为企业带来了可观的经济效益，全面发挥了河钢集团对外铁路协调职能。

### 4.1　社会生态效益

河钢集团落实党中央、国务院关于推进运输结构调整的决策部署，践行国有企业责任担当，全面推进运输结构调整，为打赢蓝天保卫战、打好污染防治攻坚战，提高综合运输效率提供支持。2019年全年，集团唐、邯、宣、承、舞、石6家钢铁子公司产成品和原燃物料主要品类铁路运量同比增幅14.1%。

### 4.2　提高管理水平

#### 4.2.1　加强了企业内部铁路运输组织能力

河钢集团通过建立三级调度体系，各驻厂分公司积极发挥作用，加强与钢铁子公司物流部门、生产部门、采销部门的沟通协调，克服铁路线路布局固定、运输、装卸能力有限等问题，实现了"公转铁"战略的全面推进，使各钢铁子公司内部铁路运输组织能力得到了提升。

#### 4.2.2　保证生产接续顺畅

（1）原料保供：通过三级调度联动体系，从原料在供应地请车开始，分公司调度就对其请、批、装信息进行掌握，包括装车待发的时间、装车的数量、具体原料品种等。在原料发车后，二级调度——北京铁路调度协调中心，对其车辆的在途信息进行掌握，了解当前到站及停留时间，遇有铁路保国家重点物资情况，出现原料车列在某个到站停留时间过长的情况，北京铁路调度协调中心及时与北京铁路局调度取得联系，了解实际情况，争取铁路窗口期及时安排河钢集团物料发运，保证原料运输线路的畅通。一级调度——铁路运输管理中心，运输全程做好三级、二级调度的联动、消息的互联互通，以及铁路运输全流程的盯控。

（2）产成品发运：通过构建一级调度联动体系，由铁路运输管理中心牵头，每日召开调度会，调动解决铁路运输问题。各驻厂分公司与钢铁子公司物流系统协同联动，对于重点限装区域采取整列集结编组发运的方式，缓解国铁积压站点编组压力，争取铁路批车计划的兑现。同时各分公司与销售系统一道，征求客户意见，对产品外发资源流向进行调整，将货物向积压站点附近站点转移，保证货物及时送达。在积压严重时期，各货运中心批车数有限制，北京铁路调度协调中心从北京铁路局层面进行沟通协调，增加各钢铁子公司对应的货运中心总批车指标数，解决钢铁子公司批车困难，保证河钢集团铁路运输产品及时发运。

## 4.3 经济效益

河钢物流利用集团大客户优势，本着"优势互补、资源共享、互惠互利、合作共赢"的原则，与北京铁路局签订量价互保协议，通过集团货物"公转铁"形成铁路增量来争取运输费用的优惠，降低集团物流成本。北京铁路局为河钢集团各子公司提供"一厂一策"铁路运费优惠政策，为货物"公转铁"增量提供成本支持。

# 鞍钢鲅鱼圈铁路运输普车调度
# 集控系统研究与应用

郭　兵，田力男，叶　晗，潘广海

（鞍钢股份有限公司鲅鱼圈钢铁分公司）

**摘　要**：本文基于鞍钢鲅鱼圈铁路运输现状，构建铁路运输调度集控指挥系统，以安全高效的管控一体化为导向、运输作业计划为龙头，全面整合、科学运用机车、车辆、人员、信号设备等运输资源，实现铁路调度指挥业务的纵向一体化和横向一体化，从计划管控全局优化的角度全面提升鞍钢鲅鱼圈铁路运输"一盘棋"智能化组织水平。

**关键词**：管控一体；调度集控；智能化；一体化

## 1　引言

### 1.1　概况

鞍钢鲅鱼圈铁路普车区域铁路车站包含范屯站和原料站，范屯站既是国铁接轨站又是编组站，设有 1 套自动化驼峰、1 套联锁系统、1 套停车器系统和调机无人驾驶系统，主要承担鞍钢鲅鱼圈新区原燃材料的输入和产成品输出的交接任务。原料站设有 1 套联锁系统，主要承担鞍钢鲅鱼圈分公司部分成品、化工副产品输出或输入任务及冬季解冻库取配车任务。

鞍钢鲅鱼圈铁路普车运输调度集控系统是将范屯站和原料站纳入统一的调度集控指挥系统，集中控制范屯站联锁、驼峰、停车器及原料站联锁系统，与调机无人驾驶系统及宝信系统深度融合，交互生产指挥信息，实现车辆、机车、计划、进路统筹管理，达到决策智能化、指挥数字化、执行自动化和管理精细化。

### 1.2　设备现状

设备现状见表 1。

表 1　设备现状

| 设备类型 | 开通时间 |
| --- | --- |
| 原料站联锁 | 2021 年 |
| 范屯原料调度指挥设备 | 2011 年 |
| 调机无人驾驶系统 | 2021 年 |
| 宝信系统 | 2021 年 |
| 自动化驼峰系统 | 2011 年 |
| 停车器系统 | 2011 年 |

范屯站及原料站现有联锁、调机、驼峰、停车器及宝信等系统设备，为调度集中改造升级提供了基础。

## 1.3　建设目标

基于设备的现状及生产需求，结合冶金行业铁路运输的自身特点，鞍钢鲅鱼圈铁路普车区域调度集控的建设目标如下：

（1）作业高效透明。全面整合各种运输生产信息，对接宝信及与鞍钢铁路运输的各个相关环节，充分信息交互、数据共享，实现全场运输业务数据互联互通，生产指挥信息实时交互联动，实现全场作业一体化指挥，透明高效。

（2）管控一体化。以作业计划驱动进路排列为原则，依据生产作业计划自动生成作业指令，综合考虑行车和调车作业进度、设备使用情况，自动择路择机，排列进路，在进路执行过程中实现轨迹跟踪，反馈运行过程。

（3）减员增效。调度集控指挥系统以智能化安全控制为基础，以铁路指挥信息化流程再造为手段，实现计划编制、进路控制、调车指挥集成为一个岗位，降低调度员劳动强度、提高作业安全性，提高运输作业效率，降低企业运营成本，实现减员增效。

## 2　建设思路

调度集中控制中心是对铁路货运某一区段内信号设备进行集中控制，并且对列车运行进行直接指挥和管理。调度集中控制系统集中了现代控制技术、计算机技术和网络通信技术，通过智能化的设计原则，在实际的列车运行中需要以调整计划控制为中心，同时还考虑列车以及调车作业的自动化调度指挥系统。

鞍钢鲅鱼圈普车调度集控系统综合集成 2 套联锁、1 套驼峰、1 套停车器系统，打通控制系统边界，打破信息孤岛，通过信息集成和流程再造，构建管控一体的系统体系，实现计划编制、下达、调整、执行、反馈的闭环管理，达到"计划质量最优化、进路执行自动化、效率效益最大化、统计分析自动化、安全保障源头化"的目标，实现鞍钢智慧物流智能化安全管控，提高运输作业效率，降低企业运营成本。

### 2.1　集成控制与集中监督显示

通过接口联锁、驼峰等系统，实现多套联锁、驼峰信息集成显示，将现车作业、作业计划管理、信号设备状态显示、作业指令集成于同一平台，实现调度中心对全场作业的集中调度、集中监督和集中控制。

### 2.2　现车管理功能

实现对全场所有车辆，包括特种车辆和普通车辆在内的现车管理功能。各车场的所有机车按现车管理，对每个机车的当前位置动态展现。现车管理功能包括现车分布、车辆管理、车辆状态管理等。

### 2.3　调车计划管理功能

实现调车计划编制、调整、逻辑检查等功能。拖拽编制时，以各车场线路为容器、以机车为动力，以车辆为对象，通过鼠标拖拽操作模式将源线路上的机车/车辆拖拽到任意可实施目的线路，系统自动生成调车作业计划。调车计划全场内所有解编作业、取送作业、倒调作业、转线作业、单机作业、行车作业，操作灵活方便。

## 2.4　接发车管理功能

实现接发车计划编制、调整、报点等功能，统管国铁交接列车和小运转列车计划。能够获取国铁车号识别信息并转换为股道现车，除此之外也具备人工配报、人工核报的功能。

## 2.5　进路自动控制功能

依托接发车计划、调车计划，实现指令自动生成、自动触发、进路自动控制、作业执行反馈报点等自动控制功能，对于接发车计划、调车计划具备全自动智能控制所有进路的功能，包括调车进路和列车进路。进路自动控制功能需实现完全无人工干预的运输计划智能决策、执行时机智能决策、进路执行自动控制。

## 2.6　自动跟踪与报点功能

根据作业指令执行状态，更新计划状态和机车车辆位置。当作业钩的指令执行完毕时，自动反馈钩报点，完成作业钩写实，当整个计划的作业指令执行完毕时，自动反馈钩计划报点，完成作业计划写实。在指令执行完毕后，机车或车列会在集中监督界面自动跟踪移动到指令目的线路，当计划或作业钩对应指令结束后，机车或车辆变为目的线路的实际现车。

## 2.7　数字化指挥

构建数字化指挥与通知功能体系，实现计划通知、作业通知、进路预告、预警告警、作业进度反馈等功能。

## 2.8　实现货运管理功能

实现货运装卸管理、运单管理、装卸进度管理等功能，实现收货人修改、发货人修改、挑选空车、装车操作、卸车操作、装卸进度管理等功能。

## 2.9　实现技术作业管理功能

系统实现对与运输生产有关的各类技术作业的管理功能，包括技术作业通知反馈、进度展示等功能。技术作业可根据用户需求定制，包括但不限于机车摘挂头、列检作业、货检作业、试风作业、化检取样作业、解冻作业、车辆检修、机车检修、翻车机作业等。

## 2.10　与宝信系统融合功能

与宝信物流运输管理系统接口。实现装卸信息、调运等信息充分融合，数据共享，形成鞍钢智慧物流的完整信息链。

## 2.11 自动报表统计功能

具备根据生产过程数据自动生成统计报表的功能。统计报表能够根据用户生产需要深度定制，根据用户提供的统计规则和报表样式自动生成统计报表。

## 2.12 生产工况实时展示功能

具备实时展示路局车保有量与分布、重车数量、空车数量、待装车、待卸车、检修车、停时、装车数、卸车数、接车数、发车数、机车作业时间等工况的功能。

# 3 技术方案

调度集控系统集成现车、联锁、驼峰、停车器等生产管理信息和控制系统信息，通过信息集成和流程再造，构建管控一体的系统体系，实现计划编制、下达、调整、执行、反馈的闭环管理，达到"计划质量最优化、进路执行自动化、效率效益最大化、统计分析自动化、安全保障源头化"的目标，实现鞍钢智慧物流智能化安全管控，提高运输作业效率，降低企业运营成本。

系统结构分为现场设备、设备接入、传输层、智能综调指挥、集中管控中心，具体见图1。

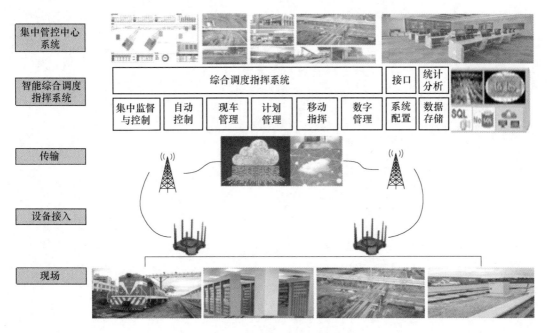

图1 调度集控系统结构图

# 4 结语

在近年铁路运输信息化、智能化不断发展的过程中，网络技术发展突飞猛进，这种情况下铁路调度集中管控系统为了给人们提供更优质的服务，在调度方面也发生了巨大的变化，为了更好地适应当前社会的发展趋势，应该不断加强相关知识储备，这样才能更好地实现对信息化、智能化铁路调度系统的有效掌控。本次研究针对冶金企业的铁路运输特点，按照智慧物流"以智能化安全控制为基础，以铁路指挥信息化流程再造为手段，以提高运输作业效率、降低企业运营成本为目标"的总体方针，通过综合利用智能调度、自动控制、信息集成等技术，构建以集中控制、管控一体、智能决策为核心的新一代调度集控指挥系统，达到决策智能化、指挥数字化、执行自动化和管理精细化。

### 参 考 文 献

[1] 丁昆. 成都北编组站综合集成自动化系统 [J]. 中国铁路，2006（8）：46-48，56.

[2] 张海丰，丁昆. 编组站综合自动化后评估 [J]. 中国铁路，2013（12）：4-8.

[3] 马敬东，冉雄英，吕一博. 铁路智能化货场信息平台设计与研究 [J]. 铁道货运，2021，39（8）：43-48.

# 区位调整下河钢唐钢铁路运输融入唐山市"十四五"铁路网发展规划的探索实践

胡春风，赵 勇，刘小林，吕一磊

（河钢集团唐钢公司）

**摘 要**：以河钢唐钢铁路在退城搬迁、区位调整、向海图强为背景，规划企业铁路布局，顺应"公转铁"趋势的需要融入三大块路网——沿海新厂区、佳华（东进）、中厚板专用线融入沿海发展带的东港线路网，美锦焦化铁路、钢源炉料专用线融入中部发展核心的七滦线路网。发展多式联运，整合各种交通运输方式的优势，使河钢唐钢铁路资源有效发挥临港效益、盘活资产、服务城市的作用，实现企业绿色高质量发展。

**关键词**：铁路；多式联运；绿色发展

## 1 相关背景及现状分析

### 1.1 唐山市"十四五"铁路网发展规划简介

根据唐山市"十四五"铁路网发展规划方案，唐山市铁路"十四五"期间将有序推进城际铁路建设，支撑唐山融入京津冀一体化发展；加大"公转铁"力度，疏通货运干线瓶颈、加强港口集输运支线建设，助力运输结构调整。

### 1.2 河钢唐钢铁路融入国铁、城郊路网的可行性和必要性

唐山市"十四五"铁路网发展规划和市域（郊）铁路规划已经出台，河钢唐钢铁路在退城搬迁、区位调整的大背景下只有迅速融入国铁路网发展规划，铁路运输才能驶入环保、高效、低耗的发展快车道，做到更高、更快、更强。

#### 1.2.1 城市发展需要

在提倡城市和制造企业和谐共生的当下，铁路大宗物料集中到达、几乎全天候铁路运行不受天气影响、专用线门对门到发、运输方式的高效低耗对城市来说是和谐友好的。国家推动都市圈市域（郊）铁路加快发展，规划大力发展铁路物流园和多式联运，唐山枢纽铁路物流园区按照两个二级物流基地（京唐港、曹妃甸港前站）、若干三级物流园区进行规划，形成"2+N"的普速物流节点布局。这些都是城市发展的需要，退城企业也有融入路网发展城市物流服务业的需求。

#### 1.2.2 满足环保要求，顺应"公转铁"趋势

随着国家环保管控力度的强化，唐山市区及港口周边区域将逐步限制或禁止燃油运输车辆的进入，企业铁路专用线成为主要的货物运输方式，政府大力推动企业"公转铁"的发展意图进一步凸显，企业绿色物流比例和环保评 A 息息相关，也促使企业有"公转铁"的动力。

### 1.2.3　国有资产利旧和重组

河钢唐钢本部厂区已基本停产，自有铁路线路已减少使用或停止使用，后期将逐步改造或拆除，河钢唐钢作为大型国有企业，自有铁路线路属于国家的重要资产，若能够融入唐山市"十四五"铁路网和市域（郊）铁路发展规划，将铁路线路进行利旧和重组使用，一方面，减少了国铁、市域（郊）铁路、铁路多式联运物流园的建设投入；另一方面，可以盘活河钢唐钢的铁路资源，实现多方共赢的目标。

以上这些因素使河钢唐钢铁路在"十四五"期间融入国铁、城郊路网、现代物流园的发展规划既可行，又很有必要。

## 1.3　河钢唐钢铁路融入国铁及市域（郊）铁路的方案框架

河钢唐钢铁路融入国铁及市域（郊）铁路必须依托唐山市"十四五"铁路网及市域（郊）发展规划，充分利用好河钢唐钢现有土地、铁路、区位资源，借着唐山市铁路网发展建设的东风，完善钢铁生产专用线，改造城市生活服务铁路线，将铁路物流系统做强、做优。

根据唐山市域空间布局和河钢唐钢生产及铁路布局，唐钢铁路主要可以融入三大块路网：一是沿海新厂区、佳华（东进）、中厚板专用线融入沿海发展带的东港线路网，均从东港站接轨，满足钢铁原料、成品铁路运输（东港站增量）；二是美锦焦化铁路、钢源炉料（含大唐北郊热电）专用线融入中部发展核心的七滦线路网，从菱角山站、古冶站接轨，满足焦炭、建筑固废等的铁路运输；三是老厂区大铁水线、厂前站区域铁路融入山前发展带的唐遵铁路旅游专线和唐钢北区贾庵子现代物流园（开平郑庄子铁路物流基地），对现有铁路利旧和改造，在唐遵铁路唐钢南区滨河路和建华道区段选择东线方案，取消西线方案。

发展多式联运，整合各种交通运输方式的优势，是降低物流成本的有力抓手，同时满足城市市域（郊）铁路文旅出行、城市生活服务需要。

下面重点介绍区位调整下向海图强的钢铁物流铁路运输和老区铁路融入唐山市铁路网发展规划的探索和实践。

## 2　河钢唐钢钢铁物流融入唐山"十四五"铁路网发展规划及实践

河钢唐钢钢铁物流是保证企业正常生产秩序的关键纽带，其中的专用线铁路运输和河钢唐钢的原燃料、成品到发和环保评 A 息息相关，因此融入唐山市"十四五"铁路网发展规划十分必要。

原唐山佳华煤化工有限公司专用铁路接轨于京唐港站，由于京唐港站既有能力限制和原唐山佳华煤化工有限公司的生产需求，此专用铁路到达能力小于 300 万吨/年。2019 年根据唐钢原料到达需求，同时考虑唐山佳华煤化工有限公司和唐山中厚板材有限公司原料到达的需求，包括部分沿海基地钢材发运需要（沿海基地专用线完成前），此专用铁路到达能力需提高到 800 万~1000 万吨/年，接轨东港站，并与东港站改造工程同期建设。该项目总投资约 4 亿元。为了尽快满足运输需求，我们已启动唐山佳华煤化工有限公司专用铁路改扩建工程之一期应急工程，目前已基本完成了现有佳华厂内铁路与东港站的单线连接，具备简易开通的条件，并积极推进佳华东进二期工程，争取早日完工，与既有的港口车船直取、煤焦管道通廊相结合，实现区位调整下向海图强的铁路绿色物流改造运用的新宏图。

河钢集团沿海基地项目铁路专用线主要服务于钢铁物流园区，发送货物为钢材，主要发往华北等地区。初期（2025 年）运量 150 万吨；中期（2030 年）运量 210 万吨；远期（2040 年）运量 300 万吨。该项目规划接轨于东港站普通车场，项目投资估算 7.69 亿元。

目前，该项目处于规划阶段，是河钢集团沿海基地的重要配套工程，是保障正常运营生产的重要基础设施。该项目将与厂区内部铁路布置相结合，充分发挥沿海港口、铁路、厂内铁路、皮带通廊的综合绿色大宗物流优势，从而达到高效低耗绿色的规划目的。

以上佳华专用铁路改扩建工程和（沿海基地）铁路专用线融入了唐山市"十四五"铁路规划中沿海发展带的东港线路网，均从东港站接轨，满足钢铁原料、成品铁路运输（东港站增量）。

# 3 河钢唐钢老区铁路（包括规划）融入唐山市市域（郊）铁路发展规划及实践

## 3.1 河钢唐钢大铁水线融入唐遵铁路旅游经济带方案简介

根据唐山市"十四五"市域（郊）发展规划，唐山市域出行的主要交通走廊呈现以中心城区为核心的放射形态，其中 T1（中心城区—遵化市）的市内交通走廊需要利用老唐遵线，且有打造唐遵铁路旅游经济带的构想。根据调研："唐遵线"市内工业站—贾庵子部分中断无法恢复，中断部分与唐钢本部铁路线路平行铺设或邻近铺设，两条铁路线路的运输功能及运输能力相似，唐钢本部铁路线路具备恢复"唐遵线"运输功能的基础条件，在唐遵铁路唐钢南区滨河路和建华道区段选择东线方案，取消西线，能充分满足唐山市 T1（中心城区—遵化市）的市内交通走廊和唐遵旅游经济带（新建花海站）的构想。

线路改造方案：唐山南至贾庵子段——东侧通道走行方案。

线路起自唐山南站客车场，利用既有国各庄铝矾土专用线走行至唐钢厂区周边，局部改造国各庄铝矾土专用线与唐钢专用线连通，局部改造唐钢东侧铁路向北走行至贾庵子站，唐钢厂区内部设花海站。

方案线路长度约为 16.6km，同时需对石山线、贾山线上的 4 处 $R<300m$ 小半径曲线进行改造，改建长度 0.9km，相应引起大唐热电厂专用线改线，长度 0.5km。局部改建国各庄铝矾土专用线 0.8km，使其直股与"唐遵线"贯通，侧股连接国各庄铝矾土矿区，并需局部改建唐钢厂区内部铁路 3.1km。本方案需占用唐钢厂区铁路及国各庄铝矾土专用线，考虑相应补偿，工程投资约 12.43 亿元（不含平交道口改造）。

东侧通道要符合唐钢搬迁后地区整体规划要求，推荐东侧通道走行方案。

目前，国铁"唐遵线"的中断部分为"工业站到贾庵子站"线路。根据实际调研可知，国铁"工业站到贾庵子站"线路已被居民区、街道或公路等占用，基本无法实现恢复。唐钢本部自有铁路线路与国铁"工业站到贾庵子站"线路基本平行，借助唐钢此段铁路线路能够以最快速、最经济的方式恢复"工业站到贾庵子站"线路的运输功能，进而全面恢复"唐遵线"的运输功能。满足唐山市 T1（中心城区—遵化市）的市内交通走廊和唐遵旅游经济带（新建花海站）的构想。

唐山南站：改建方案同 S2 线。

花海站：本站为新建客运站，位于唐钢厂区范围。结合区域内花海公园规划情况，于东线铁路通道利用既有线通道，占压并拆除厂区内部分车站股道，设置花海站，车站规模为 1 台 2 线（含正线），到发线有效长度为 400m。设 220m×5.0m×1.25m 基本站台 1 座，配套相应的客运设施。

### 3.2 河钢唐钢北区"多式联运"现代物流园运输服务

唐山市"十四五"铁路网发展规划提出：加快物流园区建设，构建唐山市现代化物流体系。铁路物流基地是货运体系的骨干节点和关键资源，铁路物流基地规划是铁路网络布局规划的重要组成部分。

规划中的唐钢北区"多式联运"现代物流园（开平郑庄子物流园）立足唐山、面向冀东、服务京津冀，突出公铁联运优势，通过高标准物流体系的建立，打造区域物流枢纽门户。

项目总占地面积约为 2760 亩（1.84km²），配以高标仓储区、公路物流港、铁路作业区、金融监管仓储区、保税物流区等多个功能分区。其中，铁路作业区与公路物流港将以公铁联运港形式启动，总规划占地面积约为 600 亩（0.4km²）。启动区一期发展建议：以公铁联运绿色物流为主，面积为 322.05 亩（0.2147km²），预计开发总投资为 2.25 亿元，面向城市发电供热电煤服务、电商快递物流、零担物流、城市综合配送（冷链物流）、城际物流等需求。

目前启动期与唐山市内重点发电（冬季北部供热）企业大唐北郊热电厂合作，充分利用退城后既有连通国铁贾庵子站的唐钢铁路专用线，盘活铁路站场资源，利旧闲置资产，根据河钢唐钢北区和大唐北郊热电厂一墙之隔的现状，打通快速绿道，通过国铁线路—专用线—新能源车短倒的方式，在汽运受环保+疫情的严重影响下，保证了大唐北郊热电厂的电煤绿色运输，目前电煤供应畅通顺利，年铁路运量可达 100 万吨，而且继续拓展利用闲置铁路和固定资产，下半年预计可以为高强汽车板的成品铁路外发提供服务，达到一年 20 万吨的钢材发运量，既保证了城市供电供热的民生需要，又盘活了闲置国有铁路资产，焕发了闲置机车和铁路专业司乘人员的活力，达到了多方共赢的目的。

以上河钢唐钢大铁水线融入唐遵铁路旅游经济带方案和"多式联运"现代物流园运输服务均是立足退城后的老区闲置铁路资源，积极需求拓展创效，融入山前发展带的绿色唐遵铁路旅游专线和唐钢北区贾庵子现代物流园（开平郑庄子铁路物流基地）发展规划。

## 4 河钢唐钢铁路规划展望

在区位调整和公转铁的大背景下，河钢唐钢铁路规划与实践通过融入唐山市"十四五"铁路网规划方案，配合唐山市做好铁路网络战略规划，有序推进企业铁路专用线建设和市域（郊）铁路建设改造，努力和城市和谐共生，保护生态环境，建设美丽唐山，着力打造轨道上的京津冀；完善货运系统的建设，打通货运瓶颈，助力货运结构调整，不断提升铁路对唐山市人民美好生活需要的支撑、保障、服务能力。相信河钢唐钢铁路也将借唐山市"十四五"铁路网规划的东风依托东港线、七滦线、唐遵线、京唐港物流基地、开平郑庄子物流基地充分发挥铁路专用线的作用，立足向海图强、利旧闲置资产、融入旅游消费，在企业物流领域更高效、更环保、更经济，实现企业新的腾飞，为国家和社会创造更大的社会财富和无形资产。

# 工矿型内燃机车风源净化系统
# 存在的问题及改进的技术措施

## 付国军

### （本钢板材股份有限公司铁运公司）

**摘 要**：本溪钢铁公司内部铁路运输系统运用的工矿内燃机车的风源系统，由于设计上的缺陷，在乘务员操作不当时，容易产生空气系统局部压力过高问题，一直是影响运输生产的设备安全隐患。本文从内燃机车的技术层面进行分析，从机械改装、电气控制改造和人工操作三个方面，提出可行的解决办法，可以彻底解决铁运公司内燃机车风源系统的安全隐患，达到安全生产运行的目的。

**关键词**：空气干燥器；截止阀；电气逻辑控制；内燃机车

## 1 风源系统采用空气干燥器的内燃机车分布特点及存在的问题

### 1.1 分布特点

本钢铁运公司目前运用的内燃机车共 52 台，而采用空气干燥器作为风源净化装置的机车共有 45 台，其中设备号 601~606 的 6 台 GK1C 型内燃机车使用的空气干燥器型号为 JKG-2 型；设备号 607~634 的 28 台 GK1C 改进型机车使用的是 DJKG-A 型单塔干燥器；设备号 635~640 及 1201~1205，即 GKD1A 电传动机车与 GKD2 电传动型内燃机车使用的是 JKG1 型双塔干燥器。

### 1.2 存在的问题

采用空气干燥器作为内燃机车的风源净化系统，在本钢铁运公司已经运用了近 20 年，运用的方便性和可靠性得到了充分的肯定。但其在运用过程中存在的安全问题和干燥剂运用不稳定，也被充分的暴露出来。如何提高风源系统的安全性和风源系统空气净化装置的干燥剂的使用寿命，经过对风源系统作用原理的分析和实际工作中对其安装、使用、维护、检修过程中的经验积累，得到了比较实际的解决办法，可以使得 JKG1 型、JKG2 型及 DJKG-A 型空气净化系统更好地服务于本钢铁运系统。

## 2 技术分析与存在的缺陷

根据内燃机车净化装置在机车空气制动系统实际的安装布局，抽象得到 3 种风源净化系统的布置图：

（1）空气干燥器在两总风缸之间。如图 1 所示，空气压缩机提供的压缩空气，首先经过冷却管进行冷却，然后压缩空气经过油水分离器的初次除油除水处理，再进入第一总风缸，经空气干燥器净化后，再进入第二总风缸，最后供给机车的空气系统。

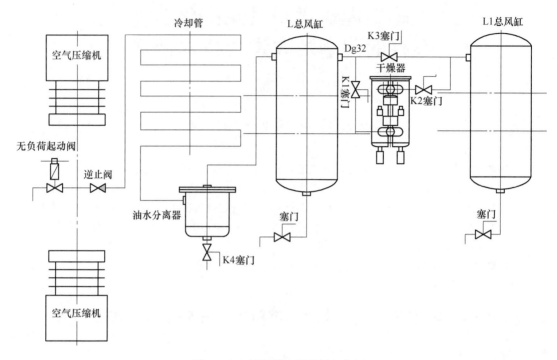

图 1　空气干燥器在两总风缸之间

（2）空气干燥器在两总风缸之前有滤芯式油水分离器。如图 2 所示，空气压缩机提供的压缩空气，首先经过冷却管进行冷却，压缩空气经过油水分离器的初次除油除水处理，再经空气干燥器净化后，进入第一总风缸，然后进入第二总风缸，最后供给机车的空气系统。

（3）空气干燥器在两总风缸之前无惯性油水分离器。如图 3 所示，空气压缩机提供的压缩空气，经空气干燥器净化后，进入第一总风缸，然后进入第二总风缸，最后供给机车的空气系统。压缩空气中的油水，主要依靠空气干燥器内部设置的高效油水分离装置来完成。

此种风源装置，优点是结构简单、紧凑，但由于进入空气干燥器之前的压缩空气没有经过惯性油水分离，也没有经过滤芯式油水分离的预处理，虽然安装后输出的可压缩空气符合机车的使用要求，但会导致空气干燥器内的干燥剂使用寿命大幅度缩短，尤其是当干燥器内部的干燥剂在被压缩空气中的油水污染后，在每一个工作周期的再生效率下降，从而导致干燥效率低，并在空气干燥器的排气口有大量的油水胶质混合物排出，此时只有更换干燥剂，才能解决干燥效率下降的问题。

关于截断阀门 K1、K2、K3 对设备安全稳定的影响：

不论是在安装图（图 4）上，还是原理图上，截断阀门 K1、K2、K3 是没有区别的，这也就促使在组装与维修过程中安装同一种阀门。

再从工作原理和运用技术上进行分析，K1 和 K2 是一种正常工作状态为常开状态的阀；K3 是一种正常工作状态为常闭状态的阀，就是另外一种阀。

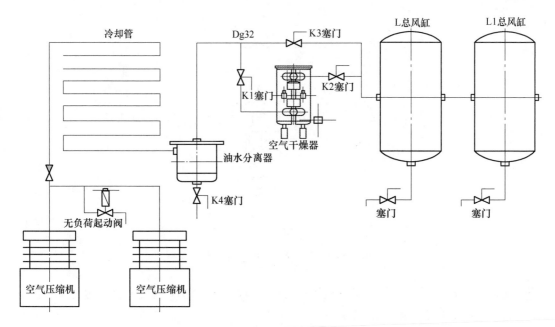

图 2　空气干燥器在两总风缸之前有滤芯式油水分离器

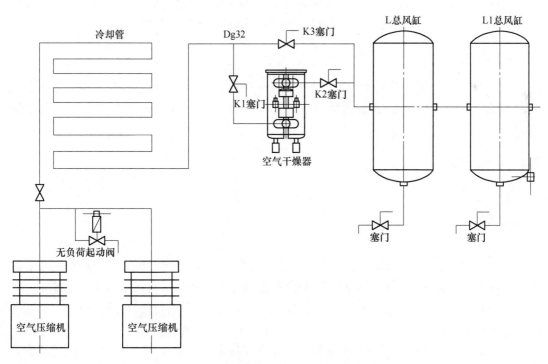

图 3　无惯性油水分离器的风源系统

K1、K2、K3 截止阀的安装位置如图 4 所示。

如果都安装一种截止阀，从理论上讲其功能满足设计要求，但会造成机车运行后，如果司机或点检人员按常规判断截断阀门开启与关闭状态，即按截断阀门阀柄方向如果与管

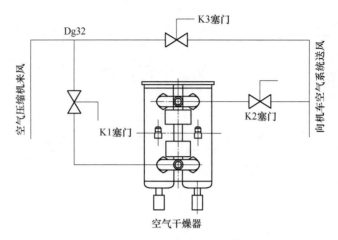

图 4　K1、K2、K3 截止阀的安装位置

路方向一致就处于开放状态，如果截断阀门阀柄方向与管路方向呈 90°就认为是关闭状态，那么就会对阀的状态判断出现错误。

在空气压缩机工作的条件下，当空气干燥器投入空气系统中或是故障状态下切除空气干燥器时，只要 K1、K2、K3 截止阀同时处于关闭状态，就会造成空气干燥器前压力异常增高，从而形成设备安全隐患，严重时甚至空气管路会产生爆裂。

# 3　解决措施

对于空气干燥器安装在总风缸之前、安装在总风缸之间及压缩空气进入空气干燥器之前缺少预处理的机车可以采用机械和电气两种方法，来提高其安全性能和空气的干燥效果。

## 3.1　机械方法

### 3.1.1　实现措施

加装高压安全阀。

### 3.1.2　工作原理

在空气管路上加装 950kPa 安全阀，当空气管路压力超过 950kPa 时，排风使空气管路压力达不到危险数值，同时安全阀排气噪声提醒操作人员此时空气管路已经压力过高。

如果在空气压缩机组已经安装了高压安全阀，在总风管路超过安全数值时，可以并行排风达到双重保护的目的。

如果在空气压缩机组到空气干燥器之前没有安装高压安全阀，在总风管路超过安全数值时，可以排风将总风管路强制降到规定压力，达到安全保护的目的。

## 3.2　电气方法

### 3.2.1　实现措施

加装压力继电器。

### 3.2.2 工作原理

在空气干燥器到空气压缩机之间的总风管路上，加装压力继电器，使其继电器常闭输出信号与微机空气压缩机起动输入信号进行与逻辑运算。定义：压力继电器开关信号（0为断开，1为闭合）；空气压缩机起动输入信号（0为断开，1为闭合）；风泵空气压缩机起动输出信号（0为停止，1为起动），其逻辑控制关系如表1所示。

表1　空气压缩机起动输出逻辑控制关系

| 压力继电器开关信号 | 空气压缩机起动输入信号 | 空气压缩机起动输出信号 |
| --- | --- | --- |
| 0 | 0 | 0 |
| 0 | 1 | 0 |
| 1 | 0 | 0 |
| 1 | 1 | 1 |

同时将压力继电器常开信号与保护与故障报警进行或逻辑运算，其中逻辑定义如下：

压力开关信号0为断开，1为闭合；

原保护输出0为正常，1为异常；

现保护输出0为正常，1为异常。

因此得到表2。

表2　故障输出逻辑关系

| 压力开关信号 | 原保护输出 | 现保护输出 | 屏显示 |
| --- | --- | --- | --- |
| 0 | 0 | 0 | 正常 |
| 0 | 1 | 1 | 故障 |
| 1 | 0 | 1 | 故障 |
| 1 | 1 | 1 | 故障 |

可以根据输入信号状态，在显示屏上查询出故障号或根据输入点的状态直接显示，风源系统压力过高。

## 3.3　提高工作稳定性手段

### 3.3.1　实现措施

加装惯性油水分离器（见图5）。

### 3.3.2　工作原理

因为铁运公司都是采用活塞往复式空气压缩机，在风源系统管路中的压力脉冲峰值会对继电器造成影响，为防止继电器发生错误的保护动作，可以在空气压缩机后的原滤芯空气油水分离器之前管路上，补充安装一个惯性撞击式油水分离器（见图6）。此部件价格很低，安装在风源管路中，不但可以大大延长原来风源系统中的滤芯式油水分离使用维护周期，减少空气干燥器工作负担，还可以将进入干燥器之前的压缩空气提前进行一次油水分离，缩短空气干燥器的再生时间和干燥质量。因为其气阻很小，几乎没有，所以还可以

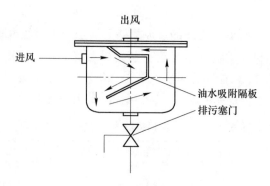

图 5　惯性油水分离器

在不影响空气有效压力的情况下，将空气压力的瞬间峰值有效削平，防止压力继电器的误动作。

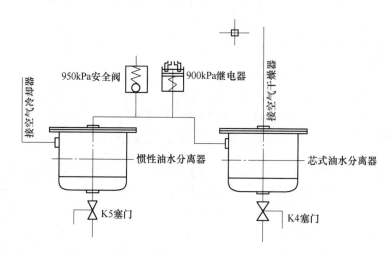

图 6　技术改造后的工作原理图

## 3.4　解决截断阀门 K1、K2 与 K3 禁止同时关闭的措施与手段

### 3.4.1　方法一

采用 AB 阀，可以明确判定阀的开关状态。

#### 3.4.1.1　采用措施

采用 DG32 截断 A 型阀与 DG32 截断 B 型阀（见图 7），此阀为球芯尼龙密封截断塞门，维修简单，工作可靠。

#### 3.4.1.2　作用原理

DG32 截断 A 型阀在开通状态时，手柄与管路同向；当 DG32 截断 A 型阀在关闭状态时，手柄与管路方向呈垂直 90°。符合空气净化系统中 K1 与 K2 阀的工作逻辑要求。

DG32 截断 B 型阀在开通状态时，手柄与管路方向呈垂直 90°；当 DG32 截断 B 型阀在关闭状态时，手柄与管路同向。符合空气净化系统中 K3 塞门的工作逻辑要求。

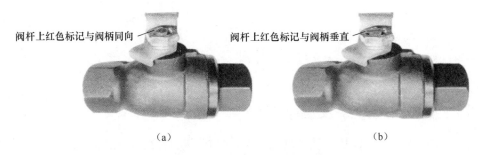

**图7　DG32 截断 A 型阀 （a） 与 DG32 截断 B 型阀 （b）**

当空气干燥器处于工作状态时，位置即手柄与管路同向。A 型阀是开启状态，安装在风源系统中的 K1 塞门与 K2 塞门，B 型阀是关闭状态，安装在 K3 塞门。保证空气干燥器在工作状态时，3 个塞门的手柄与管路同向，表示空气干燥器处于工作状态。

当空气干燥器处于故障状态时，打开干燥器旁路塞门 K3，然后关闭空气干燥器进气塞门 K1 和出气塞门 K2，塞门手柄与管路方向呈垂直90°。安装在风源系统中的 K1 塞门与 K2 塞门的 A 型阀处于关闭状态，安装在 K3 塞门的 B 型阀是开通状态。保证空气干燥器在切除状态时，3 个塞门的手柄与管路呈 90°，表示空气干燥器处于故障切除状态。

### 3.4.1.3　优点

可以简单有效地避免风源系统在切除或并入干燥器时，由于误操作而引起空气干燥器前端空气压力过高引发机械故障。

操作人员判断简单快捷，即阀柄与管路平行就是干燥器工作状态，阀柄与管路垂直就是干燥器故障切除状态。

## 3.4.2　方法二

在设备上设置操作步骤提示牌，领先人的主动行为，按设置操作程序操作，避免压力过高。

### 3.4.2.1　措施

在机械间设置安全操作提示牌，对操作人员进行操作程序的提示。

A　空气干燥器故障切除操作步骤

步骤一：在司机室内，断开打风电气控制回路，并确保空气压缩机处于停止工作状态。

步骤二：到机械间，打开总风管截止阀 3，使总风不通过干燥器。

步骤三：在机械间内，关闭总风管截止阀 2 与总风管截止阀 1，切除故障干燥器。

步骤四：回司机室，接通打风回路继续作业。

B　空气干燥器投入风源系统操作步骤

步骤一：在司机室内，断开打风电气控制回路，并确保空气压缩机处于停止工作状态。

步骤二：到机械间，打开总风管截止阀 1 与截止阀 2，使干燥器并入总风系统。

步骤三：在机械间内，关闭总风管截止阀 3，使干燥器投入风源系统。

步骤四：回司机室，接通打风回路继续作业。

3.4.2.2　优点与缺点

优点：容易实现，成本低。

缺点：对于乘务员的执行力要求比较高，一步也不能差，差了就可能出现故障或事故。

# 4　改进方案实施效果及后续工作

由于资质与资金，风源系统干燥器安全问题的改进一直停留在工作人员按规定操作程序避免压力过高，也就是说建立在人防的基础上。操作人员对设备的熟悉程度及对空气干燥器切除与并入操作的准确性，极大地影响着操作人员的人身安全与机车运行的安全。虽然近几年来，由于严格执行操作程序，一直没有出现人身伤害和安全事故，但在某种程度上来说，此安全隐患一直没有消除。只有按以上技术分析实施解决办法，才可以彻底解决铁运公司内燃机车风源系统的安全隐患问题，达到安全生产运行的目的。

# 马钢铁路牵引动力发展创新初探

## 裴 杨

（马鞍山钢铁股份有限公司运输部）

**摘 要**：根据马钢铁路牵引动力（内燃机车）的现状，参照排放标准及铁路行业标准，针对机车运用中排放环保不达标的问题进行分析，提出了对现有的内燃机车进行创新技术改造建议，保障机车噪声及烟气排放达到相关标准。同时使得机车运用可靠性能得到改善，维保作业任务量也大幅减少，机车操纵舒适性得到提升。

**关键词**：内燃机车；排放；混合动力改造；维护费用

## 1 马钢铁路牵引动力内燃机车现状

马钢运输部（铁运公司）目前内燃机车保有量 54 台，因购置时国家尚未出台内燃机车排放限值，都不符合国家日渐严格的环保政策要求。这些机车设计于 20 世纪 90 年代，为马钢的铁路运输做出了巨大贡献；同时，这些机车的排放、噪声、惯性故障等，也成为马钢运输部（铁运公司）所面临的新问题。

马钢内燃机车运用现状分析见表 1。

表 1 马钢内燃机车运用现状分析

| 序号 | 在籍机车型号 | 运用数量/台 | 制造商名称 | 运用年限/年 | 目前排放是否达标 |
|---|---|---|---|---|---|
| 1 | GK1 | 18 | 中车资阳机车有限公司 | 20~25 | 否 |
| 2 | GK1C | 10 | 中车资阳机车有限公司 | 20 | 否 |
| 3 | GKD1 | 4 | 中车大连机车有限公司 | 15 | 否 |
| 4 | GK1F | 1 | 中车青岛四方机车有限公司 | 21 | 否 |
| 5 | DF7C | 9 | 中车北京二七机车有限公司 | 15~20 | 否 |
| 6 | GK1E | 12 | 中车北京二七机车有限公司 | 5~15 | 否 |

按目前运输需求和检修模式，计划机车保有量 48 台，其中功率 1500~2000kW 的小运转机车 8 台，功率 700~1000kW 的调车机车 40 台，具备自动驾驶或遥控功能 15~20 台。计划报废 1993 年的 8 台 GK1 型机车和 1 台 GK1F 型机车后，目前仍缺口 3 台机车。

马钢内燃机车运用牵引工况分析见表 2。

表 2 马钢内燃机车运用牵引工况分析

| 运营区域 | 作业内容 | 牵引力需求 | 运用趟数/天·台$^{-1}$ | 机车数量 |
|---|---|---|---|---|
| 新区/老区炉下作业 | 炉前铁水运输 | 65kN（1500t×3‰×10km/h） | 26~30 | 20 |

续表 2

| 运营区域 | 作业内容 | 牵引力需求 | 运用趟数 /天·台⁻¹ | 机车数量 |
|---|---|---|---|---|
| 新老区跨区调运 | 铁水运输 | 115kN（1500t×6‰×10km/h） | 12~14 | 20 |
| 小运转 | 原料运输 | 110kN（2500t×3‰×10km/h） | — | 8 |

马钢内燃机车持续牵引力基本控制在 115kN 左右。目前在籍运用机车的排放均不达标，按照国家的环保政策必须陆续做到达标排放；目前国家标准将铁路内燃机车列入非道路移动源管理，设定了污染物排放和排气烟度限值，主要实行以下两种排放标准：

GB 20891—2014《非道路移动机械用柴油机排气污染物排放限值及测量方法（中国第三、四阶段)》。国四标准没有具体的实施时间，只是明确有条件的地域选择性执行。表 3 列出了非道路移动机械用柴油机排气污染物排放限值。

表 3　非道路移动机械用柴油机排气污染物排放限值

| 阶段 | 额定净功率/kW | CO/g· (kW·h)⁻¹ | HC/g· (kW·h)⁻¹ | NOₓ/g· (kW·h)⁻¹ | HC+NOₓ/g· (kW·h)⁻¹ | PM/g· (kW·h)⁻¹ |
|---|---|---|---|---|---|---|
| 第三阶段 （国三） | $P_{max}>560$ | 3.5 | — | — | 6.4 | 0.20 |
| | $130 \leqslant P_{max} \leqslant 560$ | 3.5 | — | — | 4.0 | 0.20 |
| | $75 \leqslant P_{max}<130$ | 5.0 | — | — | 4.0 | 0.30 |
| | $37 \leqslant P_{max}<75$ | 5.0 | — | — | 4.7 | 0.40 |
| | $P_{max}<37$ | 5.5 | — | — | 7.5 | 0.60 |
| 第四阶段 （国四） | $P_{max}>560$ | 3.5 | 0.40 | 3.5, 0.67（1） | — | 0.10 |
| | $130 \leqslant P_{max} \leqslant 560$ | 3.5 | 0.19 | 2.0 | — | 0.025 |
| | $75 \leqslant P_{max}<130$ | 5.0 | 0.19 | 3.3 | — | 0.025 |
| | $56 \leqslant P_{max}<75$ | 5.0 | 0.19 | 3.3 | — | 0.025 |
| | $37 \leqslant P_{max}<56$ | 5.0 | — | — | 4.7 | 0.025 |
| | $P_{max}<37$ | 5.5 | — | — | 7.5 | 0.60 |

注：适用于可移动式发电机组用 $P_{max}>900$kW 的柴油机。

GB 36886—2018《非道路柴油机移动机械排气烟度限值及测量方法》。表 4 列出了排气烟度限值。

表 4　排气烟度限值

| 类别 | 额定净功率/kW | 光吸收系数/m⁻¹ | 林格蔓黑度级数 |
|---|---|---|---|
| Ⅰ类 | $P_{max}<19$ | 3 | 1 |
| | $19 \leqslant P_{max}<37$ | 2 | |
| | $37 \leqslant P_{max}<560$ | 1.61 | |
| Ⅱ类 | $P_{max}<19$ | 2 | 1 |
| | $19 \leqslant P_{max}<37$ | 1 | 1（不能有可见烟） |
| | $P_{max}>37$ | 0.8 | 1（不能有可见烟） |

| 类别 | 额定净功率/kW | 光吸收系数/m⁻¹ | 林格蔓黑度级数 |
|------|------------|------------|------------|
| Ⅲ类 | $P_{max} \geqslant 37$ | 0.5 | 1（不能有可见烟） |
| | $P_{max} < 37$ | 0.8 | 1（不能有可见烟） |

说明：GB 20891（国二）之前阶段的排放标准执行Ⅰ类，GB 20891（国三）之后阶段的排放标准执行Ⅱ类，特别限制排放的区域选择执行Ⅲ类。

从目前了解到的情况看，国际上额定功率不小于560kW柴油机不加装尾气处理装置都不能达到国四标准。针对铁路内燃机车，目前只有新造柴油机台架试验的排放标准和测试项，非道路移动机械摸底调查和编码登记也未将内燃机车纳入。但可以预见，国家针对非道路移动源的排放标准将不断提高，管控也会日趋严格。根据非道路移动机械用柴油机排放国家标准，国家铁路局也制定了相应的行业标准，与GB 20891—2014（简称国三、国四）相比，在排放物的限值上大致相同。目前执行的主要有TB/T 2783—2017《牵引动力装置用柴油机排放试验》和TB/T 3016—2001《内燃机车柴油机排气不透光度测量》两个标准。2019年10月，国家铁路局召集国内主要机车制造厂，修订铁路行业标准，至今仍未形成新的铁路行业标准。

基于马钢内燃机车的现状，针对不同型号的机车，制定以下利用最老车型GK1型内燃机车（运用已超过20年以上）进行油电混合动力技术改造方案，以满足国三标准达标排放和运用的需求。

# 2 当前的机车牵引技术

当前国际上的机车牵引技术主要是电力机车牵引和内燃机车牵引、正在探索中的油电混合动力牵引以及利用蓄电池为动力源的纯电动机车牵引。

所谓油电混合动力，就是采用较小的传统内燃机和蓄电池作为动力源，混合使用热能和电能系统，利用油、电动力互补的工作模式，油电混合动力作为世界各国能源产业政策鼓励发展的一项新兴节能技术，目前在汽车领域的发展很快，在轨道机车上的应用，国内外也正在探索试验并着手批量应用。

利用蓄电池为动力源的纯电动机车牵引由于受限于蓄电池的容量以及安全充放电时间，目前投入现场运用仍需一定时间完善，有待于技术进步的发展对现场运用的支撑。

# 3 建议对GK1型内燃机车进行技术改造

## 3.1 需求分析

马钢运输部（铁运公司）现有18台GK1型内燃机车运用已超20年，装配Z12V190BJ型柴油机，该型柴油机是一种高速柴油机，大量运用于石油踏勘发电机组，工作状态粗放，匹配ZJ4011GY型液力传动箱的技术落后、故障频发，建议对该型机车进行技术改造，即选择保留车体、车架和转向架、轮对状态较好的机车大部件，进行油电混合动力技术改造，以满足达标排放和现场运用的需求。

## 3.2 技术改造方案

　　根据马钢内燃机车的运用工况，有两种柴电混合动力改造方案可供选择：方案一是采用 420kW 电池功率（30min）+200kW 柴油机组功率方案，配备 2 个牵引电机输出；方案二是采用 210kW 电池功率（30min）+100kW 柴油机组功率方案，配备 1 个牵引电机输出。

　　机车改造后保持整体机车外形结构尺寸不变，移除原柴油机及相关部件、液力传动箱及相关部件、冷却装置、预热锅炉等，其余部件根据状态采用升级、维修、更换等方式恢复使用。移除部分如图 1 所示。

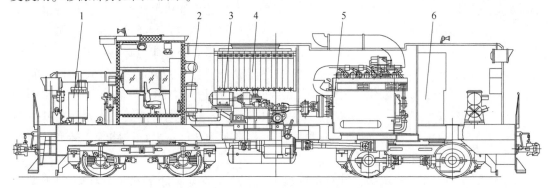

图 1　GK1 机车总图（移除 1~6）

1—预热锅炉；2—热交换器、滤清器及管路；3—起动电机；
4—散热器、风扇及万向轴；5—柴油机及其辅助部件；6—燃油箱

　　机车新增动力电池组及冷却系统、柴油发电机组、牵引及辅助变流柜、牵引电机及通风系统、司机室空调等，如图 2 所示。

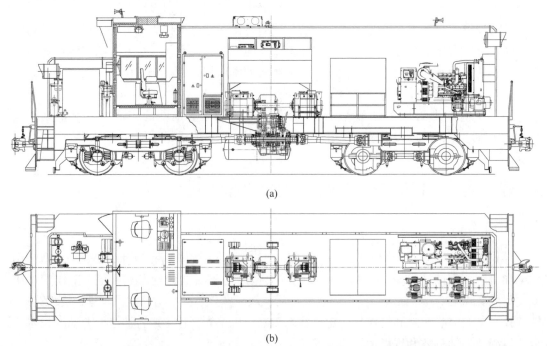

(a)

(b)

图 2　GK1 机车改造后总图（双电机）主视图（a）及俯视图（b）

机车原操纵台、原电器柜改造，原制动系统、转向架等根据实际状态，采用检修、升级或更换的方式恢复功能。

改造后的机车通过两台牵引电机驱动传动箱，传动箱前后两端通过万向轴输出到前后转向架，为机车轮对输出提供动力。机车主传动系统采用750V中间直流电压、IGBT变流元件，交流变频输出给牵引电机，控制系统沿用原110VDC电压控制。

改造后蓄电池电流通过牵引变流模块的控制给交流牵引电机供电并提供给机车辅助系统如乘务员生活用电、牵引通风机供电，以及给110VDC蓄电池充电。

机车充电可通过接入地面380VAC电源和快接插头，既可实时为动力电池充电，也可采用车载柴油发电机组为动力电池充电。

改造后，机车上预留自动驾驶系统接口，或者机车可加装无线遥控系统，可在地面遥控机车运行，为未来的技术改造提供空间。

机车微机系统与动力电池系统及柴油发电机组进行通讯，通过信号传送装置实现对机车主要状态信息往机车管控中心的传输。

油电混合动力机车技术改造后，机车操纵方便，可以实时启动、停止，实际减少原机车柴油机息速和待令时的燃油消耗量。

## 3.3　技术改造指标分析

机车主要技术参数见表5。

表 5　机车主要技术参数

| 用途 | 调车及小运转 |
|---|---|
| 机车限界 | GB 146.1 标准轨距铁路机车车辆限界 |
| 环境温度/℃ | $-20 \sim 40$ |
| 适应环境 | 烟雾、粉尘、铁屑、风、雪、雨 |
| 轨距/mm | 1435 |
| 轴式 | B-B |
| 传动方式 | 交流电传动+齿轮箱驱动 |
| 轴质量/t | 23 |
| 机车质量/t | $92^{+1\%}_{-3\%}$ |
| 装砂量/kg | 600 |
| 转向架轴距/mm | 2400 |
| 最小通过曲线半径/m | 50（以 5km/h 速度） |
| 外形尺寸（长×宽×高） | 14900mm×3376mm×4709mm |
| 车钩中心线距轨面高度/mm | $880 \pm 10$ |
| 最高运行速度（调车，小运转）/km·h$^{-1}$ | 40，55 |

主要部件技术参数见表6。

表6　主要部件技术参数

| | | |
|---|---|---|
| 1 | 柴油发电机组 | 改造新增 |
| | 常用功率/kW | 200 或者 100 |
| | 排放 | 中国Ⅲ阶段（GB 20891—2014） |
| | 标定转速/r·min⁻¹ | 1500 |
| 2 | 动力蓄电池 | 改造新增 |
| | 电池类型 | 磷酸铁锂 |
| | 电池系统 IP 防护等级 | 电池箱 IP67、接线盒 IP54、控制盒 IP54 |
| | 电池冷却方式 | 水冷 |
| | 电池系统灭火介质 | 六氟丙烷 |
| 3 | 牵引电机及通风机组 | 改造新增 |
| 4 | 主辅一体变流柜 | 改造新增 |
| 5 | 控制蓄电池 | 原车配置 |
| 6 | 空压机、制动机、干燥器 | 原车配置 |
| 7 | 操纵台 | 改造 |
| 8 | 电器柜 | 改造 |
| 9 | 转向架 | 原车配置 |

## 3.4　机车预期牵引特性曲线

按下列条件计算：机车在 UIC 条件下运行，机车半磨耗车轮直径为 1013mm，机车辅助功率为 45kW，机车起动单位基本阻力为 5N/kN。机车运行单位基本阻力为 $1.96+0.0105v+0.000549v_2$ N/kN。车辆起动单位基本阻力为 3.5N/kN。车辆运行单位基本阻力为 $1.07+0.0011v+0.000236v_2$ N/kN。

图 3 为方案一（双牵引电机）预期牵引特性曲线。

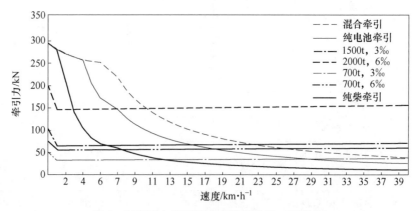

图 3　双牵引电机预期牵引特性曲线（调车位）

机车牵引能力满足：纯电池工况在 6‰坡道上起动并牵引 2000t 达到 7km/h 的速度，

3‰坡道上牵引 1500t 达到 10km/h 以上的速度。

图 4 为方案二（单牵引电机）预期牵引特性曲线。

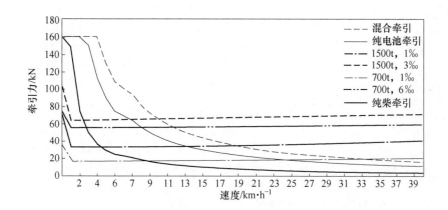

图 4　单牵引电机预期牵引特性曲线（调车位）

机车牵引能力满足：纯电池工况在 6‰坡道上起动并牵引 700t 达到 7km/h 的速度，3‰坡道上牵引 1500t 达到 7km/h 的速度。

## 3.5　两种油电混合动力技术改造方案对比

两种油电混合动力技术改造方案对比见表 7。

**表 7　两种油电混合动力技术改造方案对比**

| 方案 | 方案一（双牵引电机） | 方案二（单牵引电机） | 备注 |
|---|---|---|---|
| 功率/kW | 纯电池 420（30min）<br>柴油机 200<br>混合 620 | 纯电池 210（30min）<br>柴油机 100<br>混合 310 | |
| 牵引电机 | 2×300kW | 1×300kW | |
| 起动牵引力/kN | 294 | 160 | |
| 持续牵引力/kN | 220 | 110 | |
| 持续速度/km·h⁻¹ | 混合 7.2<br>纯电 4.8<br>纯柴 2 | 混合 6<br>纯电 4.1 | |
| 最高速度/km·h⁻¹ | 40 | 40 | |
| 牵引能力 | 纯电池工况在 6‰坡道上起动并牵引 2000t 达到 7km/h 的速度，3‰坡道上牵引 1500t 达到 10km/h 以上的速度 | 纯电池工况在 6‰坡道上起动并牵引 700t 达到 7km/h 的速度，3‰坡道上牵引 1500t 达到 7km/h 的速度 | |
| 续航作业能力 | 纯电池工况满电 420kW·h 可实现约 7.4 次作业 | 纯电池工况满电 210kW·h 可实现约 3.7 次作业 | |

续表7

| 方案 | 方案一（双牵引电机） | 方案二（单牵引电机） | 备注 |
|---|---|---|---|
| 动力电池充电方式设想方案 | 充电方式一：若采用地面充电功率300kW的380V电源，则总计2.23h。<br>充电方式二：若采用车载200kW柴油发电机组充电，则总计需3.36h。可设定电池充电SOC进行自动充电或手动起动充电，手动操作可在作业间隙的20min等待时间充电。<br>充电方式三：若每班次只考虑地面300kW的380V电源充电1h，可充电265kW·h，剩余需求的327kW·h需要车载柴油发电机组充电总计1.86h。充充电设想为电池满电状态开始进行作业，可在每次作业间隙20min进行充电，分6次完成总计约1.86h车载电，然后在交接班时进行地面充电1h，满足下个班次满电状态开始运用 | 充电方式一：若采用地面充电功率200kW的380V电源，则总计3.36h。<br>充电方式二：若采用车载100kW柴油发电机组充电，则总计需6.73h。可设定电池充电SOC进行自动充电或手动起动充电，手动操作可在作业间隙的20min等待时间充电。<br>充电方式三：若每班次只考虑地面200kW的380V电源充电2h，可充电352kW·h，剩余需求的240kW·h需要车载柴油发电机组充电总计2.73h。充电设想为电池满电状态开始进行作业，可在每次作业间隙20min进行充电，分8次完成总计约2.73h的车载充电，然后在交接班时进行地面充电2h，满足下个班次满电状态开始运用 | |
| 节能预估 | 若方式一充电，消耗充电电量每班次总计 $300 \times 2.23 = 669$kW·h；燃油消耗零。<br>若方式二，充电需消耗燃油约183L，可减少燃油消耗约 $(200 - 183)/200 = 8.5\%$。<br>若方式三，充电需消耗燃油约101L，可减少燃油消耗约 $(200 - 101)/200 = 49.5\%$；需要地面充电量300kW·h | 若方式一充电，消耗充电电量每班次总计 $200 \times 3.36 = 672$kW·h；燃油消耗零。<br>若方式二，充电需消耗燃油约198L，可减少燃油消耗约 $(200 - 181)/200 = 9.5\%$。<br>若方式三，充电需消耗燃油约74L，可减少燃油消耗约 $(200 - 74)/200 = 63\%$；需要地面充电电量400kW·h | 按GK1每班200L油耗 |
| 减排预估 | 在采用全部车载充电的情况下，可以明显看到由于机车72%的时间都是以零排放的动力电池在工作或停机状态，只有28%的时间需要起动柴油机进行充电，简单计算便可得出混动机车相对于该柴油机排放指标降低72%。若采用每班次地面充电1h，则可降低排放指标约84.5% | 在采用全部车载充电的情况下，可以明显看到由于机车44%的时间都是以零排放的动力电池在工作或停机状态，有56%的时间需要起动柴油机进行充电，简单计算便可得出混动机车相对于该柴油机排放指标降低44%。若采用每班次地面充电2h，则可降低排放指标约77% | 参考EPA机车排放测试计算方法 |
| 特点 | （1）双电机冗余备份，一个电机或变流故障的情况下，用另一个电机也可完成作业；<br>（2）既能满足炉下作业，也可进行跨区作业 | （1）改动量相对较小；<br>（2）费用相对较低；<br>（3）能满足炉下作业 | |
| 改造预算/万元 | 540 | 450 | |

由于方案二的改造方式满足不了我公司内燃机车跨区作业的生产模式及牵引需求，因

此经过反复对比决定优选一种方案，最后采取方案一的模式对我公司的 GK1 型内燃机车进行油电混合动力技术改造。

## 4  GK1 型内燃机车技术改造的经济性分析

基于可以运用于相同工况条件下，用方案一（双牵引电机）的油电混合动力改造与 GK1C 型内燃机车进行对比分析。

### 4.1  初始投入费用

油电混合动力改造（双牵引电机）预算 540 万元，GK1C 机车新车采购预算 750 万元，混合动力改造比新购 GK1C 机车减少费用约 210 万元。

### 4.2  维护保养费用

油电混合动力（双牵引电机）机车与 GK1C 机车 1 次大修周期内维保费对比明细见表 8，维护保养费用油电混合动力技术改造机车每年平均多约 1.1 万元。

表 8  油电混合动力（双牵引电机）机车与 GK1C 机车维保价格对比

| 时间 | 混合动力机车维保价格 | | | | GK1C 机车维保价格 | | | |
|---|---|---|---|---|---|---|---|---|
| | 日常及轮修 | 中修 | 大修 | 合计 | 日常及轮修 | 中修 | 大修 | 合计 |
| 第 1 年 | 22 | | | 22 | 23 | | | 23 |
| 第 2 年 | 22 | | | 22 | 23 | | | 23 |
| 第 3 年 | 22 | | | 22 | 20 | 35 | | 55 |
| 第 4 年 | 22 | | | 22 | 23 | | | 23 |
| 第 5 年 | 20 | 36 | | 56 | 23 | | | 23 |
| 第 6 年 | 22 | | 70 | 92 | 20 | 35 | | 55 |
| 第 7 年 | 22 | | | 22 | 23 | | | 23 |
| 第 8 年 | 22 | | | 22 | 23 | | | 23 |
| 第 9 年 | 15 | | 80 | 95 | 20 | | 70 | 90 |
| 合计 | | | | 375 | | | | 338 |
| 综合 | （1）平均每年维保费用 45.6 万元（41.6 万元+超修 4 万元）；（2）大修（含电池更换）费用 70 万元 | | | | 平均每年维保费用 44.5 元（37.5 万元+超修 7 万元） | | | |

### 4.3  运用费用

根据节能预估分析，假定按方式三进行充电，则油电混合动力机车年平均累计消耗 544960 元。

基本燃油消耗的降低：油电混合动力机车改造后，机车操纵方便，可实时启动、停止，实际减少原机车柴油机怠速和待令时间 $50kW×207g/(kW·h)×10h$（按 10h 计算）的燃油消耗量（每日预计节约燃油 103.5kg×1.2＝124.2L）。

混合动力机车实际年消耗燃油费：燃油 202L/d×320d＝64640L×6.5 元/L＝420160 元。

油电混合动力机车地面充电费：600(kW·h)/d×320d＝192000kW·h×0.65 元/(kW·h)＝124800 元。

同等工况条件下，内燃机车所消耗的燃油费：400×320L×6.5 元/L＝832000 元。忽略其他消耗费用，混合动力机车每年节省能源 832000－544960＝287040 元。

综合分析：与 GK1C 型机车比较，10 年期内混合动力机车节约初始投入费用 210 万元－维护保养费用 1.1 万元×10 年＋运营能源费 28.7 万元×10 年，合计可节约费用约为 486 万元。

### 4.4　油电混合动力改造后的效益分析

综上所述，马钢的 GK1 型内燃机车实施油电混合动力技术改造后，具有比较突出的经济效益和社会效益，主要创新点体现在以下几方面：

（1）马钢首次通过技术改造使得铁路牵引动力机车排放达标；采用每班次地面充电可降低排放指标约 84.5%。

（2）噪声极低且增加空调，大大提升乘务员的操纵舒适性。

（3）节约能源，采用地面充电比同等工况传统内燃机车节约能源 58%，不用地面充电也比传统内燃机车节约能源 8% 以上。

（4）机车主要状态信息可通过微机实现与地面管控中心的通讯，可以适应马钢现行调度管控中心的管理要求。

（5）技术改造后，机车性能改善，维保作业任务量大幅减少，机车运用可靠性得以提升，完全满足马钢专用线各区域铁路牵引运输的要求。

## 5　结论和发展方向

通过上述分析，对现有在用的 GK1 型内燃机车进行技术改造后可满足各种运用作业需求，改造后的机车具有以下优势：

（1）改造成本较购置新车低。

（2）可提升机车整体排放达标水平。

（3）燃油消耗率较原有内燃机车低。

（4）不影响机车大的布局，实施改造简单。

（5）原机车散热器等部件可修复备用。

（6）可与新型机车相关部件互换。

（7）通过采用新型技术手段，使得操纵与维护更加方便可靠。

2020 年 10 月马钢运输部（铁运公司）已与中车资阳机车有限公司就利用 GK1 型（GK1-00025 号）内燃机车进行油电混合动力技术改造项目达成协议，对马钢 GK1-00025 号内燃机车的部件（预热锅炉、热交换器、滤清器及管路、起动电机、散热器、风扇及万向轴、柴油机及其辅助部件、燃油箱）现场进行移除，留作备件使用，随后将车体及转向架送至中车资阳机车有限公司进行改造，在厂家加装动力蓄电池组及冷却系统、柴油发电机组、牵引及辅助变流柜、牵引电机及通风系统、司机室空调等部件后计划在 2021

年4月返回马钢投入运用；通过首台 GK1 型内燃机车的油电混合动力技术改造，在该机车今后的运用中不断进行总结与完善；目标是用 5~8 年时间将所有的老旧机车完成技术改造，先期为油电混合动力技术改造，最终进行纯电动机车的技术改造；通过不断创新与探索，为冶金企业铁路牵引动力的发展与创新开辟一条新的路径。

## 参 考 文 献

［1］鲍维千. 内燃机车总体及走行部［M］. 北京：中国铁道版社，2004.

［2］郭进龙. 内燃机车运用［M］. 北京：中国铁道出版社，2004.

［3］况作尧. 内燃机车检修［M］. 北京：中国铁道出版社，2013.

［4］张沛山. 内燃机车操纵和保养［M］. 北京：中国铁道出版社，2002.

# 一种调车用新能源电动机车的研制与运用

翟大强，朱颖珍，王　磊，张仅川，郭宣召

（山东钢铁股份有限公司莱芜分公司物流运输部）

**摘　要**：本文阐述了一种新能源电动机车的研究与应用，有效解决了传统内燃机车存在的运能不足、柴油机油耗大、维修成本高的问题。新能源机车采用磷酸铁锂电池作为动力，具有绿色环保、节能降噪、安全舒适、维修率低等特点。

**关键词**：新能源；动力；永磁电机；整车控制器

　　物流运输部作为链接钢铁生产的重要一环，日常担负着大量的铁路运输保产任务，而目前在用的 32 台内燃机车大半已"超龄服役"，其中 GK1F 型内燃机车有 6 台，大多产于 20 世纪 90 年代初期，已服役超过 27 年，机车状态老化，机车柴油机、电气、液传系统等部件劣化严重，大故障频发，维修难度日益增加，耗能大、功效低，国内各机车生产厂也早已停产该型机车，导致机车配件供应、维保产业链严重萎缩，售后维保等渠道已中断，很多配件难以购买，已无法满足机车大中修修程的实施，对运输保产造成严重影响，同时，该型号机车配置定员较多，劳动生产率低，这一型号内燃机车急需更新或改造。

　　经了解，国内内燃机车改为电动机车的技术已很成熟，GK1F 型机车可改造为同等功率的电动机车，改装后的电动机车与内燃机车相比，零排放无污染，驾驶简易无噪声，节能环保性能优越。因此，为彻底解决 GK1F 型机车持续运用问题，物流运输部对标同行业先进做法，积极探索能源优化替代方案，首次尝试将 1 台 GK1F 型内燃机车改为电动机车，旨在解决 GK1F 型内燃机车面临的机车油耗高、维保困难等问题，提高机车利用率及劳动生产率，满足铁水保产和清洁运输等需要。

## 1　新能源电动机车改造要求

　　改造后的电动机车主要运用于场内调车及小运转牵引作业，结合莱芜分公司生产现场坡度大、曲线半径小的工况，对电动机车改造进行可行性分析，改造后的机车要求具备以下功能：

　　牵引吨位不小于 2400t，重载下的续航里程可达 100～120km，可完全满足新区铁水调运 24h 需要；功率不小于 880kW，通过最小曲线半径 80m，起动牵引力不小于 270kN，持续牵引力不小于 180kN，轮径 $\phi$1050mm，轨距 1435mm，最高速度不小于 30km/h，持续速度不小于 10km/h；配置两台充电桩，可满足电池组 2～3h 充满；具备遥控和远程控制等智能化功能。

## 2　新能源电动机车改造设计

　　对 GK1F 型机车柴油机、电气、走行、制动四大部分的主要大部件功能、状态特点进行系统分析，确定电动机车改造的利旧和拆除部件，对动力电池组、驱动电机型号等关键部件进行选型，研究设计远程监控、故障自动诊断系统等。

## 2.1　机车结构设计

### 2.1.1　原车体利旧

结合 GK1F 型机车的结构特点，将原车体部分部件利旧，拆除转向架传动系统、变扭器传动轴及万向传动轴，采用原车构架，保留原车空气制动系统、牵引装置、撒砂装置、旁承装置、轴箱拉杆、轴箱，更换轴箱轴承及油压减震器。保留原车体的承载架及车厢外型，将原蓄电池室、冷却传动室、辅助室及动力室等内部零部件全部拆除，放置 8 组磷酸铁锂电池箱体、汇流柜、高压驱动及逆变电源柜。活动顶棚按原设置，蓄电池放置在活动顶棚下，便于吊装电池箱体。

### 2.1.2　机车主结构设计

新设计机车主结构由前向后可分为司机室、电器室、空压机室三部分。机车最前端是空压机室，内部安装有螺杆空压机。电器室位于机车中部，放置有电池组、BMS 汇流柜、逆变电源柜、全氟己酮锂电池箱火灾防控装置及自动温控散热系统等。

机车车体内部结构简图见图 1。

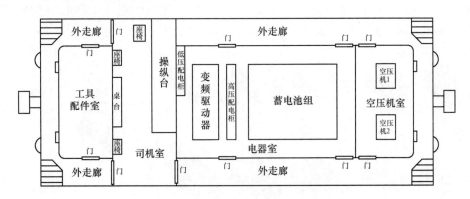

图 1　机车车体内部结构简图

机车主要结构分为机车控制系统、动力电池系统、驱动系统、遥控系统、制动系统、冷却系统等部分。机车系统采用直流电，通过逆变器转换为三相交流电，由控制器直接控制 4 台永磁同步电机，机车轮对轴与电机同轴运行，电机旋转时直接带动轮对驱动机车运行。

## 2.2　动力设计

### 2.2.1　动力电池选型

经过多次市场调研及电池相关技术研讨，决定新能源电动机车采用磷酸铁锂电池作为动力系统，与传统铅酸电池相比，其具有大电流充放电能力、循环寿命长、高能量密度、温度性能良好、安全性高、清洁环保的特点。该动力系统安全性能高，操作简单，便于维护保养，故障率较低，且使用寿命高达 8 年。磷酸铁锂电池与铅酸电池的性能对比见表 1。

表 1　磷酸铁锂电池与铅酸电池的性能对比

| 项目 | 铅酸电池 | 磷酸铁锂电池 |
|---|---|---|
| 大电流循环效率/% | 75 | 90～98 |
| 单体蓄电池循环次数/次 | 500 | 2000 |
| 使用寿命/年 | 2 | 8 |
| BMS 管理系统 | 无 | 有 |
| 工作温度范围/℃ | -20～50 | -40～55 |
| 维护性 | 定期维护 | 视使用情况维护 |
| 环保 | 铅污染 | 环保 |
| 额定电压/V | 2.0 | 3.2 |
| 重量比能量/(W·h)·kg⁻¹ | 100～150 | 30～50 |

### 2.2.2　动力电池配置

考虑我部门实际工况需求，机车蓄电池配置容量为 1230kW·h 电池系统，为牵引系统、照明、空调、空压机等提供电力。存储介质选用宁德时代能源科技有限公司生产的高安全、高循环寿命的磷酸铁锂电池 1C 电芯，具有模块化、易安装维护等特点。整个电池系统由 30 个 G01 箱串联，4 支路，与 1 个控制盒、1 个接线盒组成 1 套电池 BMS 管理系统。锂电池组内置全氟己酮灭火系统。电池系统简易图如图 2 所示。

图 2　电池系统简易图

## 3　新能源电动机车主要部件及系统设计

### 3.1　主要部件改造

#### 3.1.1　转向架改造

将 GK1F 型内燃机车原车转向架重新分解检修，要求达到机车大修后的技术标准，原车车轮内侧轴上所有零部件拆除，在每个车轴上分别安装一台 250kW 同轴永磁变频电机，电机直接安装在机车轮对车轴上，电机旋转时直接带动轮对驱动机车运行，无需齿轮传动，结构简单、传动效率高。电机轮对传动装置如图 3 所示，转向架效果图如图 4 所示。

#### 3.1.2　司机室改造

对司机室重新装饰，装饰材料采用非延燃性材料和防火材料，防止燃烧后产生有害气

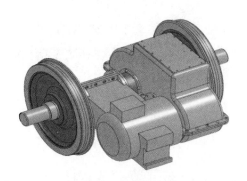

图 3 电机轮对传动装置

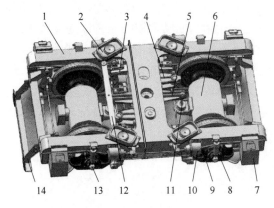

图 4 转向架效果图

1—构架；2—旁承；3—基础制动装置；4—牵引装置；5—吊杆固定座；
6—轮对；7—砂箱装置；8—轴箱装置；9—弹簧装置；10—制动缸；11—吊杆；
12—手制动装置；13—旋变装置；14—扫石器装置

体影响人体健康，同时具有良好的抗噪、抗振功能；机车设有工具箱/储物箱等设施；司机室内设计安装操纵台，设计符合 TB/T 3255—2011《机车司机操纵台设计要求》标准，布置仪表、显示屏、司控器、按钮、开关等部件。总风缸压力表、制动缸压力表、列车管压力表主要用于显示制动管路系统空气压力，智能直流电能表能够显示电池组输出直流电流、电压、功率等，机车信息显示屏可显示机车速度、电池信息、遥控器信息、电机信息、故障信息等内容，便于乘务员随时了解机车的运行状态。司机室效果图如图 5 所示。

图 5 司机室效果图

### 3.1.3 空压机换型改造

机车原采用 NPT5 型空压机，在日常运用中故障率较高，尤其是空压机喷油故障，对正常的运输生产用车造成一定影响。此次改造采用螺杆泵空压机，同时加装反馈电流减速制动，提高设备运行的可靠性，降低空压机故障率，满足机车牵引运输制动的需要，使之安全可靠。

## 3.2 主要系统研究

### 3.2.1 整车控制器 VCU 系统

整车控制器作为整个机车的核心控制部件，掌控整个机车运行和安全保护功能。整车控制器对新能源机车动力链的各个环节进行管理、协调和监控，采集司机驾驶信号，通过 CAN 总线获得电机和电池系统的相关信息，通过 CAN 总线给出电机控制和电池管理指令，实现整车驱动控制、能量优化控制和制动回馈控制，以提高整车能量利用效率，确保安全性和可靠性。该整车控制器还具有综合仪表接口功能，可显示整车状态信息，具备完善的故障诊断和处理功能，能够连续监视整车电控系统，进行故障诊断，故障指示灯指示出故障类别和部分故障码，根据故障内容，及时进行相应安全保护处理，大大方便了检修人员查找故障点，缩短了机车故障检修停时。VCU 控制系统硬件框架如图 6 所示。

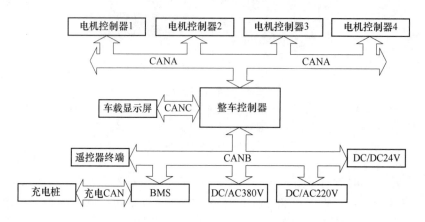

图 6　VCU 控制系统硬件框架

### 3.2.2 驱动系统

为了更好地满足我部门机车作业多低速爬坡的需求，电动机车选用先进的 32 极大扭矩永磁同步电机（PMSM）作为主驱动，电机为高效低维护永磁直驱结构，自然冷却，仅需在机车 1 万千米续航里程时加注专用高温润滑脂即可，耐冲击，防水溅。驱动系统通过整车 VCU 系统实时对机车进行数据监测控制，采用智能变频控制，直接控制电机的磁通和转矩，使电机与机车轮对的负载需求匹配精度更高。

### 3.2.3 制动系统

有 4 种制动模式：电阻制动、能量回馈制动、电磁空气制动、手制动。

（1）电制动系统（电阻制动+能量回馈制动）。机车以电动机作为驱动转矩的输出机构，电动机具有回馈制动的性能，能量反馈时电动机作为发电机，利用电动机车的制动能量发电，同时将此能量存储在储能装置中，当满足充电条件时，将能量反充给动力电池组，有效地延长了机车的续航里程。

（2）电磁空气制动系统（简称电空制动系统）。电空制动系统是在原车 JZ-7 制动系统基础上改进而成的，保留了原有的总风缸、制动缸及基础制动部分，电空制动系统与司机控制器具有联锁功能，能很好地保护电机，避免了乘务员因采取空气制动未缓解就运行而导致电机损坏的情况发生，特别适合低速运行的电动机车空气制动操作，能够较好地配合电动机车电制动。该电磁空气制动系统具有结构简单、故障率低、制动效果好、操纵方便等优点，适合机车低速辅助制动。

（3）手制动系统。手制动采用原车手制动装置，并进行维修，手制动主要为机车长时间停车时防溜使用。

### 3.2.4 水冷却系统

为保证机车电池组始终运行在合理的温度区间，设计配置了 2 套 8kW 电池热管理水冷机组，确保电池组运行温度始终保持在合理温度区间，延长电池使用寿命，同时配置低温加热的电阻伴热带为电池增温，保障电池组的安全运行。

为 4 台永磁同轴电机匹配了一拖二式电机散热水冷机组 2 套，使机车在夏天高温大功率运行时始终处于适宜温度环境，防止电机过温保护终止。

## 3.3 智能系统

（1）电池能量反馈系统。在新能源电动机车中，电池除了给动力电机供电以外，还要给电动附件供电，因此，为了获得最大的续航里程，保证电动机车在重载下续航里程可达 100~120km，整车控制器将负责整车的能量管理和优化，以提高能量的利用率。在电池的 SOC 值比较低的时候，能量反馈系统将对某些电动附件发出指令，限制电动附件的输出功率，来增加续航里程。

（2）智能云网络监控系统。为与其他机车监控地面装置相匹配，电动机车采用海康威视 8 路监控高清摄像头，辅以远程数据库程序端，配置 21 寸车载大屏，配有智能行为监控摄像头，主要是避免机车在运行中，乘务员因疲劳驾驶、摔倒或其他异常行为而引发危险；如有异常，系统将立刻预警，实时高效响应突发情况。智能监控系统具有里程工作量自动报表功能，设定机车低高速转换模式，低速显示车钩画面，高速显示远视线路画面，实现镜头随车速切换，方便乘务员随时察看机车运行工况。同时电气间监控内置防火识别报警功能，并实时网络远程传输，大大提高了机车的安全防护能力。

（3）电池 BMS 管理系统。电池管理系统（BMS）通过采集电池的电压、电流、温度等信息，分析电池剩余电量及电池老化程度，让乘务员获得直接信息，了解剩余电量对续航里程的影响，及时进行预警。根据电池的状态对动力电池系统进行对应的控制调整和策略实施，实现对动力电池系统及各单体的电池充放电管理，以保证动力电池系统安全稳定地运行。并且 BMS 系统与整车控制系统相互通信，机车车载信息显示屏能够显示电池的所有信息，通过整车能源管理和优化，提高动力电池的利用率。

（4）遥控驾驶（辅助）系统。乘务员可在地面对机车进行无线遥控操作（包括机车行走、制动、喇叭、灯光等），每套遥控系统包含 1 个发射器、1 个接收器，且多套处同一场地工作不会相互干扰。采用电位器与摇杆配合控制，摇杆控制车体方向，电位器控制车体的速度。司机可在地面对机车进行无线遥控操作（包括机车行走、制动、喇叭、灯光等），乘务员可车上车下操作遥控器，仅需"一乘一调"便可轻松操纵机车运行，节约了人力费用，优化了人力资源。

（5）智能云直流充电桩。根据我部门实际工况，为满足现场充电时间要求，对现场充电控制流程进行升级设计，首次采用双台充电桩（360kW/台，共四枪）同时充电模式，1号自动充电装置与1号充电桩或2号自动充电装置与2号充电桩通过485通讯进行数据交互，自动充电装置给充电桩启动或停止充电信号，确认所有充电枪插枪完成，同时启动充电。此举提高了机车的充电效率，确保了电动机车的良好顺行。双桩充电模式如图7所示。

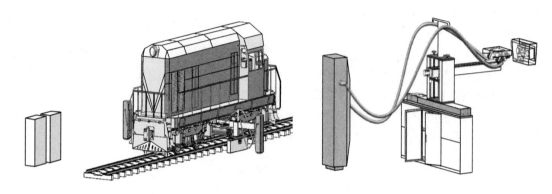

图7　双桩充电模式

## 4　机车运用

目前，新能源电动机车已在新铁区进行铁水运输作业，改造后的机车能够保障GK1F型内燃机车的牵引性能、安全运用，绿色环保、节能降噪、维修率低，大大降低了维修成本，改善了乘务员的工作环境。实现智能化远程控制，节省操纵人员4人，优化了人力资源。解决了老旧内燃机车频繁起机冒黑烟现象，为企业响应国家节能环保政策要求提供了有力支撑，得到了公司能源环保部门和生产管理部门的高度认可。

GK1F型内燃机车改为电动机车后，油耗量、电耗量对比见表2。

表2　油耗、电耗对比

| 项目名称 | 日耗（均） | 单价 | 日耗费用/元 | 日节省费用/元 |
| --- | --- | --- | --- | --- |
| GK1F型内燃机车 | 油耗 0.36t | 8700 元/t | 3132 | |
| 电动机车 | 电耗 373kW·h | 0.63 元/(kW·h) | 234.99 | 2897.01 |

## 5　结语

改造后的新能源电动机车具有绿色环保、节能降噪、安全舒适、维修率低等特点，每年可创造环保经济效益68.89万元，为莱芜分公司提升了清洁运输比例，开拓出一条崭新的"绿色"通道。经现场运用，改装后的新能源电动机车能源消耗量有效降低90%，并达到目前国内同行业最大设计电池容量为 1230kW·h，实现废气零排放，同时智能化远程控制以及全方位监控系统的应用为我部门实现铁路运输"一乘一调"作业模式、优化人力资源、提高劳动生产率打下了坚实基础，更适合冶金工况场内调车牵引作业，为工矿企业面临老化淘汰的内燃机车提供了再利用的方向，具有广泛的推广应用价值。

# 内燃机车改油电混动机车的研究与应用

付金贵

（包钢钢联股份有限公司运输部）

**摘 要**：本文介绍了 GK1 型内燃机车改造成为油电混合动力机车的方法，通过运用实践分析改造的油电混合动力机车对于提高运输效率、节约成本的意义。

**关键词**：油电混合动力机车；节能减排；GK1 型内燃机车

## 1 引言

目前，国家正在落实碳达峰、碳中和目标，实现绿色低碳转型发展，包钢集团公司积极响应国家号召，在现有设备设施基础上，开发新技术，利用新能源，在提升产能的同时，实现节能减排[1]。

GK1 型液力传动内燃机车是包钢厂内运输的主要牵引动力，运输成本受环保要求、油价上涨、设备性能等影响而不断增加。考虑混合动力机车兼具内燃机车的灵活和电力机车的节能优势[1]，包钢运输部研究将 GK1 型内燃机车改造成为油电混合动力机车，可大大减少有害物质排放，降低噪声，降低能耗，节约运营成本[2]。

## 2 国内外现状及发展方向

面对全球范围日益严峻的能源形势和环保压力，世界上主要的生产大国都把新能源产业发展作为提高竞争力、保持可持续发展的重大举措。我国的新能源汽车产业尚处于起步阶段，新能源机车还在探索起步阶段，技术还未取得全面突破。我国作为能源消费大国，发展新能源机车产业是低碳经济时代的必然选择。内燃机车进展到今天，已经面对"环境污染"和"能源危机"的双重压力。降低油耗并寻求新的替代能源，以及开发低污染或零污染的新能源机车势在必行。

油电混合动力机车的改造重点和难点是电池技术的突破，内蒙古属于低温高寒地区，对电池的技术要求会更高。

## 3 前期调研

液力传动内燃机车的缺点是柴油机运转频繁处于交变负荷中，油耗高、燃烧不充分、环境污染严重，液力传动效率只有电力传动效率的 80%，耗能高、工作效率低。在全天30%时间待命没有作业情况下，机车柴油机要发电、预热、保温、等待等，柴油机需要急速运转消耗大量燃油，造成浪费。另外液力传动内燃机车还有柴油机、传动箱等主要部件故障率高、维护费用高等突出问题。

GK1 型内燃机车的原车构造复杂，改造难度大，特别是传动部分的改造需要从液力传动改造成电力传动，原车是用两个变扭器交替充油来实现机车的动力切换和换向的，改造成为两台异步交流电机驱动，两台牵引电机必须保持同步。前期还研究了牵引变流系统方案，牵引变流系统是机车牵引控制系统，是电流分配、电流测量及短路保护充放电控制等工作的具体实现；研究了动力电池的安装方案、电池舱的设计方案、拆解布局各个设备的安装位置等。

## 4 改造方案

机车改造重点是将机车由柴油机驱动改造为蓄电池组、柴油机发电的混合动力电力驱动。

GK1 液力传动内燃机车混合动力改造取消原车柴油机及相关部件、原车液力传动箱及相关部件，采用牵引电机经过齿轮箱输入到前后转向架，配置大容量锂电池及柴油机发电机组及相应牵引传动系统。主传动系统拟采用 750V 中间直流电压等级、IGBT 变流元件，机车控制系统还是沿用原 110V DC 电压，并采用微机网络控制系统。

机车改造后总功率大于 620kW，机车牵引力与原车一致，最高运行速度达 40km/h。改造后传动方式是牵引电机—启动变速箱—万向轴—传动变速箱—机车动轮。

## 5 具体实施

### 5.1 动力电池系统

动力电池系统包含动力电池、电池舱、管理系统、热保障系统及灭火系统等。

#### 5.1.1 动力电池

为了保证电池组的安全性和稳定性，技术团队通过学习混合动力新能源方面的相关知识，调研同行钢厂混合动力新能源机车的设计，借鉴新能源汽车的优点，剔除不合理的缺点，最终选择了最为成熟、稳定性最好的磷酸铁锂电池[3]，其总容量达 420kW·h，牵引 1200t 质量在平直道上按 8km/h 速度可运行 28km。随着电池技术的发展，在不久的将来期望有更适合北方低温高寒地区的钠离子电池或者氢燃料电池的出现。

#### 5.1.2 电池舱

舱体采取隔热措施，能适应严酷的高温烘烤运用环境。动力电池包系统在装车前需进行绝缘电阻测试，绝缘电阻值不小于 100Ω/V，安全性满足 GB/T 31467—2015 的要求。电池舱应与司机室完全隔离，保证司机及其他相关人员不能触及车载储能装置，舱体应使用不低于 GB 8410 中规定的 A 级材料。

#### 5.1.3 电池管理系统

电池管理系统是连接车载动力电池和机车的重要纽带，作为机车动力电池组的监管中心，必须对动力电池组的温度、电压和充放电电流等相关参数进行实时动态监测，必要时能主动采取紧急措施保护各个单体电池，防止电池组出现过充、过放、温度过高以及短路等危险。

### 5.2 牵引变流系统

牵引变流系统是机车牵引的控制部件，具备电力分配、电流测量、短路保护、充放电控制、预充电、手动急停和绝缘检测端口等功能。变流柜室内安装主传动、辅助传动模块集成一体的变流柜。

牵引电动机选用异步交流电动机，改造后采用两台牵引电动机，且必须保证同步，起动牵引力达到294kN，同时牵引电动机配置了单独的散热风机。机车采用两种充电模式：当动力电池容量低于30%时，机车柴油机自动起机向动力电池充电；当机车待命或者回库时，机车可在作业现场或机车整备库进行充电。整备库内充电时，电量达到90%~100%的充电时间为2h。作业现场也应设置充电设备，主要用于机车待命时进行补电，满足机车续航里程的需要。

### 5.3 传动系统改造

拆除GK1型内燃机车原车的液力传动箱，安装两台牵引电动机，通过齿轮与原车的中间齿轮箱连接啮合，保留原车万向轴传动部分，这样既节约成本又保证了机车的使用稳定性。

## 6 改造成效

（1）性能稳定、故障率低。传动效率比改造前提升20%。

（2）有害物质排放、噪声大大降低。经测算，有害物质排放降低60%、噪声降至75dBA以下。实现了包钢绿色、低碳、环保运输目标。

（3）检修周期延长，设备维修成本和运输成本大大降低。与改造前相比，检修周期延长1倍，检修维护成本降低30%，节约燃油90%以上。经测算，每年可节约费用130万元左右。

## 7 改造创新点

（1）以永磁牵引系统代替液力传动装置，针对包钢铁路运输的主要特点和现有机车的使用情况，通过电动化升级改造提升机车牵引性能。

（2）通过大量类比和论证，在电机、电控系统和电池上实现和谐统一。

（3）在机车制动时，将动能转化成电能储存到电池中，可提高行车安全性并减少闸瓦磨损，延长续航里程。

（4）实现了实时监测机车运行工况数据及安全方面数据的功能。

（5）整车搭载大容量磷酸铁锂电池，安全性高、充电速度快、循环寿命长、绿色环保、续航里程长。

（6）机车采用的交流电机可靠性远高于柴油机，提升了传动效率，降低了机车故障率。

#### 参 考 文 献

[1] 张春来. 混合动力机车运营经济性研究 [J]. 铁路工程技术与经济, 2020, 35 (5)：35-37.

[2] 邓永春, 尹华阳. 新能源机车对钢铁企业运营的影响 [J]. 铁道机车与动车, 2018 (9)：38-40, 6.

[3] 钱曦, 毛雄杰. 新能源机车在钢铁企业运用的探讨 [J]. 铁道机车与动车, 2021 (2)：46-48, 29.

# 内燃机车柴油机气缸套磨损故障分析及对策

## 高 岩

（湖南钢铁湘潭钢铁集团有限公司运输部）

**摘 要**：内燃机车柴油机实际运行中可能出现各种故障，较为典型的便是气缸套磨损故障，它可能导致增压器喷油，更有甚者导致出现重大安全事故。近年来，内燃机车柴油机气缸套的设计进一步更新与优化，维护检修技术持续提升，然而气缸套磨损现象是难以完全避免的，所以维修检测人员必须要展开深入研究，全面了解柴油机气缸套磨损的相关情况，采取科学有效的对策进行维护保养，促进其使用寿命的提升，保证内燃机车柴油机的安全稳定运行。本文结合笔者实际研究，对此问题展开了探讨。

**关键词**：内燃机车；柴油机；气缸套磨损；对策

内燃机车运行过程中可能会出现柴油机错误动作造成保护停机或者增压器喷油故障，对内燃机车的持续稳定运行产生非常大的影响。导致上述故障现象的原因很多，较为典型的一个即气缸套磨损，柴油机燃气进入曲轴箱造成差示压力增加，机油通过曲轴箱进入燃烧室导致增压器喷油。如果不及时进行维修处理，甚至还会进一步导致机体和曲轴损坏，进而造成重大安全事故。所以维修人员必须针对气缸套磨损问题进行全面分析，从而制定相应对策来处理好该故障。

## 1 内燃机车柴油机气缸套磨损故障分析

对内燃机车柴油机而言，气缸套磨损故障必须要始终坚持及时发现、快速处理的基本要求，借助有效的维修处理技术，确保高效排除故障，避免对内燃机车的稳定运行带来影响。总的来说，内燃机车柴油机气缸套磨损故障表现为如下几种形式。

### 1.1 磨料磨损

磨料磨损问题一般出现在气缸套的内表面，其跟随内燃机活塞进行往返运动，长期下去可能在气缸套内壁形成致密且均匀的直线刮痕。导致这一磨损形成的原因是气缸套日常维护检查时没有注意，让部分砂砾亦或是金属颗粒进入，或者空气内的颗粒造成的磨料磨损。为有效控制该磨损问题，维修技术人员应当在开展分解检查的过程中尤其注意防范砂砾亦或是其他金属颗粒进入气缸套内而出现磨损。基于这一措施还需要对过滤工艺实施优化调整，确保实际运行时能够有效防止空气内的颗粒进入，如此一来能够在很大程度上避免磨料磨损问题的出现。

### 1.2 熔着磨损

熔着磨损一般来说是因为内燃机车柴油机活塞环和气缸套处于高温与临界润滑状态下

进行相互滑动而形成的。因为滑动面积不是很大，一部分金属容易直接进行接触，经过反复摩擦之后产生局部高温区域，导致一些金属可能出现熔融而黏结的问题。与此同时，由于油膜无法第一时间冷却，很容易造成金属熔着在更大范围内进行扩张，最终导致气缸套磨损故障的产生。若油膜可以第一时间恢复冷却，磨损问题出现的概率就能够得到有效控制，维修技术人员必须要了解到，柴油机内机油自身质量以及活塞气密性设备都会给熔着磨损故障的发生带来很大影响[1]。

### 1.3 腐蚀性磨损

柴油机实际运行过程中可能会渗漏部分燃油，如果这些燃油与润滑油进行混合，且长期处于高温状态下循环使用，汽缸振动会让渗漏燃油和润滑油之间出现化学反应，进而产生一种具有腐蚀性的物质，可能对汽缸表面造成严重损害，导致汽缸表面出现细小空洞，最终形成腐蚀性磨损故障。所以维修技术人员必须要坚持定期对润滑油实施检查，及时予以更换，同时应当仔细查看是否有燃油进入润滑系统之内，做好有效防范措施。

### 1.4 段磨磨损

该故障一般来说出现于气缸套上部活塞死点的状态下，气缸套上下位置不均匀会产生段磨现象。与此同时，活塞环槽硬度不足，在高温环境下强大的冲撞力可能导致环槽张口，亦或是环槽和气缸套之间出现较大间隙，活塞硬度过大等因素都可能造成气缸套的磨损，在很大程度上降低柴油机的运行寿命。对此，维修技术人员必须要进一步改进工艺，促进柴油机综合性能提升。

## 2 气缸套磨损故障影响分析

内燃机车柴油机气缸套磨损故障会严重威胁内燃机车运行的安全性和稳定性。基于过去的实际案例能够看出，由于各种内外部因素的干扰，柴油机气缸套在实际使用过程中很容易发生磨损，随着时间的推移磨损日益严重，气缸套强度会持续降低，从而产生较多裂纹，严重时还会形成严重的通孔。比如说当柴油机气缸套出现严重磨损时产生直径大于0.5cm的通孔，外部运转的冷却水容易进入气缸之内和机油进行混合，导致机油原有性状出现变化，严重时可能引起爆炸事故。而对于常见的一般性故障而言，气缸套磨损产生的影响也非常严重，比如说如果活塞气密性降低，气缸套和活塞的间隙持续提升，实际运行时不单会产生更大的噪声，还容易表现出启动困难、油耗提高以及内部温度增加的问题。内燃机车处于运行状态时，其必然会表现出高速度以及高功率、大负荷的特征，柴油机受到的运行压力非常大，如果气缸套磨损严重则很容易出现排出黑烟的问题，导致柴油机运行寿命大大降低，不利于内燃机车运行安全性和经济性的提升[2]。

## 3 内燃机车柴油机气缸套磨损故障对策

### 3.1 提高空滤器检修组装质量

空滤器是针对柴油机汽缸实施日常检修过程中普遍选择的过滤设备，可以有效把燃料杂质进行过滤，以便于维修人员实施清理，进一步降低气缸套的磨损。若空滤器自身质量不达标，维修技术人员在对内燃机车柴油机实施检修处理时无法有效过滤杂质，导致后续运行状态下出现磨损。所以应当确保空滤器检修组装质量，确保其具备较高的过滤精度，这样才能够充分发挥出它的功能与作用，有效避免气缸套磨损问题。

另外还应当提升空滤器系统自身的密封性，若密封性达不到规范要求，风沙颗粒可能经过其进入柴油机内部，部分沙尘甚至可能进入柴油机进气管，对油膜造成损坏，进一步增加气缸套的磨损程度，导致气缸套和活塞环的密封性减弱。所以维修技术人员必须要确保空滤器的密封性，有效防范因为砂砾进入柴油机内部而导致的磨损故障。

## 3.2 做好空滤器保养工作

维修技术人员应当对空滤器实施定时保养，确保其能够随时处于良好的工作状态，可以有效去除杂质，降低砂砾导致的磨损现象，让内燃机车柴油机可以安全稳定运行。比如说针对一些常常在风沙较大区域运行的内燃机车，维修技术人员还需要对空气系统实施仔细全面的检查清理，一些柴油机属于钢板网状滤芯，需要对其实施浸油处理，以提升空气系统的运行寿命，确保气缸套和活塞环之间的油膜不会受到损坏。

## 3.3 柴油机气缸套磨损处理

针对已经出现较为严重磨损情况的气缸套而言，需要维修技术人员在检修过程中第一时间对其实施更换处理。为确保在未来的运行过程中有效降低因为摩擦等因素导致的磨损现象，对气缸套实施更换的过程中，维修技术人员应当对摩擦单元设备展开全面分析，有针对性地选择符合机组运行状态的气缸套与活塞环。据上文分析能够了解到，气缸套磨损故障并非单纯是其自身强度因素导致的，对于摩擦设备进行选择时，维修技术人员应当从多角度来评价其耐磨性，防止存在单边磨损的问题。所以在日常维护检修的过程中，柴油机若使用一般的软氮化气缸套，相对的活塞环需要使用镀铬型材料；若维修技术人员选择使用耐磨性更强的奥贝球墨型铸铁气缸套，表面刚度以及耐磨性相对一般气缸套更高，则需要选择具备相同耐磨性能的加铌镀铬活塞环，这样才能够确保二者保持平衡运行状态，确保柴油机的稳定运行[3]。

## 3.4 柴油机气缸套故障预防

内燃机车柴油机实际运行时，维修技术人员需要通过有针对性的技术措施来增强气缸套的运行性能，有效避免磨损故障的发生。比如说选择加厚缸套壁的办法来减少振动影响，促进缸套自身强度提升。实践操作中能够发现，气缸套壁厚度越高，结构强度也相对更高，振动影响最低，相关数据表明，缸套壁厚度每提高5%，磨损故障的发生概率能够降低10%左右，如某气缸套的直径是17cm，原始壁厚度是1.1cm，按照上述数据，只需要将其壁厚度提升0.2cm即可实现降低故障率的目标。通过增加气缸套壁厚度，对前后磨损现象的数据展开对比分析，维修技术人员发现增加壁厚之后，气缸套在承受较大冲击的情况下，出现形变的情况并不是非常明显，因为磨损问题导致的维修率也从之前的9.5%降低到5.7%，实际成效十分显著。与此同时，在实际工作中维修技术人员还能够借助不等厚的加厚办法，减小气缸套中的上支撑与下支撑距离，进而让支撑凸缘厚度提高，还能够采取钻孔冷却方法让气缸套中的振动影响不断降低，促进气缸套使用寿命的增加。

# 4　结语

总而言之，内燃机车柴油机在运行过程中气缸套出现磨损故障的可能性较大，又以摩擦磨损与腐蚀磨损为典型故障。维修技术人员必须要采取科学的检测手段来分析气缸套磨损的准确原因，制定有针对性的处理对策，采取有效的预防维护措施，确保内燃机车的安全稳定运行。

## 参 考 文 献

[1] 毛林根. 浅析内燃机车柴油机油水系统故障诊断与处理 [J]. 铁道机车与动车，2019（11）：31-35，6.

[2] 陈超，郝博，董建峰，等. 内燃机车柴油机常见故障及处理方法分析 [J]. 内燃机与配件，2019（12）：150-151.

[3] 杨卫. 东风4B内燃机车柴油机运转故障的分析与处理 [J]. 长春大学学报，2019，29（6）：6-9，14.

# BY-1型内燃机车热电预热系统的应用分析

蹇 奇

（西宁特殊钢股份有限公司）

**摘 要**：在采用该系统前，我公司基本上均是采用内燃机车空载运行打温的方法进行内燃机车的日常打温工作。此种打温方法不仅消耗了大量的燃油，而且加大了内燃机车柴油机的磨损，缩短了内燃机车柴油机的使用寿命，使得公司的铁路物流运输成本居高不下，机车设备经常出现设备部件老化的问题。在安装BY-1型内燃机车热电预热系统装置后，经过3年的上车实际运用证明该型预热装置完全可以满足我公司内燃机车的使用条件，极大地降低了我公司内燃机车柴油机的设备故障率和燃油消耗量，同时节省了人力资源，减少了对环境的污染。

**关键词**：BY-1；内燃机车预热；打温；磨损

## 1 系统简介

BY-1型内燃机车热电预热系统由辅助柴油发电机组、气-液热交换器、内水温调节器、机油及燃油温控阀、冷却水及机油、燃油电加热器、司机室电热装置、冷却水及机油、燃油泵、冷却水及机油、燃油箱、辅助燃油箱、机油及燃油热交换器、控制箱及控制电路等组成。以可编程控制器及温度、流量等传感器为核心的控制系统，自动控制辅助柴油发电机组及冷却水、机油、燃油电加热器、司机室电热装置的启闭，使机车冷却水、机油、燃油及司机室的温度分别控制在设定的温度范围内，并具有多种报警保护功能。确保寒冷地区冬季内燃机车的预热保温需求。

## 2 机车运用条件需求分析

（1）本公司由于地处青藏高原，海拔2300多米，常年平均气温只有7.6℃，最高气温34.6℃，最低气温可达-18.9℃，属于高原高山寒温气候。这里的夏季短暂，年供暖期长达半年之久，内燃机车在这里使用，油水温度在机车运用时与停机时的差距较大，这就导致机车柴油机油水管路的老化问题严重，经常发生跑、冒、滴、漏现象。

（2）由于厂矿铁路运输任务的不确定性，运输量时大时小，机车停留待备时间也不确定，所以机车不能随时进入机车保温库内进行保温。

（3）倒运熔融金属保证炼钢生产不间断要求机车能够做到及时到达运输地点，不能耽误分毫，这就要求机车随时能够启动并运行，所以机车的油水温度必须时刻处于40℃以上。

（4）在机车保温库停放的机车每日需保温数次（机车进行打温时必须有司乘人员在现场进行值守）以保证在库机车可以做到整备状态良好，随时可以出库作业。

（5）内燃机车冬季夜间停留待备时，机车乘务人员在司乘室内需要使用电暖气进行取暖，机车电暖气的用电由辅助发电机供给，所以机车柴油机必须空载运行。

（6）机车司乘人员在外作业时需要使用电炉进行烧水和食物加热，所需电源同样由机车辅助发电机提供，所以在烧水和加热食物时亦需要启动柴油机。

## 3　BY-1 型机车热电预热系统的特点

### 3.1　系统热效率高

（1）系统不仅利用其柴油发电机的电能，同时，充分利用了柴油机水冷却系统和废气的热量（高速柴油机这部分的热量可占柴油机总热量的 60%）来加热内燃机车的冷却水、机油和燃油，以达到内燃机车预热、保温的目的。由于柴油机的热能得到了充分的利用，柴油发电机组的总换热效率可达 88% 以上。

（2）系统除对内燃机车冷却水和燃油进行电加热外，增加了对机油的电加热功能。系统对内燃机车的冷却水和机油增加了电加热的功能，使冷却水、机油的温度可保持在内燃机车柴油机启动所需的温度范围（240、280 系列柴油机的内燃机车启动时，要求冷却水和机油的温度在 20℃ 以上）。

### 3.2　供电功能

（1）系统工作时，可向内燃机车车内照明供电及 110V 直流蓄电池充电。

（2）在内燃机车不工作时，启动系统柴油发电机组（采用系统"辅助供电"工况）可向内燃机车的空调器、电取暖器、冰箱、微波炉、电炉、饮水器等不同供电形式的电气设备供电（110VDC、220VAC、380VAC）。

（3）若运用单位需要，系统可稍加改进，即可与内燃机车同时工作；此时内燃机车的上述（2）中的电气设备即可脱离内燃机车工作的限制，而由本系统独立供电。这时既要防暑又可防寒的运用单位，选用本系统将是最佳、最经济的选择，在增设空调设置的基础上，稍加投资就能达到既防暑又防寒的目的。

（4）运用单位具有地面电源时，可以不启动本系统的柴油发电机组，直接接入外部电源利用本系统中的电加热器对内燃机车的冷却水、机油及燃油进行循环加热，或向内燃机车的空调器、电取暖器、冰箱、微波炉、电炉、饮水器等电气设备供电。

### 3.3　系统操作方便，机车预热、保温操作实现全自动控制

当处于待机状态的内燃机车，需要转入预热、保温状态时，操作人员只要将电气控制箱面板上的"发电、外电"功能转换开关拨至"发电"挡，将"自动、手动"功能转换开关拨至"自动"挡，将"水加热、机油加热、燃油加热"功能转换开关拨至"0"位，无需启动柴油机，系统即可在无人值守的情况下，实现对内燃机车的冷却水、机油和燃油在设定的温度范围内，按系统设计的自动控制程序全自动地进行循环加热，以达到内燃机车预热和保温的目的。

### 3.4　提高内燃机车柴油机的使用寿命，减少污染

系统替代内燃机车柴油机空载打温，减少了柴油机运动件磨损；同时，消除了空载低

速运行时，喷油器雾化不良等原因所造成的柴油机燃烧不良、机油稀释等问题，从而减少对环境的污染。

## 3.5 技术成熟、可靠，故障率低

本系统所采用的柴油机、发电机等部件都是经长期运用考核的成熟产品。

# 4 系统的实际运用分析

## 4.1 节约燃油

根据我公司机务段以往数据显示：机车在冬季运行时，待机内燃机车在冷却水温度降至 25~30℃ 时，开始打温，当水温升至 60℃（温差 30~35℃）时，内燃机车柴油机停机。以 12 月份为例：本机务段共有内燃机车 14 台，共分为 4 种类型，太行 190 机车 4 台，GK1C 型 2 台，GK1C 改进型 2 台，GK1E 型 4 台，东风 7G 型 2 台。经常性在外作业机车 8 台次/班，在保温库内 4 台。在库内机车包括太行机车 2 台（打温一次耗油 10kg），GK1E 型 1 台（打温一次耗油 15kg），东风 7G 型 1 台（打温一次耗油 25kg）；在外作业机车包括太行机车 2 台（打温一次耗油 15kg），GK1C、GK1C 改、GK1E 合计 5 台（打温一次耗油 20kg），东风 7G 型 1 台（打温一次耗油 30kg）。在库机车白班（7：30~19：30）打温 2 次；夜班（19：30~7：30）打温 2 次；在外作业机车白班夜班各打温 1 次。合计每天打温共计消耗燃油 560kg。采用 BY-1 型小功率的柴油发电机组替代内燃机车柴油机的空载打温；因小功率柴油发电机组柴油机的油耗为每天 210kg 左右，仅为内燃机车柴油机空载油耗的 37%，所以，节油效果相当明显。

## 4.2 节省人力资源

在保温库内机车采用内燃机车柴油机打温时必须有司乘人员在岗值守，采用该型系统后只需采用地面电源对机车进行打温，可以不启动本系统的柴油发电机组，直接接入外部电源，利用本系统中的电加热器对内燃机车的冷却水、机油及燃油进行循环加热，这样既节省了燃油的消耗又节省了人力资源，司乘人员无需进行值守。

## 4.3 减少内燃机车柴油机磨损，延长柴油机的使用寿命

采用本系统后，内燃机车在冬季运用时，无须采用内燃机车柴油机打温来预热、保温内燃机车。这样，每台机车一天就可减少空载运行时间 350min。同时，由于内燃机车的冷却水、机油和燃油的温度一直保持在内燃机车柴油机起动所需的温度范围内，内燃机车随时保持在启动的准备状态；彻底消除了内燃机车冷机启动，这也就消除了由于冷机启动，而对内燃机车柴油机各运动部件造成的非正常磨损。从而延长柴油机的使用寿命。同时极大地满足了我单位熔融金属倒运的要求（令行即动）。

## 4.4 改善内燃机车柴油机的燃烧状态，减少污染

采用本系统后，不仅消除了内燃机车空载打温时，因柴油机燃烧不良对环境所造成的污染；同时，由于本系统能使内燃机车柴油机一直处于热机状态，所以能使柴油机燃油系

统处于正常的工作状态，这样也就彻底消除了内燃机车柴油机因冷态启动而燃烧不良所造成的对环境的污染。

## 4.5　系统存在的不足

由于系统采用的油箱是 20L 的辅助小型燃油箱，需要开启内燃机车燃油泵送泵至燃油辅助油箱间的球阀，起动内燃机车燃油输送泵，才能使燃油注满燃油辅助油箱，这样就需要司乘人员经常注意辅助燃油箱的油位，在使用中经常出现系统在工作时突然停止工作的状况。

# 混铁车罐口加揭盖方式的比较

## 项克舜

（武汉钢铁有限公司运输部）

**摘　要**：混铁车是铁水运输的专用铁道车辆，在运输过程中，开放式罐口产生高碳排放，造成烟尘污染、高温辐射等危害。对罐口进行加盖，既是环保的要求，又是铁水运输减少温降的要求。本文对现有的三种主要的加盖方式进行了比较分析，提出了选择混铁车加揭盖方式需考虑的因素。

**关键词**：混铁车；罐体装置；保温盖；车载式；地面定点式

# 1　混铁车的组成

## 1.1　混铁车的作用及特点

混铁车是供冶金企业运输高炉铁水至炼钢厂、铸铁机车间和铸锭车间进行倾翻铁水作业的专用铁路车辆，可短时储存铁水以协调炼铁和炼钢临时出现的不均衡状态。另外为提高钢水质量，必要时还可在混铁车中对铁水进行脱硫、脱磷作业。混铁车具有盛装铁水容量大、保温性能好、节约能源、降低消耗、良好的机动性、可改善作业环境、工艺流程简化等特点。

## 1.2　混铁车的组成

按罐体结构，混铁车可分为鱼雷型混铁车、筒型混铁车两种。两种混铁车除罐体和倾翻结构有差别外，其他结构基本相同。以筒型混铁车为例，其结构如图1所示。

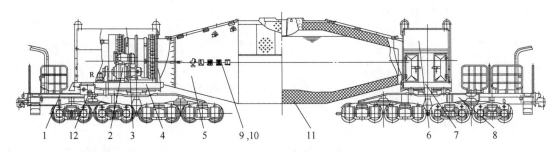

图1　320t 筒型混铁车主视图

1—走行装置；2—倾动装置；3—主动端罩；4—主动端装置；5—罐体装置；6—从动端罩；
7—从动端装置；8—走行装置；9—标记；10—涂装；11—砌砖图；12—电气设备

### 1.3　罐体装置

#### 1.3.1　鱼雷型罐体

鱼雷型罐体呈鱼雷形状，主要是由中部圆筒部分和两端圆锥部分及两端耳轴组成的焊接结构件；由罐壳、罐口、护板、耳轴等组成。罐体内砌筑耐火衬，由两端耳轴及主副轴承支承在轴承台架上。罐体中央的上部罐口为受铁、出铁口。护板保护罐口及罐体，上铺耐火泥，为有效覆盖耐火泥，焊有若干壁骨。

335t 鱼雷型罐体圆筒部分最大直径为 $\phi$3800mm，罐口砌耐火衬后直径为 $\phi$1400mm，罐体钢板厚度为 32mm；罐体两端耳轴为铸钢件，耳轴的主轴承支承处直径为 $\phi$750mm。

#### 1.3.2　筒型罐体

筒型罐体为两端开盖，由中央直筒部分、两侧圆锥部分及两侧直筒部分焊接而成；由罐壳、罐口、护板、开盖装置、滚圈等组成。其两端靠滚圈将罐体的负荷传给主动、从动端平台及上下大心盘；同时，在倾转时借助滚圈在马鞍座上的滚动实现倾转。

筒型罐体的两端圆筒内腔设有可拆卸的端盖、螺套和滚道。端盖的拆卸及安装用 C 型钩装置及吊车进行作业。罐体装置主要由罐体、滚圈和端盖装置等组成，由于接铁水时铁水飞溅，为保护罐口附近的罐体，设有用耐火材料覆盖的护板。

320t 筒型混铁车圆筒部分最大直径为 $\phi$3700mm，罐口砌耐火衬后直径为 $\phi$1400mm，罐体钢板厚度为 32mm。

## 2　混铁车加盖的必要性

### 2.1　环保的要求

（1）环保的需要。混铁车是钢铁厂运输高温铁水的关键设备，在运输过程中，开放式罐口产生高碳排放，造成烟尘污染、高温辐射等危害，不符合环保要求。

（2）钢铁工业绿色低碳可持续发展的要求。工业和信息化部原材料工业司于 2020 年 12 月 31 日发布的《关于推动钢铁工业高质量发展的指导意见（征求意见稿）》中提出要深入推进钢铁工业绿色低碳，力争率先实现碳排放达峰，并加快推进行业超低排放改造，大幅降低污染物排放总量，同时降低能源消耗总量和强度。

### 2.2　铁水运输减少温降的需要

（1）减少铁水运输温度产生巨大的经济效益。混铁车在运输铁水的过程中，都存在温降，如果温降过快，则进入铁水包的铁水温度会大大降低，从而造成炼钢过程中能耗的大幅上升，铁水输送过程中的温度降低直接影响到预处理和炼钢工艺、节能、生产管理以及罐体寿命等重要环节，按照 1400 万吨铁水运量的基础、提高铁水温度 15℃ 计算，年产生经济效益 5250 万元。

空罐时罐口加盖对于下一罐铁水的温降具有明显的影响，这是因为空罐加盖后减少了罐衬通过罐口的热辐射和自然对流换热，提高了罐衬温度，使下一罐铁水的温降减小。

（2）产生社会效益。按照 1400 万吨铁水运量的基础、提高铁水温度 15℃ 计算，能源节约方面，可实现碳减排 1.8 万吨。

因铁水温度提升能增加炼钢工序的废钢加入量，间接实现碳减排 4 万~6 万吨，混铁车加盖将在碳减排、碳中和中发挥积极作用。

# 3 混铁车加盖常见的几种形式

## 3.1 一次性保温盖

### 3.1.1 一次性保温盖的组成

一次性保温盖，就是混铁车在钢厂倒罐站倒完铁后，采用吊具将一次性使用的保温盖覆盖在混铁车罐口上，混铁车到达铁厂受铁位置后，铁水直接冲兑罐口，将一次性盖直接破坏掉，冲入铁水罐内融化。若在铁水罐内加废钢，则需要将加盖工序挪到废钢加入完毕后再进行。一次性保温盖是由钢筋、钢丝加石棉层加工而成的。

### 3.1.2 一次性保温盖的优点

(1) 加盖作业过程方便快捷，可作为临时过渡使用。

(2) 对罐口没有特殊要求。

### 3.1.3 一次性保温盖的缺点

(1) 保温效果差；加盖只覆盖空罐部分行程，满罐未加盖。

(2) 无法减少冒烟情况，环保不达标。

(3) 成本费用较高。一次性保温盖单片采购费用为 250~300 元。

(4) 一次性保温盖加盖一般采用悬臂吊具，需专人人工操作，难实现智能化。

(5) 一次性保温盖盖在罐口，对中不准，覆盖不紧密，防尘、保温效果差。

## 3.2 车载式保温盖

### 3.2.1 车载式加揭盖装置的主要结构

国内混铁车加揭盖使用比较多的方式为车载式加揭盖结构，是指驱动保温盖加盖、揭盖的动力装置均安装在混铁车上，一般由保温盖、钢结构、滑移机构、手动应急装置等组成，钢结构一般焊接在从动端台架上，保温盖与滑运装置连接，通过滑运装置带动保温盖的移动，实现保温盖的加盖和揭盖，需要外接电源或者自带电池。

### 3.2.2 车载式加揭盖装置的主要优点

(1) 一车一系统，独立成套互不影响。

(2) 加盖作业过程方便快捷，占用工艺时间较短。

(3) 保温、环保效果好，能防止烟尘大量溢出。

(4) 能与高炉、倒罐站无缝对接。

(5) 可扩展为远程控制，实施无人化作业。

### 3.2.3 车载式加揭盖装置的主要缺点

(1) 综合成本高，维护工作量大。

(2) 应急处理方面需专业人员手动操作，反应较慢。

(3) 如不实现自动接电装置，将严重影响作业效率。

(4) 没有很好地解决高炉下的接电问题。

（5）存在在高炉下，倒罐站内打不开罐盖的风险。

### 3.3 地面定点加揭盖装置

#### 3.3.1 地面定点加揭盖装置的结构

地面定点加揭盖装置主要是指加盖的位置为固定地点，动力装置不是安装在混铁车上，一般由吊具、龙门桥架或者悬臂吊、起重机、控制部分等组成。吊具的选用有机械吊和电磁吊两种。

地面定点加揭盖装置主要安装在高炉出铁场出入口、倒罐站外部，要求与高炉和倒罐站尽可能靠近，一般一套装置横跨几条铁路线。

#### 3.3.2 地面定点加揭盖装置的优点

（1）设备安装布置数量少，综合成本低。

（2）设备维护量少。

（3）操作工艺时间短，节奏快，对混铁车运行影响较小。

（4）机械吊具备使用安全可靠的特点，电磁吊定位容易，起吊迅速。

（5）不存在混铁车在兑铁水时，打不开保温盖的风险。

#### 3.3.3 地面定点加揭盖装置的缺点

（1）对罐体的罐口要求较高。保温盖与罐体罐口接触面越平整，密封效果越好，因此需保证罐口无可见大颗粒废渣，罐口平整、无塌陷及凹坑，保温盖才能够保证混铁车在满罐走行期间无明显可见性烟尘、正常情况下不坠落。

（2）不能与受铁口无缝对接。加揭盖地点的选择，一般在高炉进出口，与受铁口存在一定距离，影响保温效果。

（3）对铁路线路要求较高。铁路线路不平顺，曲线半径较小，弯道较多，混铁车运行过程中保温盖有坠落的危险。

（4）对吊具的要求较高。机械吊定位困难，起吊时间较长。电磁吊受高温影响大，需要设计辅助测温设备，当保温盖温度超过一定值时，需要使用辅助的机械吊具作业。

（5）使用电磁吊时，对保温盖的设计、制作要求比较高。当保温盖由于罐口积渣造成保温盖倾斜、保温盖受热变形、保温盖受热以致保温盖重心偏移时，会影响电磁吊正常起吊保温盖，在设计保温盖时要充分考虑这些不利因素，同时需要考虑保温盖的维修保养。

## 4 选择混铁车加揭盖方式需考虑的因素

（1）综合投资成本是选择加揭盖方式必须考虑的因素。混铁车罐口加盖是铁水运输的发展趋势和必然要求，既要达到环保的要求，又要考虑综合成本。当运用混铁车数量较少时，建议选择车载式加揭盖装置。

（2）无人化、智能化操作是发展方向。智能制造是提升企业核心生产力的有效手段，实现生产无人化、智能化、智慧化的转型升级已逐渐成为钢铁企业高效、可持续发展的刚性需求。通过使用多种终端设备、自动化技术并与铁钢界面关联，可实现加揭盖系统一键操作、可视化操作和遥控操作功能。

（3）铁厂、钢厂的工艺布局和运输距离是选择加揭盖方式的关键。每个钢铁企业的铁厂、钢厂的工艺布局和运输距离是不一样的，特别是高炉和钢厂较多的企业，更应综合考虑，以发挥加揭盖的最大效益。

（4）高炉工艺布局和运输生产组织影响混铁车的周转率。有的钢铁企业的高炉布局是混铁车只能一端进出高炉，有的是两端均可以进出高炉，运输生产组织需要满足高炉的出铁节奏，相应的运输生产组织已经固化，选择加揭盖方式，要适应现有的运输方式。

选用车载式方案，需要在高炉下选择合适的接电地点，控制适当的作业时间，否则会影响高炉出铁的节奏。

选用地面定点方案，需要考虑保温盖的周转和平衡。进入高炉的混铁车，有从烘烤台、倒渣间等过来的，一般是不带盖的；出倒罐站的混铁车，有去倒渣间的，有去检修罐体或者车架的，一般是不带盖出倒罐站，这样就会造成保温盖的周转不平衡。如果考虑将保温盖放在混铁车从动端，将会增加作业时间，影响混铁车的周转率。

（5）需要综合考虑检修的影响。选择地面定点加揭盖的方案，要考虑限高条件和罐口积渣的影响，需要增加配套的罐口清渣设备，选择合适的地点，同时要考虑对运输生产的组织的影响。

选择车载式加揭盖方案，要考虑罐体检修时间和机械检修时间。罐体检修分为小修、中修、大修、全修，检修时间较长，加盖装置的利用率不是很高。同时，对罐盖的设计需要考虑耐高温和检修更换的条件、罐盖的使用寿命、维护保养等。

## 参 考 文 献

[1] 关宗山．高炉铁水保温输送 [J]．钢铁，1993（8）：12-16.
[2] 吴懋林，张永宏，杨圣发，等．鱼雷罐铁水温降分析 [J]．钢铁，2002，37（4）：12-15.
[3] 宋利民，姜华，荣军，等．混铁车保温改造效果评估 [J]．冶金能源，2012，31（5）：20-23.

# 铁路车辆脱轨事故分析对检修作业的指导

王翀霄，王晓静

（河钢集团国际物流公司宣化分公司）

**摘　要**：在铁路运输中，车辆作为主要的货物运输载体，一旦出现问题，就极容易引发事故。脱轨是车辆运输中最常见的事故之一，造成脱轨事故的主要原因有设备原因和人为原因。预防车辆脱轨，最重要的是要对以往脱轨事故进行详细分析，提出安全对策，并把对策应用到日常检修作业中，从而达到杜绝事故的最好效果。

**关键词**：铁路运输；脱轨事故；事故分析；安全对策

## 1　引言

在铁路日常运输中，脱轨属于较常见的一类行车事故，通过研究分析不难发现造成这一事故的主要原因有设备和人为两个方面。显然，事故的发生不是偶然现象，它具有因果性、必然性、潜伏性等特征，事故发生后能否及时对事故造成原因进行深入分析，这对能否在以后的检修作业中提出行之有效的安全对策具有积极的指导作用。

## 2　脱轨事故原因分析

### 2.1　设备原因

轮对是铁路车辆的主要组成部件，承担着车辆沿钢轨行走的功能，运输中需要承受来自各个方向的作用力，因此轮对在长时间的行走过程中，不可避免会出现一些损坏，如车轮踏面擦伤和热轴故障等，这些将会直接导致脱轨事故的发生。

#### 2.1.1　车轮踏面擦伤产生的原因

车轮踏面擦伤是车辆在运行中发生的主要故障之一，危害性极大，严重威胁着列车的运行安全，主要形成原因有以下几方面：

（1）车轮的制动力过强。一是由于制动系统结构和设计方面存在问题，正常制动后缓解不良；二是运行速度过快时遇特殊情况必须紧急减速，此时制动力过大没有缓冲，从而造成踏面擦伤。

（2）车辆运行周期过长。车辆缺乏休整时间或休整时间过短，长期处于过度疲劳状态，这种情况下带伤作业而得不到及时的检修，促使踏面擦伤积累。

（3）车辆运行线路不平整。运行线路不平整、钢轨内外轨高度差严重、三角坑等情况的存在致使轮对用力不均，导致车轮踏面擦伤。

（4）温度条件变化。温度过低导致钢轨面附着的冰雪、油污严重影响轮对与钢轨的黏着力，若此时制动，制动力大于黏着力，容易造成车轮踏面擦伤。

2.1.2　热轴故障产生的原因

轴承温度超过规定的限度就会产生热轴现象，严重时会起火并造成轴承组件的变形、脱落，轻者造成车辆甩车，重者会造成脱轨事故。热轴故障的主要形成原因有以下几方面：

（1）轴承内部组件在生产时就存在原始缺陷。轴承内部组件在生产时就存在原始缺陷，如外圈、滚子等轴承组件存在质量问题。若正在使用的轴承存在原始裂纹，在之后运行碰撞过程中裂纹进一步扩大，严重破坏了轴承所需的滚动接触条件，使轴承内温急速上升，从而产生热轴故障。

（2）润滑脂是否正确添加。润滑脂填充过多，内摩擦力增大，滚子的正常运动受阻，从而导致润滑脂进行涡旋运动，致使热量逐渐增加且不能快速散发，热传导到轴箱顶部使表面温度均匀升高从而产生热轴现象；反之，轴箱内缺少润滑脂或润滑脂变质都会使轴承得不到正常润滑，从而导致整个轴箱温度均匀升高，产生热轴现象。

（3）轴承组装、检修时防护不当造成进水进渣锈蚀。因轴箱组装时清洗不良、检修作业防护不当、轴箱密封不良等造成进水进渣，导致轴承内部润滑油脂变质或内部锈蚀，这些情况会导致热轴故障产生。

## 2.2　人为原因

脱轨事故的发生还取决于人为因素。如对设备不能严把质量关，无疑会加大因设备原始状态不良而产生的事故；车辆轮对进行检修时，若检修工艺标准未能严格执行，就会为以后的行车埋下安全隐患；检修车间规定必备的检修装备的使用性能不能满足工艺要求时，若轻易使用，势必不能保证检修的精密性；现场作业人员对单车、鞲鞴行程等性能实验执行不严，存在漏检、简化程序、发现故障不处理等行为，均可能导致车辆发生脱轨事故。

# 3　预防脱轨事故的措施

## 3.1　设备措施

3.1.1　预防轮对踏面擦伤措施

促进轮对制动结构的改进、完善。追溯到出厂之前的环节，对厂家提出要求，优化制造工艺，改善轮对制动的设计缺陷，从而降低产生故障的风险。

增强轮对制动装备的检修力度。缩短轮对的检修周期，及时检修以降低轮对擦伤的发生概率。

增加轮对休整时间。在生产条件允许的情况下，可以轮流出车，减少车辆长期不间断作业的情况，使轮对得以及时休整和检修，从而减少轮对因长时间运行造成的过度磨损和消耗。

加大铁路线路等基础设施的检修力度。对主管线路的作业区提出建议，促使其对铁路线路进行及时测量和休整，保持铁路线路表面的平整度符合规定，对积雪、油污等及时进行清理。

强化技术性的提升。在线路上增加一些轨道防滑器材，加强钢轨表面与轮对的黏着力，减少轮对与轨道接触不良而产生的过热擦伤。

### 3.1.2　预防热轴故障措施

把好质量检查关。在组装轴承前，应加强轴承原始状态及质量的检查，不断提高组装质量，若在组装前发现轴承存在问题，如有原始裂纹等情况，必须更换无问题轴承进行组装。

提高轴承检修工艺。在检修轴承时首先要确定轴承的使用是否超过保质期，超过保质期还在使用的一律进行更换。加强轴检和探伤力度，严格落实轴承外观检查和尺寸检测，观察是否存在外部损伤，通过转动轴承及检测游隙，判断是否存在内部故障，若发现存在外部损伤或内部故障，及时进行检修或更换。

加强组装的规范性。组装时保证轴箱密封性，提高组装质量，检修时做好防护措施，以防混沙混水混渣情况发生。确保注脂量正确，如轴箱零件已锈蚀，应分解检查，若轴箱内混入铁渣等，应扣修彻底检查处理。

### 3.2　人为措施

为了切断从源头引起的事故，就必须严把质量关，对配件的使用加强监督管理；车辆检修时要严格执行检修工艺标准，同时使用性能满足工艺要求的设备进行检修；现场作业人员要对制动系统仔细检查，不得漏检、简化应有的程序，发现故障必须第一时间进行处理，对当前经常投入使用的设备及时进行更新、完善、改造，不断提高设备使用性能，从而从源头上杜绝人为因素造成的脱轨事故发生。

## 4　脱轨事故分析在日常检修中的指导作用

入库新轮对严把质量关，按照工艺要求进行精密检测和测量，确定无问题后方可组装使用。不断增加完善精密设备的储备，用以对轮对进行日常检测，因作业区不具备相应专业检修技术或设备，需请专业人员到作业区进行轴检、探伤。

车辆进库后应根据轮对使用磨损情况及时制定合理的轮对检修计划，损耗严重的根据实际情况相应缩短段修、辅修周期。设置轮对检修专用区域，以便更换、检修轮对时可以做到专地专用，避免轴检时因环境卫生不过关而导致进水进渣。

经过探伤的轮对若发现问题必须及时进行更换，对已更换轮对进行编号登记，一轮一账，以便日后追踪检测。

对作业区相关人员加大轮对检修培训力度，以期在工艺技术上可以不断提升，在安全操作上精益求精，检修过程严格实行登记制度，落实责任到个人，实行追责问责制度。对以往轮对脱轨事故进行详细研究分解，根据事故发生时的环境、时间、事故状况等制定详细解决方案，并进行记录，根据分类进行演练，制定出相应的应急措施。

## 5　结语

通过对已发生的车辆脱轨事故进行分析，可查明事故发生的原因，有助于发现和总结事故发生的特点和规律，可以提高今后防范此类事故的能力。对不完善的、不合理的设备在事发前积极采取改进措施，从而杜绝设备原因造成的事故。与此同时也能确定现在掌握的技术、安全措施以及工作经验在减轻事故危害上能达到什么样的程度，并提出防止类似脱轨事故继续发生的方法，然后有针对性地做好防范措施，从而预防脱轨事故再次发生。

## 参 考 文 献

［1］刘志远. 货车车辆构造与检修［M］. 北京：中国铁道出版社，2005.

［2］尹凤伟. 车轮踏面擦伤原因分析及预防措施［J］. 科技信息，2012（33）：580.

［3］刘吉远. 铁路货车轮轴技术概论［M］. 北京：中国铁道出版社，2009.

# 冶金企业铁路自备平板车通用支架改造与应用

郭保锋

（安阳钢铁股份有限公司运输部）

**摘　要**：通过分析原有铁路自备平板车支架的类型和局限性，根据铁路平板车的运输需求和结构特点，设计了一种新型卷板、平板等多种钢材通用型自备平板车支架，并对其方案及特点进行了阐述。它的改造，不仅能提高铁路自备平板车运输的周转效率、调节作业车辆重空比例、缓解作业场地紧张的状况、减少采购铁路自备平板车的成本费用，同时能够增加多条机组产线钢材交替倒运、提高车辆周转效率；充分满足了公司对铁路自备平板车质量要求高、装卸效率高等要求，还具有改造简单高效、作业安全便捷、劳动条件好等特点。

**关键词**：自备车；通用型；支架改造

安钢集团是河南省政府国资委履行出资人职责的省管重要骨干企业，始建于 1958 年，现已成为年产钢能力 1000 万吨的特大型钢铁企业，是河南省最大的精品板材和优质建材生产基地。主体工艺装备先进，拥有 4747m³ 高炉、150t 转炉、1780mm 热连轧、1550mm 冷轧等一大批高端生产线。产品定位中高端，覆盖中厚板、热轧和冷轧卷板、高速线材、型棒材、球墨铸管等多个系列，广泛应用于国防、航天、交通、装备制造、船舶平台、石油管线、高层建筑等行业，远销欧洲及东南亚 30 多个国家和地区。曾先后荣获全国优秀企业金马奖、首届"河南省省长质量奖"、"全国质量奖"等荣誉，2018 年被权威媒体评为"中国钢铁企业竞争力特强企业""钢铁行业改革开放 40 周年功勋企业""绿色发展标杆企业"。2019 年国家 3A 级旅游景区成功挂牌，再次被权威机构评为"中国钢铁企业综合竞争力特强企业""中国卓越钢铁企业品牌"。2021 年安钢成为长流程钢铁工业环保 A级环境绩效企业。

安钢运输部作为安钢的物流运输保障中心，贯穿于安钢生产的每一个环节，业务范围涵盖了安钢物资到达、原燃料卸车、原料存储供应、冶金车辆运输、产品铁路外发等各项工作流程，是安钢物流系统的主力军。安钢在创建 A 级绩效企业过程中，为满足清洁运输比例 80% 的目标，同时根据国家推动发展绿色货运的号召，提升铁路货运量，推进中长距离大宗货物、集装箱运输从公路转向铁路。结合安钢的运输特点，若要提高铁路货运量，必须提高铁运比，在自备车有限的情况下，必须提高铁路自备平板车的倒运量和周转率，最快速有效的办法，即提高铁路平板车的通用性。

## 1　改造背景

根据清洁运输 80% 以上的要求，安钢铁路外发日均需达到 309 车，其中包含钢材自备车倒运武丁物流园 65 车。为完成外发目标，在路用车报单以及销售政策影响下，自备车的倒运量要大大增加。其主要依靠 100t 铁路自备平板车倒运，品种为卷板和中板。经测算，卷板和中板运输分别需要 60 辆平板车。卷板必须使用安装专用支座的平板车运输，支座焊接于平板上，因造成平板局部凸起，安装专用支座后无法运输中板。目前我部门已安装支座的平板车仅有 24 辆，无法满足周转要求，需增加至 60 辆。运输部现有平板车共计 83 辆，如果将其中 60 辆改装后适用于卷板的运输，剩余 23 辆将无法满足中板的运输。

为满足日益增加的外倒需求，全力确保外发高效。在部门领导的支持下，我们不等不靠、深挖内潜、通力配合，自主研制出一款铁路运输自备平板车通用型支座。该创新设计主要原理是结合卷板和中板在运输过程中的安全放置方式，通过计算平板车启动和突然制动状态下的相互作用力，确定卷板放置凹槽所需深度和坡角角度，并在凹槽周边设计钢结构框架支撑，用于提供放置中板所需的平面，并根据荷载要求，局部进行加强，确保通用支座的整体强度满足要求。

2020 年 8~9 月，我们利用生产间隙，先期改造了 16 辆平板车，经过编组试运行，加装通用支座的平板车，既能够满足卷板拉运有安全座架的需求，又能满足普通尺寸中板的装车需求，还能满足部分超宽、超限中板的跨装需求，从而实现一种车型多品种拉运。通过创新改造，一直以来自备车周转难的问题得到了解决，提高了车辆周转效率，减少了平板车运用数量，在保证外发稳定创效的基础上，还大大降低了公司采购车辆的成本，为助力公司清洁运输比例超 80% 提供了有力支撑。

简述一种新型平板车通用支架装置，包括 5 个分支架，所述分支架包括支撑块架和侧挡板。所述支撑块架包括 2 个工字支撑钢架、8 个加强筋、12 个连接块、2 块保护板和 1 个底板，所述工字支撑钢架通过连接块焊接在底板两侧，所述加强筋与连接块、工字支撑钢架两边分别焊接，所述保护板焊接在工字支撑钢架最外两侧边。所述侧挡板焊接在工字支撑钢架垂直向最外两侧边。该新型铁路自备平板车的通用支架装置，通过支撑块架的设置，平板车支撑块架上支撑面增大，下方形成倒梯形槽，便于使用者直接吊装装卸各规格卷板、平板，提高了该平板车的实用性。其特征在于所述支撑块架 1 材质为国标钢材、厚度不小于 16mm，工字支撑钢架 2 高度不低于 250mm，连接块 3 边长不小于 200mm。具体装置结构如图 1 所示。

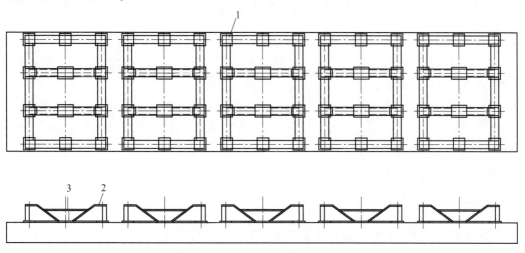

图 1　一种新型平板车通用支架装置

1—支撑块架；2—工字支撑钢架；3—连接块

## 2　安钢原有平板车的类型和局限性

（1）100t 中板铁路运输平板车：通过安装条形支撑钢架实现板材的分离吊装，满足厂内定式中板板材的运输。仅可运送板式钢材，对于超宽超限的钢材运输亦有局限性。

（2）100t 卷板铁路运输平板车：通过安装专用弧度角钢凹槽满足厂内及物流园的各类卷板运输。仅可运送特定卷板，车辆的周转效率受制于车辆的数量。

## 3　新型通用支架解决的问题

解除了卷板必须使用安装专用支座的平板车运输，支座焊接于平板上，因造成平板局部凸起，安装专用支座后无法运输中板的局限。

通过计算平板车启动和突然制动状态下的相互作用力，以及对卷板放置凹槽深度和坡角角度的再次确认和改良，实现了卷板、平板通用运输要求。

通过在凹槽周边设计钢结构支撑框架，加强了局部荷载，达到了通用支座的整体强度要求。

极大地提升了厂车周转率和自备车运输效率，适应了公司自备车倒运量大幅提升的要求，节省了公司购置大型平板车、专用平板车的费用，为实现清洁运输比例 80% 以上的目标提供了支撑。

## 4　冶金企业铁路运输自备平板车通用型支架

此支架采用的是特制曲面钢材骨架与车体固定装置方式，适用于运输普通平板、超限平板、超宽平板、卷板。将平板车车体与特质曲面钢材骨架固定，既满足了卷板的 U 形凹槽运输要求，又满足了平板吊装需要的底座中空设计要求，方便各类钢材的吊装或吊卸，简便实用，实现了一车多能，提高了平板车利用效率。

## 5　铁路运输自备平板车通用支架的经济效益

此支架的研制，大大提高了铁路平板车的运输能力，缓解了因清洁运输要求引发的周转率大幅提升的压力，充分满足了安钢对铁路平板车质量要求高、运输车次多、运输种类复杂等要求，并具有装卸简便安全、劳动条件好等特点。

此支架从结构设计上解决了原有平板车存在的专车专用的运输局限性，不需要额外的辅助钢架和安全保护等。同时，提高了对整车配件的保护及对运送钢材的安全保障，省略了事先准备、后续调试等作业。

此支架简便实用，适应性强，改装成本低，成品效果好，产品的商品化程度高。

## 6　结语

铁路运输自备平板车作为冶金企业各条生产线倒运的中坚力量，在冶金企业生产厂的成品钢材倒运和外发中发挥着不可替代的作用。通过通用型支座的改造，减少了采购自备平板车的费用，提高了铁路运输自备平板车的周转效率。

# 参 考 文 献

［1］王毅，陶斌，陆强. 软质活动篷卷钢运输车关键技术研究［J］. 机车车辆工艺，2021（1）：17-19.

［2］王明龙，孟祥东. 冶金行业带卷运输用钢卷小车传动分析计算［J］. 机械工程师，2021（3）：123-125.

［3］刘庆. 冷轧开卷机卷径与带钢长度计算［J］. 内燃机与配件，2020（12）：41-42.

# 一种铁路道砟摊铺车的应用

马守斌，何先文，黄礼桥，陈洪斌，李善生

（安徽马钢矿业资源集团南山矿业有限公司）

**摘　要**：为了降本增效，在 KF-60 自翻车的基础上研制了铁路道砟摊铺车，能一次性把道砟摊铺在道床上，效果显著，使用安全可靠。其以很小的成本投入创造出了大效益，具有较大的社会推广应用价值。

**关键词**：铁路；道砟；摊铺；料斗；气动

安徽马钢矿业资源集团南山矿业有限公司有超过 60km 的铁路线延升到十里矿区各生产线上，每年铁路线铺设、维护保养需要道砟 8000t 以上。道砟运送、摊铺没有专用车辆，因此，只能一直沿用平板车同人工劳动相结合的作业方式。平板车运送道砟作业流程：道砟运送到需铺设道砟的铁路线—人力用铁锹将道砟卸在铁路线两侧—再人力用铁锹把道砟二次运送至道床上进行摊铺。该种作业方式不仅工作效率低、劳动强度大，还存在较大的安全隐患，制约生产顺行。

## 1　平板车运送道砟存在的问题

（1）平板车每次只能运送道砟 10t，运量小，作业时间长，来回运送道砟占用铁路线，影响生产（道砟年需求量 8000t，每年运送道砟车次 800 次/a，作业时间 1200h/a）。

（2）用铁锹人力转运和摊铺道砟，作业效率低，劳动强度大（每次需要 20 多人同时作业，且经常需要加班加点才能完成工作任务）。

（3）铁路线两侧地面坑洼不平，不仅道砟二次转运非常困难，而且道砟浪费也较为严重（道砟浪费 400t/a）。

（4）由于采场呈大锅状，夏季在烈日照射下采场温度逐渐上升，不易散发，作业现场温度高达 50℃以上，极易发生中暑事故；冬季结冰，易发生跌滑事故；多人交叉作业，易发生碰伤事故。

考虑市场成套专用道砟铺设工程车辆 400 万元高价的实际情况，公司决定在废旧 KF-60 自翻车的基础上自行研制道砟摊铺车来解决上述问题[1-4]。

## 2　研制技术方案及措施

将老旧的 KF-60 自翻车的车厢吊下，4 个倾翻气缸、气包及倾翻相关控制元件、管路全部拆除。钩缓装置、走行装置、牵引梁进行检查，确保良好。在 KF-60 自翻车的基础上研制的铁路道砟摊铺车由钩缓装置、走行装置、制动装置、车体架、上料斗、下料斗、砟门开闭机构、摊铺装置等组成，如图 1 所示。

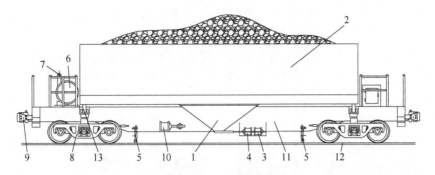

图 1　铁路道砟摊铺车结构示意图

1—下料斗；2—上料斗；3—开启气缸；4—关闭气缸；5—摊铺装置；6—气包；7—底门控制阀；
8—走行装置；9—钩缓装置；10—制动气缸；11—车体架；12—轨道；13—转轴座

## 2.1　制动装置的安装

把制动气缸和制动气包移动到图 2 虚线所示位置重新安装，为车辆下料斗的安装留出足够空间。

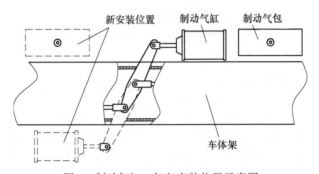

图 2　制动气缸、气包安装位置示意图

## 2.2　下料斗、上料斗的设计与安装

由图 3 可见，下料斗有两个，用钢板焊接成锥形结构，对称安装在车体架中部两侧，

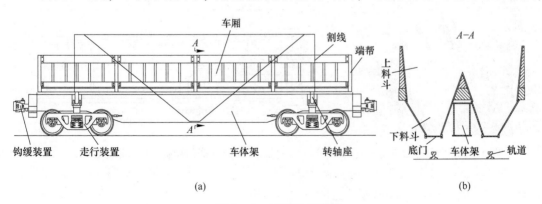

(a)　　　　　　　　　　　　　　　　(b)

图 3　上、下料斗示意图

（a）纵向示意图；（b）截面示意图

与车体架梁焊接成整体。下料斗下口设有底门，确保料斗内的道砟可依靠自重从底门流出[2]。

把原车厢底部的抑制肘拆除，折页的弧形部分割除，端帮内移，车厢缩短、加高，车厢底面开长方形孔和下料斗上口相对应，用钢板在缩短和加高的车厢内焊接锥形料斗，其有两个下料口分别嵌装在下料斗的上口内。上料斗依靠原来的 4 个转轴坐在车体架上。确保上料斗内的道砟可依靠自重流入下料斗[3]。料斗现场施工见图 4。

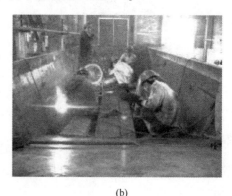

(a)　　　　　　　　　　　　　　　(b)

图 4　料斗现场施工

（a）下料斗吊装作业；（b）上料斗焊接作业

## 2.3　底门开闭机构的设计与安装

### 2.3.1　底门设计与控制气缸

底门为长方形，采取插槽式安装在下料斗下口，底门上的插板前部加工成刀口状，避免底门关闭时被道砟卡住；插板下部设有导向轴套以防插板开闭时歪斜；插板后部有扁形推杆，推杆和气缸活塞杆连接。把废旧车辆上的单作用制动气缸（见图 5）的回位弹簧拆除，两个制动气缸背靠背安装，再通过连杆可替代双作用气缸来实现底门的开启和关闭（见图 6）。

图 5　废旧制动气缸

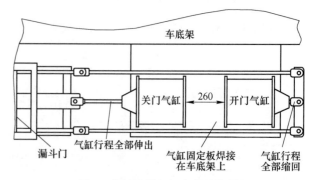

图 6　底门控制气缸安装示意图

### 2.3.2　气包和控制阀的安装

车体架的一头设有带护栏的操作平台，其上安装有为底门控制气缸提供气源的气包和控制底门开闭的控制阀（见图7）；另一头空出的平台可根据需要设工具箱或工棚。底门控制阀可用废旧车辆上的截断阀通过钻孔再研磨的方法，把原车使用的截断阀改造成两位三通阀（见图8），实现底门任意位置的开启或关闭。

图7　气包、控制阀、管路现场施工

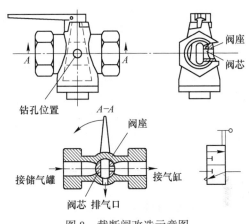

图8　截断阀改造示意图

## 2.4　摊铺装置的设计与安装

由图9可见，4个摊铺装置通过两个安装座两两对称安装在车体架的两侧，即钢轨的上方。摊铺装置的刮板下部设摊铺皮，摊铺皮的U形口和钢轨相匹配，刮板上部设有螺旋升降机构，旋转手柄摊铺皮可升降。

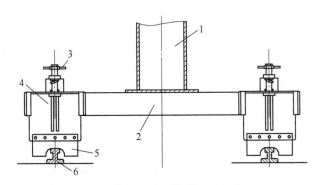

图9　摊铺装置安装位置示意图

1—车底架梁；2—摊铺装置安装座；3—升降手柄；4—升降机构；5—摊铺皮；6—钢轨

## 2.5　气路的设计

原车辆制动装置使用的管路因制动气缸和制动气包位置的改动，支管略有变化。进气主管上设支管连通气包，并设有截断阀。气包通过两位三通控制阀连通底门控制气缸（见图10）[1]。

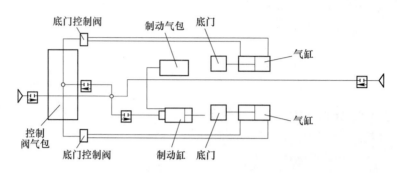

图 10 铁路道砟摊铺车气路示意图

# 3 应用效果及主要技术参数

铁路道砟摊铺车是在 KF-60 自翻车的基础上改造而成的，是专门用于铺设和维修铁路的工程车辆，具有向钢轨内外侧自动卸砟及摊铺功能（见图 11 和图 12）。该车由机车牵引到达需要道砟的路基时，首先操纵摊铺装置上的旋转手柄降下摊铺皮，然后在车辆移动的同时通过底门控制阀打开底门，道砟顺势而下落在钢轨的两侧，落下的道砟量可通过底门开口大小和机车的牵引速度控制，卸下的道砟再通过摊铺装置进行摊铺、平整。作业结束后，操纵旋转手柄升起摊铺皮以避免车辆运行中损伤。铁路道砟摊铺车技术参数见表 1。

图 11 现场试车       图 12 铁路道砟摊铺车

表 1 铁路道砟摊铺车技术参数

| 自重/t | 载重/t | 容积/m³ | 速度/km·h⁻¹ | 车长/m | 车宽/m | 车高/m |
|---|---|---|---|---|---|---|
| 24 | 40 | 24 | 80 | 13 | 3.1 | 3 |

# 4 经济效益分析

图 13 和图 14 为平板车（过去运送道砟作业方式）与铁路道砟摊铺车卸砟作业现场，两种方式经济效益对比分析如图 15 和图 16 所示。

图 13　平板车卸砟作业

图 14　摊铺车卸砟作业

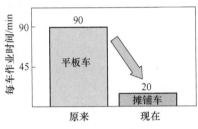

图 15　作业时间对比

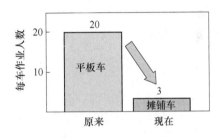

图 16　作业人数对比

由图 15 和图 16 可见，过去平板车运送道砟作业每次需要 20 多人，90min 才能完成；现用道砟摊铺车运送道砟作业每次只需 3 人，20min 即可完成。

公司每年需要铺设道砟 8000t，由图 17 可见，过去用平板车运送需 800 次，现在用摊铺车运送只需 200 次；平板车运送道砟需二次倒运（卸砟先卸在道床两侧，地面坑洼不平造成道砟浪费），每车浪费道砟 0.5t 以上，由图 18 可见，过去每年浪费道砟 400t，现在无浪费。

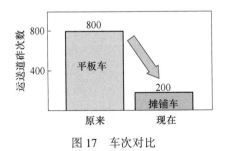

图 17　车次对比

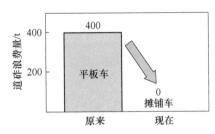

图 18　道砟浪费对比

铁路道砟摊铺车研制并投入使用后，解决了公司 40 多年来道砟运送难题，把工人从繁重的体力劳动中解放出来，大幅提高了作业效率，消除了安全隐患。目前，为公司累计创效 1047.4 万元（节约车辆购置费用 400 余万元，机车牵引消耗的电力费用 43 万元/年，劳务费用 64 万元/年）。

## 5　创新成果

该项目创新成果铁路道砟摊铺车解决了公司重大难题，盘活了公司闲置的资源（目前南山矿业有限公司有废旧铁路自翻车 50 多台），变废为宝。其最大的创新点是以较小的成本投入创造出了大效益。曾荣获马钢集团"双五小""双革"和"岗位创新创效"一等奖；授权中国实用新型专利（专利号：ZL201521137494.4）。

## 6　结语

安徽马钢矿业资源集团南山矿业有限公司在 KF-60 自翻车（利用废旧车辆等现有资源，变废为宝，成本投入仅 2.5 万元）的基础上自主研发设计的铁路道砟摊铺车是铁路铺设和铁路维护保养的专用工程车辆，具有向钢轨内外侧自动卸道砟及摊铺的功能。经在南山矿业有限公司实践验证，使用效果显著，安全可靠。

由于我国矿山、企业和单位普遍使用铁路自翻车，必然存在共性问题，因此该项目创新成果"铁路道砟摊铺车"具有较大的社会推广应用价值。

### 参 考 文 献

[1] 姜佩东. 液压与气动技术 [M]. 北京：高等教育出版社，2000.
[2] 段元勇，耿平，刘寅华. 出口塞拉利昂风动卸砟车的研制 [J]. 铁道车辆，2012，50（7）：22-24.
[3] 中华人民共和国铁道部. TB/T 1335—1996 铁道车辆强度设计及试验鉴定规范 [S]. 1997.
[4] 曾久军. 浅谈我国铁路工务线路大型养路机械的现状与发展方向 [J]. 城市建设理论研究，2013（9）.

# 浅析冶金铁路小半径曲线钢轨
# 磨耗的原因及防治措施

王建栋，牟清国

（河钢集团宣钢物流公司）

**摘　要**：本文分析了冶金厂区内部铁路小半径曲线钢轨频繁磨耗的起因及曲线侧磨产生的原因，针对工务系统多年积累的实际维修经验和科学整治作业方法，提出了小半径曲线钢轨磨耗的整治办法，探索企业铁路小半径曲线的养护维修与检查方法，减少工务维修量及维修成本，同时保障冶金企业机车车辆运输安全作业。

**关键词**：冶金铁路；小半径曲线；磨耗；整治

## 1　引言

冶金厂区内部铁路曲线是铁路轨道的重要组成部分，是铁路线路维护中的薄弱环节。随着冶金内部运输机车车辆轴重、密度与行车速度的不断提高，冶金厂区铁路小半径曲线钢轨里侧发生不均匀侧磨的现象十分严重，是困扰铁路线路维修养护的一大难题。由于曲线钢轨的使用寿命取决于钢轨最大磨耗量，所以曲线钢轨磨耗不仅缩短了钢轨的使用寿命、加大了养护维修的工作量，而且增加了行车的不安全因素。因此小半径曲线的养护维修与病害整治成为线路养护维修工作的一个重要环节，其养护工作的好坏直接关系着维修投入与行车安全。要从根本上解决难题，必须对其产生的原因进行分析。

## 2　曲线不均匀侧磨产生的原因

小半径曲线钢轨磨耗特别是侧磨往往在多种因素的复合作用下形成，现分析其产生的原因。

### 2.1　曲线超高的影响

曲线设计不合理，如夹直线、圆曲线长度过短，道岔与曲线起点终点距离过近等，导致曲线的超高设置不合理，必将存在未被平衡的离心力，使得曲线地段的钢轨上各点受到大小不同的横向推力，钢轨的不正常磨耗明显增大。因超高大小对轮轨之间的导向力及冲角的影响相当敏感，所以超高对钢轨的侧磨具有很大的影响。机车车辆通过曲线时，横向力随着欠超高的增加而增大，当此横向力小于轮轨接触面上的横向蠕滑力时，轮对可实现蠕滑导向而轮缘不与钢轨轨头侧面接触。在小半径曲线上，由于钢轨所受的横向力远大于轮轨接触面上的蠕滑力，所以要有轮缘参与导向，此时在钢轨轨头侧面就会发生磨耗；但在过超高条件下，虽然轮轨之间的蠕滑力小于摩擦力，但由于存在较大的冲角使轮缘与钢轨接触，从而产生轨头的侧磨。从超高计算可知，如果是欠超高，则外轮偏载，即外轮所受的荷载大于内轮，此时内轮滑动的可能性较大；如果是过超高，即内轮所受的荷载要大于外轮，则外轮滑动的可能性较大。如果小半径曲线线路中内股钢轨侧磨比较严重，可以适当设置一些欠超高，使内轮产生向后蠕滑，从而减轻内股钢轨侧磨。如果小半径曲线线路中外股钢轨侧磨比较严重，可以适当设置一些过超高，使外轮产生蠕滑，从而减轻外股钢轨侧磨，这样也就达到了减缓曲线钢轨轨头侧磨的目的。

## 2.2　曲线方向不圆顺的影响

曲线圆顺度的不良直接引起轮轨横向力及导向力的增加，理论计算表明，曲线正矢的变化与导向力和冲角成正比。对现场钢轨侧磨实测的数据进行分析也表明，在正矢变化较大范围内经常出现钢轨的最大侧磨点，其原因主要在于拨道时为方便省事，经常把钢轨向上拨，使误差都集中到缓和曲线头，造成小半径曲线"鹅头"，曲线方向不良多发生在曲线头尾处，曲线"鹅头"与反弯主要原因是养护维修作业方法不当，如经常目视指挥拨道，习惯于上挑，从而破坏了曲线头尾的正确位置，使用简易计算法拨道，由曲线中间向两端拨道也有可能产生"鹅头"。曲线方向不顺，使机车车辆通过时产生摇晃。这些都能加速钢轨的磨损。

## 2.3　曲线轨距的影响

由于车轮踏面为锥形且轮缘与钢轨之间存在间隙，当轮对中心在行进中偶尔偏离线路中心时，两轮便以不同滚动圆半径在钢轨上滚动，使轮对在轨道上做蛇形运动，其结果就是造成了钢轨的不均匀侧磨。

## 2.4　曲线钢轨润滑的影响

由于轮轨之间互相作用的关系，咬合时存在生硬摩擦，曲线钢轨内侧涂油可降低轮缘与钢轨轨头侧面之间的润滑摩擦系数，在同样导向力的情况下可降低轮缘与钢轨轨头侧面之间的摩擦力，从而降低钢轨轨头侧磨。实施钢轨润滑，是减缓曲线钢轨磨耗的有效技术措施。

## 2.5　曲线钢轨轨底坡设置不正确的影响

由于轨底坡不正确，使钢轨顶面与车轮踏面不吻合，钢轨顶面受偏压，这样也会加速钢轨的磨耗。

## 2.6　其他原因

除了上述几大方面的原因外，其他方面的原因也能造成曲线钢轨磨耗。如钢轨本身硬度不够或是旧钢轨未及时修整，钢轨有低接头、硬弯，加大车轮对钢轨的打击；防爬设备、轨枕、连接零配件的数量缺少或失效，不能牢固地固定钢轨；道床不洁，捣固不良，线路上有三角坑、暗坑和吊板等病害或线路翻浆冒泥等病害均会造成线路质量的不均衡，线路质量变化，尤其是基床翻浆冒泥、捣固不实等地段，轨道动态不平顺，这些都会使钢轨磨耗加剧。

# 3 曲线不均匀侧磨产生的整治措施

## 3.1 正确调整曲线外轨超高

设置合理的曲线超高。通常根据机车车辆通过曲线段的平均速度来设置曲线外轨超高。机车车辆由直线段进入曲线段时，产生的离心力大小决定于机车车辆的速度和曲线半径的大小。速度越高、半径越小，则离心力越大，作用在外轨的力也越大，导致外轨磨耗加剧。为了平衡机车车辆在曲线上运行时产生的离心力，在曲线外股需要设置合理超高。超高设置是否合理，对机车车辆的平稳运行以及钢轨磨耗有着直接的影响，故在设置超高时首先应准确测量行车速度，平均速度的计算应按照《铁路线路修理规则》规定的加权平均法进行。另外，根据前面的分析，实际设置的超高应较计算出的超高值降低 10%~15%，但必须对未被平衡的欠超高进行检验计算。

## 3.2 提高曲线的圆顺度

通过前面的分析已经知道，曲线圆顺度不良是引起钢轨不均匀侧磨的一个重要原因，所以在日常维修养护中，曲线的圆顺度除应满足《铁路线路修理规则》的要求外，还应从以下方面加以提高：目前曲线的圆顺度是用 20m 弦线进行控制，但是在 10m 范围内往往还存在着不圆顺的情况；虽然用 20m 弦线测量，曲线的正矢差很好，但在曲线的局部圆顺度不良，而这些局部的圆顺度不良往往是引起钢轨不均匀侧磨的主要原因。所以要在曲线不圆顺的地段用 10m 弦线测量正矢，每 5m 标记一个正矢点，增加缓和曲线正矢的标示数量，并进行曲线拨正，更换好的控制曲线正矢超高递变率，使曲线圆顺度处于良好的状态，及时整治，消灭曲线出现的"鹅头"现象。

## 3.3 使轨距保持在规定的范围内适当减小轨距

合理调整轨道几何参数，减少侧磨轨距。将轨距保持在标准轨距的 0~2mm 范围内，小半径曲线由于离心力的作用，轨距普遍大 6mm 左右，且不易保持。为了减小小半径曲线钢轨侧磨，则必须减小轮轨之间的冲角，而小轨距却能在轮对同样横向位移的情况下增大内外轮的滚动圆半径差，同时小轨距相对来说能减小轮轨之间的间隙，因此将小半径曲线钢轨外侧的普通轨距扣板更换为轨撑式挡板或者 III 垫板。从而改善了车轮通过曲线的条件，降低了轮轨之间的导向力和冲角，达到减磨的目的。

## 3.4 曲线钢轨坚持润滑涂油

减小轮轨间的摩擦系数，当机车车辆通过曲线时，由于轮缘以一定的冲角贴靠钢轨侧面，在轮缘与钢轨头部侧面之间就会产生摩擦力。在轮缘、轨侧采取润滑措施，对曲线上股钢轨进行涂油，减少钢轨侧磨效果十分显著。经试验，各铁路站场小半径曲线钢轨润滑后与以前干摩擦相比，钢轨侧磨迅速下降，减磨效果可达 2~10 倍，在保证机车正常牵引和制动的条件下，润滑改善了轮轨的摩擦，降低了机车的牵引能量消耗，从而减少了病害，提高了线路质量，降低了维修成本，提高了运能，带来较大的经济效益。

### 3.5　曲线地段改变轨底坡

改变轨底坡实际上就是调整轨顶坡，使轮轨接触点发生变化而有利于轮对通过曲线，减少外轨轨底坡可增大内外轮的滚动圆半径差，这样可减小轮轨之间的摩擦。内轨轨底坡增加后，轮对横移量、横向作用力和摩擦功均有不同程度的减小，加大内轨轨底坡对减缓钢轨的侧磨起到相当有利的作用。曲线外轨轨底坡保持原有的 1∶40，内轨轨底坡改为 1∶20，可提供较大的内外轮滚动半径差，减少车轮滑动，进而减轻钢轨磨损。

### 3.6　其他整治措施

（1）加强轨道横向刚度。根据具体情况在小半径曲线上增设轨距拉杆及轨撑，对300m 及以下半径曲线每隔 10m 埋设地锚拉杆，曲线下股增设防脱减磨护轨。小半径曲线通过以上整治措施，减磨效果非常明显，通过近半年的运营，钢轨的侧面磨耗明显减少，成功地解决了曲线钢轨侧磨这一困扰工务部门多年的病害。

（2）综合整治曲线薄弱环节的维护保养。钢轨接头是线路上的薄弱环节。对于接头翻浆冒泥、板结、钢轨低接头等问题要采取措施综合整治，否则钢轨接头地段会加速出现波形磨耗。应清筛接头处几孔轨枕盒内的脏污道床，清筛深度一般为道心 50mm，外侧轨底150mm，枕端 200mm，同时要更换失效轨枕。1 根失效要同时换 2 根。并加强对接头轨枕的捣固。对较小低接头的整治可采用垫竹垫板或橡胶垫板的方法解决。在日常维修起道时抬高接头 1~3mm。另外也可以对低接头及离轨端 7~8 根轨枕处进行起道，顺序打镐一遍。待过车后再加强一次接头捣固，促使石碴向接头挤紧。这样既能防止低接头，又能消除高小腰及暗坑、吊板。定期检查曲线地段道床是否丰满、坚实。

（3）曲线轨道的日常巡视检查。由于曲线是线路的薄弱环节，产生病害较多，是线路质量优劣的主要控制因素，所以对其进行周期性的检查是掌握线路技术状态的重要手段。通过检查，按线路设备各种变化的不同程度，安排临时补修和经常保养工作。正线在正常条件下，轨道几何尺寸每半个月左右进行一次检查，不待误差发展变化过大就及时地进行修补，以控制曲线轨道几何尺寸状态。此外，对曲线线路病害严重的地段，还应适当增加检查次数，以使设备技术状态处于有效监控之下。

## 4　结语

冶金企业厂区铁路钢轨发生磨耗超限，工务一般唯一的办法就是换轨。这样既浪费材料又消耗工时，因此，必须尽量减少换轨工作，把曲线钢轨磨耗这一病害消灭在萌芽阶段，采取有效的措施防止曲线钢轨磨耗发生。目前，河钢宣钢物流公司工务系统通过对冶金厂区小半径曲线钢轨磨耗的调查研究，分析了影响曲线钢轨磨耗的因素，并采取相应措施，使磨耗和换轨量逐年下降。2020 年至今，磨耗和换轨量逐年递减，取得了良好的效果，对节约运输成本、提高运输安全性奠定了良好的基础。

参 考 文 献

[1]　李成辉. 轨道 ［M］. 2 版. 成都：西南交通大学出版社，2012.
[2]　易思蓉. 铁路选线设计 ［M］. 3 版. 成都：西南交通大学出版社，2009.

［3］刘学毅. 铁路工务检测技术［M］. 北京：中国铁道出版社，2011.

［4］铁路职工岗位培训教材编审委员会. 钢轨探伤工［M］. 北京：中国铁道出版社，2010.

［5］谭皓尹，胡敏，郭毅. 小半径曲线钢轨磨耗对 HXN5 型机车曲线通过性能影响［J］. 机械工程与自动化，2020（6）.

［6］吴野. 小半径曲线钢轨磨耗研究［J］. 上海铁道科技，2013（2）：87-88.

［7］荆秦. 铁路小半径曲线日常维修遇到的病害及整治措施探讨［J］. 科技情报开发与经济，2010，20（20）：202-203.

［8］张进孝. 集通线减少曲线地段钢轨磨耗分析［J］. 内蒙古科技与经济，2009（3）：330-332.

# 首钢通钢公司原料站自营升级改造

## 耿成杰

（首钢通钢公司运输公司）

**摘　要**：2007 年度，原料站以溜放功能为主，道岔均采用的 6 号对称道岔。2018 年度，随着运输生产模式的改变，大量货位进场以整钩次长大车列为主，机车车辆出现频繁的上下峰作业，原来的驼峰峰顶和 6 号对称道岔严重制约着运输效率的提高。2021 年 6 月首钢通钢运输公司需进行原料站驼峰线路升级改造。初设的改造方案中分为工程外委和运输公司自营两种作业模式，自营费用比外委施工费用少 319.12 万元，首钢通钢运输公司成功将线路升级改造由以前的外委施工转换到现在的自营检修，为公司的降本工作做出了运输人的表率。对"不愿干、不敢干、不会干"三方面问题制定措施并鼓励技术创新：加装辙叉护轨、导曲内护轨及迎轮护轨，工程机械平板车改造、砼枕吊装锁具改造提高了施工效率并保证了安全施工。改造中充分利用市场化机制保证施工工期，并提升了团队能力。施工结算后，减少外委费用319.12 万元的同时还产生了管理效益和社会效益。

**关键词**：改造；自营；效益

## 1　原料站升级改造实施背景

2007 年度，首钢通钢运输公司为满足冶金生产需要，建设了以溜放功能为主的原料站，道岔均采用的 6 号对称道岔，以溜放为主要调车方式。2018 年度，随着运输生产模式的改变，大量货位进场以整钩次长大车列为主，机车车辆出现频繁的上下峰作业，原来的驼峰峰顶和 6 号对称道岔严重制约着运输效率的提高。2021 年 6 月，首钢通钢运输公司需进行原料站驼峰线路升级改造，改变此局面。初设的改造方案中分为工程外委和运输公司自营两种作业模式，其中外委施工费用为 1258.84 万元，首钢通钢运输公司自营检修费用为 927.58 万元，自营费用比外委施工费用少 319.12 万元（注：首钢旗下所有运输系统，线路升级改造均为外委作业）。首钢通钢运输公司充分激发内生动力，鼓励员工自主创新，提升职工专业水平，降低外委施工费用，利用现有检修队伍，发挥广大干部、职工集体智慧，激发职工主动想事、主动干事的积极性，并充分利用内部市场化手段，对线路升级改造项目进行承接。经首钢通钢运输公司全体干部、职工 5 个月的辛勤付出，成功将线路升级改造由以前的外委施工转换到现在的自营检修，为公司的降本工作做出了运输人的表率，体现了首钢通钢运输公司迎难而上的工作作风，同时提升了团队的凝聚力、员工业务水平、自主创新能力，引发了自主学习的热潮，为今后更好地开展各项工作奠定了坚实的基础。

# 2 外委转自营实际操作办法

## 2.1 充分激发内生动力

首钢通钢运输公司首先做好"思想破冰"工作,于 2021 年 6 月 2 日组织作业长、技术人员及班段长层级人员进行研讨,明确以减少外委施工费用、提升检修队伍能力为目标,将此次项目由首钢通钢运输公司进行自营检修。针对"不愿干、不敢干、不会干"三方面问题制定措施。一是破解不愿干问题,将此次项目按月、按工作量分解,形成绩效分配方案,每个工区承担作业任务来分配绩效工资,形成按现有人员分配,人力不足可通过互助形式补充。二是调动怎么干的主动性,检修作业区各层级人员思想转变,由原来的被动工作向主动工作转变,每日工作有计划、有督促、有总结,使每项检修任务形成闭环管理。

## 2.2 新改造原料站鼓励技术创新

### 2.2.1 加装辙叉护轨、导曲内护轨及迎轮护轨

改造前的原料站铁道线路道岔曲线半径偏小,通过能力和稳定性不够,并且铁运货物周转量大,对行车安全形成隐患。首钢通钢运输公司专业人员经过对鞍钢、本钢、马钢等冶金企业实地考察,并结合自身的实际情况有针对性地实施铁路道岔升级改造,道岔加装辙叉护轨、导曲内护轨及尖轨前加设迎轮护轨,保证了线路道岔整体强度和技术参数指标的稳定,极大地提高了运输作业效率,改善机车通过条件,为安全行车提供保障。

### 2.2.2 工程机械平板车改造

部分施工地点由于线路排列比较密集,挖掘机无法进入施工现场,首钢通钢运输公司将厂内自用平板车辆改造成工程机械平板车,工程机械平板车可以让挖掘机行走至车体上方并对其进行加固,由内燃机车推动展开施工作业,减少了人工的投入,极大地提高了作业效率。

### 2.2.3 砼枕吊装锁具改造

改造前的原料站线路均为木枕,此次线路改造后部分线路需更换砼枕,砼枕的应用可以使线路整体承载力和稳定性加强。为行车安全提供保障,前期木枕更换均为人工搬运、安装,因砼枕每根质量达 0.5t,人工搬运无法实现,前期作业均用钢丝绳捆绑吊装,作业效率低,并且安全性差。首钢通钢运输公司借鉴沈阳铁路局工务系统作业工具,对钢丝绳安装双点平衡吊装锁扣,经过应用此设备,提高作业效率近 50%,同时制定安全操作规程,使砼枕吊装、安装作业更为便捷、安全,使用 4 个月未出现任何安全问题。

## 2.3 提升职工专业水平

首钢通钢运输公司现有线路 52km、道岔 183 组,道岔多 50kG(7~9 号),单开道岔均为木枕结构,本次线路升级改造需更换线路 10km、道岔 20 组,由于线路岔枕、曲线护轨、导曲轨均已升级,对道岔安装的参数标准又有了新的要求。首先首钢通钢运输公司提前组织 1 名作业长、4 名检修工区工长、1 名专业技师及 3 名专业技术人员到沈阳铁路局通化工务段进行培训,对升级改造线路、道岔更换标准、安装参数、技术要求进行全面学

习，并在铁路施工现场进行观摩，结合自身实际提出相关问题，由铁路专家进行解答，通过此次培训，使首钢通钢运输公司专业队伍能力迅速提升。培训结束后，所有参加培训人员立即对检修人员进行系统性培训，通过理论讲解、现场演示、视频教学等方式使现有检修人员在最短时间内达到现场作业能力，同时制定详细检修方案，对施工工期、日工作量、作业内容、施工质量、验收机制及其他情况进行详细部署，确保检修任务按期完成。其次，制定验收制度，督促施工质量，按层级对检修标准及施工质量进行检查，各工区工长实地参加检修作业，每处检修亲自验收，工长验收合格后，由作业区技术人员进行验收，最后由专业科室人员进行验收，确保线路质量，保障行车安全，通过 4 个月实际操作，所有检修人员整体专业水平有了长足的进步。

### 2.4　充分利用市场化机制

首钢通钢运输公司以内部市场化运营机制为核心，运用价格机制，激活内部市场动力，调动全员积极性和创造性，从而实现企业增效、职工增收的目标。检修作业区采用工区承包制，按作业项目、作业时间、作业量、施工质量、设置分值，实行日统计、日核算，通过内部市场化的实施，极大地调动职工的工作积极性，每日早 6：00 开始作业，正常情况下 18：00 结束作业，10 月 15～25 日更换 168 道岔期间，作业时间更改为早6：00～22：00，无论大雨、小雨，气候如何恶劣，全体干部、职工都以现场为中心，为保质、保量、保工期进行作业。

### 2.5　团队协作效果显著

此次线路升级改造需多工种协同作业，首钢通钢运输公司每周日组织现场会，明确下周工作内容和各部门、作业区如何配合，制定各类防范措施，保证日工作量按计划完成。通过高效的协同及沟通，圆满地完成了线路升级改造工作。

## 3　项目取得效果

### 3.1　经济效益

减少外委费用 319.12 万元。

### 3.2　管理效益

通过线路改造，提升了线路整体承载力和稳定性，为行车安全提供了保障，同时多工种协同作业，形成了集中部署，有预案、有措施进行，为今后各项大型检修工作奠定了坚实的基础。

### 3.3　社会效益

首钢旗下首钢通钢运输公司，首次实现线路升级改造自营施工，升级改造后的线路，增加了编组场的利用效率，提升了线路安全系数，减少对铁路车辆的磨耗，同时为二道江发电厂煤炭运输提供了便利条件。

# 参 考 文 献

［1］铁道部标准计量研究所. 铁路工务工程标准汇编 ［M］. 北京：铁道部标准计量研究所，1989.

［2］北京交通大学运输系. 铁路站场设计基础 ［M］. 北京：人民交通出版社，1974.

［3］李金苑. 铁路工程勘测设计、施工设计、质量监测、线路养护百科全书 ［M］. 北京：当代中国音像出版社，2003.

# 普通道岔利旧 AT 尖轨改造的可行性分析

## 张开宏

（武汉钢铁有限公司运输部）

**摘　要**：本文结合武钢铁路道岔现状，对 P60-7 道岔（冶岔（87）6700）结构、各部位尺寸、连接方式进行分析，探讨利旧现阶段拆除的（专线 9994）道岔 AT 结构尖轨进行尖轨 AT 化改造的可行性，用最少的成本进行 AT 化改造，并明确改造所需的物料清单及改造方式，为后期推广应用提供依据。

**关键词**：AT 尖轨；导曲线；支距

## 1　现状

武钢运输部现有 P60-7 号道岔 316 组，其中有 18 组（冶岔（87）6700）仍采用普通结构尖轨，其余均采用（专线 9994）AT 结构尖轨。普通尖轨使用寿命短，更换频繁，且断面容易扎伤。若改造为 AT 结构尖轨，基本采用整体大修换型工艺，一次性成本投入大，目前暂不具备实施条件。然现阶段，厂内主产线及运输物流工艺均进行了大的调整，导致部分 P60-7 号 AT 结构道岔闲置，若采用整体拆除互换，在拆除过程中不能确保所有零件齐全，且整体拆除、移装需耗费大量的人力、物力，若有针对性地部分移装，则能有效控制成本压力，减少移装对生产的影响，同时实现普通道岔更换为 AT 道岔尖轨的目的。

## 2　可行性分析

### 2.1　单开道岔构造

道岔是机车车辆从一股轨道转入或越过另一股道时必不可少的线路设备，是铁路轨道的一个重要组成部分，最常见的是单开道岔。单开道岔由转辙器、辙叉及护轨、连接部分组成，见图 1，道岔中所用的轨枕统称为岔枕。

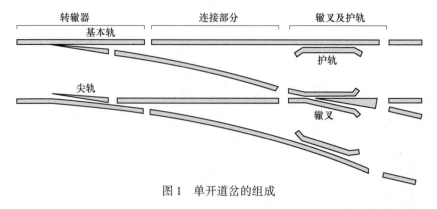

图 1　单开道岔的组成

## 2.2 60-7号道岔基本参数对比

60-7号道岔基本参数对比见表1。

表1 60-7号道岔基本参数对比

| 图号 | 道岔全长 /mm | 道岔前段长 /mm | 道岔后段长 /mm | 基本轨前至 基本轨尖 /mm | 尖轨长度 /mm | |
|---|---|---|---|---|---|---|
| | | | | | 直股 | 曲股 |
| 冶岔（87）6700 | 23516 | 10897 | 12619 | 2242 | 5500 | 5500 |
| 专线9994 | 23516 | 10897 | 12619 | 2242 | 5500 | 5500 |

| 图号 | 辙岔全长 /mm | 辙岔角 | 导曲线 半径/m | 基本轨 长度/mm | 尖轨形式 |
|---|---|---|---|---|---|
| 冶岔（87）6700 | 4022 | 8°07′48″ | 140717.5 | 12500 | 普通尖轨 |
| 专线9994 | 3584 | 8°07′48″ | 150000 | 13555 | 60AT尖轨 |

从两种道岔基本参数对比可以发现，道岔前段长、尖轨长度、转辙角及辙岔角均一致，这就为利旧 AT 尖轨提供了一定可行性。

因两种类型的道岔尖轨长度、转辙角及尖轨动程一致，可以判定，尖轨实际功能从现场应用的角度来讲满足利旧的需求，但考虑到导曲线半径不一样，跟端支距存在差异性，同时也发现尖轨的形式及连接方式，辙岔部分导曲线半径存在一定差异性，需进一步展开分析。

## 2.3 导曲线几何尺寸

因导曲线支距与半径关系紧密，重点分析两种道岔不同半径条件下导曲线几何尺寸。导曲线部分需要确定几何尺寸，主要是导曲线外轨工作边上各点以直向基本轨作用边为横坐标轴的垂直距离，也称导曲线支距 $y_n$（本文规定）。它对正确设置导曲线并经常保持其圆顺度起着十分重要的作用。

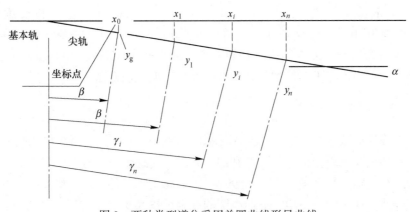

图2 两种类型道岔采用单圆曲线形导曲线

如图 2 所示，取直股基本轨正对尖轨跟端的点为坐标原点，导曲线始点横坐标 $x_0$、纵坐标支距 $y_0$ 分别为 $x_0 = 0$、$y_0 = y_g$。

在导曲线的终点，其横纵坐标 $x_n$ 和 $y_n$ 分别为

$$x_n = R(\sin\gamma_n - \sin\beta) \tag{1}$$

$$y_n = y_g + R(\cos\beta - \cos\gamma_n) \tag{2}$$

式中　$R$——导曲线外轨半径；

　　　$\beta$——尖轨跟端处曲线尖轨作用边与基本轨作用边之间形成的转辙角；

　　　$\gamma_n$——导曲线终点 $n$ 所对应的偏角，显然终点 $\gamma_n = \alpha$。

令导曲线上各支距测点 $i$ 的横坐标为 $x_i$（依次为 2m 的整数倍），则其相应的支距 $y_i$ 为

$$y_i = y_g + R(\cos\beta - \cos\gamma_i) \tag{3}$$

由构造关系已知 $4°03'54'' \leqslant \gamma_i \leqslant 8°07'48''$，在不同半径条件下进行计算，两种道岔在导曲线距离内支距差为

$y_{g差} = (150000/\cos4°03'54'' - 150000) - (140717.5/\cos4°03'54'' - 140717.5) = 23.45\text{mm}$

$y_差 = (150000 - 140717.5) \times (\cos4°03'54'' - \cos8°07'48'') = 67.9479\text{mm}$

两种道岔导曲线长度分别为 11806mm 和 12236mm，按 1m 一个整数点取横坐标，取线性比例变化，$5.55\text{mm} \leqslant y_{i差} \leqslant 5.75\text{mm}$。

另外导曲线差值 $= 12236 - 11806 - (4022 - 3584) = 8\text{mm}$。

从导曲线计算公式可以看出，不同半径条件下对导曲线支距有一定影响，利旧 AT 尖轨需对导曲线部分进行改道或进行枕木拨移，另外通过导曲线误差计算为 8mm，可实现导曲线共用。

# 3　实施内容及主要利旧物料

从上述分析和计算可以明确，（冶岔（87）6700）利旧（专线 9994）AT 结构尖轨转辙部分存在可行性，下面将具体实施内容及更换零件部分明确如下。

## 3.1　转辙部分全部利旧

尖基轨、滑床板、联结零件、辙跟间隔铁均采用专线 9994 道岔用结构，其中专线 9994 的基本轨长度要求为 13555mm，因冶岔（87）6700 对于基本轨长度的要求为 12500mm，误差为 1055mm，为满足基本轨铺设要求，可采取两种方案：第一种基本轨按 12500mm 长度进行切割，第二种需将护轨前段主轨缩短 1055mm，1055mm 满足重新钻取螺栓孔的条件，可以确保不遗留螺栓孔裂纹，保证后期使用寿命。

## 3.2　辙岔部分连接零件利旧

为保证辙跟导曲线前后的圆顺度，需做如下调整：其一，支距结构为通长垫板的位置，需将支距垫板及支距扣板进行全部利旧；其二，支距垫板为分开式结构位置，需对上下股导曲线进行适当拨移，同步按专线 9994 布置图轨距、支距设置要求方正枕木，并通过微量改道步骤实现轨距、支距、导曲线圆顺度满足技术要求；其三，辙岔及护轨位置可以不做调整，满足安全行车技术条件。

## 3.3 护轨利旧

因尖基轨发生变化，迎轮护轨需全部利旧（含连接零件），辙叉及主轨全部利旧，考虑到导曲线构造及厂内应用条件，附加护轨（$l=4900\text{mm}$）可以不安装。

## 3.4 主要利旧物料

主要利旧物料清单见表 2。

**表 2　主要利旧物料清单**

| 序号 | 名称 | 规格 | 单位 | 数量 | 图号 | 备注 |
|---|---|---|---|---|---|---|
| 1 | 直尖轨 | 5500mm | 根 | 1 | 专线 9994 | |
| 2 | 曲尖轨 | 5500mm | 根 | 1 | 专线 9994 | |
| 3 | 曲基本轨 | 13555mm | 根 | 1 | 专线 9994 | |
| 4 | 直基本轨 | 13555mm | 根 | 1 | 专线 9994 | |
| 5 | 引轮护轨 | 2500mm | 根 | 1 | 专线 9994 | |
| 6 | 辙跟间隔铁 | | 块 | 2 | 专线 9994 | 带螺栓 |
| 7 | 滑床板 | | 块 | 20 | 专线 9994 | 带轨撑 |
| 8 | 辙跟垫板 | | 块 | 2 | 专线 9994 | |
| 9 | 辙跟夹板 | | 块 | 2 | 专线 9994 | |
| 10 | 支距垫板 | | 套 | 8 | 专线 9994 | 含扣板 |
| 11 | 拉连杆 | | 根 | 2 | 专线 9994 | |
| 12 | 枕木 | 2.6~4.8m | 根 | 10 | | 补充 |

以上为主要利旧材料，通过以上材料可以看出，转辙部分及通长支距垫板部分在利旧时基本上是全部利旧，因此在拆除专线 9994 道岔回收材料时需做针对性的要求，确保物料 100%回收并编号分类堆放，为后期实际应用创造条件。另外考虑到重新铺装各型垫板可能导致部分枕木失效，需更换部分枕木。

2021 年 9 月，在五高炉 1 号线 N6 道岔利用上述理论将一组原（冶岔（87）6700）道岔转辙部分改造为（专线 9994）AT 结构尖轨道岔，截至现阶段使用效果良好，但也发现因连接零件的多样性及组合类型，给日常的维护带来了一定不便，总体来说实际效果良好，为后期剩余道岔跟换提供了经验，同时进一步节约了成本。

# 4　结论

利旧闲置的（专线 9994）道岔将冶岔（87）6700 改造为 AT 尖轨结构道岔是企业进一步降低成本的有效举措，既提高了闲置资产利用率，又压降了日常检修维护投入，同时提高了设备使用寿命及安全性，实践证明，普通尖轨道岔利旧 AT 尖轨改造是可行的。

**参 考 文 献**

[1] 李成辉. 轨道 [M]. 成都：西南交通大学出版社，2004.

[2] 李志群. 常用道岔主要参数手册 [M]. 北京：中国铁道出版社，2005.

# 利用道口远程集控技术实现铁路道口本质安全

## 赵士链，赵荣华，姜道兵，张　楠，朱　聪

### （山东钢铁股份有限公司莱芜分公司物流运输部）

**摘　要**：冶金铁路平交道口主要是采用现场人工控制栏木机和简单的自动报警控制方式，无法保证铁路运输的运能和效率持续提高，也无法保证铁路道口的有效安全。道口远程集控对传统式道口存在的安全问题提出了具体的对策，对于实现道口本质安全有非常实际的意义。

**关键词**：远程集控；道口安全

## 1　引言

钢铁企业运输部通常有专门道口管理人员，每处有人值守的道口配备 4 名道口工。作业流程为调度提前 10~15min 通知道口看守员，道口看守员随即进行警报、疏散人/车流、落杆、手工指挥旗通知列车等作业。这种铁路道口管理方式，因控制和安全防护手段的欠缺，已不能满足运输作业量和人/车流量增加的要求，铁路道口远程集中控制通过全景视频监控、远程集中控制、道口自动报警等有效措施保证铁运畅通。

## 2　道口远程集控系统的组成

铁路道口远程集控系统由调度指挥中心控制子系统、调度指挥中心视频/音频监控子系统、道口现场前端设备子系统、光纤通信子系统四部分组成。系统架构如图 1 所示。

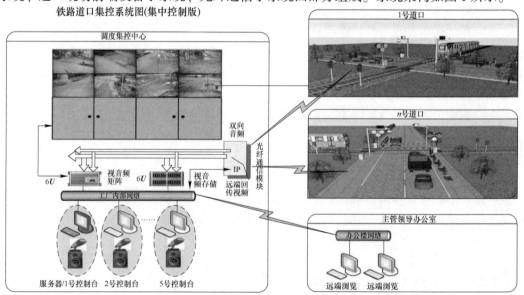

图 1　道口远程集控系统架构

（1）调度指挥中心控制子系统：调度指挥中心控制子系统由控制系统平台服务器、操作控制台工作站、通信控制器和相应控制软件组成，实现对其他三个子系统所有设备的监测和控制，并完成调度操作人员的远程控制指令。

（2）调度指挥中心视频/音频监控子系统：调度指挥中心视频/音频监控子系统由视频图像显示、视音频矩阵和视频录像设备等组成，完成由远端回传的图像的灵活按需切换调取显示和录像，用户可灵活随时调取录像。

（3）道口现场前端设备子系统：道口现场前端设备子系统由前端控制器、栏木机、报警器、指示灯、摄像机、补光灯等设备组成，完成现场设备信号采集和控制功能。

（4）光纤通信子系统：光纤通信子系统由光通光纤组成，完成视频信号数据、音频信号数据、TCP/IP 控制数据、RS-485 串行数据的传输。

# 3 道口远程集控系统的安全性分析

## 3.1 全景视频功能

多路视频形成道口全景图像，图像清晰、无死角，调度员在屏幕前一览无遗，不会像在现场一样常被障碍物或大型车辆阻挡视线；也不会出现因道口两侧道路复杂、道口作业区域面积大导致看守员顾及不过来的问题，同时也克服了恶劣天气对看守员的影响。道口全景视频系统如图 2 所示。

图 2　道口全景视频系统

## 3.2 道口栏木防砸功能

道口拦木机安装红外防砸装置，具备车辆、行人防砸功能。在栏木机落杆过程中，如果有行人或车辆从栏杆下通过，将触发防砸装置，立即停止落杆，避免栏杆砸伤行人、砸坏车辆，也避免栏杆被车辆撞坏。道口防砸系统如图 3 所示。

## 3.3 遮断信号机

道口设置遮断信号机，由主控室或现场控制箱控制。平时遮断信号机显示红灯，机车

图 3　道口防砸系统

不能通过道口。道口声光报警响起，栏木杆全部下落到位，遮断信号机显示绿色通行信号，乘务人员根据信号灯显示驾驶机车通过道口。确保机车在道口完全封闭的状态下通过道口。道口遮断信号机如图 4 所示。

图 4　道口遮断信号机

### 3.4　声光报警功能

现场有道口声光报警信号灯，与信号微机联锁进路式道口报警无缝衔接。有火车通过触发报警条件，发出声光报警，提示行人有机车经过。同时将报警信号反馈给调度中心，提示道口操作人员机车马上经过，准备落杆。道口声光报警信号灯如图 5 所示。

### 3.5　喊话、拾音功能

设置语音喊话和现场拾音系统，主控室可对道口现场进行远程喊话，现场配置拾音设备将声音回传至调度中心供监听。

图5 道口声光报警信号灯

## 3.6 抓拍、录像回放功能

道口设置网络摄像机，对道口进行视频监控与车辆违规行为抓拍，并能在主控室进行大屏显示。设有视频硬盘录像机，所有视频图像可存储和回放查询，视频图像可通过矩阵任意调取显示。录像回放功能能够提供道口事故发生过程视音频录像和道口操作人员的操作记录，便于事故责任划分。

## 3.7 多个道口同时控制功能

调度指挥中心人员可以通过多个操作控制台同时对多个道口进行控制，节约人力成本，提高生产效率。每一个有人值守的道口要配置4名道口工。运输部经过第一期远程集控改造后，节省人力资源8人。

## 4 结语

铁路道口远程集控系统在钢铁冶金企业的应用，为铁运安全提供了技术保障。道口远程集控系统安全性高、稳定性强、易于维护，提高了整个铁路运输系统的生产效率，并产生了良好的经济效益。铁路道口远程集控系统在运输部铁路道口的推广应用提升了我部门铁路道口的本质安全。

### 参 考 文 献

[1] 杨金辉. 专用铁路道口远程集中智能控制系统建设研究 [J]. 山东工业技术，2016 (15)：127.

# 全电子计算机联锁故障远程诊断与
# 智能运维系统的研究与应用

余晓敏

（安阳钢铁股份有限公司运输部）

**摘　要**：本文针对在工业铁路主流应用的全电子计算机联锁系统，提出了故障远程诊断与智能运维的解决方案，具体阐述了系统结构和功能特点，并以安阳钢铁应用为例，分析了系统的应用效果，为同类系统的建设提供了较为实用的范例。

**关键词**：全电子联锁；远程诊断；智能运维

## 1　全电子联锁运维需求

计算机联锁是保证车站内列车和调车作业安全、提高车站通过能力的一种信号设备，国内车站联锁控制先后经历了机械式联锁控制、电气集中、PLC+加继电器执行控制三大发展阶段，随着近年来计算机、通信、集成电路等新技术的应用，全电子计算机联锁系统作为铁路信号控制的新一代联锁设备，逐渐成为工业铁路信号控制的主流系统，它采用电子模块取代传统继电器，将电流、电压等模拟量采集功能纳入其中，具有控制监测一体化优势。但由于全电子模块集成度较高，不同于传统的继电器组合，可通过逐级测量方式检查、排除故障，其对电务维修人员来说相当于"黑盒子"，如何对全电子联锁设备进行日常运维，对保障企业铁路运输安全生产尤为重要。

同时，随着近年来工业企业铁路运输调度模式的转变，大多企业采用了远程集中调度的管理模块，车站现场不再设置调度指挥人员、信号维护人员。通常情况下，一个信号维护班组需要监管多个车站联锁设备，对维护的要求不再是单纯的事后维修，而更应注重日常维护，因此，建设一套基于大数据、智能化技术的全电子联锁故障远程诊断与智能运维系统对提高设备寿命、减少运维人员、保障生产安全有着极为重要的意义。

## 2　系统结构

### 2.1　硬件结构

以安钢运输部为例，系统硬件结构设计如图 1 所示，涵盖了 3 个车站全电子计算机联锁系统。系统通过串口联网服务器从各车站电务维修机采集站场设备信息、全电子 IO 模块输入和输出信息、联锁网络信息、故障报警信息，从智能电源屏采集电源输入、输出信息，从电缆绝缘测试仪采集电缆绝缘信息。系统在中心机房设置数据库服务器统一存储从各车站、各系统采集到的数据；设置应用服务器对采集到的原始数据在存储同步进行分析并提供分发服务，设置防火墙用于隔离外网对系统的访问；系统在电务维检中心设置远程运维监测终端，实时对各车站设备、网络运行状态进行监测报警，设置数据统计分析终端，提供查询统计、打印功能，同时，智能终端设备（如手机、IPAD 等）可通过专用移动终端软件经由互联网访问系统，实现对设备远程在线监测、在线故障诊断。

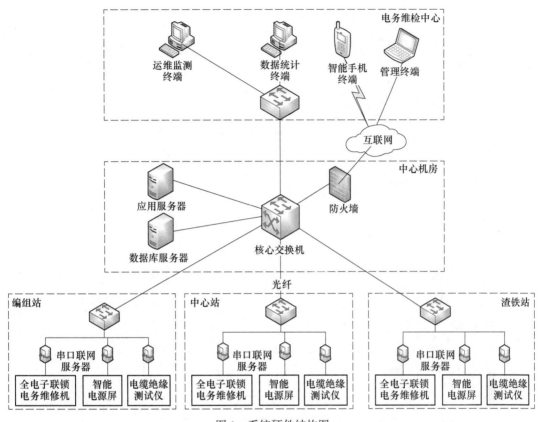

图 1　系统硬件结构图

## 2.2　软件结构

### 2.2.1　软件组成结构

如图 2 所示，全电子联锁故障远程诊断与智能运维（图 2 中简称智能运维）软件采用 B/S+C/S 的混合架构，由 5 部分组成：（1）智能运维数据采集处理软件，负责从联锁、智能电源屏、绝缘测试仪以及其他第三方信号设备监测系统采集原始数据，为实现不同厂家设备的兼容，与联锁、电源屏的数据通信可采用铁标通信协议或国铁集团企业标准协议；（2）智能运维数据服务软件，负责将采集到的海量数据分类、分析处理，依据设备履历表、维修模型生成维修建议与实时报警，依据全电子 IO 模块运行参数诊断故障与生成预警，向智能运维移动客户端软件和其他第三方软件提供数据查询接口；（3）智能运维 web 服务软件，实现人机交互界面，提供 B/S 服务；（4）智能运维移动客户端软件，提供移动端的人机交互，同时可下达维修计划与维修指令；（5）智能运维建模组态软件，系统的基础工具，用于将全电子联锁的 IO 模块分布、参数等信息生成系统运行所需的基准数据，并提供基于图形化的设备维保模型的创建和修改。

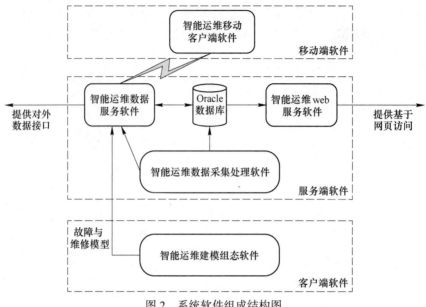

图 2 系统软件组成结构图

### 2.2.2 软件逻辑结构

智能运维数据服务软件为本系统的核心，负责大数据的处理和智能决策，本文对其逻辑架构设计进行了分析，如图 3 所示。

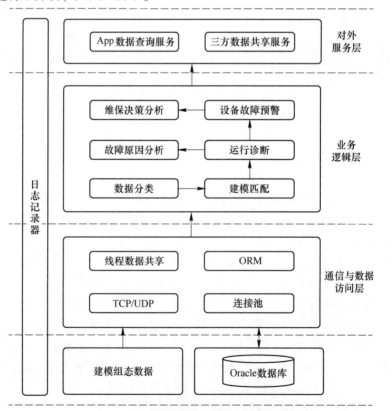

图 3 智能运维数据服务软件逻辑结构图

软件采用分层设计思想，共分为 3 层：

（1）通信与数据访问层。负责基础数据读取、实时数据存储和发送以及向业务层提供数据服务，在通信处理上，对外使用基于 TCP 或 UDP 的通信协议，对内采用线程数据共享；在数据访问上，采用对象关系映射和数据库连接池完成数据存取操作。

（2）业务逻辑层。负责实现诊断与智能运维的核心逻辑，它首先将数据访问层提供的原始数据进行分类提取，并按组态规则对提取的数据统计分析，将分析结果存入数据库并根据基础数据的建模规则进行匹配，对设备逐一运行诊断分析，对故障全电子设备依据故障模型进行原因分析，同时结合设备履历数据计算故障预警时间，最终由智能维保决策模块综合计算后将维保分析数据写入设备分析数据表，向服务层提供查询。

（3）对外服务层。负责向 App 和第三方系统提供查询接口，同时接收 App 发送的任务和指令信息，反馈给业务逻辑层更新设备的基础数据，作为后续逻辑计算依据。

# 3  主要功能特点

## 3.1  数据采集

系统主要采集数据如下：

（1）联锁站场的设备状态数据。

（2）全电子联锁系统联锁机、通信机以及 IO 模块的运行状态和参数信息，输入和输出点信息，主备状态信息。

（3）全电子联锁系统网络运行状态数据。

（4）电源屏电源电压、电流数据。

（5）全电子联锁系统故障报警数据。

（6）全电子联锁系统操作数据。

（7）电缆绝缘测试数据。

（8）其他外部系统数据，如道岔缺口监测数据等。

系统全部数据采集采用实时通信方式，采集周期设计不超过 300ms。

## 3.2  数据展示

系统数据展示采用模拟实物动态图和可视化图表相结合的方式，包括：

（1）以网络设备拓扑结构图方式展示全电子联锁系统网络动态通信状态。

（2）以全电子联锁柜、模块柜实物结构图方式展示内部电源及网络走路、模块设备位置及相关指示灯工作状态。

（3）以柱状图、曲线图方式展示设备运行参数的趋势分析。

（4）采用弹窗、声音、App 推送方式展示设备故障报警、智能运维提醒。

## 3.3  数据分析

数据分析主要包括如下几部分内容：

（1）设备运用分析，例如道岔动作次数、道口通过时间、信号开放次数、区段占用时间，通过运行分析数据结合设备生命周期模型为维保提供合理化建议，以及为提高作业效率提供计算依据。

（2）维修参数分析，系统通过将全电子模块的实时参数与标准参数对比并结合模块的设计数据分析模块的故障原因和健康状态，对未来可能发生的故障进行预警，推送提醒维护人员通过调整输入电流、电压等方式来保持模块稳定工作。

（3）安全预警分析，系统通过对设备状态变化、操作指令的统计分析，计算出各种违章作业（如闯信号等），形成运输安全预警报告，为分析行车安全提供数据支撑。

### 3.4　数据报警

数据报警采用分级的方式，除《信号微机监测技术条件》规定的故障报警分类外，系统另外提供数据预警功能，将智能推导出的未来可能影响行车安全、导致设备故障的预警信息（包括原因分析）和维保建议推送到系统客户端。

### 3.5　数据重演

数据重演实现了对原始作业过程的真实再现，重演过程支持常用的进度拖动、暂停、倍速播放、步进、标签设置、屏幕录制等基本功能。

## 4　系统应用

本系统于 2021 年 10 月在安钢运输部建成投用，系统实现了对全电子计算机联锁的故障定位、故障预判、危险源辨识和维保建议等功能。通过本项目的实施，安钢运输部取消了 3 个站的现场值班维修人员，改在供电段设置 1 个维修班组，实现了预定减员目标，同时，根据设备运维情况统计，基于大数据分析的维保方案可延长设备使用寿命 15% 以上。

## 5　结语

全电子计算机联锁故障远程诊断与智能运维系统可实时远程监测企业所有车站信号设备运行情况，实现故障诊断、故障定位、故障替换。系统通过对运行数据的采集，建立了全电子计算机联锁设备运维大数据知识库，通过数据分析、建模与处理，形成设备标准化维保建议并实时向维护、管理人员推送。将企业对设备的使用维护变被动为主动，既节约了维护成本，又为安全生产提供了强力保障。对同类型的工矿企业具有较好借鉴意义和推广价值。

### 参 考 文 献

[1] 何瑄. 全电子计算机联锁发展的思考 [J]. 铁路通信信号工程技术, 2011, 8 (4)：21-23.
[2] 陈光武, 范多旺, 魏宗寿, 等. 基于二乘二取二的全电子计算机联锁系统 [J]. 中国铁道科学, 2010, 31 (4)：138-144.
[3] 杨超. 基于二乘二取二的全电子计算机联锁系统 [J]. 百科论坛电子杂志, 2018 (5)：538.

# 铁路车站信号设备远程集中视频监控系统

## 郭智强

（河钢集团承钢物流公司）

**摘 要**：随着物联网及 5G 通信技术的快速发展，两者结合应用于高速铁路，加快推进了中国高铁向智能化方向发展，智能化铁路是铁路发展的必然趋势，要实现铁路智能化运行，智能化的应用是必不可少的环节。基于此，本文对铁路车站信号设备远程集中视频监控系统进行研究，以供参考。

**关键词**：铁路车站；信号设备；远程；监控系统

建立基于信息技术平台的铁路信号设备远程集中视频监控系统，依托计算机、通信等技术手段，通过分析作业人员过程数据，提高铁路客车运用标准化作业水平，对保障铁路客车行车安全具有重要意义。

## 1 系统工作原理

按照操作方式，铁路信号设备远程看护控制系统分为集中控制和分散控制两种方式。集中控制方式是在多个信号设备上安装遥控栏杆，统一由一个集中监控室远程遥控电动栏杆的起落。对于集中控制信号设备，当列车到达接近传感器时，由接近传感器将检测到的信号发送给智能控制器，智能控制器根据信号判别来车方向，控制信号设备栏杆落下，信号灯由黄闪变为红灯，同时进行语音提示；当整列车全部通过并驶离传感器后，智能控制器控制栏杆抬起，信号灯由红灯转为黄闪，语音提示停止。现场情况由视频采集设备实时传送至集中监护室，当遇到紧急情况时，集中监护室值班人员可通过远程控制和远程喊话等方式进行人工干预，通过列调设备直接与机车司机联控。

分散控制方式是由相邻信号设备或车站通过遥控方式对信号设备进行操控，电动栏杆起落以人工操作控制终端来实现。电动栏杆控制终端就近安装在信号设备或行车室内，由相邻信号设备或车站值班人员操作。值班人员根据监控显示屏查看信号设备车辆、行人和设备情况，根据列车运行情况控制终端遥控栏杆起落。

## 2 软件部分设计

远程控制系统硬件体系中的信息采集模块，主要负责汇总各类型传感器收集到的终端数据，通过 CAN 总线、WSNs 网络传输到后台远程控制中心。远程控制系统通过 TCP/IP 实现模块之间的通信连接，考虑到局域网和组态软件在通信功能方面的限制，以现有的 WSNs 通信协议为基础设定主控程序、各模块子程序的工作流程，在远程控制系统启动后调用主控程序，读取各硬件模块的工作状态，并对每个子模块进行初始化设置与串口匹配。

A/D 数模转换器可以分别与不同类型的传感器对接及进行数模转换。将每一次输入的电压信号、电流信号输入芯片进行数模转换，比较经过多次逼近运算后的模拟量对应值，经过数模转换后的结构暂时保存于系统内置的寄存器中，汇总处理完毕后集中显示输出。无线传感器模块利用 AT 指令集与传感器节点、单片机之间建立通信联系，AT 指令集包括多个子参数类型信息，每个扩展的指令集通过命令读取的方式检验信息的传递效率及中断次数。无线传感器模块子程序的主要功能是负责各参数的调节，并将温度、应力、压力等传感器信息以文字指令或视频的方式上传到后台的控制中心服务器，在无请求指令时，无线传感模块会周期性地与传感器节点、STM32 微处理器进行数据交互。如果出现异常，后台控制中心会提前报警提示操作人员通信系统存在故障。

微处理器内置时钟功能，为了更准确地与其他模块周期性地进行数据交互，可以人工手动设置定时器的时间周期，例如可以设置每隔 10s 或 20s 向远程服务器发送一次指令，进行模块之间的数据交互。后台监控人员能够使用移动智能终端设备、GPRS 系统，与后台远程监控中心建立联系，在不用到场的情况下查看相关的指标数据和视频影像；实时上传到上位机系统的前端信息被同步到智能终端，实现对大型设备的监控管理更加智能化、便捷化。

# 3 铁路监控管理系统的应用

## 3.1 改进建议

在系统建设方面，铁路客车运用监控管理系统各子系统实际上各自独立，各子系统的监控分析工作也由不同岗位完成，全部依靠人工，利用经验分析和判断。后期建议实现铁路客车运用监控管理系统各子系统的数据交换与整合，建立作业人员业务档案，利用大数据分析、数据挖掘等技术，为监控分析工作提供更加有效的支持和决策信息。在其他方面，铁路客车运用监控管理系统也存在进一步改进和发展的空间。例如，调度命令执行过晚、新标签注册信息上传过晚、乘务员数据未下载或下载过早都会造成车辆巡检信息无法记录，可考虑在巡检手持机上发出数据更新提示，在有甩挂命令和标签更换的情况下，由系统对乘务员发出数据下载提醒。因摄像头安装位置较高并且像素较低，地面检修视频监控系统一直存在监控画质较差、画面不够清晰等问题，一定程度上影响了监控分析工作对作业人员的辨识及作业过程的监控，后期可考虑升级摄像头配置，优化监控画面效果。

## 3.2 智能辅助监控系统

辅助监控系统是牵引供电系统中牵引变电所、分区所、AT 所的重要支撑部分，其承担着为变电所安全、可靠运维保驾护航的重任，与生产系统（综自系统）同等重要。智能辅助监控系统能有效提高变电所运维的安全性、可靠性，其作用被实践充分肯定，已成为变电所不可或缺的重要组成部分。根据牵引供电维管系统的组织架构，辅助监控系统采用分层、分区的分布式架构。系统分布式安装在电气化铁路沿线各个变电所，完成所内的综合辅助监控功能，并通过铁路电力通信综合数据网与上级视频监控系统或其他管理系统通信，组成一个完整的多级联网系统。整套系统运行稳定，信号设备标准化程度进一步提高。铁路信号设备远程集中看护控制系统不仅将铁路信号设备自动预警、信号设备实时监控、信号设备电子警察等技术进行了综合利用，还采用了工业控制、传感、信号处理、网络等技术，有效保障了铁路沿线交通和行车安全。

## 4　结语

铁路信号设备监控系统的设计思路，安装于动车组的监控系统可以在远程操作的情况下持续采集、记录和保存动车组网压、网流数据，数据采集准确，存储时间长。该系统的实现能够有效地提高数据采集效率，降低人工成本，实现参数配置、数据查看和分析功能，可以进行有效值计算和谐波分析。通过实车测试与数据分析，验证了该系统的运行可靠性和测量准确性，为后续远程监控分析提供了基础。

### 参 考 文 献

［1］董哲. 列车轴承远程监控系统的研究［D］. 大连：大连交通大学，2019.

［2］杜成飞. 铁路工务作业远程监控系统应用技术研究［D］. 成都：西南交通大学，2019.

［3］吴改燕. 铁路电力自动化安全综合监测系统探究实践［J］. 科技创新导报，2018，15（27）：72，74.

［4］魏洋. 基于 Modbus TCP/IP 协议的地铁信号设备电源远程监控系统［D］. 成都：西南交通大学，2018.

# 无线集群通信在钢铁物流领域的应用

金旭韬

（重庆钢铁物流运输部）

**摘　要：** 自从"工业 4.0"的概念提出以来，业内都认识到制造业升级的路径。"中国制造 2025"虽然是全局性计划，但其内核与"工业 4.0"的思想一脉相承，那就是利用信息技术，让工业流程变得"智能"起来。"智能工厂"必须要解决三个"流向"问题，即物料、产品、人员的流向。其中贯穿的要素是数据链，利用信息技术有效管理流向的最大效率化，就实现了所谓的"智能"。重钢物流运输部主要是根据公司生产要求，保障大宗原辅料按生产需求合理分配物料运输，满足公司生产需求。信息数字化的高效流动，必须通过网络完成。无线数字通信作为重要的环节之一，必须保证数据的安全性、完整性、实时性。

**关键词：** 数字集群通信系统；QoS；TD-LTE；RRU；LTE-U

## 1　引言

为了实现重庆钢铁物流运输部自动化运输管理目标，解决巡检数据、自动化控制无线传输及监控视频回传无线网络业务要求，实现车地信号高可靠性、高安全性传输，采用无线数字专网通信系统。无线通信覆盖料场作业区（本文正文中用机车代表所有 7 台堆取料机车、4 混取料机、1 堆料机），满足车载 PLC 控制设备信号及监控系统无线传输需求，同时应用于巡检人员巡检数据的上传及通信需求。系统使用 5.8G 公共频段，采用 LTE-U（LTE in Unlicensed spectrum）专用设备，能够大幅节省频率资源成本，同时提供高稳定性。系统包含无线宽带专网系统、车载 CPE 设备以及一套多媒体调度系统，全方位满足料场自动化运输、安全作业的通信需求。

## 2　技术关键

### 2.1　系统架构

无线通信需要满足列车或堆取料机的车载设备数据回传以及巡检管理需求，包括车载智能化控制设备数据回传（如 PLC 控制系统）、车载监控视频回传、数据存储、巡检作业数据实时上传、当班当期巡检人员定位轨迹跟踪等。另外，建设本系统后还可扩展实现一线工作人员的集群对讲、专网电话通讯、视频调度等。

车载系统数据通过 CPE 接入 LTE 无线基站系统网络回传控制中心，控制中心还可通过多媒体调度系统跟踪巡检人员和终端的轨迹以及调度视频、集群语音等业务。回传视频、智能控制数据等存储在数据服务器中保存周期至少为一个月（可根据后续实际需求加大存储量，提供存储时间）。

网管系统负责对所有网元设备及终端进行统一监控及管理，通过时钟系统与现网其他系统进行时钟统一对接，确保系统的高稳定性。

整体网络结构如图1所示。

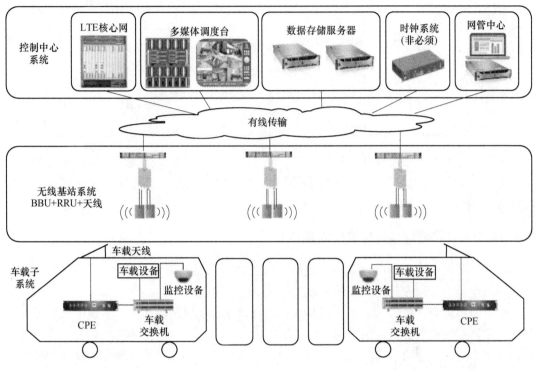

图1　整体网络结构

## 2.2　覆盖需求

无线通信需覆盖业务区内长约1200m、宽1000m的带矩形区域内，保证业务功能在此区域内能够正常工作，业务工作人员能够正常通信。保证视频回传业务、语音及视频调度业务清晰流畅无卡顿，全业务区内无弱覆盖区域，确保通信质量。

## 2.3　带宽需求

单列车业务规模估算见表1。

表1　单列车速率需求估算

| 通信业务类型 | 数量 | 业务类型 | 上行速率要求/kbps | 下行速率要求/kbps | 备注 |
|---|---|---|---|---|---|
| 智能化控制业务 | 6 | 刚需 | 600 | 600 | 按照6条轨道同时运行计算，单列车按照100kbps计算 |
| 视频传输 | 36 | 刚需 | 72000 | 180 | 每台列车6个摄像头回传，6条轨道同时运行计36个摄像头，每个摄像头上行2000kbps，下行5kbps |

续表 1

| 通信业务类型 | 数量 | 业务类型 | 上行速率要求 /kbps | 下行速率要求 /kbps | 备注 |
|---|---|---|---|---|---|
| 集群语音 | 10 | 扩展 | 320 | 320 | 10 路语音群组并发，每一路上下行带宽需 32kbps |
| 集群视频 | 5 | 扩展 | 750 | 750 | 5 路视频组呼并发，每一路上下行带宽需 150kbps |
| 定位 | 10 | 扩展 | 10 | 10 | 10 个终端并发，每个 GPS 信息按照 1kbps 计算 |
| 总计 | | | 73680 | 1860 | |

根据业务要求，要实现调车控制业务、视频传输、多媒体集群调度、定位等功能，全网需要上行 73.86Mbps、下行 1.86Mbps 带宽。考虑网络冗余，无线网络规划须满足上行 80Mbps、下行 2Mbps 速率进行设计。

## 2.4 巡检人员管理及多媒体调度需求

需要对车辆巡检人员进行管理，包括车辆关键部位巡查拍照上传、人员定位、轨迹，以及通过车辆上的摄像头传回来的视频进行后期调取核查。

配置多媒体调度系统（MDS）满足巡检人员管理和视频调度功能，多媒体调度可以在传统的集群对讲业务上，为用户和群组提供音频视频流。尤其是视频流的引入，可以为集群调度提供更为直观的态势信息，集群客户在语音沟通的同时，可以观察到现场的视频，从而作出更准确、更有效率的判断。

在多媒体调度中，音频、视频、图片、文字、位置信息等，可以在指挥调度系统中有序流动，大大提升指挥调度效率。

数据存储需求可按照配置数据吞吐量存储服务器，单服务器储存空间达 5.5T 以上。

## 2.5 QoS（Quality of Service）需求

QoS 是指不同的应用可以向网络提供一组复杂的需求（QoS 指标包括：带宽、流量可用性、延迟时间、抖动、吞吐量、丢失概率、可靠性和传输成本）。

LTE 系统实现 9 个 QoS 分类级别（QCI），系统根据 QCI 级别进行资源分配和调度（见表 2），其优先级越小者优先保障资源分配和调度。系统可以根据不同业务的 QoS 要求，进行不同的 QoS 参数配置，并映射到不同的 QCI 级别上，以保障不同业务的优先级别。

表 2　QCI 级别资源分配和调度参数

| QCI | 资源类型 | 优先级 | 分组数据延时/ms | 分组数据丢包率 |
|---|---|---|---|---|
| 1 | GBR（有速率保障类型） | 1 | 100 | $10^{-6}$ |
| 2 | | 2 | 100 | $10^{-2}$ |
| 3 | | 3 | 50 | $10^{-3}$ |
| 4 | | 4 | 150 | $10^{-3}$ |

| QCI | 资源类型 | 优先级 | 分组数据延时/ms | 分组数据丢包率 |
|---|---|---|---|---|
| 5 | Non-GBR<br>（非速率保障类型） | 5 | 300 | $10^{-6}$ |
| 6 | | 6 | 300 | $10^{-6}$ |
| 7 | | 7 | 100 | $10^{-3}$ |
| 8 | | 8 | 300 | $10^{-6}$ |
| 9 | | 9 | 500 | 待定 |

表 2 是数字集群通信系统的 QCI 和 QoS 定义，在本系统中，调车控制业务是作为要求时延、丢包率优先保障的业务，其 QCI 分类为 1，属 GBR 业务，是优先级最高的业务。其他如集群、视频、定位等业务属于 Non-GBR 业务。

## 2.6 系统安全需求

本系统承载调车控制业务，对系统的安全性有极高的要求。本系统基于 TD-LTE 技术标准，在系统安全性上有严格的加密保障措施。

AKA：用于安全密钥的生成，以及网络和终端的双向认证。终端在注册时，系统发起和终端之间的双向认证，即网络对终端用户进行认证，终端也通过对网络的认证确保连接到授权的服务网络。并且在这一过程中，系统下发加密和完保密钥，用于后续数据和信令的加密保护和完整性保护。

用户数据和用户信令的加密：加密是为了防止无线接口的数据被恶意监听，加密包括 NAS 和 RRC 信令的加密保护，以及用户数据的加密保护，UE 和 eNodeB 之间在 RRC 信令层和用户平面层可以根据 AES、SNOW 3G 算法进行加密，UE 和 PDS 之间在 NAS 层也可以根据上述算法进行加密。

用户数据和信令的完整性保护：完整性保护是为了防止数据被恶意篡改，NAS 和 RRC 信令需要实现完整性保护机制，用户平面数据不需要完整性保护。UE 和 eNodeB 之间在 RRC 信令层可以根据 AES、SNOW 3G 算法进行完整性保护，UE 和 PDS 之间在 NAS 层也可以根据上述算法进行完整性保护。

## 2.7 系统性能要求

安全性：采用专用频点专用网络，避免受到外界频率干扰，禁止非法用户侵入。

容量：满足相应部门以及相应的宽带应用的容量需求。

覆盖质量：全部区域统一覆盖，尤其要满足各个摄像头信号使用质量，以及车辆移动覆盖质量。

稳定性：LTE 专网系统基站设备采用标准的电信级 Micro TCA 架构设计，核心网设备采用标准的电信级 ETCA 架构设计，模块化设计程度高，可维护性、可替换性能力强。关键模块和板卡面板有状态指示灯显示，故障告警等也可在后台网管上显示。具备本地维护端口设计，方便测试维护。网管系统支持在线故障定位、分析和软件重配置，减少维修时间。核心网产品提供单个物理节点集成全套 EPC 网元，便捷维护。系统的维护操作可以通过本地和远程方式完成。根据需要，可以提供集中管理方式。用户可以根据需要通过

EMS 对所有的核心网产品进行集中管理。通过性能测量、流量统计、安全管理、业务观察、用户（设备）跟踪、信令跟踪、数据配置、版本升级、告警、数据备份和恢复等功能，为用户提供准确、可靠和便捷的 O&M 操作。O&M 系统提供友好的用户接口，综合的功能和灵活的组网方式实现对所有 EPC 节点的灵活管理。基站设备支持所有单板、模块带电插拔；支持远程维护、检测、故障恢复、远程软件下载；通过后台网管（OMC/LMT）提供操作维护功能：配置管理、告警管理、性能管理、版本管理、前后台通信管理、诊断管理。

# 3　解决方案

## 3.1　数字集群通信系统概述

数字集群通信系统提供集群通信全套解决方案，具备自主知识产权、接口开放、无线资源和网络资源共享、快速接入、通话保密性高等特点。数字集群通信系统针对集群呼叫的特点，在原有的 LTE 标准空中接口技术基础上进行了优化和增补改进，定义了一套相应的体制结构和协议栈，系统不但秉承了 LTE 原有的标准架构和协议、成熟性、良好的扩展性及技术先进性，同时实现了专业集群业务的前向信道共享和快速接入。

数字集群通信系统提供的业务功能强大，包括丰富专业的集群功能、短消息、定位以及高速无线分组数据业务等，更提供了无线数据采集/传输、视频监控等丰富的行业/商业应用解决方案，充分满足共网数字集群的市场拓展需求。

## 3.2　数字集群通信系统结构

系统结构如图 2 所示。

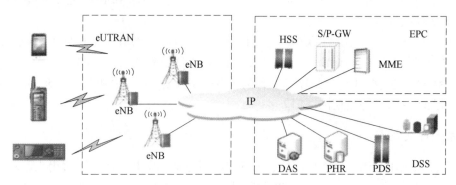

图 2　系统结构

整个系统从组成角度可以分为以下几个层次：

终端层：终端设备包括 CPE、手持机、车载台、视频监控、移动通信车、固定台等，提供用户多种需求解决方案。

无线接入层：无线接入设备包括固定基站、移动基站、车载接入等设备，提供灵活的无线接入方式。

核心网层：数字集群通信系统的核心网设备可以是电信级容量的设备，也可以是政企客户级别的小型化统一核心网；可以是独立的标准 LTE 核心网，也可以是融合集群调度功能的统一核心网。

应用层：根据用户的不同业务需求，提供不同的业务处理平台和解决方案。

从网络逻辑架构图中可以看到，相比 TD-LTE 网络的组网，增加数字集群通信系统集群功能只需要增加一套 DSS 服务器，使系统在提供宽带数据能力的同时，提供专业的集群调度功能。

在核心网侧，数字集群通信系统采用核心网分离设计，即集群调度核心网 DSS 和标准 LTE 核心网 EPC 相互独立，保证标准 EPC 技术和集群技术可以独立演进，同时降低了业务耦合度，有利于设备稳定和技术推广。

在无线侧，数字集群通信系统在 LTE 标准协议基础上进行优化和改进，采用新增信道的方式来提供集群业务，对标准的 LTE 业务没有影响。

## 3.3 数字集群通信系统关键技术

快速接入技术：TD-LTE 集群方案在空口做优化改进，采用新增逻辑信道方式，既保证了空口兼容性，又大大减少了集群呼叫建立时延，使 TD-LTE 集群呼叫时延达到专业集群标准（一般厂商的 POC 方案难以实现）；起呼接续时间不受群组成员数目的影响；空口协议进行深度优化，全面提升终端接续速度。

信道共享技术：群组内的各个成员共享前向无线信道，在同一个小区下，一个群组只占用一个无线信道资源，真正做到集群用户不受空口资源限制，大大减轻集群业务对整个 LTE 网络的冲击；单次呼叫的群组成员数目不受限制，系统和基站的负荷不会随接入成员数目增加而需要额外开销；一般厂商的 POC 方案，一个用户占用一对前反向信道。

## 3.4 数字集群通信系统优势

系统性能优异：系统容量大，资源浪费少，性能优异，极大降低商用风险。采用专用信道方案以小区为单位，只有寻呼响应的小区建立资源。该机制极大减少了系统资源浪费，使得商用能力大幅提升，降低了方案的商用风险。

集群业务旁路核心网，建网成本和风险更低；采用通用 EPC 网元，降低集群业务与公网业务的耦合度，降低建网风险；将 LTE 业务和集群业务接口完全隔离，降低集群标准与 LTE 标准的耦合度，使得数字集群通信系统方案不受 LTE 的协议后续演进影响，同时还可能享受到 LTE 协议演进带来的好处。相对其他集群方案，涉及网元更少，建网成本更低，特别在小型化应用成本最低。

继承 GoTa 成熟技术（架构、流程可复用），技术风险低；iEPC 核心网不需要改动，集群业务不和高速数据业务使用同一条核心网通道，极大地保障了基于 IP 的集群业务 QoS。

## 3.5 数字集群通信系统网络建设方案

### 3.5.1 网络整体架构

项目建设的整体拓扑如图 3 所示，包含 1 套核心网和 1 个站址的基站（包括 BBU（Building Base band Unit）+RRU（Remote Radio Unit）），基站将通过有线专网的光纤链路就近接入专网汇聚节点，和核心机房 eTC500 进行互联互通，核心网在中心机房与其他业务服务器通过交换机有线网络互通。

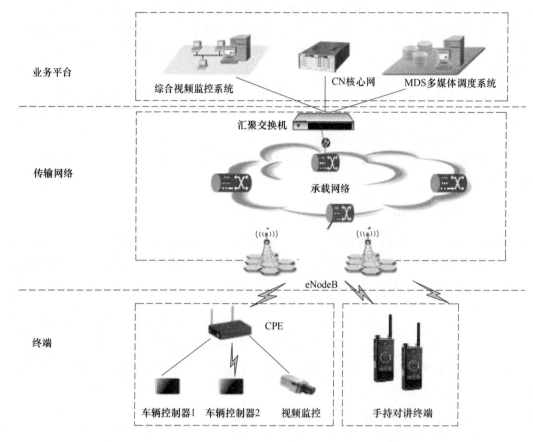

图 3　网络整体拓扑

核心层：包含 1 套 EPC 核心网系统、网管系统和业务平台，放置在通信机房，主要完成用户数据的传输、系统接入控制、移动性管理等功能。

承载层：有线传输，主要通过现有有线网络，完成基站和核心网之间的连接；无线通信 BBU 与核心网部署于一个机房中，通过局域网连接即可。

无线接入层：基站系统，无线通信建设 1 个 5.8GHz 的 TD-LTE 无线基站站点，包括 1 套 BBU、4 套 8 通道的 RRU 进行覆盖，每个扇区采用 8 通道天线，覆盖场站。

### 3.5.2　系统容量方案

根据建设规划，一套数字集群通信系统基站包含 4 个小区即可完成整场覆盖，满足项目业务的要求。每个小区采用 20MHz 带宽，根据 LTE 协议，单小区峰值速率在 1DL：3UL 子帧配比下，速率上行可达 32Mbps、下行可达 24Mbps。全网（4 小区）速率上行可达 128Mbps、下行可达 96Mbps。平均速率按照峰值 70% 计算，单小区平均速率可达上行 89.2Mbps、下行 67.2Mbps，完全满足无线通信业务需求，同时还可满足其他业务功能扩展的需求。

LTE 不同配置场景下峰值速率见表 3。

表 3 LTE 不同配置场景下峰值速率

| 载波带宽/MHz | 下行/上行子帧分配 | 单小区下行峰值速率/Mbps | | 单小区上行峰值速率/Mbps | |
|---|---|---|---|---|---|
| | | 64QAM/双流 | 64QAM/单流 | 16QAM/单流 | 64QAM/单流 |
| 20 | 1DL：3UL | 49.11 | 24.55 | 32.15 | 48.21 |
| | 2DL：2UL | 78.56 | 39.28 | 21.43 | 32.15 |
| | 3DL：1UL | 108.03 | 54.01 | 10.72 | 16.07 |

### 3.5.3 核心网建设方案

该系统模块可以和大容量的数据业务系统模块配合，组成大容量用户的数据集群核心网，也可以独立使用，建立集群网络。

### 3.5.4 基站建设方案

通过无线设计和规划，无线通信建设 1 个数字集群通信系统基站（含 2 个小区）即可完成目标区域的良好覆盖，初步站址规划（基站结构拓扑）如图 4 所示。

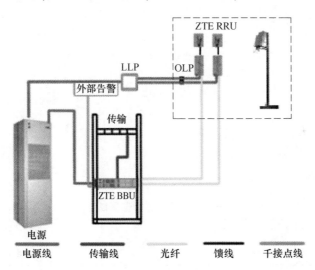

图 4 基站结构拓扑

### 3.5.5 车载终端部署方案

无线通信主要承载调车机控制业务和数据回传，机车内安装无线 CPE、传输堆取料机控制信号。

CPE 作为 LTE 网络与车载终端通信的媒介，有两个接口：

天线接口：CPE 的工作模式为一发两收，可通过两根软跳线分别与车顶的两个鲨鱼鳍天线直接连接。根据无线规划避免干扰，两个鲨鱼鳍天线间隔应不小于 0.5m。

车载控制终端接口：根据现场勘查，车载控制终端信息传输是通过 RJ45 的网口通信，满足无线通信要求。

### 3.5.6 多媒体集群调度台部署方案

多媒体调度系统（MDS）是专业集群指挥调度的关键组成部分。该系统属于应用层，和传输层无关（传输可以是 3G、4G LTE、5G、Wi-Fi 或者 TDD-OFDM 等），其产品主要有多媒体调度应用服务器、各类型终端（调度台、手机、摄像头、Ipad 等）。系统拓扑如图 5 所示。

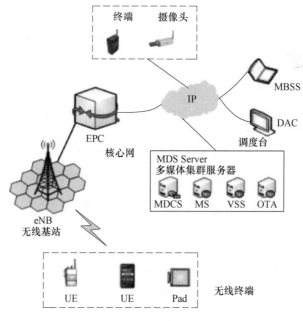

图 5　多媒体调度系统拓扑

### 3.5.7　无线网络区域规划

无线网络覆盖区域见表 4。

表 4　无线网络覆盖区域

| 区域类型 | 区域尺寸 | 区域类型 | 说　　明 |
|---|---|---|---|
| 轨道作业区 | 1200m×1000m | 场区 | 平地，机车车体停放，最宽区域共有 6 股轨道 |

## 3.6　数字集群通信系统无线专网功能

### 3.6.1　数据传输

数字集群通信系统基于第四代移动通信技术，可以提供最高的无线接入数据速率，20MHz 单载波上行数据速率 50Mbps、下行数据速率 100Mbps。高速的数据业务可满足移动互联网的各种业务需求。如无线通信需求地面控制调车机实施平面调车业务、移动办公、视频回传等。

### 3.6.2　专业集群

数字集群通信系统集群作为专业集群，其架构灵活，成本合理。数字集群通信系统集群终端一机多用，集语音短信、集群对讲、高速数据于一体，完美实现多业务融合，同时数字集群通信系统可方便与现有通信系统与公众移动网络实现互联互通，实现一体化调度。

无线集群通信一般具备如下特点：

（1）固定区域、用户密集。工作人员活动区域比较固定，群组较多，用户较多。

（2）使用频繁、稳定可靠。集群呼叫频繁，对于接续时间与稳定性有很高要求。

（3）流程复杂、调度灵活。涉及多个部门与工种，流程复杂，必要时需要临时编组或动态重组。

针对以上特点，数字集群通信系统除了提供常规集群对讲和调度功能之外，还有多种可以灵活定制的集群应用：

（1）优先级。可对工作群组重要岗位或领导成员设置较高优先级，高优先级成员优先获得话权，可强拆低优先级成员话权；可设置 PTT 高于语音与数据，PTT 强拆语音呼叫与数据链路；可设置不同群组与业务优先级，高优先级强拆低优先级。

（2）守候组。成员根据岗位不同可能属于多个组，同一时刻用户可以选定守候一个或多个组，只接入预先选定的群组呼叫，避免其主要工作受其他群组干扰。

（3）动态重组。调度员可根据需要将多个用户与群组动态组成临时组呼。

（4）可视化调度。调度台提供强大二次开发接口，可以与定位、视频监控业务完美融合，实现可视化调度，提供一键求助、实时定位、框选呼叫等特色功能，为用户提供全新业务体验。

## 3.7 多媒体调度功能

### 3.7.1 音视频调度

在紧急事件发生的情况下，需要将现场的视频、音频信息实时回传至指挥中心，同时指挥中心的领导需要对现场实时下达指挥命令，数字集群通信系统的音视频调度系统将提供以上功能。

支持 Android 手机、摄像头、车载取证、单兵设备等终端设备的视频回传、视频转分发业务；支持用户、群组间的多媒体消息交互，包括文字、图片、语音、位置、文件等消息类型；支持通过 GIS 地图一张图整合视频业务、多媒体消息业务、地图定位业务、集群语音业务、轨迹回放等。支持多种终端类型接入，包括 Android 手机、Android 平板、PC 调度台、摄像头、车载取证系统等；支持 Windows、Android 接口二次开发，方便集成厂商进行业务二次开发，和现有业务系统进行融合。

### 3.7.2 图像回传

数字集群通信系统可以实现多种视频源的综合接入和回传监控，包括视频监控摄像头、专网 TD-LTE 手机视频。视频图像系统结构如图 6 所示。

前端采集的音视频信息，经由数字集群通信系统专网传输通道，回传至多媒体调度服务器（MDS）处理。

### 3.7.3 多媒体消息调度

数字集群通信系统多媒体消息调度可实现如下功能：

（1）文字消息。在不方便语音视频调度的场景下，终端或调度台可以选择以文字信息方式传递信息，支持单对单传递文字消息，也可以在群组中收发文字消息。

（2）图片消息。除了支持文字消息外，还可以支持图片消息，图片可以在消息对话中

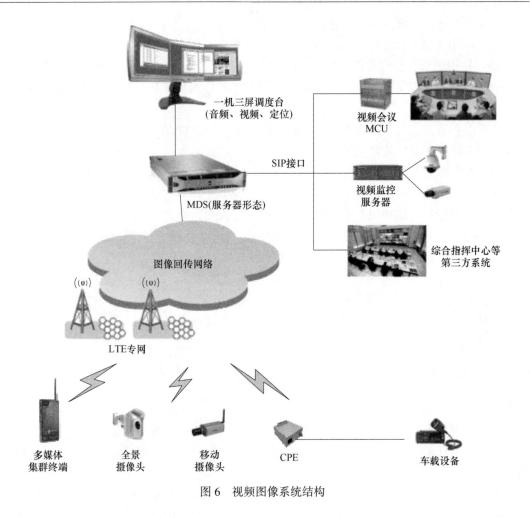

一机三屏调度台
(音频、视频、定位)

视频会议
MCU

SIP接口

视频监控
服务器

MDS(服务器形态)

综合指挥中心等
第三方系统

图像回传网络

LTE专网

多媒体
集群终端

全景
摄像头

移动
摄像头

CPE

车载设备

图 6　视频图像系统结构

实时拍摄，也可以从已拍摄的图片中选取。

（3）多媒体文件消息。多媒体消息支持音视频多媒体文件的传递。

## 3.8　GIS 应用

数字集群通信系统的 GIS 业务可实现如下功能：

（1）支持地图相关操作。地图操作具体包括地图缩放功能、地图平移功能、按照选中点居中显示功能、地图拖拽功能；地图测距功能主要提供地图上直接测距功能，可以选择一个测距起点，然后选择一系列节点作为中间点，在每个节点处显示该节点距离起始点的距离，测距完成后，选择终点结束测距。

（2）支持终端定位和地图显示。支持对手机、单兵等装备的实时位置显示；对于一些不支持定位功能的终端设备，比如移动布控视频监控摄像机，可以配置经纬度信息，以方便在地图上显示。

（3）支持历史轨迹回放。选择一段历史时间，根据用户上报的历史位置信息绘制其轨迹。客户端控制绘画轨迹的线条颜色等，保证不同用户轨迹线不同，可以支持多个用户的轨迹叠加。

# 4 结论

本项目实施后，产线生产效率提升 20%，生产准备时间从 1~2h 改善到 20min，料场库存周转率提高 17%，点检效率提高到实时确认，设备运行工况及时了解。通过无线通信数字化的高效流动，构筑了指挥层级的扁平化，调度人员发挥了更高级的指挥调度作用，保障公司更加高效安全生产。

# 铁路道口自动报警与控制方案的建设与应用

杨旭涛，曹　林

（马鞍山钢铁股份有限公司运输部）

**摘　要**：根据马钢运输部内部铁路道口现状，详细分析了对道口进行改进自动报警与自动控制技术方案，使铁路道口实现了自动报警与自动控制。

**关键词**：铁路道口；自动报警；自动控制

马钢运输部铁路大多为低速铁路，厂区道口多、道岔多、调车行车作业复杂，道口安全已成为影响运输安全关键因素之一。现有道口分为远程控制道口、有人值守道口、无人值守道口三种管理模式，其中22处远程控制、31处有人看守、100余处无人道口。目前，马钢厂区道口的人员配置和管理方法基本处于人员现场控制、多点远程集中控制阶段（近几年才开始用远程控制）及无人值守模式。在无人值守的铁路道口，人员和车辆抢跃道口现象时有发生，存在一定的安全隐患。2020年运输部为适应新形势下设备及人力资源优化模式的变革，实施自动道口控制技术取代现有道口技术装备模式，大力发展生产自动化程度以及智能化水平，减轻员工劳动强度，增强道口安全，提高公路通过率，保证正常的运输生产。

## 1　系统简介及组成

自动道口控制系统通过车列接近信息的采集，实现火车接近道口自动报警，并使道口火车通过信号、公路交通信号灯、电子警察等设备联控，保证道口通行安全，达到无人值守、减员增效的目标。系统构成如图1所示，由检测单元、网络单元、控制单元、报警单元、监控单元等组成。

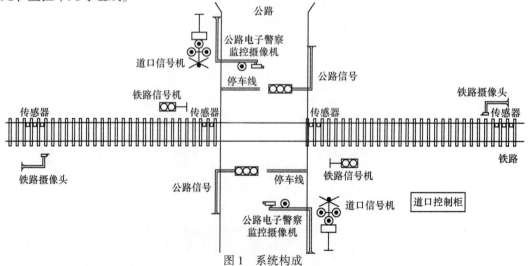

图 1　系统构成

系统图如图 2 所示。

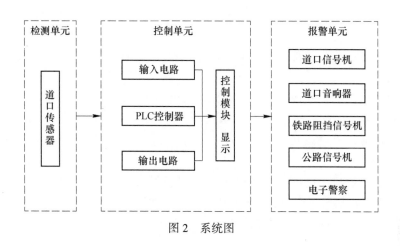

图 2　系统图

## 1.1　检测单元

检测单元用来检测机车的到达和离开，并把检测的信号传送给 PLC，以使 PLC 做出相应的控制。采用 XKG-Ⅱ-00 型液压顺向开关传感器作为检测设备，安装在每处道口两侧接近线路的钢轨内侧，分为四组，数量为 3、2、2、3。

## 1.2　控制单元

控制单元采用 PLC 作为控制核心，用来控制道口信号的开放和关闭。并将传感器、电缆、信号机等设备的状态实时上传远程控制端。

## 1.3　报警单元

报警单元的主要作用是当接近传感器检测到机车接近道口时，立即启动声光报警装置，提醒行人和车辆注意。当机车驶离道口时取消报警。该装置由 PLC 的输出信号控制，保证控制的实时性和可靠性。包括公路信号机、道口信号机、铁路阻挡信号机等。

## 1.4　监控单元

监控单元由电子警察、监控摄像机、监控大屏、远程操作服务器等组成。具有道口现场设备数据和道口实时图像的存储、现场设备状态的监控、设备触发历史记录回放等功能。电子警察设备是一种针对交通道路管理的监测记录系统，实现道口过车记录、违法检测、视频监控、道路交通参数采集四位一体的功能。

## 1.5　网络单元

各道口终端部分的光纤网络采用星型结构，现场采集的数据和图片通过网络部分上传至管理服务器中。包括 12 芯单模光纤、交换机、光纤收发器等。

## 2　系统控制方式和技术要求

### 2.1　控制方式

道口自动控制方式要实现对道口警铃警灯设备、铁路阻挡信号机、公路方向红绿灯、电子警察等设备的自动控制。

（1）铁路道口两侧车列接近道口，触发接近传感器，道口警铃立即启动报警亮红灯交替闪烁、公路信号亮红灯、铁路信号亮绿灯，电子警察启动。

（2）列车不通过道口：列车靠近道口触发道口警铃后，待列车反方向离开立即取消道口报警。

（3）列车通过道口：待列车占用并驶离道口区段后，道口两端的铁路阻挡信号机亮黄灯，道口信号机停止报警亮白灯，公路信号亮绿灯，道口自动控制系统复位。

（4）系统具备人工远程、现场控制功能。流程图如图3所示。

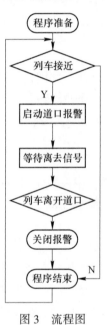

图3　流程图

### 2.2　技术要求

（1）当列车接近道口触发接近传感器时，道口报警能立即启动，待列车占用且驶离道口时，自动取消道口报警。

（2）能够识别判断车列运行方向，车列接近道口方向触发接近传感器时报警，驶离道口方向触发接近传感器时取消报警。

（3）两列机车同时（先后）通过多股道口时，要求道口信号开放正常。

（4）当列车接近道口触发接近传感器时，远程控制端自动切换监控视频为当前道口，提醒远程操作人员监控道口现场情况。

（5）远程控制客户端具备设备检测报警功能，当设备出现故障时，客户端跳出对话框提示操作人员报修。

 （6）当现场道口设备出现故障时，公路信号机黄灯闪烁。

 （7）远程控制客户端具备画中功能，小画面可任意选择道口监控画面。

 （8）满足列车运行速度在 5~40km/h 的使用要求。

 （9）电子警察具备闯红灯抓拍功能并将图片上传至道口监控服务器。

 （10）道口信号公路化，使行人和驾驶人员易懂。

# 3　系统技术方案

  控制系统采取传感器触发自动报警方式。下面就车列作业方式，以马钢北区一号道口（见图 4）为例，介绍自动控制道口的具体实施方案。

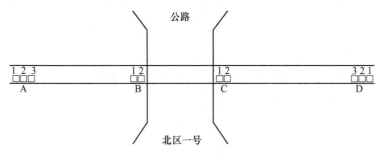

图 4　马钢北区一号道口示意图

## 3.1　列车正常通过道口技术方案

  在每处道口两侧接近线路的钢轨内侧，安装四组传感器，接近传感器每组 3 个，到达（离去）传感器每组 2 个，列车接近道口触发接近传感器 A（D）时，根据触发 3 个传感器（三取二，2s 内）的先后顺序判断其运行方向，系统启动报警、电子警察；列车触发到达传感器 B（C）时，表示列车准备占用道口，系统保持报警；列车触发离去传感器 C（B）时，表示列车正在占用道口，系统保持报警，同时到达传感器 B（C）倒计时，当传感器连续 8s 再无触发，系统认为列车已完全通过道口，系统关闭报警、复位。

## 3.2　列车在道口处作业技术方案

  当列车接近道口触发接近传感器 A（D）时，根据触发 3 个传感器（三取二，2s 内）的先后顺序判断其运行方向，系统启动报警、电子警察；列车触发到达传感器 B（C）时，系统保持报警；若接近传感器收到反向信号（根据 2s 内触发 3 个传感器的先后顺序），表示列车驶离道口，系统关闭报警、复位。

## 3.3　远程控制客户端

  当道口设备出现异常或现场遇到紧急情况时，操作中心的操作人员可将控制状态由自动变为手动，远程控制道口设备的运行。

## 4　系统完善及改进建议

2020～2021 年，结合上述方案，马钢运输部完成 10 处自动道口的建设。传感器形式自动道口控制技术具有报警时间精确、可以根据运输行车实际需要调整接近道口报警时间等优点；缺点是传感器方式无法判断列车是否通过道口，无法有效解决机车在道口区段作业的误报警问题。

（1）下一步将采取系统和铁运生产物流、机车作业计划、机车 GPS 等条件相联锁，可计算出列车的准确长度、位置，判断列车作业是否通过、占用道口，可以有效解决道口区段调车作业误报警的问题。

（2）利用电子警察的车流量统计功能，实时监控铁路道口的车流量，自动统计不同时段各类车辆的通过数量，分析厂区道口的交通状况，可为物流调度、路况优化提供精准的参考依据。

## 5　结语

马钢铁路道口自动报警控制系统实施后，减轻了员工的劳动强度，通过自动化技术的应用，提升了马钢铁路道口管理水平，对冶金运输企业铁路道口的自动控制方案设计具备一定的参考价值。

**参 考 文 献**

[1] 李养民. 铁路无人监护道口安全预警系统 [J]. 铁道通信信号, 2006 (12)：14-15.

[2] 訾学博, 张大千. 铁路道口报警及控制系统 [J]. 沈阳航空工业学院学报, 2008 (3)：52-54.

[3] 曹林. 马钢铁运公司道口远程控制系统的建设与运用 [J]. 安徽冶金科技职业学院学报, 2016, 26 (2)：12-15.

# 基于精准定位的机车安控系统的设计与实现

覃金宝，张廷波

（广西柳州钢铁集团有限公司）

**摘　要**：机车是铁路运输公司的主要生产设备，铁路的很多生产安全事故都与机车有关，事故的发生很多都是人的失误。机车司机根据现场信号和调车员指令行车，当车列处于推送状态运行时，司机无法获知前方路径信号开放状态及与尽头线的距离，只能通过调车员使用平调设备指挥，一旦平调设备发生故障或调车人员工作失误或者司机注意力分散，就很容易发生安全事故。机车安控系统可以在关键位置、超速等影响机车运行安全时发出语音提醒司机，辅助司机安全驾驶机车，并根据需要介入管控机车运行情况，从而实现对机车运行过程的监控和管控，减少机车运行安全事故的发生。

**关键词**：机车；生产安全；精准定位；安全管控

## 1　机车安控系统的现实需求

党的十八大以来，党和国家高度重视安全生产，把安全生产作为民生大事，纳入全面建成小康社会的重要内容之中。基于国家安全生产的管理要求，企业也越来越重视安全生产，安全生产既是民生大事，也是企业生存发展的保护屏障。在安全生产要求的大背景下，如何减少铁路行车安全事故的发生，机车安控系统提供了很好的技术解决方案，得到了很多铁路运输单位的认可和采纳。

## 2　机车安控系统的组成

机车安控系统主要由车载系统、服务器处理系统、定位系统、网络系统、控车系统和App 系统组成，与外部系统有数据交换的主要是微机联锁系统、铁水跟踪系统和 MES 物流管理系统，如图 1 所示。

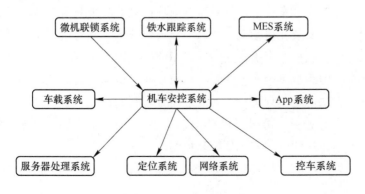

图 1　机车安控系统构成

车载系统：由车载电脑、打印机、通讯模块、显示器等设备组成，接收并向服务器传输卫星定位信息，向服务器传输 RFID 设备读取地面标签信息，显示微机联锁系统站场信号画面信息、机车位置信息、机车运行状态、调车作业计划、距离前方信号机或尽头线的距离，具备语音提醒和干预机车运行功能，根据机车或车列位置与调车作业计划匹配，实现调车作业计划的自动清钩。

服务器处理系统：由地面服务器、差分基站服务器、外部系统接口主机组成，接收并处理卫星定位数据、RFID 数据、外部系统数据，完成系统数据的计算与处理，并向车载系统传输相关联锁数据、调车作业计划、车辆属性等信息和数据。

定位系统：由机车端的 GPS 定位设备、RFID 设备和地面标签组成，主要实现对机车位置的精准定位功能，地面标签可以辅助系统实现 GPS 定位偏离的及时修正，在自动控车功能中可确保控车距离的精确。

网络系统为车载系统与服务器处理系统搭建一条信息高速公路，实现精准定位数据、调车作业计划、微机联锁数据等在移动网络与集团内网之间的互相传输，保证系统的正常稳定运行。

控车系统由自动控车模块主机、传感器和制动阀组成，当机车的运行状态满足系统设定的自动控车条件时，控车系统将根据机车运行状态和安全缓冲情况进行相应的自动控车操作。

App 系统：可通过安卓或苹果系统运行，查看当前的铁路运输情况，了解机车运用及运行情况。当 App 系统打开时，若有机车接近打开有 App 系统的设备，App 系统会发出声音提示机车接近，注意避让。

与外部系统接口：从微机联锁系统获取联锁数据，用于显示联锁画面信息、车列长度计算和机车定位；从 MES 物流管理系统和铁水跟踪系统获取调车作业计划、车辆属性等信息，用于计算车列长度，并在司机室展示调车作业计划的执行情况，车载系统向 MES 物流管理系统和铁水跟踪系统返回调车作业计划的执行情况。

## 3 机车安控系统精准定位的实现

机车安控系统的机车及车列精准定位，直接影响到系统的关键功能。为了确保定位的精准，机车安控系统采用了卫星定位技术、微机联锁定位技术、地面标签定位技术三种定位技术结合互补，再结合调车作业计划及车辆属性信息，实现对机车及车列的精准定位。

因为卫星定位设备安装在机车上，所以卫星定位技术只能对机车进行精准定位，无法完成车列的精准定位。当机车牵引作业时，机车的位置即为车列运行的最前方位置，卫星定位基本满足要求；但当机车推送作业时，车厢在前，机车在后，此时单靠卫星定位只能得到机车的位置，无法确定车列运行方向的最前方车厢的精准位置，必须要借助其他信息或数据来计算出车列的总长，再根据机车位置算出在车列运行方向最前方车厢的精准位置，才能实现车列运行过程中的安全预警和控制。

车列长度的计算方法有两种：一种是对速度积分计算，另一种是通过调车作业计划获取。

### 3.1 速度积分算法

从联锁表示中计算获得，当车列压过联锁区段时，保存区段变红时间 $t_1$，待前一区段整体出清，记录时间 $t_2$，在 $t_2-t_1$ 这段时间内，每隔数秒进行速度抽样，对此速度和时间间隔进行累计，即可求得实际车长。速度积分算法是对车长的估算，存在以下几方面误差：

（1）车载主机与地面的通信延迟。

（2）本身的测速误差、速度抽样和累积误差。

（3）机车在倒调过程中前后来回运动时，测算出的数据不可用。

以上误差多是随机的，无法预知，导致测算结果不够稳定，这也是速度积分法的缺点。

### 3.2 调车作业计划算法

调车作业计划中有详细的挂车数或甩车数，再结合车辆属性信息获取每个车皮的长度信息，通过车皮长度累加可获得实际车列长度。在调车作业计划的正确编制和执行情况下，得到的车列长度数据相对准确。由于车钩与车钩连接时，中间还有一定的间隙，车列在经过上坡、下坡路段时，车列实际长度与理论计算长度存在一定误差。

由于调车作业计划在执行过程中，存在人为因素造成在现场执行计划时出现多挂（甩）车或少挂（甩）车的情况，导致车列实际长度与理论长度不一致。

鉴于两种车列长度计算方式各有优劣，为了确保车列定位的精准，系统同时进行两种车列长度计算，并将两种方法的计算结果都在系统中显示出来，以调车作业计划算法得到的车列长度为主，辅以速度积分算法结果作为验算，只有在两种车列长度结果相差在合理范围时，才作为安全预警的凭据，两者相差过大时，提醒司机核实调车作业计划执行是否有误，通过两种算法的互补，实现车列的精准定位，确保机车安控系统运行的安全性、稳定性和可靠性。

## 4 机车安控系统自动控车的实现

机车安控系统实现了车列的精准定位以后，通过精准定位数据可实现机车运行过程的安全提醒。由于存在人为因素，安全提醒还无法完全确保机车的运行安全，为确保机车运行安全，机车运行的自动控车功能就显得非常有必要。基于机车安控系统的精准定位数据、联锁数据及系统其他数据的支撑，在机车上加装独立的 GYK 设备，并与车载系统联网接收信号机开放状态、线路限速等数据信息，能有效实现防止车列越过关闭的信号机、防止车列运行速度超过线路允许速度、防止车列运行速度超过线路临时限制速度、防止车列高于规定的调车运行速度进行调车作业。

机车运行过程中，可能会出现超速的情况，当车列运行接近终点时，如果车列还超速运行，将非常容易出现在规定位置无法停车而发生撞尽头线或挤岔等安全事故。为了避免这种情况的发生，在机车上增加了能够实现自动控车功能的 GYK 设备。当机车运行中出现超出限速要求时，GYK 设备根据自身的速度传感器获取到机车的实时速度与限速要求对比，自行决定采取点动制动、持续制动或紧急制动操作，实现对机车的降速、控速操作。在 GYK 设备故障或者突然失电时，GYK 设备将直接紧急放风制动，保障机车的运行安全。

## 5 机车安控系统的突出特点

（1）实现机车及车列位置的实时精准定位，既可在地图画面等比例显示，还可与微机联锁系统运行画面融合，直观和清楚地展现机车所在位置和运行状态。

（2）机车司机可实时看到机车所在区域的铁路信号开放状态，可以看到机车距离运行前方信号机、尽头线、道口等关键点的距离；司机可直接看到并打印调车作业计划，节省调车员到调度台拿调车作业计划的时间。

（3）系统可以设定关键点、关键线路的限速要求，机车在限速区域超速时，可语音提醒或自动采取降速控车措施。

（4）系统通过卫星定位与微机联锁定位的比较，可及时发现微机联锁存在的"压不实"区段。

（5）系统通过定位数据的大数据分析，反映出铁路线路的质量，有助于工务段开展铁路线路维护工作。

（6）调度员通过系统可实时了解到机车当前所属的位置信息，能够快速地开展行车调度作业安排，提高工作效率和质量。

（7）系统可以实现机车相关运行数据的统计分析，为机车运用、维护管理提供数据支撑。

## 6 机车安控系统的意义

如今，基本上每年都会发生挤岔、冒信号或撞尽头线的安全事故，其中人为因素导致的占多数。通过机车安控系统的技术加持，司机能看到机车运行前面的信号开放状态和距前方信号机、尽头线等关键点的距离，可提前做好停车准备，可有效避免冒信号、撞尽头线等事故的发生。当机车运行过程中出现超速情况时，系统会语音提醒司机甚至直接采取制动措施，将大大减少行车安全事故的发生。系统可与道口防护安全联锁，铁路道口封锁状态直接反映至车载系统，司机可直观地看到道口封锁情况，在道口封锁未好的情况下，系统提醒司机禁止通过道口或者自动控车禁止通过道口，可有效防止道口安全事故的发生。机车安控系统的运用，将大幅提升铁路行车安全系数，有效保证铁路的生产安全效率和质量。

## 7 结语

机车安控系统是 MES 物流管理系统和微机联锁系统等的延伸，在技术和功能上进行了差异化的增减，实现数据共享。在"科技强安、科技兴安"理念的引导下，机车安控系统的应用提升了铁路运输公司的生产安全质量，降低了司机、调车员、调度员的工作压力，降低了行车安全风险，提高了铁路运输单位的管理水平与信息化水平，降低了生产成本，减少了岗位工作量，推进了铁路运输单位的"两化融合"进程。

随着机车安控系统的建成并投用，今后可整合机车安控系统、MES 物流管理系统、微机联锁系统和铁水跟踪系统为铁运信息管理一体化平台，对铁运生产动态进行全局监察和管理；更可以进一步深化研究，实现未来铁运智能调度、遥控机车、无人机车、标准化管理、生产自动化和无人化，最终实现智慧工厂的构想，为大型企业的工业现代化奠定坚实基础。

## 参 考 文 献

［1］ 杨杰，张凡．高精度 GPS 差分定位技术比较研究［J］．移动通信，2014，38（2）：54-58，64.

［2］ 卓宁．GPS 定位中的误差分析与改正［J］．宇航计测技术，2008，28（6）：47-50.

［3］ 梁前浩，薛峰．基于 GPS 的虚拟应答器在调车监控系统中的应用［J］．铁道通信信号，2011，47（10）：1-3.

［4］ 谭明生．GPS 定位技术——差分 GPS 技术的发展及应用［J］．河北企业，2016（3）：117-118.

［5］ 张夫松，宋宇博．GPS 在机车调车监控系统中的应用研究［J］．兰州交通大学学报，2004（4）：101-103.

［6］ 朱国辉．差分 GPS 技术在编组站监测系统的应用研究［D］．北京：北京交通大学，2007.

［7］ 徐庆标，吴登阳．调车监控系统车列定位技术的研究［J］．铁道通信信号，2011，47（4）：25-27.

# 构建星级职工评比提升安全
# 素养体系的探索与实践

马智军，吕振波，陶院生

（首钢集团有限公司矿业公司运输部）

**摘　要**：通过实施星级职工评比，践行"小东"精神，促进逐级人员"建标、学标、贯标、达标、评标"，不断提升安全素养，使安全生产工作法制化、标准化和精益化，实现"长治久安、事故为零"的安全生产目标。

**关键词**：星级职工评比；安全素养体系；"小东"精神；标准

## 1　构建星级职工评比提升安全素养体系的背景

### 1.1　夯实高质量发展基础的需要

规章制度就是各项工作的标准，它是首矿运输产业高质量发展的基础。当前，运输部建立了一套较为完备的规章制度体系，但随着高质量发展的不断深入，反映出规章制度还存在标准不完备不适用、执行不到位或未落实的问题，通过实施星级职工评比，就是要建立健全并完善适用的标准，有效解决规章制度落实中逐级存在的举而不落、落而不实、华而不实的问题，提高逐级的执行力。

### 1.2　实现职工提素提能的需要

通过实施星级职工评比，将其打造为高素质职工队伍的"练兵场"，以安全管理四要素和重点工作相结合为指导框架，促进全员安全意识和技能素质的提升，使逐级的标准意识不断深化，形成"事事、处处、岗岗有适用标准，人人执行标准"，使"人、机、物、环"达到良好的生产状态，实现管理工作法制化、标准化和精益化，进而实现职工"提素"推动运输产业发展"提速"。

### 1.3　建设企业安全文化的需要

通过实施星级职工评比，引领逐级学习小东人对安全生产规律的探索和对铁路安全生产真谛的领悟，引导全体职工"建标、学标、贯标、达标、评标"，经过长期的高标准约束，实现"让制度成为习惯，让习惯成为标准"，让"奋勇争先、一往无前"的火车头精神融入每一名职工血液中，进而自觉或不自觉地落实到行动上，形成冶金运输行业的特色企业安全文化。

# 2 构建星级职工评比提升安全素养体系的主要做法

## 2.1 构筑星级职工评比顶层设计

### 2.1.1 组织架构

成立以运输部主要领导为组长的星级职工评比领导小组,成立以运输部主管安全领导为组长的星级职工评比工作小组。

### 2.1.2 星级等级及奖励标准

标准化星级职工评定区别于技术能手的评定,重点侧重岗位对于标准化工程"四要素"执行和保持情况。职工星级由高到低分为五星、四星、三星、二星、一星 5 个等级。按综合考核得分及人数控制大致比例等条件确定职工星级,不同岗位奖励标准相同。标准化星级职工评定及奖励标准见表 1。

表 1 标准化星级职工评定及奖励标准

| 星级等级 | 奖励标准/元·月$^{-1}$ | 参考得分($X$) | 参考比例 | 必备资格 |
|---|---|---|---|---|
| 五星 | 600 | $X>90$ | 0,10% | 突出遵章守制的自觉性,强化现场环境和设备设施等的常态化保持力度。可参考受考核情况、安全生产情况 |
| 四星 | 400 | $80 \leqslant X < 90$ | 20%,40% | |
| 三星 | 300 | $70 \leqslant X < 80$ | 20%,40% | |
| 二星 | 200 | $60 \leqslant X < 70$ | 0,10% | |
| 一星 | 100 | $X<60$ | 不限 | 无 |

### 2.1.3 评定细则

标准化星级职工考核评定由评比考评、隐患排查、安全生产以及考核情况等四方面组成,实行季度评定、月度奖励的原则,根据季度评定结果给予不同岗位下季度各月份相应的星级奖励。各版块所占比例见表 2。

表 2 标准化星级职工评价版块及比例情况

| 版块 | 评比考评分($A$) | 隐患排查分($B$) | 安全生产分($C$) | 考核情况分($D$) | 重点工作分($E$) |
|---|---|---|---|---|---|
| 比例/% | $a$ | $b$ | $c$ | $d$ | $e$ |

以一个季度为一个核算周期,每名职工月度平均综合得分($Y$)根据四个版块得分计算得出,不设上限。

$$Y = (Aa + Bb + Cc + Dd + Ee)/3$$

对于评比考评版块,由规程班前一考、月度安全知识、季度规程等考试得分依据不同比例组成。

对于隐患排查版块,由隐患排查数量、隐患排查质量以及隐患整治情况等根据计分标准和不同比例组成。

对于安全生产版块,由事故避免情况、行车事故以及人身事故等根据计分标准和不同比例组成。

对于考核情况版块，以标准化工程为根本，从人的行为标准化、生产及检修现场环境标准化、设备设施及检修作业流程标准化三方面出发，对于日常各级检查发现的每项问题，对照《标准化评价项目及考核标准》，落实岗位相应的扣分。

对于重点工作版块，由双重预防机制建设、本质化安全建设以及操检合一等重点工作依据不同比例组成。

上述五个版块的所占比例和每一版块分项所占比例由各车间结合实际自行确定，便于根据各自特点、各自短板有针对性地促进全员安全意识提升。

### 2.1.4　组织流程

组织流程为：版块得分计算→确定星级职工→公示一周→月度奖励→季度表彰。

对于季度表彰，面向全体职工设置"隐患排查之星""本安建设之星""遵章守制之星""以考促学之星""事故避免之星""服务安全之星"，以及面向集体设置"星级班组""星级车间"。

## 2.2　采取多种形式加大宣传贯彻力度

先后组织召开星级职工评选工作交流会、开展星级职工专项调研、制作"话谈星级职工评比"宣传视频教材，并利用车间例会、职工大会以及班组班前会、安全活动等时机，加大星级职工评比宣讲力度，同时，组织举办星级职工展示文艺汇演联欢会，让所有职工了解开展此项工作的重要意义，引导全员参与和提高职工争星的意识。

## 2.3　深入基层一线倾听职工心声

走访车间和班组，分别与车间领导、专业管理人员以及职工代表等进行面对面交流，并开展面向一线职工的网上调查问卷，共计组织 1047 名职工参与。通过问卷调查，发现并解决了推行过程中起步阶段重视程度不高、推行过程动态关注不够、挂钩工资合理使用不足、信息系统研发进度不快以及顶层设计谋划长远不清 5 方面典型问题，并收集到 420 条意见和建议。

## 2.4　践行"小东"精神打造标准意识

小东站位于辽宁省黑山县小东镇，隶属中国铁路沈阳局集团有限公司阜新车务段管辖，是高新线上的一个四等小站，在一代代小东人的共同努力下，逐步形成了"一点不差，差一点也不行"的"小东"精神，确保了70多年来的连续安全生产，保持着中国铁路中间站安全生产的最高纪录。星级职工评比是打造高素质职工队伍的"练兵场"，只有践行"一点不差，差一点也不行"的"小东"精神，才能充分促进全员标准意识和安全意识的提升。

### 2.4.1　建立完善标准，严实规章制度标准规范

搜集铁路行业以及专业管理法律法规、标准规范，将其适用自身条款摘录整理，对照两级公司规章制度，进一步梳理、健全、完善本专业规章制度、管理办法、基础工作，形成法律、法规（行政法规、地方性法规）、规章（部门规章、地方政府规章）、标准（国家标准、行业标准）、两级公司规章制度、运输部级规章制度、专业措施规定等多级制度

清单，使各项管理业务有规章制度可依。

### 2.4.2 组织学习标准，坐实规章制度入心入脑

结合梳理的规章制度，每月 25 日前制定规章制度月度教育培训内容，组织全员开展规章制度学习，鼓励职工业余时间自学，过程中要运用案例开展警示教育，引导职工以案为鉴，举一反三，真正做到"知标准、明规矩、受教育"，坐实到职工的每一个行为，成为衡量和评价各项工作的基本标准，成为每名职工最基本的职业操守；车间按月、科室按季组织对职工学习情况进行考试验证，提高广大职工学习规章制度的自觉性。

### 2.4.3 贯彻执行标准，落实规章制度无形转化

各级领导示范带头贯彻执行标准、履行工作职责，切实发挥规章制度指引方向、规范行为、防范化解风险的作用，运用正反案例，通过用制度"管"、靠教育"化"，不断引导职工提高标准执行意识，让"一点不差，差一点也不行"落实到执行的每一个环节，真正使标准意识内化于心、外化于行，实现"让制度成为习惯，让习惯成为标准"的目标，车间按月、科室按季对逐级标准执行情况进行分析、发布。

### 2.4.4 检查验证标准，抓实规章制度执行到位

逐级专业管理人员根据管理分工，紧密围绕生产经营任务、管理重点难点、季节特点以及事故案例等，重点结合月度学习内容，班组按班、车间按周、运输部级按月组织对管理工作规范、人的作业行为、设备设施以及现场环境状态等开展检查，看是否达到"有适用标准、人人执行标准"，拿着标准去检查验证，力戒"走马观花"式检查，做到底数清、现状明、问题准，让"一点不差，差一点也不行"抓实到检查的每一个人员，严肃查处有令不行、有禁不止行为，确保各项规章制度严格地执行。

### 2.4.5 评比验收标准，夯实规章制度体系建设

用正确的舆论氛围引导人。结合《运输部标准化星级职工评比实施方案》，按季组织对车间落实标准情况进行评比验收，结合"双控"机制建设工作思路，制定下发《运输部季度星级个人、星级集体评选办法》，按季评选出星级车间、星级班组以及星级个人，通过"评标"引导车间逐级"建标、学标、贯标、达标"，让"一点不差，差一点也不行"夯实到体系的每一个层级，充分体现首矿运输人的职业操守和职业精神，推动运输产业"十四五"规划的高标准实施。

## 2.5 通过典型引领职工共同进步

通过采取五星职工才能参与运输部季度、年度安全先进个人评比，树立先进典型，深挖五星职工典型事迹制作宣讲视频以及引导车间运用多种形式（如授星仪式、给家属发放喜报等）给五星职工以足够的荣誉感等方式，切实发挥五星职工的示范作用。同时，针对后进的一星职工，组织车间逐人分析，制定针对性的管控措施，如推行"五星带一星"举措，切实让每一名一星职工都有进步成长的空间，做到全员共同进步。

## 2.6 制定发展规划构建体系建设

结合一年多的星级职工评比工作开展情况，进一步制定《运输部星级职工评比三年行动方案》，突出星级职工评比工作的中期发展规划，明确典型引路机制、后进职工帮促机

制、抓实评比过程以及分阶段达到的目标等内容，形成独有的安全文化体系，让职工在高质量发展的进程中真正做到与企业同呼吸、共命运。

## 3 构建星级职工评比提升安全素养体系的效果

通过构建星级职工评比提升安全素养体系，提高了职工遵章守纪的自觉性和安全生产的标准化，确保了"操检合一""遥控机车"以及机车司乘人员由三乘到联乘、到单乘等一系列重大改革的顺利实施，实现了"五为零"安全工作目标，即百万工时伤害率为零、责任路外交通事故为零、一般 D 类以上厂内行车事故为零、职业病发病率为零、火灾事故为零。截至 2022 年 5 月 31 日，运输部保持了 8032 天无责任人身伤害事故的安全成绩。2019 年，运输部被授予全国"安康杯"竞赛优秀组织单位。

### 参 考 文 献

[1] 才铁军，邓继伟，刘志威. 小东站：中国铁路一面永不褪色的红旗 [J]. 今日铁路，2021（8）.
[2] 才铁军，邓继伟，刘志威. 小东站和小东精神简史 [J]. 今日铁路，2022（1）.

# 北京全路通信信号研究设计院
# 集团有限公司

北京全路通信信号研究设计院集团有限公司成立于1953年，是中国轨道交通控制系统行业的先行者，是中国早从事轨道交通通信信号研究设计的专业公司。母公司系中国铁路通信信号股份有限公司，全球最大的轨道交通系统解决方案提供商之一，于2015年正式在香港股交所上市，上市编号为03969.HK。

公司凭借"基于轨道交通的安全及控制技术与服务"的核心竞争力和系统设计集成、设备制造及工程服务的位一体"的结构优势，可为用户提供轨道交通全产业链、全专业链、全业务链定制化系统解决方案。

经过60余年的持续努力和发展，公司已成为中国轨道交通安全控制和信息技术领域唯一集"标准制定、设计咨科研开发、系统集成、试验验证"为一体的领先企业。

公司以轨道交通领域为核心，形成了覆盖信号、通信、信息、电力电气化、土建、建筑等专业的设计咨询、系统研标准制定、应用开发、集成交付、检验检测、运营维护等七大类业务。利用"一站式交钥匙"的业务模式，从系统设设备供货、系统调试、系统交付、售后服务等方面为客户提供完整便利的一站式服务。

公司不断推进产业升级，按照"一业为主，相关多元"的发展经营理念，在自身全专业设计优势的基础上，积拓展轨道交通、城市基础设施、房建、产业园区等领域的工程总承包业务。建立了工程勘察、工程设计、工程咨设备采购、施工建设、项目管理的全产业链建设模式，提升企业品牌影响力，带动轨道交通主营业务发展。

## FAD 型货运站场自动驾驶系统

## 车地联控无人道口控制系统

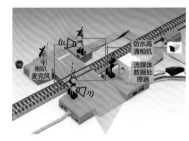

## DS6-60 全电子联锁系统

## 冶金铁路综调集控系统

针对钢铁企业铁路运输倒调频繁、小运转无法按图行车、运输组织机构精简、减员增效意愿强烈、产运销结合紧密等特点，冶金铁路综调集控系统集成联锁、驼峰、机车、现车、调度计划等核心运输调度管控对象，同时与企业物流系统、生产系统深度融合实现信息共享、数据集成、流程集成，打造高效便捷的铁路运输调度集中指挥平台，实现调度集中化、计划智能化、控制自动化。

## 无线平调系统

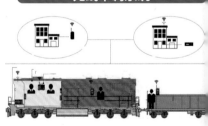

◆ **调度集中：**站场信号表示、现车、指令、调车计划综合集成于集控调度台
◆ **安全卡控：**实现分路不良、磁贴、区域施工、长进路、无（停）电卡控、道口安全防护等安全卡控功能
◆ **智能高效：**智能编制调车计划、智能择路、智能择机，构建计划—控制—反馈的闭环控制体系，减轻作业人员劳动强度
◆ **适配钢铁企业生产流程：**交互上道、离道、进出厂、质检、装卸及解冻计划、铁水生产、原料、成品及销售等信

地址：北京市丰台区汽车博物馆南路1号院

上海宝信软件股份有限公司

# 轨道交通事业本部

中国宝武实际控制
宝钢股份控股上市软件企业

## 部门简介

[轨]道交通事业本部自主研发的"智慧铁运解决方案",有效协同"铁、钢"的联运环节,优化铁水罐的运输组织,保障高炉和炼钢的连[续生]产,实现铁钢平衡并提升周转率,是贯通铁钢界面的重要智慧[解]决方案。

[轨]道交通事业本部以"建设、运营、维保"的城市轨道交通融合贯通[为]生命周期为主线,提供"实时调度、设备运营、服务管理、服务[乘]客"的多元化智慧轨道交通整体解决方案。

[该]部门业务涵盖钢铁企业智慧铁路运输、矿山智能化;城市轨道[交]通综合监控系统、信息化系统、线网调度指挥与在线监测、节能[系]统、应急指挥、物联网应用、移动应用等诸多领域。

## 组织架构

[轨]道交通事业本部下属:智慧物联事业部、智慧线网事业部、解决[方]案研究所等,累计技术、开发人员近300人,其中含高级工程师[30]余人,一级建造师10余人。

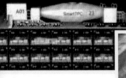

## 智慧铁运解决方案:

### 智能铁路运控系统

普铁及铁水一体化的智能铁路运控系统,通过普铁与铁水站统一集中管控,实现多站场合一、自动进路及作业精细化的铁路运输全过程跟踪管控,保障铁路运输安全、提高作业效率、降低岗位负荷、辅助机车驾驶。调度由原来通过电话闭塞跨站行车转变为站场统一规划进路并自动开放,实现站间行车不停顿,进一步提高作业效率。

### 智能铁水运输系统

智能铁水运输系统(smartHIT)解决方案采用中国宝武的宝联登xIn³Plat工业互联网平台,以系统观念推动绿色低碳发展,开展智能感知、数字轨道、人工智能等多项技术创新,持续构建"智能调度,罐空即配,满罐即走,到站即用"的极致效率铁水运输模式,运输过程的任意位置可以自动加揭保温盖。系统可有效提升周转率、减缓铁水温降和燃油消耗,实现企业本质安全、清洁环保、绿色高效铁水运输全流程无人化作业,再造铁水运输生产管理流程,引领冶金铁路运输技术颠覆性变革。

### 智慧板坯运输系统

智慧板坯运输系统解决方案采用中国宝武的宝联登xIn³Plat工业互联网平台,为全球首创"5G+智慧板坯铁路运输",实现了"满载即走、达站及卸"的高效全自动板坯运输模式。该系统可大幅提升"热装热送率"、减少能源消耗;提升人员劳动效率、减少管理活套,助力企业实现板坯的绿色运输、高效运输、无人化运输。

## 智慧铁运业绩案例

宝钢股份工艺铁路道岔区段防错警示系统
宝钢股份运输数传与铁路集控系统
宝钢股份宝山基地智能铁水运输smartHIT系统
宝钢股份运输部机车无人化实验线项目
宝钢德盛铁水一罐制管控项目
昆明钢铁股份有限公司车地联控系统
三钢闽光股份有限公司基地物流管控车地联控系统
武钢有限交管式道口应用项目铁路信号

网址:https://www.baosight.com
地址:中国(上海)自由贸易试验区郭守敬路 515 号

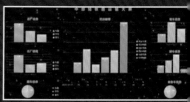
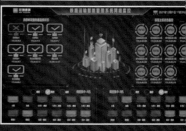

# 铜陵铁科轨道装备股份有限公司

铜陵铁科轨道装备股份有限公司于2016年由原铁路直属车辆厂改制企业重组而成，是制造和修理铁路货车车辆及配件的专业工厂，也是铁路货车按需租赁工厂。公司位于"中国古铜都"的安徽省铜陵市，长江、靠九华、望黄山，高速高铁纵横坐落，人才汇集、交通便利。

公司占地120亩，厂房50000㎡，员工210人，高中级技术人员20余人，拥有各类制作、检测设备200台（套），具备铁路车辆制造、研发、修理、租赁、出口和配件制造及销售等为一体的多种营商功能。公司通过ISO 9001质量管理体系、ISO 14001环境管理体系、ISO 45001职业健康安全管理体系认证；采取"校企联合""军民融合"的开发与创新模式，持续开展技术创新，拥有三十多项技术专利；荣获高新技术企业、省"专精特新"企业、省诚信经营示范单位等多项荣誉。公司秉承"精细管理、精工制造、精诚服务"的经营理念，为广大客户提供价惠质优的产品、诚信满意的服务！竭诚欢迎客户光临洽谈指导。

**车辆新造：** 具有快速设计、研发、制造不同用途的铁路车辆批量能力。可根据企业的需求，新造各种敞车、平车、漏斗车、自翻车、铁水车、矿车、城市地铁、铁路施工轨道机车车辆。新造车辆年产能辆。

新造C70-C80称功车

**二、修理改造：** 利用制造优势，提供各型自备车辆修理改造；可采取上门修理、以旧换新、修理加改造的方式，快捷便利；年车辆修理改造2000辆。

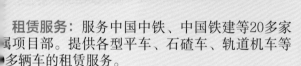

**租赁服务：** 服务中国中铁、中国铁建等20多家属项目部。提供各型平车、石碴车、轨道机车等多辆车的租赁服务。

**四、配件销售：** 提供各型敞车、平车、漏斗车、自翻车、铁水车、矿车、城市地铁、铁路施工轨道机车车辆零部件。如转向架、轮对、车钩、制动缸、制动梁等。年供各型零配件十万件（套）。

旋压式双向风缸　17升储风筒（不锈钢）

**外贸出口：** 2018年以来，先后为韩国、朝鲜、越南、老挝、缅甸、泰国、俄罗斯、蒙古和肯尼亚、埃塞俄比亚等国家提供平车、石碴漏斗车等整车及配件产品。

手机：18856269907　13955929992　　电话：0562-2856868　　传真：0562-2882788
地址：安徽省铜陵市狮子山开发区栖凤路2632　网址：www.tltkgd.com　邮箱：tltkcl@163.com　邮编：244031

# 铁路机车运行车地联控系统
## （双乘制改单乘制）

本系统从车载北斗卫星定位接收机获得定位信息，从计算机联锁系统获取站场实时信息，实现机车精确定位，使作业人员、线路环境、站内行车作业、信号联锁和机车实现信息互通、共享，通过信息联动综合应用，实现科学控车，确保人员及行车安全。

在接近道口、土挡、信号灯、尽头线、现场作业人员位置等区域给出语音提示，在超速等情况下有示警提示并实施制动降速，在要求停车的地点实施自停；在尽头线处，通过车载系统控制机车减速或停车；同时将机车运行情况及工况采集实时传输到地面管理端，为机车调度提供决策依据；调车作业专用电子添乘可替代副司机瞭望，为双乘制改单乘制提供安全保障等。

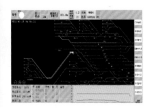   

## ◀◀ 系统功能模块

**车载端系统**

| | | | |
|---|---|---|---|
| 联锁信号复示 | 高精度车列定位 | 安全预警 | 调车作业计划单无线传输 |
| 语音报警 | 道口联锁及控车 | 自动控车 | 股道站存车报警及控车 |
| 现场人员定位及联控 | 自动推算车列总长 | | 调车作业专用电子添乘 |

**地面端系统**

| | | |
|---|---|---|
| 机车实时监控 | 动态轨迹记录及回放 | 机车运用统计(吨公里指标分析) |
| 机车油耗管理 | 铁路线路自动测绘 | 铁路车列接近报警 · 区间安全防护 |
| 铁路车列接近道口报警 | 机车运行线路质量监控 | 线路分路不良检测 |
| 道口联锁管控 | 机车运行股道热力图 | 施工区域设置 · 移动应用app |

## ◀◀ 钢铁行业在线运行的企业名录

马鞍山钢铁股份有限公司、南京钢铁股份有限公司、新疆八一钢铁股份有限公司、湖南华菱涟源钢铁有限公司、广西柳州钢铁集团有限公司、湘潭钢铁集团有限公司、鄂城钢铁有限公司等。

 **成都劳杰斯信息技术有限公司**
Chengdu Logistics Information Technology Co.,Ltd.

研发中心：成都市二环路北一段111号西南交通大学创新大厦4楼411号
营销中心：成都市一品天下大街999号金牛政务中心B座1601号
邮　箱：logistics_it@163.com 或 logistics_it@126.com
网　址：http://www.srtmis.cn/ 电话：028-61286422 028-61286229

# 南京金瀚环保科技有限公司

南京金瀚环保科技有限公司（以下简称金瀚环保），系南京钢铁股份有限公司的全资子公司，成立于 2013 年 7 月，注册资金 10000 万元，是国家高新技术企业，具有环境工程设计乙级资质和环保专业承包叁级资质。公司通过 ISO 9001 质量管理体系认证、ISO 14001 环境管理体系认证、ISO 45001 职业健康安全管理体系认证、GB/T 29490 知识产权管理体系认证。金瀚环保作为南京钢铁新产业能环板块的重要布局，是集研发、设计、施工、运营为一体的综合性企业，把握绿色低碳发展机遇，持续贯彻落实"用心服务、做到极致"的理念，打造极致环保竞争力。

近年来，随着钢铁冶金企业清洁绿色发展，金瀚环保与时俱进，聚焦、开辟新能源机车新赛道，从最初的"实习生"成长为"实践者"，圆满完成了南京钢铁二炼铁至二炼钢作业区四台内燃机车改电动机车任务，平稳运行。随着经验的积累，金瀚环保掌握了新能源机车三电技术并不断自主优化电控系统，采用恒转矩算法提升机车运载能力，爬坡时也有良好表现。自主研发的第二代司控系统改善了驾驶环境，提升了驾乘感受。新能源机车改造后，整车运行无噪声、行驶平稳、无振动感。随着四台新能源机车在二炼铁至二炼钢作业区先后上线，该区域每年可实现降本增效 400 余万元，每年可减少燃油消耗 392t、二氧化硫排放 4.12t、二氧化碳排放 1248t。

为了适用全国市场，金瀚环保在磷酸铁锂作为动力源的基础上开发了两台超级电容新能源机车并成功运行。目前，金瀚环保正在研发新能源机车自动摘挂钩技术，推进机车智能驾驶功能，全力打造新能源机车智慧运营体系，提供新能源机车研发、改 / 制造、维护及智慧( 智能) 铁运的一站式服务。

**联 系 人：王俊**

**联系电话：13851545186（微信同号）**